居安思危思則
有備有備無患

丙申年 錢家慶於沽上

GONGDIAN YINGJI GONGZUO SHIWU

供电应急工作实务

钱家庆　编著

内 容 提 要

本书是将国家与应急相关法律法规和供电企业现在执行的规章制度，结合供电企业开展应急管理工作以来的经验教训进行梳理，系统阐述了供电企业应急管理的总体构架和运转机制，为各级供电企业开展应急管理工作给予明确的指导，结合供电企业特点和应急管理发展的趋势提出建立健全应急指挥长机制等应急管理标准化和规范化建设方向。

本书共分十二章，第一章国家突发公共事件应急管理、第二章供电企业应急管理、第三章安全风险排查管理、第四章应急管理能力评估、第五章生产安全突发事件监测与预警、第六章突发事件应急预案、第七章突发事件应急演练、第八章应急平台建设、第九章应急保障工作、第十章应急人员的管理、第十一章提升企业应急管理综合素质、第十二章大应急大救援应急联动机制。

本书适用于供电企业各级管理人员作为工具书，也可作为应急专业管理人员、应急基干队伍、应急专业队伍的应急管理培训教材，同时，也适用于安全工程专业研究人员和学员的专业课程参考教材。另外，对其他行业应急管理人员也有一定的参考和借鉴价值。

图书在版编目（CIP）数据

供电应急工作实务/钱家庆编著. —北京：中国电力出版社，2016.6

ISBN 978-7-5123-9340-0

Ⅰ. ①供…　Ⅱ. ①钱…　Ⅲ. ①供电系统-应急系统-教材　Ⅳ. ①TM72

中国版本图书馆 CIP 数据核字（2016）第 103535 号

中国电力出版社出版、发行

（北京市东城区北京站西街 19 号　100005　http://www.cepp.sgcc.com.cn）

北京市同江印刷厂印刷

各地新华书店经售

*

2016 年 6 月第一版　2016 年 6 月北京第一次印刷

700 毫米×1000 毫米　16 开本　22.5 印张　512 千字

印数 0001—2000 册　定价 **56.00** 元

前言

各类突发事件越来越成为公众关注的焦点，而在供电企业发生的突发事件特别是生产类突发事件将直接影响到广大民众的生产生活，甚至极端的大面积停电等突发事件将会造成整个城市的瘫痪。另外，由于供电企业产品的特殊性质，决定了在自然灾害或其他企业发生突发事件时，供电服务保障工作将作为重要保障被列入应急救援措施中。供电企业的突发事件应急预案成为各级政府、公共事业单位、重要生产企业突发事件应急预案的重要衔接点。

各级供电企业的应急体系建设，经历过多年的演练和实战，逐渐将应急意识根植于广大供电企业员工的思想之中。同时，经过机制的磨合，将对领导负责的机制，逐渐向对事件负责的机制进行转化，将应急指挥长逐步规范为职业技能岗位，专业技能将应急管理知识及组织能力等方面提出标准化、规范化的岗位要求，从懂生产、会管理的电力调控中心值长、运检部设备专责师等岗位的优秀人才纳入人力资源技能鉴定范畴。应急指挥长的遴选和培养将成为供电企业一项长期任务。

供电企业的应急工作经历了编写应急预案、桌面推演；应急预案形成体系、有脚本实战演练；应急预案体系完善、无脚本综合实战演练等几个阶段，逐渐形成了从总体应急预案、专项应急预案（关键岗位应急处置卡）到现场处置方案等构成的应急预案体系建设，基本实现了应急预案体系“横向到边、纵向到底、相互衔接”。

各级供电企业建立健全了由安全生产第一责任人负责的，形成以应急领导小组、安全生产应急办公室和安全稳定办公室、专项应急指挥部及专项应急现场指挥部构成的“统一领导、综合协调、分类管理、分级负责、属地管理为主”的应急管理体制。

各级供电企业逐步开展监测与预警机制、应急响应机制、应急协调联动机制、应急培训工作机制、应急能力评估机制等应急管理机制建设，并且，在应急管理实践过程中不断地进行完善。

企业要将安全生产应急工作规章制度建设作为企业安全生产管理的重要组成部分，依据《中华人民共和国安全生产法》、《中华人民共和国突发事件应对法》、《企业安全生产应急管理九条规定》、《电力安全事故应急处置和调查处理条例》、《国家突发公共事件总体应急预案》、《中华人民共和国突发公共事件应急预案》、《国家大面积停电事件应急预案》等一系列安全生产及应急管理的法律法规，供电企业制定了相应的《应急管理工作规定》、《安全隐患排查治理管理办法》、《应急预案管理办法》、《应急预案评审管理办法》、《应急救援基干分队管理意见》、《应急物资管理办法》等企业规章制度，形成了囊括事故预防、预测、预警和应急值守、信息报告、现场处置、应急投入、物资保障等方面比较完善的应急法制建设体系。

供电企业的应急基干队伍在历次应对自然灾害类、事故灾难类、公共卫生类突发事件中主动承担社会责任，作为政府应急基干队伍、高危行业应急基干队伍的有益补充，发挥不可替代的作用。同时，积极与应急产业联盟加强协作，满足应急产业的产品所具有公益性、实用性、专业性、安全性、备用性和关联性的特点和要求，改善和提升供电企业应急装备性能和配置水平。

通过持续地努力，供电企业的应急管理工作在不断地加强救援现场安全管理标准化建设，规范应急处置流程，坚持“以人为本”和“抢险不冒险”的基本原则上下功夫，合理调配救援力量开展应急处置。全面提升供电企业防灾、减灾、抗灾水平和突发事件应急处置能力，确保在应急状态下快速反应、有效处置，大力提升供电企业安全生产应急救援保障能力，更加出色的履行供电企业的社会责任。

由于作者水平所限，书中难免有不妥和疏漏之处，敬请读者批评指正。

编　者

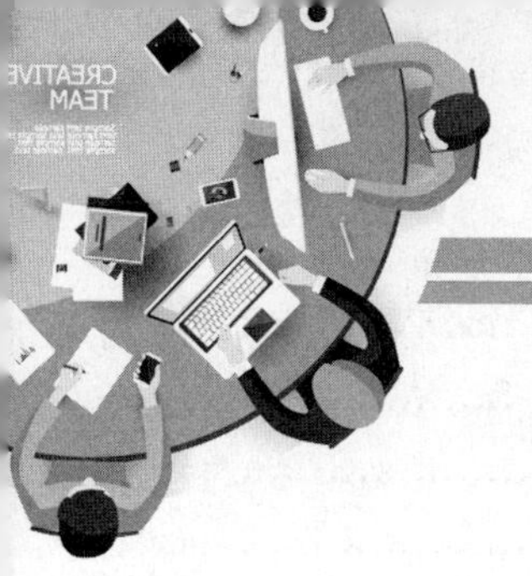

目录

前言

第一章　国家突发公共事件应急管理 ………… 1
　第一节　应急管理体制 ………… 1
　第二节　预防与应急准备 ………… 4
　第三节　监测与预警 ………… 7
　第四节　应急处置与救援 ………… 10
　第五节　事后恢复与重建 ………… 11
　第六节　基层安全生产应急队伍建设 ………… 12
　第七节　国家安全生产应急平台体系建设 ………… 16
　第八节　应急培训 ………… 21
　第九节　法律责任 ………… 23
第二章　供电企业应急管理 ………… 25
　第一节　应急管理目标与原则 ………… 25
　第二节　组织机构及职责 ………… 26
　第三节　应急体系建设和预案管理 ………… 28
　第四节　预防与应急准备 ………… 31
　第五节　风险预警 ………… 33
　第六节　应急处置与救援 ………… 34
　第七节　事后恢复与重建 ………… 35
　第八节　监督检查和考核 ………… 35
　第九节　加强应急能力建设 ………… 36
第三章　安全风险排查治理 ………… 38
　第一节　风险管理 ………… 38
　第二节　安全隐患排查治理 ………… 41
　第三节　重大危险源辨识 ………… 55
第四章　应急管理能力评估 ………… 67
　第一节　供电企业总体应急能力评估 ………… 67
　第二节　供电企业专项应急能力评估 ………… 100

第三节　供电企业现场应急能力评估 …………………………………… 111
第五章　生产安全突发事件监测与预警 …………………………………… 115
第一节　风险监测 …………………………………… 116
第二节　预警职责分工 …………………………………… 117
第三节　风险评估 …………………………………… 119
第四节　预警发布 …………………………………… 124
第五节　预警承办与响应 …………………………………… 128
第六节　预警调整、解除与评估 …………………………………… 129
第六章　突发事件应急预案 …………………………………… 132
第一节　应急预案的基本特征 …………………………………… 133
第二节　应急预案的编制 …………………………………… 143
第三节　应急预案的审批 …………………………………… 149
第四节　应急预案的报备 …………………………………… 158
第五节　应急预案修订与更新 …………………………………… 160
第七章　突发事件应急演练 …………………………………… 163
第一节　突发事件应急演练概论 …………………………………… 163
第二节　应急演练组织机构及人员 …………………………………… 170
第三节　应急演练准备 …………………………………… 173
第四节　应急演练实施 …………………………………… 183
第五节　应急演练评估与总结 …………………………………… 185
第八章　应急平台建设 …………………………………… 201
第一节　应急指挥中心场所建设 …………………………………… 203
第二节　应急日常管理工作系统功能建设 …………………………………… 222
第三节　应急辅助指挥功能建设 …………………………………… 238
第九章　应急保障工作 …………………………………… 249
第一节　应急物资保障 …………………………………… 249
第二节　应急综合服务保障 …………………………………… 265
第十章　应急人员的管理 …………………………………… 272
第一节　应急专家 …………………………………… 272
第二节　应急职能管理人员 …………………………………… 277
第三节　应急救援基干队伍 …………………………………… 280
第十一章　提升企业应急管理综合素质 …………………………………… 319
第一节　提升应对突发事件能力 …………………………………… 319
第二节　提高应急管理水平 …………………………………… 322
第三节　增强全体员工应急意识 …………………………………… 325

第十二章　大应急大救援应急联动机制 …… 327
第一节　政府机构的应急救援体制 …… 327
第二节　城市应急联动系统 …… 331
第三节　供电企业间应急救援联动 …… 332
第四节　与用户应急预案的衔接 …… 335
第五节　社区应急动员的重要性 …… 344

附录　应急救援协调联动合作协议 …… 346

参考文献 …… 352

第一章
国家突发公共事件应急管理

加强应急管理是关系国家经济社会发展全局和人民群众生命财产安全的大事，是各级政府坚持以人为本、执政为民、全面履行政府职能的重要体现。各地区、各部门应按照党中央、国务院的部署，把应急管理工作摆到重要位置，切实加强应急预案和应急管理体制、机制、法制这“一案三制”的建设，建立健全应急管理机构。在此基础上，我国陆续颁布了《中华人民共和国突发事件应对法》（主席令六十九号）、《国家突发公共事件总体应急预案》（国务院 2006）、《国家大面积停电事件应急预案》（国办函〔2015〕134 号）、《安全生产事故报告和调查处理条例》（国务院令第 493 号）、《国务院关于加强应急管理工作的意见》（国发〔2006〕24 号）、《国务院办公厅关于加强基层应急队伍建设的意见》（国办发〔2009〕59 号）、《国务院办公厅关于加强基层应急管理工作的意见》（国办发〔2007〕52 号）等法律法规和规章制度，坚持在省、市、县、乡镇（街道）、行政村安全生产责任体系“五级五覆盖”框架内建立和完善应急管理工作责任体系，加大应急管理工作在安全生产工作中的考核权重。在地方安全生产领域改革体制内加强省级、地市级应急管理机构建设，推动应急管理工作向基层延伸。围绕提高指挥协调、救援处置和应急保障能力，完善企事业单位应急管理工作模式，强化统一领导，优化资源配置，深化协调联动，探索建设市场化、专业化应急服务新模式，建立“统一指挥、功能齐全、反应灵敏、运转高效”的应急机制。

本章从国家应急管理体制、预防与应急准备、监测与预警、应急处置与救援、事后恢复与重建、基层安全生产应急队伍建设、国家安全生产应急平台体系建设、应急培训、应急法律责任等几部分加以阐述。

第一节 应急管理体制

一、分类分级

突发公共事件是指突然发生，造成或可能造成需要采取应急处置措施予以应对的重大人员伤亡、财产损失、生态环境破坏和严重社会危害，危及公共安全的紧急事件。

1. 分类

根据突发公共事件的发生过程、性质和机理，突发公共事件主要分为以下四类。

(1) 自然灾害。主要包括水旱灾害、气象灾害、地震灾害、地质灾害、海洋灾害、生物灾害和森林草原火灾等。

(2) 事故灾难。主要包括工矿商贸等企业的各类安全事故、交通运输事故、公共设施和设备事故、环境污染和生态破坏事件等。

(3) 公共卫生事件。主要包括传染病疫情、群体性不明原因疾病、食品安全和职业危害、动物疫情以及其他严重影响公众健康和生命安全的事件。

(4) 社会安全事件。主要包括恐怖袭击事件、经济安全事件和涉外突发事件等。

2. 分级

各类突发公共事件按照其性质、严重程度、社会危害程度、可控性和影响范围等因素，一般分为四级：Ⅰ级（特别重大）、Ⅱ级（重大）、Ⅲ级（较大）和Ⅳ级（一般）。

二、工作原则

(1) 以人为本，减少危害。切实履行政府的社会管理和公共服务职能，把保障公众健康和生命财产安全作为首要任务，最大程度地减少突发公共事件及其造成的人员伤亡和危害。

(2) 居安思危，预防为主。高度重视公共安全工作，常抓不懈，防患于未然。增强忧患意识，坚持预防与应急相结合，常态与非常态相结合，做好应对突发公共事件的各项准备工作。

(3) 统一领导，分级负责。在党中央、国务院的统一领导下，建立健全分类管理、分级负责，条块结合、属地管理为主的应急管理体制，在各级党委领导下，实行行政领导责任制，充分发挥专业应急指挥机构的作用。

(4) 依法规范，加强管理。依据有关法律和行政法规，加强应急管理，维护公众的合法权益，使应对突发公共事件的工作规范化、制度化、法制化。

(5) 快速反应，协同应对。加强以属地管理为主的应急处置队伍建设，建立联动协调制度，充分动员和发挥乡镇、社区、企事业单位、社会团体和志愿者队伍的作用，依靠公众力量，形成统一指挥、反应灵敏、功能齐全、协调有序、运转高效的应急管理机制。

(6) 依靠科技，提高素质。加强公共安全科学研究和技术开发，采用先进的监测、预测、预警、预防和应急处置技术及设施，充分发挥专家队伍和专业人员的作用，提高应对突发公共事件的科技水平和指挥能力，避免发生次生、衍生事件。加强宣传和培训教育工作，提高公众自救、互救和应对各类突发公共事件的综合素质。

三、组织体系

1. 领导机构

国务院是突发公共事件应急管理工作的最高行政领导机构。在国务院总理领导下，由国务院常务会议和国家相关突发公共事件应急指挥机构（以下简称相关应急指挥机构）负责突发公共事件的应急管理工作。必要时，派出国务院工作组指导有关工作。

2. 办事机构

国务院办公厅设置国务院应急管理办公室（国务院总值班室），承担国务院应急管理的日常工作和国务院总值班工作，履行应急值守、信息汇总和综合协调职能，发挥运转枢纽作用。

(1) 主要职责如下。

1) 承担国务院总值班工作，及时掌握和报告国内外相关重大情况和动态，办理向国务院报送的紧急重要事项，保证国务院与各省（区、市）人民政府、国务院各部门联络畅通，指导全国政府系统值班工作。

2）办理国务院有关决定事项，督促落实国务院领导批示、指示，承办国务院应急管理的专题会议、活动和文电等工作。

3）负责协调和督促检查各省（区、市）人民政府、国务院各部门应急管理工作，协调、组织有关方面研究提出国家应急管理的政策、法规和规划建议。

4）负责组织编制国家突发公共事件总体应急预案和审核专项应急预案，协调指导应急预案体系和应急体制、机制、法制建设，指导各省（区、市）人民政府、国务院有关部门应急体系、应急信息平台建设等工作。

5）协助国务院领导处置特别重大突发公共事件，协调指导特别重大和重大突发公共事件的预防预警、应急演练、应急处置、调查评估、信息发布、应急保障和国际救援等工作。

6）组织开展信息调研和宣传培训工作，协调应急管理方面的国际交流与合作。

7）承办国务院领导交办的其他事项。

（2）主要业务办理。各地区、各部门报送国务院涉及下列业务的文电和有关会务、督查工作等。

1）涉及防汛抗旱、减灾救济、抗震救灾以及重大地质灾害、重大森林草原火灾及病虫害、沙尘暴及重大生态灾害事件的处置及相关防范业务，重要天气形势和灾害性天气的预警预报等业务。

2）涉及安全生产、交通安全、环境安全、消防安全及人员密集场所事故处置和预防等业务。

3）涉及重大突发疫情、病情处置，重大动物疫情处置，重大食品药品安全事故处置及相关防范等业务。

4）涉及社会治安、反恐怖、群体性事件等重大突发公共事件应急处置和防范业务，涉外重大突发事件的处置等业务。

3. 工作机构

国务院有关部门依据有关法律、行政法规和各自的职责，负责相关类别突发公共事件的应急管理工作；具体负责相关类别的突发公共事件专项和部门应急预案的起草与实施，贯彻落实国务院有关决定事项。

县级以上地方各级人民政府设立由本级人民政府主要负责人、相关部门负责人、驻当地中国人民解放军和中国人民武装警察部队有关负责人组成的突发事件应急指挥机构，统一领导、协调本级人民政府各有关部门和下级人民政府开展突发事件应对工作。根据实际需要，设立相关类别突发事件应急指挥机构，组织、协调、指挥突发事件应对工作。

上级人民政府主管部门应当在各自职责范围内，指导、协助下级人民政府及其相应部门做好有关突发事件的应对工作。

国务院安全生产委员会各成员单位按照职责履行本部门的安全生产事故灾难应急救援和保障方面的职责，负责制订、管理并实施有关应急预案。

应急救援队伍主要包括消防部队、专业应急救援队伍、生产经营单位的应急救援队伍、社会力量、志愿者队伍及有关国际救援力量等。

中国人民解放军、中国人民武装警察部队和民兵组织依照《中华人民共和国突发事件应对法》和其他有关法律、行政法规、军事法规的规定以及国务院、中央军事委员会的命令，参加突发事件的应急救援和处置工作。

中华人民共和国政府在突发事件的预防、监测与预警、应急处置与救援、事后恢复与重建等方面，同外国政府和有关国际组织开展合作与交流。

国务院建立由工业和信息化部、公安部（治安管理局、消防局、交通管理局）、环境保护部、住房城乡建设部、交通运输部、农业部、卫生部、国资委、质检总局、安全监管总局、旅游局、地震局、气象局、能源局、国防科工局、海洋局、民航局、武警司令部（作战勤务部）为成员的国家安全生产应急救援工作联络员会议制度，主要承担汇总、分析全国安全生产应急救援工作信息以及各成员单位应急工作情况，提出相关工作建议，及时报告国务院安委会办公室和国务院应急管理办公室，并通报联络员会议各成员单位。

4. 地方机构

地方各级人民政府是本行政区域突发公共事件应急管理工作的行政领导机构，负责本行政区域各类突发公共事件的应对工作。

县级人民政府对本行政区域内突发事件的应对工作负责。涉及两个以上行政区域的，由有关行政区域共同的上一级人民政府负责，或由各有关行政区域的上一级人民政府共同负责。

突发事件发生后，发生地县级人民政府应当立即采取措施控制事态发展，组织开展应急救援和处置工作，并立即向上一级人民政府报告，必要时可以越级上报。

突发事件发生地县级人民政府不能消除或不能有效控制突发事件引起的严重社会危害的，应及时向上级人民政府报告。上级人民政府应及时采取措施，统一领导应急处置工作。

法律、行政法规规定由国务院有关部门对突发事件的应对工作负责的，从其规定。地方人民政府应当积极配合并提供必要的支持。

县级以上人民政府做出应对突发事件的决定、命令，应当报本级人民代表大会常务委员会备案。突发事件应急处置工作结束后，应当向本级人民代表大会常务委员会做出专项工作报告。

5. 专家组

国务院和各应急管理机构建立各类专业人才库，可以根据实际需要聘请有关专家组成专家组，为应急管理提供决策建议，必要时参加突发公共事件的应急处置工作。

第二节　预防与应急准备

一、国家建立健全突发事件应急预案体系

国务院制定国家突发事件总体应急预案，组织制定国家突发事件专项应急预案。国务院有关部门根据各自的职责和国务院相关应急预案，制定国家突发事件部门应急预

案。推动高危行业领域完成预案优化工作，实现重点岗位、重点人员应急处置卡全覆盖。修订颁发《生产安全事故应急预案管理办法》，研究制定《生产经营单位生产安全事故应急预案评审规范》。

地方各级人民政府和县级以上地方各级人民政府有关部门根据有关法律、法规、规章、上级人民政府及其有关部门的应急预案以及本地区的实际情况，制定相应的突发事件应急预案。

应急预案应当根据《中华人民共和国突发事件应对法》和其他有关法律、法规的规定，针对突发事件的性质、特点和可能造成的社会危害，具体规定突发事件应急管理工作的组织指挥体系与职责和突发事件的预防与预警机制、处置程序、应急保障措施以及事后恢复与重建措施等内容。并且，应当根据实际需要和情势变化，适时修订、补充、完善应急预案。

全国突发公共事件应急预案体系包括：

(1) 突发公共事件总体应急预案。总体应急预案是全国应急预案体系的总纲，是国务院应对特别重大突发公共事件的规范性文件。

(2) 突发公共事件专项应急预案。专项应急预案主要是国务院及其有关部门为应对某一类型或某几种类型突发公共事件而制定的应急预案。

(3) 突发公共事件部门应急预案。部门应急预案是国务院有关部门根据总体应急预案、专项应急预案和部门职责为应对突发公共事件制定的预案。

(4) 突发公共事件地方应急预案。具体包括省级人民政府的突发公共事件总体应急预案、专项应急预案和部门应急预案。各市（地）、县（市）人民政府及其基层政权组织的突发公共事件应急预案。上述预案在省级人民政府的领导下，按照分类管理、分级负责的原则，由地方人民政府及其有关部门分别制定。

(5) 企事业单位根据有关法律法规制定的应急预案。

(6) 举办大型会展和文化体育等重大活动，主办单位应当制定应急预案。

二、突发事件预防措施

城乡规划应符合预防、处置突发事件的需要，统筹安排应对突发事件所必需的设备和基础设施建设，合理确定应急避难场所。

县级人民政府应当对本行政区域内容易引发自然灾害、事故灾难和公共卫生事件的危险源、危险区域进行调查、登记、风险评估，定期进行检查、监控，并责令有关单位采取安全防范措施。

省级和设区的市级人民政府应当对本行政区域内容易引发特别重大、重大突发事件的危险源、危险区域进行调查、登记、风险评估，组织进行检查、监控，并责令有关单位采取安全防范措施。

县级人民政府及其有关部门、乡级人民政府、街道办事处、居民委员会、村民委员会应当及时调解处理可能引发社会安全事件的矛盾纠纷。

所有单位应当建立健全安全管理制度，定期检查本单位各项安全防范措施的落实情况，及时消除事故隐患，掌握并及时处理本单位存在的可能引发社会安全事件的问题，防止矛盾激化和事态扩大。对本单位可能发生的突发事件和采取安全防范措施的情况，应当按照规定及时向所在地人民政府或人民政府有关部门报告。

矿山、建筑施工单位和易燃易爆物品、危险化学品、放射性物品等危险物品的生产、经营、储运、使用单位，应当制定具体应急预案，并对生产经营场所、有危险物品的建筑物、构筑物及周边环境开展隐患排查，及时采取措施消除隐患，防止发生突发事件。

公共交通工具、公共场所和其他人员密集场所的经营单位或管理单位应当制定具体应急预案，为交通工具和有关场所配备报警装置和必要的应急救援设备、设施，注明其使用方法，并显著标明安全撤离的通道、路线，保证安全通道、出口的畅通。

有关单位应当定期检测、维护其报警装置和应急救援设备、设施，使其处于良好状态，确保正常使用。

县级以上人民政府应当建立健全突发事件应急管理培训制度，对人民政府及其有关部门负有处置突发事件职责的工作人员定期进行培训。

三、突发事件应急准备

县级以上人民政府应当整合应急资源，建立或确定综合性应急救援队伍。人民政府有关部门可以根据实际需要设立专业应急救援队伍。

县级以上人民政府及其有关部门可以建立由成年志愿者组成的应急救援队伍。单位应当建立由本单位职工组成的专职或兼职应急救援队伍。

县级以上人民政府应当加强专业应急救援队伍与非专业应急救援队伍的合作，联合培训、联合演练，提高合成应急、协同应急的能力。

国务院有关部门、县级以上地方各级人民政府及其有关部门、有关单位应当为专业应急救援人员购买人身意外伤害保险，配备必要的防护装备和器材，减少应急救援人员的人身风险。

中国人民解放军、中国人民武装警察部队和民兵组织应当有计划地组织开展应急救援的专门训练。

县级人民政府及其有关部门、乡级人民政府、街道办事处应当组织开展应急知识的宣传普及活动和必要的应急演练。

居民委员会、村民委员会、企业事业单位应当根据所在地人民政府的要求，结合各自的实际情况，开展有关突发事件应急知识的宣传普及活动和必要的应急演练。

新闻媒体应当无偿开展突发事件预防与应急、自救与互救知识的公益宣传。

各级各类学校应当把应急知识教育纳入教学内容，对学生进行应急知识教育，培养学生的安全意识和自救与互救能力。

教育主管部门应当对学校开展应急知识教育进行指导和监督。

国务院和县级以上地方各级人民政府应当采取财政措施，保障突发事件应对工作所需经费。

国家建立健全应急物资储备保障制度，完善重要应急物资的监管、生产、储备、调拨和紧急配送体系。

设区的市级以上人民政府和突发事件易发、多发地区的县级人民政府应当建立应急救援物资、生活必需品和应急处置装备的储备制度。

县级以上地方各级人民政府应当根据本地区的实际情况，与有关企业签订协议，保障应急救援物资、生活必需品和应急处置装备的生产、供给。

国家建立健全应急通信保障体系，完善公用通信网，建立有线与无线相结合、基础电信网络与机动通信系统相配套的应急通信系统，确保突发事件应对工作的通信畅通。

国家鼓励公民、法人和其他组织为人民政府应对突发事件工作提供物资、资金、技术支持和捐赠。

国家发展保险事业，建立国家财政支持的巨灾风险保险体系，并鼓励单位和公民参加保险。

国家鼓励、扶持具备相应条件的教学科研机构培养应急管理专门人才，鼓励、扶持教学科研机构和有关企业研究开发用于突发事件预防、监测、预警、应急处置与救援的新技术、新设备和新工具。

第三节　监 测 与 预 警

正确的信息发布和舆论引导能够凝聚人心，共同应对危机。信息发布应当及时准确客观全面。事件发生的第一时间要向社会发布简要信息，随后续发处置情况和公众防范措施等。完善政府信息发布制度和新闻发言人制度，建立健全重大突发公共事件新闻报道快速反应机制、舆情收集和分析机制，把握正确的舆论导向。加强对信息发布、新闻报道工作的组织协调和归口管理，周密安排、精心组织信息发布工作，充分发挥中央和省级主要新闻媒体的舆论引导和社会舆论的监督作用。

一、国务院建立全国统一的突发事件信息系统

县级以上地方各级人民政府应当建立或确定本地区统一的突发事件信息系统，汇集、储存、分析、传输有关突发事件的信息，并与上级人民政府及其有关部门、下级人民政府及其有关部门、专业机构和监测网点的突发事件信息系统实现互联互通，加强跨部门、跨地区的信息交流与情报合作。

县级以上人民政府及其有关部门、专业机构应当通过多种途径收集突发事件信息。

县级人民政府应当在居民委员会、村民委员会和有关单位建立专职或兼职信息报告员制度。

获悉突发事件信息的公民、法人或其他组织，应当立即向所在地人民政府、有关主管部门或指定的专业机构报告。

地方各级人民政府应当按照国家有关规定向上级人民政府报送突发事件信息。县级以上人民政府有关主管部门应当向本级人民政府相关部门通报突发事件信息。专业机构、监测网点和信息报告员应当及时向所在地人民政府及其有关主管部门报告突发事件信息。

有关单位和人员报送、报告突发事件信息，应当做到及时、客观、真实，不得迟报、谎报、瞒报、漏报。

县级以上地方各级人民政府应当及时汇总分析突发事件隐患和预警信息，必要时组织相关部门、专业技术人员、专家学者进行会商，对发生突发事件的可能性及其可能造成的影响进行评估。认为可能发生重大或特别重大突发事件的，应当立即向上级人民政府报告，并向上级人民政府有关部门、当地驻军和可能受到危害的毗邻或相关地区的人民政府通报。

二、国家建立健全突发事件监测制度

县级以上人民政府及其有关部门应当根据自然灾害、事故灾难和公共卫生事件的种类和特点，建立健全基础信息数据库，完善监测网络，划分监测区域，确定监测点，明确监测项目，提供必要的设备、设施，配备专职或兼职人员，对可能发生的突发事件进行监测。开展风险分析，做到早发现、早报告、早处置。

三、国家建立健全突发事件预警制度

可以预警的自然灾害、事故灾难和公共卫生事件的预警级别，按照突发事件发生的紧急程度、发展势态和可能造成的危害程度分为一级（特别严重）、二级（严重）、三级（较重）和四级（一般），分别用红色、橙色、黄色和蓝色标示，一级为最高级别。

预警信息包括突发公共事件的类别、预警级别、起始时间、可能影响范围、警示事项、应采取的措施和发布机关等。

可以预警的自然灾害、事故灾难或公共卫生事件即将发生或发生的可能性增大时，县级以上地方各级人民政府应当根据有关法律、行政法规和国务院规定的权限和程序，发布相应级别的警报，决定并宣布有关地区进入预警期，同时向上一级人民政府报告，必要时可以越级上报，并向当地驻军和可能受到危害的毗邻或相关地区的人民政府通报。

(1) 发布三级、四级警报，宣布进入预警期后，县级以上地方各级人民政府应当根据即将发生的突发事件的特点和可能造成的危害，采取下列措施。

1) 启动应急预案。

2) 责令有关部门、专业机构、监测网点和负有特定职责的人员及时收集、报告有关信息，向社会公布反映突发事件信息的渠道，加强对突发事件发生、发展情况的监测、预报和预警工作。

3) 组织有关部门和机构、专业技术人员、有关专家学者，随时对突发事件信息进行分析评估，预测发生突发事件可能性的大小、影响范围和强度以及可能发生的突发事件的级别。

4) 定时向社会发布与公众有关的突发事件预测信息和分析评估结果，并对相关信息的报道工作进行管理。

5) 及时按照有关规定向社会发布可能受到突发事件危害的警告，宣传避免、减轻危害的常识，公布咨询电话。

(2) 发布一级、二级警报，宣布进入预警期后，县级以上地方各级人民政府除采取发布三级、四级警报规定的措施外，还应当针对即将发生的突发事件的特点和可能造成的危害，采取下列一项或多项措施。

1) 责令应急救援队伍、负有特定职责的人员进入待命状态，并动员后备人员做好参加应急救援和处置工作的准备。

2) 调集应急救援所需物资、设备、工具，准备应急设施和避难场所，并确保其处于良好状态、随时可以投入正常使用。

3）加强对重点单位、重要部位和重要基础设施的安全保卫，维护社会治安秩序。

4）采取必要措施，确保交通、通信、供水、排水、供电、供气、供热等公共设施的安全和正常运行。

5）及时向社会发布有关采取特定措施避免或减轻危害的建议、劝告。

6）转移、疏散或撤离易受突发事件危害的人员并予以妥善安置，转移重要财产。

7）关闭或限制使用易受突发事件危害的场所，控制或限制容易导致危害扩大的公共场所的活动。

8）法律、法规、规章规定的其他必要的防范性、保护性措施。

对即将发生或已经发生的社会安全事件，县级以上地方各级人民政府及其有关主管部门应按照规定向上一级人民政府及其有关主管部门报告，必要时可越级上报。

发布突发事件警报的人民政府应根据事态的发展，按照有关规定适时调整预警级别并重新发布。

有事实证明不可能发生突发事件或危险已经解除的，发布警报的人民政府应当立即宣布解除警报，终止预警期，并解除已经采取的有关措施。

预警信息的发布、调整和解除可通过广播、电视、报刊、通信、信息网络、警报器、宣传车或组织人员逐户通知等方式进行，对老、幼、病、残、孕等特殊人群以及学校等特殊场所和警报盲区应采取有针对性的公告方式。

四、突发事件信息报告

国务院有关部门和省（区、市）人民政府应当加强对重大危险源的监控，对可能引发特别重大事故的险情，或其他灾害、灾难可能引发安全生产事故灾难的重要信息应及时上报。

特别重大安全生产事故灾难发生后，事故现场有关人员应立即报告单位负责人，单位负责人接到报告后，应立即报告当地人民政府和上级主管部门。中央企业在上报当地政府的同时应上报企业总部。当地人民政府接到报告后应立即报告上级政府，国务院有关部门、单位、中央企业和事故灾难发生地的省（区、市）人民政府应在接到报告后两小时内，向国务院报告，同时抄送国务院安委会办公室。

自然灾害、公共卫生和社会安全方面的突发事件可能引发安全生产事故灾难的信息，有关各级、各类应急指挥机构均应及时通报同级安全生产事故灾难应急救援指挥机构，安全生产事故灾难应急救援指挥机构应及时分析处理，并按照分级管理的程序逐级上报，紧急情况下，可越级上报。

发生安全生产事故灾难的有关部门、单位要及时、主动向国务院安委会办公室、国务院有关部门提供与事故应急救援有关的资料。事故灾难发生地安全监管部门提供事故前监督检查的有关资料，为国务院安委会办公室、国务院有关部门研究制订救援方案提供参考。

第四节 应急处置与救援

突发事件发生后，履行统一领导职责或组织处置突发事件的人民政府应当针对其性质、特点和危害程度，立即组织有关部门，调动应急救援队伍和社会力量，依照本节的规定和有关法律、法规、规章的规定采取应急处置措施。

一、应急处置措施

（1）自然灾害、事故灾难或公共卫生事件发生后，履行统一领导职责的人民政府可以采取下列一项或多项应急处置措施。

1）组织营救和救治受害人员，疏散、撤离并妥善安置受到威胁的人员以及采取其他救助措施。

2）迅速控制危险源、标明危险区域、封锁危险场所、划定警戒区、实行交通管制以及其他控制措施。

3）立即抢修被损坏的交通、通信、供水、排水、供电、供气、供热等公共设施，向受到危害的人员提供避难场所和生活必需品，实施医疗救护和卫生防疫以及其他保障措施。

4）禁止或限制使用有关设备、设施，关闭或限制使用有关场所，中止人员密集的活动或可能导致危害扩大的生产经营活动以及采取其他保护措施。

5）启用本级人民政府设置的财政预备费和储备的应急救援物资，必要时调用其他急需物资、设备、设施、工具。

6）组织公民参加应急救援和处置工作，要求具有特定专长的人员提供服务。

7）保障食品、饮用水、燃料等基本生活必需品的供应。

8）依法从严惩处囤积居奇、哄抬物价、制假售假等扰乱市场秩序的行为，稳定市场价格、维护市场秩序。

9）依法从严惩处哄抢财物、干扰破坏应急处置工作等扰乱社会秩序的行为，维护社会治安。

10）采取防止发生次生、衍生事件的必要措施。

（2）社会安全事件发生后，组织处置工作的人民政府应当立即组织有关部门并由公安机关针对事件的性质和特点，依照有关法律、行政法规和国家其他有关规定，采取下列一项或多项应急处置措施。

1）强制隔离使用器械相互对抗或以暴力行为参与冲突的当事人，妥善解决现场纠纷和争端，控制事态发展。

2）对特定区域内的建筑物、交通工具、设备、设施以及燃料、燃气、电力、水的供应进行控制。

3）封锁有关场所、道路，查验现场人员的身份证件，限制有关公共场所内的活动。

4）加强对易受冲击的核心机关和单位的警卫，在国家机关、军事机关、国家通讯社、广播电台、电视台、外国驻华使领馆等单位附近设置临时警戒线。

5）法律、行政法规和国务院规定的其他必要措施。

严重危害社会治安秩序的事件发生时，公安机关应当立即依法出动警力，根据现场情况依法采取相应的强制性措施，尽快使社会秩序恢复正常。

发生突发事件，严重影响国民经济正常运行时，国务院或国务院授权的有关主管部门可以采取保障、控制等必要的应急措施，保障人民群众的基本生活需要，最大限度地减轻突发事件的影响。

二、突发事件应急救援

履行统一领导职责或组织处置突发事件的人民政府，必要时可向单位和个人征用应急救援所需设备、设施、场地、交通工具和其他物资，请求其他地方人民政府提供人力、物力、财力或技术支援，要求生产、供应生活必需品和应急救援物资的企业组织生产、保证供给，要求提供医疗、交通等公共服务的组织提供相应的服务。

履行统一领导职责或组织处置突发事件的人民政府，应当组织协调运输经营单位，优先运送处置突发事件所需物资、设备、工具、应急救援人员和受到突发事件危害的人员。

履行统一领导职责或组织处置突发事件的人民政府，应当按照有关规定统一、准确、及时发布有关突发事件事态发展和应急处置工作的信息。

突发事件发生地的居民委员会、村民委员会和其他组织应当按照当地人民政府的决定、命令，进行宣传动员，组织群众开展自救和互救，协助维护社会秩序。

受到自然灾害危害或发生事故灾难、公共卫生事件的单位，应当立即组织本单位应急救援队伍和工作人员营救受害人员，疏散、撤离、安置受到威胁的人员，控制危险源、标明危险区域、封锁危险场所，并采取其他防止危害扩大的必要措施，同时向所在地县级人民政府报告。对因本单位的问题引发的或主体是本单位人员的社会安全事件，有关单位应当按照规定上报情况，并迅速派出负责人赶赴现场开展劝解、疏导工作。

突发事件发生地的其他单位应当服从人民政府发布的决定、命令，配合人民政府采取的应急处置措施，做好本单位的应急救援工作，并积极组织人员参加所在地的应急救援和处置工作。

突发事件发生地的公民应当服从人民政府、居民委员会、村民委员会或所属单位的指挥和安排，配合人民政府采取的应急处置措施，积极参加应急救援工作，协助维护社会秩序。

第五节　事后恢复与重建

突发事件的威胁和危害得到控制或消除后，履行统一领导职责或组织处置突发事件的人民政府应当停止执行依照规定采取的应急处置措施，同时采取或继续实施必要措施，防止发生自然灾害、事故灾难、公共卫生事件的次生、衍生事件或重新引发社会安全事件。积极稳妥、深入细致地做好善后处置工作。

突发事件应急处置工作结束后，履行统一领导职责的人民政府应当立即组织对突发事件造成的损失进行评估，组织受影响地区尽快恢复生产、生活、工作和社会秩序，制定恢复重建计划，并向上一级人民政府报告。

受突发事件影响地区的人民政府应当及时组织和协调公安、交通、铁路、民航、邮电、建设等有关部门恢复社会治安秩序，尽快修复被损坏的交通、通信、供水、排水、供电、供气、供热等公共设施。

受突发事件影响地区的人民政府开展恢复重建工作需要上一级人民政府支持的，可以向上一级人民政府提出请求。上一级人民政府应当根据受影响地区遭受的损失和实际情况，提供资金、物资支持和技术指导，组织其他地区提供资金、物资和人力支援。

国务院根据受突发事件影响地区遭受损失的情况，制定扶持该地区有关行业发展的优惠政策。

受突发事件影响地区的人民政府应当根据本地区遭受损失的情况，制定救助、补偿、抚慰、抚恤、安置等善后工作计划并组织实施，妥善解决因处置突发事件引发的矛盾和纠纷，并提供心理及司法援助。有关部门要做好疫病防治和环境污染消除工作。保险监管机构督促有关保险机构及时做好有关单位和个人损失的理赔工作。

公民参加应急救援工作或协助维护社会秩序期间，其在本单位的工资待遇和福利不变。表现突出、成绩显著的，由县级以上人民政府给予表彰或奖励。

县级以上人民政府对在应急救援工作中伤亡的人员依法给予抚恤。

履行统一领导职责的人民政府应当及时对特别重大突发公共事件的起因、性质、影响、责任、经验教训和制定改进措施，恢复重建等问题进行调查评估，并向上一级人民政府提出报告。

根据受灾地区恢复重建计划组织实施恢复重建工作。

第六节　基层安全生产应急队伍建设

基层安全生产应急队伍是安全生产应急管理和生产安全事故应急救援的基础力量，是安全生产应急体系的重要组成部分，同时也是自然灾害等其他突发事件抢险救灾的重要力量。要深入贯彻落实《中华人民共和国突发事件应对法》和《国务院办公厅关于加强基层应急队伍建设的意见》（国办发〔2009〕59号），加强基层安全生产应急队伍建设，全面提高基层安全生产应急能力。

一、基本原则和建设目标

（1）基本原则。坚持以安全生产专业应急队伍为骨干，以兼职安全生产应急队伍、安全生产应急志愿者队伍等其他应急力量为补充，建设覆盖所有县（市、区）、街道、乡镇的基层安全生产应急队伍体系。坚持统筹规划、各负其责，充分整合利用现有资源，建设与本地、本企业安全生产需要相适应的基层安全生产应急队伍。坚持以矿山、危险化学品应急队伍建设为重点，以处置和预防生产安全事故为主业，努力拓展抢险救灾服务功能，建设"一专多能"的基层安全生产应急队伍。坚持依靠科技进步，依靠专业装备，依靠科学管理，内练素质、外树形象，不断提高基层安全生产应急队伍整体水平。

（2）建设目标。重点县（市、区）和高危行业大中型企业全部建立安全生产应急管理和救援指挥机构，其他县（市、区）以及所有社区、街道、乡镇和小型企业都有专人负责安全生产应急管理工作。县（市、区）、社区、街道、乡镇根据实际需要建立或确定本地有关高危行业（领域）安全生产专业骨干应急队伍。矿山、危险化学品等高危行业大中型企业普遍建立专职安全生产应急队伍，其他生产经营单位建立兼职安全生产应急队伍并与邻近专业应急队伍签订救援协议。安全生产专业应急队伍与其他应急队伍之间的协调配合机制进一步健全，社会安全生产应急志愿者队伍服务进一步规范，基本形成由专业队伍、辅助队伍、志愿者队伍构成的基层安全生产应急队伍体系和“统一指挥、反应灵敏、协调有序、运转高效”的基层安全生产应急工作机制，预防和处置各类生产安全事故的能力明显提高。

二、加强基层安全生产应急队伍体系建设

(1) 加强安全生产专业应急队伍建设。按照建设目标要求，大中型矿山、危险化学品等高危行业企业应当依法建立专职安全生产应急队伍（其中矿山救护队必须按照相关建设标准取得相应的资质）。各地要根据本行政区域内矿山、危险化学品企业分布情况和企业专职应急队伍的建立情况，采取依托企业专职应急队伍或独立组建的方式，建立本行政区域安全生产骨干应急队伍，以满足本行政区域预防和处置生产安全事故的需要。地方要为骨干应急队伍配备先进适用装备，给予政策扶持，确保其健康持续发展。基层安全监管监察部门要积极配合和大力支持交通、铁路、质检、电力、建筑等部门建设基层专业应急队伍，建立和完善区域专业联防体系。各地要将矿山医疗救护体系建设纳入本地应急医疗卫生救援体系和安全生产应急救援体系之中，同步规划、同步建设。要依托本地大中型矿山企业医院建立矿山医疗救护骨干队伍，并督促指导矿山企业加强医疗救护队伍建设，将矿山医疗救护网络延伸到每一个矿山企业直至井（坑）口、车间，进一步完善三级矿山医疗救护网络。

(2) 强化兼职安全生产应急队伍建设。未明确要求建立专职安全生产应急队伍的生产经营单位，要建立兼职应急队伍或明确专兼职应急救援人员，并与邻近专职安全生产应急队伍签订应急救援协议。本行政区域没有矿山、危险化学品等高危行业企业的地方，要加强其他专业安全生产兼职应急队伍建设，或整合本行政区域应急救援力量组建安全生产兼职应急队伍，或依托本行政区域综合应急队伍充实安全生产应急救援力量，以满足本地生产安全事故应急工作的需要。险时，兼职应急队伍应充分发挥就近和熟悉情况的优势，在相关应急指挥机构组织下开展先期处置，组织群众自救互救，参与抢险救灾和人员转移安置，维护社会秩序，为专业应急队伍提供现场信息，引导专业应急队伍开展救援工作，并配合专业应急队伍做好各项保障，协助有关方面做好善后处置、物资发放等工作。平时，兼职应急队伍应发挥信息员作用，发现事故隐患及时报告，协助做好预警信息传递、灾情收集上报和评估等工作，参与有关单位组织的隐患排查治理。

(3) 加快安全生产应急志愿者队伍建设步伐。基层安全监管监察部门要充分发挥社会志愿者的作用，把具有相关专业知识和技能的志愿者纳入安全生产应急志愿者队伍；要组织对志愿者的安全生产应急知识培训和救援基本技能训练，建立规范的志愿者管理制度；要发挥志愿者的就近优势，险时立即集结到位，在相关应急指挥机构统一指挥下，组织群众疏散，协助维持现场秩序，开展家属安抚和遇险人员心理干预，收集和提供事故情况，配合开展相关辅助工作。

三、提高基层安全生产应急队伍装备水平

（1）加强基层应急队伍装备建设。基层安全监管监察部门要对本区域应急救援技术装备配置进行统筹规划，协调和督促有关单位按照有关规程和标准规范为基层安全生产应急队伍配备充足、先进、适用的应急救援装备和器材；同时，要支持和督促本地安全生产专业骨干应急队伍配备比较先进的、必要的装备和器材，以适应本地生产安全事故救援工作的需要。

（2）大力推进应急装备的技术进步。要加强应急新技术、新装备的推广、应用，不断提高应急工作的科技水平，推动事故救援现场装备的信息化、安全化、高效化。有条件的地方，要积极引进、消化国外先进的救援技术、装备，不断提高应急处置能力。

（3）加强基层应急信息平台建设。基层安全监管监察部门和有关生产经营单位要加强信息化建设。要加强服务信息平台建设，利用现有的计算机终端与安全生产应急平台联网。地方要积极创造条件，针对危险源、重点部位布设电子监控设备，逐步实现对辖区内的安全生产状况的动态监控和信息、图像的快速采集、处理。生产经营单位应积极建立安全生产应急平台，重点实现监测监控、信息报告、综合研判、指挥调度等功能，实时为上级管理部门及服务区域安全生产应急基地提供相关数据、图像、语音和资料。基层安全生产应急工作机构要建立应急终端，并与基层政府和有关部门及有关生产经营单位的应急平台和系统联网，实现应急信息传递的高效、便捷，提高队伍的应急响应速度。

四、加强基层安全生产应急基础工作

（1）加强基层应急队伍制度建设。建立健全应急值守、接警处置、预防性检查、培训考核、训练演练、装备器材维护与管理、技术资料管理、财务后勤管理等各项制度。建立各类工作记录和档案，如值班、会议、训练和演练、事故处理等记录以及装备管理、事故处理评估报告、隐患排查情况等档案资料。加强培训和训练工作，通过日常训练、培训、技术竞赛、经验交流、模拟实战演习等多种形式提高救援技能，提升实战能力。

（2）加强基层应急队伍的培训和训练。各级安全监管监察部门要把基层安全生产应急人员和志愿者的教育培训纳入安全生产应急管理教育培训体系之中，分类组织对基层应急人员和志愿者进行专门培训，使基层各级各类安全生产应急人员和志愿者熟悉、掌握应急管理和救援专业知识技能，增强先期处置和配合协助专业应急队伍开展救援的能力；同时，要加强应急知识的宣传和普及，使基层应急人员和志愿者充分了解应急知识，提高组织指挥和预防事故及自救、互救能力。

（3）增强基层应急救援队伍的战斗力。各级安全监管监察部门要引导基层安全生产应急救援队伍采取有力措施，不断提高战斗力；要强化理论武装、政治工作、作风锤炼，搞好思想政治和作风建设；加强事故案例分析和救援经验总结评估工作，持之以恒地开展技战术研究，不断探索应急救援的规律和有效方法，不断提高救援的科学性、实效性；开展地震、泥石流、山体滑坡、洪灾、建（构）筑物坍塌、隧道冒顶等灾害、事故的应急救援技能训练，扩充配备相应装备，努力拓展救援服务功能，实现一专多能。在基层安全生产应急救援队伍中大力开展“技术比武”和“创先争优”活动等。

（4）加强基层应急联动机制建设。基层安全监管监察部门要全面掌握本行政区域内的各类安全生产应急资源，推动建立本行政区域各类应急队伍之间、基层应急队伍与地区骨干应急队伍之间、基层应急队伍与国家级应急救援基地之间的应急联动机制。要明确安全生产应急工作各环节的主管部门、协作部门、参与单位及其职责，确立统一调度、快速运送、合理调配、密切协作的工作机制，实现应急联动。要结合实际，组织开展形式多样、有针对性的应急演练，特别要组织开展多地区、多部门、多单位和多应急队伍参与的综合性应急演练，增强地方、部门、生产经营单位、其他社会组织及应急队伍的协同作战能力。

五、健全完善基层安全生产应急体制和政策措施

（1）加强安全生产应急管理组织体系建设。各地要在推动市（地）、重点县（市、区）和高危行业大中型企业建立安全生产应急管理机构，并做到机构、编制、人员、经费、装备“五落实”的同时，引导促进社区、街道、乡镇按照属地管理原则，明确机构、人员，确保有人管、会管理、管得好。居委会、村委会等群众自治组织，要将安全生产应急管理作为自治管理的重要内容，明确落实安全生产应急管理工作责任人，做好群众的组织、动员工作。

（2）建立基层应急队伍的经费保障制度。基层安全监管监察部门要将加强基层安全生产应急队伍建设作为履行政府职能的一项重要任务，融入日常各项工作中；要制定完善基层安全生产应急队伍建设标准，搞好基层安全生产应急队伍建设示范工作；要不断总结典型经验，创新工作思路，积极探索有利于推动基层安全生产应急队伍建设的有效途径和方法。各地和生产经营单位要根据本行政区域、本单位安全生产工作的特点和需要，加强安全生产应急队伍建设，把安全生产应急队伍建设纳入本行政区域、本单位年度计划和下一个五年规划中，统一规划、统一部署、统一实施、统一推进。要加大基层安全生产应急队伍经费保障力度，建立正常的经费渠道和相关制度，努力争取将基层安全生产应急队伍建设的工作经费纳入同级财政预算。

（3）建立健全有利于基层应急队伍健康发展的政策措施。各省级安全监管监察部门要会同有关部门尽快完善基层安全生产应急队伍建设的财政扶持政策；要建立完善应急资源征用补偿制度、事故应急救援车辆执行应急救援任务免交过路过桥费用制度和基层应急救援有偿服务制度；要制定救援队员薪酬、津贴、着装、工伤保险、抚恤、退役或转岗安置等政策措施，解决基层安全生产应急队伍的实际困难和后顾之忧；要建立应急救援奖励制度，对在事故救援、事件处置工作中作出贡献的单位和个人要及时给予奖励和表彰，对做出突出贡献的单位和个人要联合人力资源、工会、共青团等部门和组织授予荣誉，提请政府给予表彰；要建立安全生产应急救援公益性基金，鼓励自然人、法人和其他组织开展捐赠，形成团结互助、和衷共济的好风尚；要制定推进志愿者参与安全生产应急救援的指导意见，鼓励和规范社会各界从事安全生产应急志愿服务。

六、加强领导，落实责任，全力推进基层安全生产应急队伍建设

各级安全监管监察部门在安全生产有关行政许可审查中，要依法加强对安全生产应急队伍建设条件的审查；要审查基层生产经营单位是否有符合要求的专兼职应急管理机构、人员和应急队伍，是否与有资质的应急队伍签订了协议；要建立安全生产应急队伍报备制度，及时掌握基层应急队伍建立情况，加强对应急队伍建设的指导。省级安全监管监察部门要切实加强对基层安全生产应急队伍建设的领导，经常研究，抓住不放；尤其要抓好典型示范，督促和指导辖区内市（地）、重点县（市、区）建立健全安全生产应急管理和救援指挥机构，落实工作责任。

第七节 国家安全生产应急平台体系建设

为推进全国安全生产应急体系建设，贯彻“安全第一、预防为主、综合治理”的方针，要充分利用现有资源，依靠信息技术和安全科技，加强应急预测预警、信息报送、辅助决策、调度指挥和总结评估等应急管理工作，建设国家安全生产应急平台体系，实现信息共享，建立“统一指挥、功能齐全、反应灵敏、运转高效”的应急机制，有效预防和妥善处置安全生产突发事件，为全面提高安全生产应急救援和应急管理能力，最大限度地减少人员伤亡和财产损失做出贡献。

一、基本原则

（1）统筹规划，分级实施。安全生产应急平台体系建设涉及各级政府、各专业部门和各中央企业的安全生产应急管理和协调指挥机构，要按照条块结合、属地为主的原则进行统筹规划、总体设计、分步实施和分级管理，以大、中城市辐射带动周边地区，实现业务系统和技术支撑系统的有机结合。

（2）因地制宜，整合资源。各地区、各有关部门的安全生产应急管理和协调指挥机构，要根据各地区的实际情况和部门职责，本着节约的原则，突出建设重点，注重高效实用，防止重复建设。整合自身应急平台所需资源，以国家安全生产信息系统为主体进行建设，同时考虑政府电子政务系统和部门业务系统的利用，采用接口转换等技术手段，实现与国家安全生产应急救援指挥中心应急平台以及其他相关应急平台的互联互通、信息共享。

（3）注重内容，讲求实效。既要重视应急平台硬件和软件建设，更要重视应用开发和信息源建设，保证应急平台的实用性；既要立足应急响应，又要满足平时应用，防止重建设、轻应用，重硬件、轻软件的倾向，充分发挥应急平台的作用。

（4）技术先进，安全可靠。要依靠科技，注重系统设备的可靠性和先进性，采用符合当前发展趋势的先进技术，并充分考虑技术的成熟性。加强核心技术的自主研发和应用，建立安全防护和容灾备份机制，保障应急平台安全平稳运行。

（5）立足当前，着眼长远。安全生产应急平台建设工作要以需求为导向，把当前和长远结合起来，既要满足当前安全生产应急管理工作需要，又要适应技术和应用的发展，不断提升安全生产应急平台技术应用水平。

二、主要建设任务

1. 总体建设要求

国家安全生产应急平台体系建设要在国家安全生产应急救援体系构架下，以国家安全生产信息系统为主体，同时考虑政府电子政务系统的利用，搭建以国家安全生产应急救援指挥中心应急平台为中心，覆盖国家专业应急管理与协调指挥机构、中央企业安全生产应急管理与协调指挥机构、省级安全生产应急救援指挥中心、省级矿山救援指挥中心和地市级安全生产应急管理与协调指挥机构应急平台为支撑，以国家级矿山应急救援基地、国家级危险化学品应急救援基地、国家级矿山排水基地、国家级矿山医疗救护中心、国家级矿山医疗救护基地、国家级危险化学品医疗救护基地、各专业部门及中央企业下属的安全生产应急管理与协调指挥机构和救援队伍为终端节点，形成上下贯通、左右衔接、互联互通、信息共享、互有侧重、互为支撑的国家安全生产应急平台体系。

整合现有国家安全生产应急救援资源，依托国家安全生产现有通信资源及信息系统和国家公共通信资源，建设安全生产应急平台体系的基础支撑系统和综合应用系统，实现生产安全事故灾难的监测监控、预测预警、信息报告、综合研判、辅助决策和总结评估等主要功能，满足本地区、本部门、本单位以及国家安全生产应急救援指挥中心、国务院应急办对生产安全事故的应急救援协调指挥和应急管理的需要。

各省（区、市）、各市（地）、各有关部门和中央企业的安全生产应急平台向下延伸的节点范围和数量，由各省（区、市）、各市（地）、各有关部门和中央企业决定。

2. 基础支撑系统

省（区、市）、市（地）、各有关部门和中央企业安全生产应急管理与协调指挥机构应急平台的基础支撑系统建设应主要包括以下内容：

（1）完善应急指挥厅和值班室等应急指挥场所，建设（或完善）本地区、本部门、本单位的视频会议系统，并与国家安全生产监督管理总局视频会议系统、国家安全生产应急救援指挥中心应急平台连通。实现能够召开本地区、本部门、本单位的视频会议和接收全国安全生产视频会议信息；实现能够全天候、全方位接收和显示来自事故现场、救援队伍、社会公众各渠道的信息并对各种信息进行全面监控管理；实现能够对本地区、本部门、本单位应急救援资源协调和管理；实现能够应急值守，在发生生产安全事故时进行救援资源调度、异地会商和决策指挥等，切实满足安全生产应急管理工作的需要。

应急指挥厅和值班室要配备 DLP 大屏幕拼接显示系统、辅助显示系统、专业摄像系统、多媒体录音录像设备、多媒体接口设备、智能中央控制系统、视频会议系统、有线和无线通讯系统、手机屏蔽设备、终端显示管理软件、UPS 电源保障系统、专业操控台及桌面显示系统、多通道广播扩声系统和电控玻璃幕墙及常用办公设备等。

国家安全生产应急救援指挥中心应急平台主机系统与国家安全生产信息系统共用主机房、共用专网和外网网站信息发布系统、共用数据中心的软件测试平台和软件维护平台、共用安全系统。

各省（区、市）、各有关部门和各中央企业及各市（地）应急平台要配备局域网交换机、小型机服务器、视频会议终端、系统支撑平台软件、系统管理软件及其附属设备。关键设备要双机备份。各救援基地和救护中心节点平台应考虑接入应急平台系统所需配备的局域网交换机、路由器及其附属和维护更新本节点信息所需的设备。

（2）国家电子政务统一网络平台已经建立，国务院办公厅与各省（区、市）、各部门的网络已经开通运行，各省级政府与市（地）、县的网络建设也在加快实施，国家安全生产信息系统的专网建设将覆盖各省级安全生产监管部门、煤矿安全监察部门，国家安全生产信息系统和应急救援指挥系统即将建设联结各级安全生产监管、监察机构的计算机专网系统，将全国各级安全生产应急救援指挥机构、救援基地接入专网，并建设能保障实时救灾指挥的电话通信、无线接入通信和应急指挥卫星通信的通信信息基础平台。各省（区、市）、各市（地）、各有关部门和中央企业的安全生产应急管理与协调指挥机构要充分利用现有的网络基础和资源，配备专用的网络服务器、数据库服务器和应用服务器等必要设备，适当补充平台设备和租用线路，完善安全生产应急平台体系的通信网络环境，满足图像传输、视频会议和指挥调度等功能要求，通过数据交换平台，实现与国家安全生产应急救援指挥中心应急平台和其他相关应急平台、终端的互联互通和信息共享。按照国家保密的有关规定，采取加密等技术手段，确保信息的保密和安全，实现与政务外网上的应用系统整合。

（3）以有线通信系统作为应急值守的基本通信手段，配备专用保密通信设备，以及电话调度、多路传真和数字录音等系统，确保国家安全生产应急救援指挥中心与各地区、各部门的安全生产应急管理与协调指挥机构之间联络畅通。利用卫星、蜂窝移动或集群等多种通信手段，实现事故现场与国家安全生产应急救援指挥中心、各省（区、市）、各市（地）、各有关部门和中央企业应急平台间的视频、语音和数据等信息传输。

（4）租用卫星信道，建立固定与移动相结合的卫星综合通信系统。卫星主站设在国家安全生产监督管理总局主机房，由国家安全生产监督管理总局承担对整个卫星通信系统的运行、管理、控制和维护。各省（区、市）、各市（地）、各有关部门和中央企业的应急救援指挥机构要建立固定卫星站，配备车载式卫星小站的应急救援通信指挥车，便携式移动卫星小站以及相应的配套设备，建设移动应急平台，装备便携式信息采集和现场监测等设备，满足卫星通信、无线微波摄像、无线数据、电话以及视频会议等功能要求，在实现现场各种通信系统之间互联互通的基础上，保证救援现场与异地应急平台间能够进行数据、语音（包括电话）和视频的实时、双向通信，除供现场应急指挥和处置决策时使用外，实现与国家安全生产应急救援指挥中心应急平台和其他相关应急平台的连接，实现并强化救援工作现场与应急平台的视频会商和协调指挥功能。

3. 综合应用系统

运用计算机技术、网络技术和通信技术、GIS、GPS等高技术手段，对重大危险源进行监控，通过整合全国各级安全生产应急资源，构建一个各级安全生产应急救援指挥机构、应急救援基地和相关部门互联互通的通信信息基础平台，充分利用即将建设的国家安全生产信息系统的主要应用系统，通过开发形成满足安全生产应急救援协调指挥和应急管理需要的综合应用系统。

系统能够采集、分析和处理应急救援信息，为应急救援指挥机构协调指挥事故救援工作提供参考依据。系统能够满足全天候、快速反应安全生产事故信息处理和抢险救灾调度指挥的需要，使其具备事故快报功能，并以地理信息系统和视频会议系统为平台，以数据库为核心，快速进行事故受理，与救灾资源和社会救助联动，及时、有效地进行抢险救灾调度指挥。

省（区、市）、市（地）、有关部门和中央企业安全生产应急管理与协调指挥机构应急平台的综合应用系统应包括的子系统及其功能如下。

（1）应急值守管理子系统。实现生产安全事故的信息接收、屏幕显示、跟踪反馈、专家视频会商、图像传输控制、电子地图GIS管理和情况综合等应急值守业务管理。利用本地区、本部门监测网络，掌握重大危险源空间分布和运行状况信息，进行动态监测，分析风险隐患，对可能发生的特别重大事故进行预测预警。

通过应急平台在事发三小时内向国家安全生产应急救援指挥中心报送特别重大、重大生产安全事故信息及事故现场音视频信息。市（地）级应急值守管理子系统要增加辅助接警功能，与当地公安、消防、交警、急救形成的统一接警平台相连接，处理生产安全事故应急救援接报信息。

（2）应急救援决策支持子系统。突发事件发生后，通过汇总分析相关地区和部门的预测结果，结合事故进展情况，对事故影响范围、影响方式、持续时间和危害程度等进行综合研判。在应急救援决策和行动中，能够针对当前灾情，采集相应的资源数据、地理信息、历史处置方案，通过调用专家知识库，对信息综合集成、分析、处理、评估，研究制定相应技术方案和措施，对救援过程中遇到的技术难题提出解决方案，实现应急救援的科学性和准确性。

（3）应急救援预案管理子系统。遵循分级管理、属地为主的原则，根据有关应急预案，利用生产安全事故的研判结果，通过应急平台对有关法律法规、政策、安全规程规范、救援技术要求以及处理类似突发事件的案例等进行智能检索和分析，并咨询专家意见，提供应对突发事件的措施和应急救援方案。根据应急救援过程不同阶段处置效果的反馈，在应急平台上实现对应急救援方案的动态调整和优化。

（4）应急救援资源和调度子系统。在建立集通信、信息、指挥和调度于一体的应急资源和资产数据库的基础上，实施对专业队伍、救援专家、储备物资、救援装备、通信保障和医疗救护等应急资源的动态管理。在突发重大事件时，应急指挥人员通过应急平台，迅速调集救援资源进行有效的救援，为应急指挥调度提供保障。与此同时，自动记录突发事件的救援过程，根据有关评价指标，对救援过程和能力进行综合评估。

（5）应急救援培训与演练子系统及其应具有的功能。包括：①突发事件模拟和应急预案模拟演练；②合理组织应急资源的调派（包括人力和设备等）；③协调各应急部门、机构、人员之间的关系；④提高公众应急意识，增强公众应对突发重大事故救援的信心；⑤提高救援人员的救援能力，明确救援人员各自的岗位和职责，提高各预案之间的协调性和整体应急反应能力。

（6）应急救援统计与分析子系统。实现快速完成复杂的报表设计和报表格式的调整。对数据库中的数据可任意查询、统计分析，如叠加汇总、选择汇总、分类汇总、多维分析、多年（月）数据对比分析、统计图展示等，可以将各种分析结果打印输出，也可将分析结果发布到互联网上，为各级应急救援单位的管理者提供决策依据。

（7）应急救援队伍资质评估子系统。准确判断本区域（或领域）内，某一救援队伍的应急救援能力，了解某一区域内某专业救援队伍的应急救援能力，为应急救援协调指挥、应急救援预案管理、应急救援培训演练以及应急救援资源调度提供准确、可靠依据。

（8）基础数据库和专用数据库。要按照条块结合、属地为主的原则，充分利用国家安全生产信息系统的基础数据库，建设满足应急救援和管理要求的安全生产综合共用基础数据库和安全生产应急救援指挥应用系统的专用数据库，收集存储和管理管辖范围内与安全生产应急救援有关的信息和静态、动态数据，可供国家安全生产应急救援指挥中心应急平台和其他相关应急平台远程运用，数据库建设要遵循组织合理、结构清晰、冗余度低、便于操作、易于维护、安全可靠、扩充性好的原则，并建立数据库系统实时更新以及各地区和各有关部门安全生产应急管理与协调指挥机构应急平台间的数据共享机制。

数据库包括存储安全生产事故接报信息、预测预警信息、监测监控信息以及应急指挥过程信息等内容的应急信息数据库；存储各类应急救援预案的预案数据库；存储应急资源信息（包括指挥机构及救援队伍的人员、设施、装备、物资以及专家等）、危险源、人口、自然资源等内容的应急资源和资产数据库；存储数字地图、遥感影像、主要路网管网、避难场所分布图和救援资源分布图等内容的地理信息数据库；存储各类事故趋势预测与影响后果分析模型、衍生与次生灾害预警模型和人群疏散避难策略模型等内容的决策支持模型库；存储有关法律法规、应对各类安全生产事故的专业知识和技术规范、专家经验等内容的知识管理数据库；存储国内外特别是本地区或本行业有重大影响的、安全生产事故典型案例的事故救援案例数据库；存储应急救援人员或队伍评估情况的应急资质评估数据库；存储各类事故的应急救援演练情况和演练方案等信息的演练方案数据库，存储对各级各类应急救援数据统计分析信息的统计分析数据库。

为确保各级安全生产应急救援指挥机构、应急救援基地和相关部门应急平台的指标体系、数据结构、业务流程、系统平台等技术基础和功能协调一致、互联互通、信息共享，避免多单位同时重复开发应用系统，由国家安全生产应急救援指挥中心组织专门力量，利用现有资源，并与已有的安全生产信息系统的应用系统有机结合，对安全生产应急平台的综合应用系统进行统一规划、统一设计、分步实施。

4. 技术标准规范

国家安全生产应急平台体系建设是一项涉及面广的系统工程，规范和统一标准是实现信息资源共享的基本条件。要遵循通信、网络、数据交换等方面的相关国家或行业标准，规范网络互联、视频会议和图像接入等建设工作，采用国家有关部门发布的人口基础信息、社会经济信息、自然资源信息、基础空间地理信息等数据标准规范，按照电子政务建设和国家安全生产信息系统建设相关标准规范和地方兼容中央、下级兼容上级的模式，形成全国应急平台在功能规范、业务流程、数据定义与编码、数据交换上的统一标准化体系，保证国家安全生产应急平台体系技术标准一致。

5. 平台安全保障

严格遵守国家保密规定，利用国家安全生产信息系统和电子政务网络信息安全保障体系，采用专用加密设备等技术手段，严格用户权限控制，确保涉密信息传输、交换、存储和处理安全。加强应急平台的供配电、空调、防火、防灾等安全防护，对计算机操作系统、数据库、网络、机房等进行安全检测和关键系统及数据的容灾备份，逐步完善安全生产应急平台安全管理机制。

三、建设与运行管理

（一）建设工作

各地区、各有关部门的安全生产应急管理与协调指挥机构要高度重视安全生产应急平台建设，规范有序地开展工作，同时做好本地区、本部门应急平台向下延伸工作。

已建成或正在建设应急平台的省（区、市）、市（地）、有关部门和中央企业安全生产应急管理与协调指挥机构，要充分利用生产安全事故预防监测、预测预警和应急处置等方面的科技成果，不断完善应急平台各项功能。

（二）运行管理

为规范应急平台建设，做好衔接工作，各地、各有关部门的安全生产应急管理与协调指挥机构，要将应急平台建设方案报送上级管理部门和国家安全生产应急救援指挥中心备案。

各级安全生产应急管理机构要承担并加强本单位应急平台日常管理工作，要做好应急平台的安全测评、系统验收和人员培训等工作，配备必要的技术管理人员，理顺工作流程，建立健全保密、运行维护等各项管理制度，加强通信平台、网络平台、计算机和服务器系统平台、应用平台、系统安全平台的日常运行维护，进行信息的及时更新，保障安全生产应急平台的高效安全运行。

第八节 应 急 培 训

应急培训坚持重防范、抓治本，创新培训思路，丰富培训内容，按照分级负责、分类实施、全员培训的原则，各地区、各有关部门要制定应急管理的培训规划和培训大纲，明确培训内容、标准和方式，充分运用多种方法和手段，做好应急管理培训工作，并加强培训资质管理。要加大科普宣教工作力度，创造更加浓厚的人人关心公共安全、人人学习应急知识的社会氛围，大力提高对各类突发公共事件的预防和处置能力，大力提高应急管理人员的指挥能力、应急救援队伍的实战能力、企业一线员工的应急避险和自救互救能力，实现重点行业领域应急知识和技能培训全覆盖。

有计划地开展不同形式的应急管理业务知识和专业技能培训，提供各类培训教材和不同形式的培训课程。通过培训，使受训对象的应急知识得到拓展，增强危机感，熟悉应急预案，掌握应急处置技术，提高应急管理和应急处置能力。形成以应急管理理论为基础，以应急管理相关法律法规和应急预案为核心，以提高各级应急管理人员的应急处置和事故预防能力为重点，以提高各类人员事故预防、应急处置能力为基本内容的培训课程体系。建立政府主导和社会参与相结合，以实际需要为导向，分层次、分类别、多渠道的培训工作格局。优化配置培训资源，完善培训基地功能和考核评价方法，实现培训管理制度化，保障培训工作质量。

一、培训内容和要求

（1）加强对领导干部的培训。领导干部应急管理培训的重点是增强应急管理意识，掌握相关应急预案，提高突发事件应急管理和应急处置能力。各级应急管理部门要将应急管理内容列入安全培训计划，纳入领导干部安全生产培训课程，有计划地开展对本地区领导干部的培训。

(2) 对应急管理人员进行系统培训。应急管理人员培训的重点是掌握各类突发事件应急预案和相关法律法规及应急救援相关知识和技能，提高应急管理工作水平。国家安全生产应急救援指挥中心（以下简称国家应急指挥中心）制订年度培训计划，组织对省级安全生产应急管理人员进行系统培训，并指导省级安全生产监督管理部门开展相关安全生产应急管理知识和专业技能的培训。各级安全生产应急管理机构要制订培训计划，合理安排时间，利用不同方式开展安全生产应急管理培训。要有计划地开展对工作人员综合业务的培训，提高应急值守、信息报告、组织协调、预案管理和应急处置等方面的工作能力，力争受训率达到100%。

(3) 加强对生产经营单位管理人员的培训。生产经营单位管理人员培训的重点是增强事故防范意识，掌握事故隐患辨识和应急预案编制方法，提高安全生产应急管理和重大事故应急处置能力。在生产经营单位负责人和安全管理人员安全资格培训课程中增加应急管理的内容。中央企业的总公司（集团公司）安全管理人员由国家应急指挥中心制订年度培训计划，会同国务院有关部门组织培训。中央企业的分公司、子公司及其所属单位安全管理人员由中央企业的总公司（集团公司）或省级安全生产监督管理部门组织培训。中央企业总公司、分公司（子公司）及其所属单位安全管理人员受训率达到100%。

各省级安全生产监督管理部门要合理规划，按照有关规定，有重点地组织和指导本地区生产经营单位负责人和安全生产管理人员的培训。督促生产经营单位将安全生产应急管理作为培训的重要内容之一。

(4) 加强对突发事件应急救援队伍的培训。突发事件应急救援队伍的培训重点是熟悉相关应急预案和事故发生的特点，熟练掌握事故隐患辨识和突发事件应急救援技能，提高在不同情况下实施救援和协同处置的能力。国家应急指挥中心负责组织对专业应急救援队伍大队、中队指挥人员和管理人员的培训和复训，充分发挥国家级应急救援基地的功能和作用，广泛运用模拟仿真、实战化演练等新技术改进培训手段、创新培训方式、提高培训质量。各省级安全监管部门、煤矿安全监察机构按照有关规定负责组织对救援队伍其他指挥人员和管理人员的培训。救援队指挥人员及有关人员的培训和复训率要达到100%。

(5) 加强对从业人员和社会公众的培训和教育。从业人员安全生产应急管理培训的重点是熟悉企业应急预案，熟练掌握本岗位事故防范措施和应急处置程序，增强安全生产和事故防范意识，提高事故隐患排查和应急处置、自救和互救的能力。社会公众培训教育的重点是了解事故危害、避险、自救和互救等知识。生产经营单位要按照有关规定和企业应急预案要求，每年对从业人员进行一次专门的安全生产应急管理和应急处置程序的培训。各级安全监管部门、机构按照有关规定，指导、配合有关部门和生产经营单位对公众进行事故危害、预防、避险、自救和互救等知识的培训和教育。大力开展突发事件应急知识普及工作，开展形式多样的应急知识竞赛活动，提高全民应急意识。

二、保障措施

(1) 加强对突发事件应急管理培训工作的组织领导。突发事件应急管理培训是突发事件应急管理工作的重要环节，是消除事故隐患、减少事故发生、提高事故处置能力、降低事故损失的重要举措。各级安全监管部门、机构要把应急管理培训纳入培训工作总体规划，加强组织协调，抓好工作落实，统筹培训经费，确保培训工作目标的实现。突发事件应急管理培训涉及面广，各级突发事件应急管理机构既要充分调动各方面积极性，又要统筹安排，规范管理，保证安全生产应急管理培训工作健康、有序开展。

(2) 制定和开发突发事件应急管理培训大纲和教材。国家应急指挥中心结合各类突发事件特点和应急管理工作需要，分类制定培训大纲、培训教材和考核标准，科学规划各类人员培训课程，明确培训内容和标准。根据培训大纲和考核标准，分别组织编写适应不同类别人员需要和不同岗位工作要求的培训教材，逐步建立起科学合理的突发事件应急管理培训教材体系。

(3) 推进培训手段现代化建设。充分利用现有各类培训教育资源和网络、电视、远程教育等手段，依托大专院校和培训机构广泛开展培训工作。借鉴国内外现代教育培训理论与方法，采用案例教学、情景模拟、交流研讨、案例分析、应急演练、对策研究等方式，提高学员学习的自主性、参与性，提高培训质量和效果。学习和借鉴国外先进的应急管理培训经验和技术，积极创造条件、开拓渠道，加强同国（境）外相关机构和组织的培训合作与交流。

(4) 加强师资队伍建设。以有关大专院校、研究机构和培训机构为依托，重点培养一支熟悉突发事件应急管理、精通培训业务、热爱应急管理培训工作的教学骨干队伍。从具有较深理论功底和丰富实践经验的突发事件应急管理干部、科研院所和相关企事业单位的专家学者中选定一批兼职教师，建立突发事件应急管理培训师资库，开展突发事件应急管理应用技术与学术交流，提高突发事件应急管理培训师资水平。

(5) 统筹安排使用培训经费。由国家应急指挥中心负责的培训按照财政部批准的应急管理培训经费预算执行，并做到培训经费专款专用，加强经费管理，提高经费使用效果。各级安全监管部门、机构要将突发事件应急管理培训作为重要培训项目之一，在现有培训经费中统筹安排相关经费，确保突发事件应急管理培训工作的需要。生产经营单位应结合企业整体发展规划，明确管理机构和人员，制订年度培训计划，增加培训投入，保证突发事件应急管理培训工作落到实处。

(6) 完善管理制度，保证培训质量。结合当前应急管理培训工作实际，确定培训质量考评方法，建立应急管理培训质量评估制度。国家应急指挥中心要从培训计划的制定、培训的教学设计、培训内容和方式的选择、培训师资的选聘、培训过程的管理、培训效果的评估等环节加强对培训机构应急管理培训质量的检查，确保培训质量和效果。

第九节　法　律　责　任

地方各级人民政府和县级以上各级人民政府有关部门违反《中华人民共和国突发事件应对法》规定，不履行法定职责的，由其上级行政机关或监察机关责令改正。有下列情形之一的，根据情节对直接负责的主管人员和其他直接责任人员依法给予处分。

1) 未按规定采取预防措施，导致发生突发事件，或未采取必要的防范措施，导致发生次生、衍生事件的。

2）迟报、谎报、瞒报、漏报有关突发事件的信息，或通报、报送、公布虚假信息，造成后果的。

3）未按规定及时发布突发事件警报、采取预警期的措施，导致损害发生的。

4）未按规定及时采取措施处置突发事件或处置不当，造成后果的。

5）不服从上级人民政府对突发事件应急处置工作的统一领导、指挥和协调的。

6）未及时组织开展生产自救、恢复重建等善后工作的。

7）截留、挪用、私分或变相私分应急救援资金、物资的。

8）不及时归还征用的单位和个人的财产，或对被征用财产的单位和个人不按规定给予补偿的。

有关单位有下列情形之一的，由所在地履行统一领导职责的人民政府责令停产停业，暂扣或吊销许可证或营业执照，并处五万元以上二十万元以下的罚款。构成违反治安管理行为的，由公安机关依法给予处罚。

1）未按规定采取预防措施，导致发生严重突发事件的。

2）未及时消除已发现的可能引发突发事件的隐患，导致发生严重突发事件的。

3）未做好应急设备、设施日常维护、检测工作，导致发生严重突发事件或者突发事件危害扩大的。

4）突发事件发生后，不及时组织开展应急救援工作，造成严重后果的。

违反《中华人民共和国突发事件应对法》规定，编造并传播有关突发事件事态发展或应急处置工作的虚假信息，或明知是有关突发事件事态发展或应急处置工作的虚假信息而进行传播的，责令改正，给予警告；造成严重后果的，依法暂停其业务活动或吊销其执业许可证；负有直接责任的人员是国家工作人员的，还应当对其依法给予处分；构成违反治安管理行为的，由公安机关依法给予处罚。

单位或个人违反《中华人民共和国突发事件应对法》规定，不服从所在地人民政府及其有关部门发布的决定、命令或者不配合其依法采取的措施，构成违反治安管理行为的，由公安机关依法给予处罚。

单位或个人违反《中华人民共和国突发事件应对法》规定，导致突发事件发生或危害扩大，给他人人身、财产造成损害的，应当依法承担民事责任。

违反《中华人民共和国突发事件应对法》规定，构成犯罪的，依法追究刑事责任。

第二章
供电企业应急管理

企业应急管理是指对企业生产经营中的各种安全生产事故和可能给企业带来人员伤亡、财产损失的各种外部突发事件，以及企业可能给社会带来损害的各类突发公共事件的预防、处置和恢复重建等工作，是企业管理的重要组成部分。加强企业应急管理，是企业自身发展的内在要求和必须履行的社会责任。各级供电企业为了全面规范和加强应急工作，提高供电企业防范和应对突发事件的能力，预防和减少突发事件的发生，控制、减轻和消除突发事件引起的严重社会危害，维护国家安全、社会稳定和人民生命财产安全，保障供电企业正常生产经营秩序，维护供电企业品牌和社会形象，依据《中华人民共和国突发事件应对法》(中华人民共和国主席令第 69 号)、《国家突发公共事件总体应急预案》(国务院 2006)、《安全生产事故报告和调查处理条例》(国务院令第 493 号)、《国家大面积停电事件应急预案》(国办函〔2015〕134 号)、《电力安全事故应急处置和调查处理条例》(国务院令第 599 号)、《国务院关于加强应急管理工作的意见》(国发〔2006〕24 号)、《国务院办公厅关于加强基层应急队伍建设的意见》(国办发〔2009〕59 号)、《国务院办公厅关于加强基层应急管理工作的意见》(国办发〔2007〕52 号)、《国务院办公厅转发安全监管总局等部门关于加强企业应急管理工作的意见》(国办发〔2007〕13 号)、《企业安全生产应急管理九条规定》(国家安全生产监督管理总局令第 74 号)等法律法规及相关文件规定制定从组织机构及职责、应急体系建设、预防与应急准备、监测与预警、应急处置与救援、事后恢复与重建、监督检查和考核等方面对供电企业的应急管理工作进行了规范和要求。

供电企业应急工作，是指供电企业应急体系建设与运维，突发事件的预防与应急准备、监测与预警、应急处置与救援、事后恢复与重建等活动。

突发事件，是指突然发生，造成或可能造成严重社会危害，需要各级供电企业采取应急处置措施予以应对，或参与应急救援的自然灾害、事故灾难、公共卫生事件和社会安全事件。

按照社会危害程度、影响范围等因素，供电企业突发事件分为特别重大、重大、较大和一般四级。

第一节　应急管理目标与原则

1. 明确企业应急管理目标

供电企业应建立健全应急管理组织体系，把应急管理纳入企业管理的各个环节。形成上下贯通、多方联动、协调有序、运转高效的供电企业应急管理机制。建立起训练有素、反应快速、装备齐全、保障有力的供电企业应急队伍。加强危险源监控，实现供电企业突发事件预防与处置的有机结合，全面提高供电企业应对突发事件的能力。

2. 明确和落实企业应急管理责任

供电企业对自身应急管理工作负责，按照条块结合、属地为主的原则，在各地政府的领导下和能源监管机构的监督指导下开展应急管理工作。能源监管机构要按照现有职责分工，注意分类指导，加强监督管理工作。建立激励约束机制，对应急管理工作中表现突出的供电企业和个人给予表彰，对不履行职责引起事态扩大、造成严重后果的责任人依法追究责任。

3. 供电企业应急工作原则

(1) 以人为本，减少危害。在做好企业自身突发事件应对处置的同时，切实履行社会责任，把保障人民群众和供电企业员工的生命财产安全作为首要任务，最大程度减少突发事件及其造成的人员伤亡和各类危害。

(2) 居安思危，预防为主。坚持“安全第一、预防为主、综合治理”的方针，树立常备不懈的观念，增强忧患意识，防患于未然，预防与应急相结合，做好应对突发事件的各项准备工作。

(3) 统一领导，分级负责。落实党中央、国务院的部署，坚持政府主导，在供电企业总部的统一领导下，按照综合协调、分类管理、分级负责、属地管理为主的要求，开展突发事件预防和处置工作。

(4) 把握全局，突出重点。牢记企业宗旨，服务社会稳定大局，采取必要手段保证电网安全，通过灵活方式重点保障关系国计民生的重要客户、高危客户及人民群众基本生活用电。

(5) 快速反应，协同应对。充分发挥供电企业集团化优势，建立健全“上下联动、区域协作”快速响应机制，加强与政府的沟通协作，整合内外部应急资源，协同开展突发事件处置工作。

(6) 依靠科技，提高能力。加强突发事件预防、处置科学技术研究和开发，采用先进的监测预警和应急处置装备，充分发挥各级供电企业专家人才队伍和专业人员的作用，加强宣传和培训，提高员工自救、互救和应对突发事件的综合能力。

第二节 组织机构及职责

一、生产经营主体

企业是生产经营活动的主体，是保证安全生产和应急管理的根本和关键所在。安全生产应急管理责任体系是明确本单位各岗位应急管理责任及其配置、分解和监督落实的工作体系，是保证本单位应急管理工作顺利开展的关键制度体系。层层建立安全生产应急管理责任体系是企业加强安全生产应急管理最为重要的途径。做好应急管理工作，强化和落实企业主体责任是根本，强化落实企业主要负责人是应急管理第一责任人是关键，企业主要负责人作为应急管理的第一责任人，必须对本单位应急管理工作的各个方面、各个环节负责。

供电企业应急领导小组全面领导应急工作。供电企业建立由各级应急领导小组及其办事机构组成的，自上而下的应急领导体系。由安全监察质量部（以下简称安监部）归口管理、各职能部门分工负责的应急管理体系。供电企业应急领导小组根据突发事件类别和影响程度，成立或授权成立专项事件应急处置领导机构（临时机构）领导、协调、组织、指导突发事件应急处置工作。专项事件应急处置指挥机构应与上级相关机构保持衔接。形成领导小组决策指挥、办事机构牵头组织、有关部门分工落实、党政工团协助配合、企业上下全员参与的应急组织体系，实现应急管理工作的常态化。

二、安全生产第一责任人

各级供电企业行政正职是本单位应急工作第一责任人，对应急工作负全面的领导责任。其他分管领导协助行政正职开展工作，是分管范围内应急工作的第一责任人，对分管范围内应急工作负领导责任，向行政正职负责。

三、企业应急组织机构及职责

《中华人民共和国安全生产法》第四条规定：生产经营单位必须遵守本法和其他有关安全生产的法律、法规，加强安全生产管理，建立、健全安全生产责任制和安全生产规章制度，改善安全生产条件，推进安全生产标准化建设，提高安全生产水平，确保安全生产。

《中华人民共和国安全生产法》第二十一条规定：前款规定以外的其他生产经营单位，从业人员超过一百人的，应当设置安全生产管理机构或者配备专职安全生产管理人员；从业人员在一百人以下的，应当配备专职或者兼职的安全生产管理人员。

落实企业应急管理主体责任，需要企业在内部机构设置和人员配备上予以充分保障。应急管理机构和应急管理人员，是企业开展应急管理工作的基本前提，在企业的应急管理工作中发挥着不可或缺的重要作用。进一步加强应急管理制度建设，对提升企业安全生产应急管理水平具有重要意义。企业要强化并规范应急管理工作，就必须建立、健全应急管理各项工作制度，并保证其有效实施。

供电企业应急领导小组下设安全应急办公室和稳定应急办公室作为办事机构。

安全应急办公室设在供电企业安监部，负责自然灾害、事故灾难类突发事件，以及社会安全类突发事件造成的供电企业所属设施损坏、人员伤亡事件的有关工作。

稳定应急办公室设在供电企业办公室，负责公共卫生、社会安全类突发事件的有关工作。

应急领导小组主要职责：贯彻落实国家应急管理法律法规、方针政策及标准体系；贯彻落实供电企业及地方政府和有关部门应急管理规章制度。接受上级应急领导小组和地方政府应急指挥机构的领导。研究本企业重大应急决策和部署；研究建立和完善本企业应急体系。统一领导和指挥本企业应急处置实施工作。

安监部是供电企业应急管理归口部门，负责日常应急管理、应急体系建设与运维、突发事件预警与应对处置的协调或组织指挥、与政府相关部门的沟通汇报等工作。

《中华人民共和国安全生产法》第二十二条规定：生产经营单位的安全生产管理机构以及安全生产管理人员履行下列职责：

（一）组织或参与拟订本单位安全生产规章制度、操作规程和生产安全事故应急救援预案。

（二）组织或参与本单位安全生产教育和培训，如实记录安全生产教育和培训情况。

（三）督促落实本单位重大危险源的安全管理措施。

（四）组织或参与本单位应急救援演练。

（五）检查本单位的安全生产状况，及时排查生产安全事故隐患，提出改进安全生产管理的建议。

（六）制止和纠正违章指挥、强令冒险作业、违反操作规程的行为。

（七）督促落实本单位安全生产整改措施。

各职能部门按照“谁主管、谁负责”原则，贯彻落实供电企业应急领导小组有关决定事项，负责管理范围内的应急体系建设与运维、相关突发事件预警与应对处置的组织指挥、与政府专业部门的沟通协调等工作。

第三节　应急体系建设和预案管理

一、编制和落实企业应急体系建设规划

供电企业应当根据《电力应急体系建设规划》的要求，制订应急体系建设规划，按照“总体设计，分步实施”的原则，充分利用现有资源，采用先进技术，重点加强应急预案体系建设和应急管理工作机制建设，加快各级电力应急指挥中心、应急平台和应急培训演练基地建设，做到应急管理与企业发展同步规划、同步实施、同步推进。

供电企业要建立“统一指挥、结构合理、功能实用、运转高效、反应灵敏、资源共享、保障有力”的应急体系，形成快速响应机制，提升综合应急能力。

应急制度体系是组织应急工作过程和进行应急工作管理的规则与制度的总和，是供电企业规章制度的重要组成部分，包括应急技术标准，以及其他应急方面规章制度性文件。应急体系建设包括持续完善应急组织体系、应急制度体系、应急预案体系、应急培训演练体系、应急科技支撑体系，不断提高各级供电企业应急队伍处置救援能力、综合保障能力、舆情应对能力、恢复重建能力，建设预防预测和监控预警系统、应急信息与指挥系统等内容。

各级供电企业应急管理归口部门及相关职能部门均应根据自身管理范围，制定计划，组织协调，开展应急体系相关内容建设，确保应急体系运转良好，发挥应急体系作用，应对处置突发事件。

各级供电企业均应组织编制应急体系建设五年规划，纳入企业发展总体规划一并实施。各级供电企业还应据此建立应急体系建设项目储备库，逐年滚动修订完善建设项目，并制定年度应急工作计划，纳入本单位年度综合计划，同步实施、同步督查、同步考核。

二、规范供电企业应急预案管理

各级供电企业应对危险因素较多、危险性较大，事故易发、多发区域、环节和重大危险源，开展全面细致的风险评估，对于企业有针对性地开展应急培训、演练、装备物资储备和救援指挥程序等全环节的应急管理活动都具有重要的参考意义。

应急预案是企业应急管理工作的主线。供电企业应当针对电力行业的风险隐患特点，以编制电力事故灾难应急预案为重点，按照简明扼要、管用有效的原则及时优化本级应急预案，为快速处置各类事故提供保障。预案内容要简明、注重实效，有针对性和可操作性。应当完善各级各类应急预案，并做好相关预案间的衔接工作。按照监管机构要求，明确预案编制、审核、批准、报备等提高应急预案质量，各级供电企业制定的突发事件应急预案应与政府应急预案相衔接，确保协调一致、互相配套，一旦启动能够顺畅运行，提高事故应急救援工作的效率。

供电企业要切实做到安全生产应急预案全覆盖，其应急预案体系由总体预案、专项预案、现场处置方案构成，应满足“横向到边、纵向到底、上下对应、内外衔接”的要求。省级以上供电企业原则上设总体预案、专项预案，根据需要设现场处置方案；地市级供电企业、县级供电企业设总体预案、专项预案、现场处置方案。突出加强重点岗位、重点部位、重要装置现场处置方案编制和优化工作，强化事故初发期的妥善处置，有效控制事故发展扩大。供电企业应急预案设置目录见表 2－1。

表 2－1　　　　供电企业应急预案设置目录

分类	预案名称	发布部门
总体预案	突发事件总体应急预案	安监部
自然灾害类	气象灾害处置应急预案	运检部
	地震地质等灾害处置应急预案	运检部
事故灾难类	人身伤亡事件处置应急预案	安监部
	大面积停电事件处置应急预案	安监部
	设备设施损坏事件处置应急预案	运检部
	通信系统突发事件处置应急预案	信通部
	网络信息系统突发事件处置应急预案	信通部
	环境污染事件处置应急预案	科技部
	煤矿及非煤矿山安全生产事件处置应急预案	安监部
	水电站大坝垮塌事件处置应急预案	运检部
公共卫生事件类	突发公共卫生事件处置应急预案	后勤部
社会安全事件类	电力服务事件处置应急预案	营销部
	重要保电事件处置应急预案	营销部
	突发群体事件处置应急预案	办公室
	突发事件新闻处置应急预案	外联部
	涉外突发事件处置应急预案	国际部

各级供电企业要切实提高安全生产应急预案质量，应急预案的编制要做到全员参与，使预案的制定过程成为隐患排查治理的过程和全员应急知识培训教育的过程。与此同时，要加强应急预案管理，适时修订完善应急预案，组织专家进行评审或论证，按照

有关规定将应急预案报当地政府和有关部门备案，并与当地政府和有关部门应急预案相互衔接。

供电企业应当建立应急预案的评估管理、动态管理和备案管理制度。要根据有关法律、法规、标准的变动情况，应急预案演练情况，以及企业作业条件、设备状况、人员、技术、外部环境等不断变化的实际情况，及时评估和补充完善应急预案。供电企业应急预案应当按照“分类管理、分级负责”的原则报所在地方监管机构和上级单位备案，并告知相关单位。监管机构应当加强对预案内容的审查，实现预案之间的有机衔接。

重点岗位应急处置卡是加强应急知识普及、面向企业一线从业人员的应急技能培训和提高自救互救能力的有效手段。应急处置卡是在编制各级供电企业应急预案的基础上，针对部门、岗位存在的危险性因素及可能引发的事故，按照具体、简单、针对性强的原则，做到关键、重点岗位的应急程序简明化、牌板化、图表化，制定出的简明扼要现场处置方案，在事故应急处置过程中可以简便快捷地予以实施。

三、切实开展应急演练和培训

各级供电企业要建立应急演练制度从实际出发，有计划地组织开展预案演练工作。各级供电企业均应按应急预案要求定期组织开展应急演练，针对电力生产事故易发环节，每年至少组织开展一次综合应急演练或专项应急演练，演练可采用桌面推演、验证性演练、实战演练等多种形式。部门、班组组织专项应急预案和现场处置方案的演练并做到应急演练经常化。

各级供电企业应定期组织开展应急预案演练，使企业主要负责人、有关管理人员和从业人员都能够身临其境积累“实战”经验，熟悉、掌握应急预案的内容和要求，相互协作、配合。要建立健全应急演练工作制度，广泛开展不同层级、形式多样的应急演练，提高应急意识，掌握处置要点。若企业关键、重点岗位从业人员及管理人员发生变动时，必须组织相关人员开展演练活动，并考虑增加演练频次，使相关人员尽快熟练掌握岗位所需的应急知识，提高处置能力。

《中华人民共和国安全生产法》中将定期组织应急演练明确规定为企业的一项法定义务，督促企业定期组织开展演练。应急演练要坚持面向基层、贴近实战、注重实效抓好应急演练，切实发挥应急演练在检验预案、磨合机制、完善准备、锻炼队伍中的作用。研究制定应急演练规章制度，推动各级供电企业实现应急演练制度化、经常化、全员化。

相关单位应组织专家对演练进行评估，分析存在的问题，提出改进意见。演练结束后要及时对演练情况总结分析，及时发现问题，针对发现的问题及时修订预案、完善应急措施，不断改进应急管理工作。积极协调组织涉及多个发供电企业以及有关部门预案的演练，通过开展联合演练等方式，促进各单位的协调配合和职责落实。涉及政府部门、供电企业系统以外企事业单位的演练，其评估应有外部人员参加。

在搞好预案演练的同时，供电企业要以应急管理理论为基础，以应急管理相关法律法规和应急预案为核心，以实际需要为导向，开展分层次、分类别、多渠道、多形式的电力应急管理知识和专业技能培训工作；提高供电企业各级管理人员和全体员工的应急意识和应急处置、避险、逃灾、自救、互救能力；特别要加强各级安全生产管理人员应急指挥和处置能力的培训，要将其纳入日常培训管理的内容。应急培训演练体系包括专业应急培训基地及设施、应急培训师资队伍、应急培训大纲及教材、应急演练方式方法，以及应急培训演练机制。

各级供电企业安全生产应急管理培训计划、培训内容、培训效果的监督检查，督促企业进一步落实安全生产应急管理培训责任制。各级供电企业要制定针对性强、实效明显的安全生产应急管理培训大纲与考核标准，组织制定应急管理培训计划，抓好入职培训、岗位培训、专业培训，强化企业管理人员、从业人员和专兼职救援人员的培训，使其熟练掌握本企业应急处置程序、安全生产规程和自救互救常识，避免盲目指挥、盲目施救。

供电企业要广泛宣传应急预案和应急知识，宣传应对电力突发事件的经验和典型案例，提高电力应急意识和能力。要充分利用各种现代传播手段，扩大电力应急管理科普宣教工作覆盖面，提高全社会的电力安全意识和应对突发电力事件的能力。

第四节 预防与应急准备

一、应急规划

各级供电企业将应急工作规划纳入企业整体企业规划中。在电网规划、设计、建设和运行过程中，应充分考虑自然灾害等各类突发事件影响，持续改善布局结构，使之满足防灾抗灾要求，符合国家预防和处置自然灾害等突发事件的需要。

二、风险评估和隐患排查

各级供电企业均应建立健全突发事件风险评估、隐患排查治理常态机制，掌握各类风险隐患情况，落实防范和处置措施，减少突发事件发生，减轻或消除突发事件影响。

各级供电企业均应定期开展应急能力评估活动，应急能力评估应由本企业以外专业评估机构或具有注册安全工程师执业资格的专业人员按照既定评估标准，运用核实、考问、推演、分析等方法，客观、科学的评估应急能力的状况、存在的问题，指导本企业有针对性地开展应急体系建设。

供电企业对重大危险源应当登记建档，进行定期检测、评估，实时监控，并告知从业人员和相关人员在危急情况下应采取的应急措施。对查出的隐患要及时治理整改，制订切实可行的整改方案，并采取可靠的安全保障措施。对隐患较大的要采取停产、停工整顿或停止使用等措施，防止发生突发事件。

三、应急联动

供电企业要加强专兼职电力应急救援队伍建设，把提高应急处置、协调联动和安全防范能力等作为队伍建设的重要内容。要切实抓好应急队伍的训练和管理，在安全生产关键责任岗位的员工，不仅要熟练掌握生产操作技术，更要掌握安全操作规范和安全生产事件的处置方法，增强自救互救和第一时间处置突发事件的能力。要充分发挥专家对供电企业应急预案编制、应急演练、应急处置等工作的指导作用，提高企业应急管理水平。

各级供电企业分层分级建立相关省级供电企业、地市级供电企业、县级供电企业间应急救援协调联动和资源共享机制。各级供电企业还应研究建立与相关非供电企业所属企业、社会团体间的协作支援机制，协同开展突发事件处置工作。各级供电企业应完善安全生产应急救援队伍和装备调用机制。加强应急救援基干分队、应急抢修队伍、应急专家队伍的建设与管理，配备先进和充足的装备，加强培训演练，提高应急能力。

各级供电企业要积极探索与当地政府相关部门和周边企业建立应急联动机制，切实提高协同应对事故灾难的能力。各级供电企业均应与当地国土、气象、海洋、水利、地震、地质、交通、消防、公安、测绘等政府专业部门建立信息沟通与协作机制，共享信息，提高预警和处置的科学性，进一步完善自然灾害引发事故预警工作机制。加强与公安、建设、交通、铁路、农业、质检、旅游、发电、民航、部队、武警等部门和单位的协作与配合，建立健全重特大突发事件应急救援交通保障机制和指挥协调机制，确保各类应急救援物资快速运抵突发事件现场，做到反应灵敏、协调有序、运转高效。并与地方政府、社会机构、电力用户建立应急沟通与协调机制，加强与周边省份的区域联动协作，联合防范、联合应对重特大突发事件或灾难。

确保能精确查询和准确调度所需的应急救援队伍和装备，并保证与突发事件应急救援现场需要相匹配，实现快速调集、快速安装、快速运转，迅速形成救援能力。同时，要建立健全与地方各级各类安全生产应急救援队伍协调协作机制，经常性地组织开展联合培训和演练，充分发挥同一地区安全生产应急救援队伍的整体作用，形成有效应对处置各类突发事件的合力。各级供电企业要按照“应急联动、协同配合、取长补短、共同应对”的原则，建立同各级供电企业间协调协作机制，充分整合和优化应急资源，加大突发事件状态下互相支持力度，提高突发事件应对处置能力。

四、科普宣教

各级供电企业应加大应急培训和科普宣教力度，针对所属应急救援基干分队、应急抢修队伍、应急专家队伍人员，定期开展不同层面的应急理论和技能培训，结合实际经常向全体员工宣传应急知识，提高员工应急意识和预防、避险、自救、互救能力。

五、监测与研判

供电企业的预防预测和监控预警是指通过整合供电企业内部风险分析、隐患排查等管理手段，各种在线与离线电网、设备监测监控等技术手段，以及与政府相关专业部门建立信息沟通机制获得的自然灾害等突发事件预测预警信息，依托智能电网建设和信息技术发展成果，形成覆盖供电企业各专业的监测预警技术手段。

各级供电企业要全面建立健全安全生产动态监控及预报预警机制，做好安全生产事故防范和预报预警工作，做到早防御、早响应、早处置。同时，要建立重大危险源管理制度，明确操作规程和应急处置措施，实施不间断的监控。要按照国家有关规定实行重大危险源和重大隐患及有关应急措施备案制度，每月至少要进行一次全面的安全生产风险分析，加强重点岗位和重点部位监控，发现事故征兆要立即发布预警信息，采取有效防范和处置措施，防止事故发生和事故损失扩大。

供电企业要加强重大危险源监测监控及预警预报工作。以“强化源头治理，实现动态管理”为目标，组织开展重大危险源普查登记、分级分类、检测检验和安全评估工作。供电企业要按照有关规定对重大危险源进行辨识、评估，结合生产工艺和事故风险，建立健全基于过程控制系统、安全仪表系统、灾害报警系统的监测预报系统，科学合理地设置监测预报参数，并结合系统数据异常情况进行事故风险评估和预报。按照“分级监控、实时预警”的原则，逐步建立重大危险源监控预警信息系统，对重大危险源及其周边区域实施动态监控。一旦重大危险源发生事故，要立即向事故区域发出预警，迅速疏散危险区域有关人员，调动应急力量快速处置，做到提前预警、提前防范、提前处置。

各级供电企业应开展重大舆情预警研判工作，完善舆情监测与危机处置联动机制，加强信息披露、新闻报道的组织协调，深化与主流媒体合作，按照供电企业品牌建设规划推进和国家应急信息披露各项要求，规范信息发布工作，建立舆情分析、应对、引导常态机制，主动宣传和维护供电企业品牌形象，营造良好舆论环境。

六、计划与评估总结

加强应急工作计划管理，各级供电企业应按时编制、上报年度应急工作计划，并将相关内容纳入年度综合计划，认真实施，严格考核。

各级供电企业应加强应急专业数据统计分析和总结评估工作，及时、全面、准确地统计各类突发事件，编写并及时向应急管理归口部门报送年度（半年）应急管理和突发事件应急处置总结评估报告、季度（年度）报表。

各级供电企业要严格执行有关规定，落实责任，完善流程，严格考核，确保突发事件信息报告及时、准确、规范。

第五节　风　险　预　警

一、应急值班

各级供电企业应不断完善应急值班制度，按照部门职责分工，成立重要活动、重要会议、重大稳定事件、重大安全事件处理、重要信息报告、重大新闻宣传、办公场所服务保障和网络与信息安全处理等应急值班小组，负责重要节假日或重要时期24小时值班，确保通信联络畅通，收集整理、分析研判、报送反馈和及时处置重大事项相关信息。

二、分析研判

各级供电企业应及时汇总分析突发事件风险，对发生突发事件的可能性及其可能造成的影响进行分析、评估，并不断完善突发事件监测网络功能，依托各级行政、生产、调度值班和应急管理组织机构，及时获取和快速报送相关信息。

三、事件信息

供电企业要严格执行电力应急信息报送制度，及时、准确地向有关地方政府、监管机构报告供电企业突发事件。要结合实际，建立健全报送工作机制，研究制定各级供电企业突发事件信息报告的工作程序，将责任落实到岗位、落实到人，采取有力措施，切实做好信息报告工作。对于迟报、漏报甚至瞒报的行为要依法追究责任。

突发事件发生后，事发单位应及时向上一级供电企业行政值班机构和专业部门报告，情况紧急时可越级上报。

根据突发事件影响程度，依据相关要求报告当地政府有关部门。信息报告时限执行政府主管部门及供电企业相关规定。

突发事件信息报告包括即时报告、后续报告，报告方式有电子邮件、传真、电话、短信等（短信方式需收到对方回复确认）。

事发单位、应急救援单位和各相关企业均应明确专人负责应急处置现场的信息报告工作。必要时，各级供电企业可直接与现场信息报告人员联系，随时掌握现场情况。

四、预警流程

建立健全突发事件预警制度，依据突发事件的紧急程度、发展态势和可能造成的危害，及时发布预警信息。

供电企业预警分为一、二、三、四级，分别用红色、橙色、黄色和蓝色标示，一级为最高级别。

通过预测分析，若发生突发事件概率较高，有关职能部门应当及时报告应急办公室，并提出预警建议，经应急领导小组批准后由应急办公室通过传真、办公自动化系统或应急信息和指挥系统发布。

接到预警信息后，相关供电企业应当按照应急预案要求，采取有效措施做好防御工作，监测事件发展态势，避免、减轻或消除突发事件可能造成的损害。必要时启动应急指挥中心。

根据事态的发展，相关单位应适时调整预警级别并重新发布。有事实证明突发事件不可能发生或危险已经解除，应立即发布预警解除信息，终止已采取的有关措施。

第六节　应急处置与救援

供电企业发生突发事件，事发单位首先要做好先期处置，营救受伤被困人员，恢复电网运行稳定，要控制事故发展态势，加强对应急处置的指挥领导，组织开展救援和群众疏散工作，采取必要措施防止危害扩大，并根据相关规定，及时向上级和所在地人民政府及有关部门报告，同时，做好各项救援措施的衔接和配合。

对因本企业问题引发的或主体是本企业人员的社会安全事件，要迅速派出负责人赶赴现场开展劝解、疏导工作。

根据突发事件性质、级别，按照“分级响应”要求，供电企业总部以及相关单位分别启动相应级别应急响应措施，组织开展突发事件应急处置与救援。结合供电企业管理实际，供电企业各层级应急响应措施一般分为两级。

发生重大及以上突发事件，供电企业总部应急领导小组直接领导负责事件处置。较大及以下突发事件，由事发供电企业负责处置，供电企业总部事件处置牵头负责部门跟踪事态发展，做好相关协调工作。

事发供电企业不能消除或有效控制突发事件引起的严重危害，应在采取处置措施的同时，启动应急救援协调联动机制，及时报告上级供电企业协调支援，根据需要，请求国家和地方政府启动社会应急机制，组织开展应急救援与处置工作。

各级供电企业要按照“统一指挥、属地为主、科学施救”的原则，进一步规范突发事件救援现场管理。供电企业要继续强化突发事件现场先期处置，赋予生产现场带班人员、班组长和调度人员直接决策权和指挥权，使其在遇到险情或事故征兆时能立即下达停产撤人命令，组织涉险区域人员及时、有序撤离到安全地点，减少事故造成的人员伤亡。供电企业发生事故或险情时，主要负责人应当立即组织抢救，防止事故扩大。要明确参与各方在事故应急救援和处置过程中的职责和任务，充分发挥事发供电企业专业技术人员和熟悉同类突发事件、事故、灾害并有实践经验的救援专家作用，划定适当的警戒隔离区域，调集相应的应急救援装备和人员，落实救援人员的安全防护措施，制定科学的救援方案和安全措施，快速展开应急救援行动。

各级供电企业应服从政府统一指挥，积极参加国家各类突发事件应急救援，提供抢险和应急救援所需电力支持，优先为政府抢险救援及指挥、灾民安置、医疗救助等重要场所提供电力保障。

事发供电企业应积极开展突发事件舆情分析和引导工作，按照有关要求，及时披露突发事件事态发展、应急处置和救援工作的信息，维护供电企业品牌形象。

根据事态发展变化，供电企业及相关单位应调整突发事件响应级别。突发事件得到有效控制，危害消除后，供电企业及相关单位应解除应急指令，宣布结束应急状态。

第七节　事后恢复与重建

供电企业的恢复重建能力包括事故灾害快速反应机制与能力、人员自救互救水平、事故灾害损失及恢复评估、事故灾害现场恢复、事故灾害生产经营秩序和灾后人员心理恢复等方面内容。

突发事件应急处置工作结束后，各供电企业要尽快组织恢复生产、生活秩序，消除环境污染，积极组织受损设施、场所和生产经营秩序的恢复重建工作。对于重点部位和特殊区域，要认真分析研究，提出解决建议和意见，按有关规定报批实施。

供电企业及相关单位要对突发事件的起因、性质、影响、经验教训和恢复重建等问题进行调查评估，同时，要及时收集各类数据，开展事件处置过程的分析和评估，提出防范和改进措施。

供电企业恢复重建要与电网防灾减灾、技术改造相结合，坚持统一领导、科学规划，按照供电企业相关规定组织实施，持续提升防范突发事件能力。

事后恢复与重建工作结束后，事发单位应及时做好设备、资金的划拨和结算工作。

第八节　监督检查和考核

供电企业建立健全应急管理监督检查和考核机制，上级单位应当对下级单位应急工作开展情况进行监督检查和考核。

各级供电企业应组织开展日常检查、专题检查和综合检查等活动，监督指导应急体系建设和运行、日常应急管理工作开展，以及突发事件处置等情况，并形成检查记录。

各级供电企业应将应急工作纳入企业综合考核评价范围，建立应急管理考核评价指标体系，健全责任追究制度。

供电企业建立应急工作奖惩制度，对应急工作表现突出的单位和个人予以表彰奖励；对履行职责不当引起事态扩大、造成严重后果的单位和个人，依据有关规定追究责任。

各级供电企业以及各级各类安全生产应急救援队伍要重视并加强对每次救援行动的总结评估工作，珍惜用生命代价取得的宝贵经验和深刻教训，典型事故救援要形成案例，广泛交流借鉴。要通过总结评估事故背景及应急处置过程，总结经验、分析不足，提出相关工作建议；同时，要加强安全生产应急管理统计分析工作，提高统计分析质量，强化趋势预测分析，提高工作的前瞻性和主动性。

第九节　加强应急能力建设

一、加大应急投入力度

供电企业应急能力建设是电力安全生产的保障。供电企业要加大应急投入力度，着力解决制约企业应急管理的关键问题，使人力、物力、财力等生产要素适应电力应急管理工作的要求，要切实加大对应急物资的投入，重点加强防护用品、救援装备的物资储备，做到数量充足、品种齐全、质量可靠。要加强应急管理的信息化建设，配备必要的设备，逐步实现与有关部门数据信息的互联互通。

二、应急物资管理

切实加强安全生产应急物资储备工作，坚持实物储备与生产能力储备相结合，社会化储备与专业化储备相结合，针对易发事件的特点，尤其是重点工艺流程中应急物料、应急器材、应急装备和物资的准备。在指定物资公司仓库储备必要的应急装备物资和指定相关应急装备、物资生产企业储备一定生产能力的基础上，建立专门的应急装备物资储备二级库。在应急救援基地储备一定的大型特种救援装备和相关物资。要努力形成多层次的应急救援装备和物资储备体系，确保应对各种突发事件，尤其是重特大且救援复杂、难度大的生产安全突发事件应急救援的装备和物资需要。完善安全生产应急装备和物资储备与调运机制，确保储备到位、调运顺畅、及时有效、发挥作用。

三、应急队伍建设

应急队伍由应急救援基干队伍、应急抢修队伍和应急专家队伍组成。应急救援基干队伍负责快速响应实施突发事件的应急救援。应急抢修队伍承担供电企业电网设施大范围损毁的修复等任务。应急专家队伍为供电企业应急管理和突发事件处置提供技术支持和决策咨询。

各级供电企业要把安全生产应急队伍建设纳入企业发展战略、发展规划和总体工作部署中，与企业建设、生产、经营、改革和发展统一规划、统一部署、统一实施，提高突发事件应急队伍的技战术水平。各级供电企业要加强突发事件救援技术、战术研究，科学制定救援技术和战术训练科目并认真组织训练，提高应急基干队伍专业化水平。组织安全生产应急基干队伍要积极开展质量标准化达标活动和准军事化建设工作，通过开展理论学习，加强专业训练，参加技术竞赛和救援实践等活动，锻炼过硬作风，提高指挥员的组织指挥和专业救援能力，提高救援队员的技能水平和装备操作能力。

四、应急平台建设

应急信息和指挥系统是指在较为完善的信息网络基础上，构建先进实用的应急管理信息平台，实现应急工作管理应急值班、预警、信息报送、统计，辅助应急指挥等功能，满足各级供电企业应急指挥中心互联互通，以及与政府相关应急指挥中心连通要求，完成指挥员与现场的高效沟通及信息快速传递，为应急管理和指挥决策提供丰富的信息支撑和有效的辅助手段。

各级供电企业要在组织开展安全生产应急资源普查的基础上，按时充实和完善安全生产应急资源数据库；同时，通过安全生产应急资源普查，深入分析应急准备工作中存在的薄弱环节，及时加以解决。

第三章
安全风险排查治理

供电企业生产安全经营过程中最迫切需要解决的是风险管理，采用先进而实用的安全风险管理技术对供电企业生产经营全过程进行安全风险评价、安全风险控制和安全风险处置，构建一个完善的覆盖供电企业生产经营全过程的安全风险管理体系，进一步提高供电企业生产安全自主管理水平和风险管理水平。

风险管理过程中危害辨识是基础、风险评价是关键、风险控制是目的。供电企业应积极推行作业安全风险预控，推进安全风险管理体系建设，逐步消除电力生产每一个环节、每一个专业，直至每一岗位的安全生产风险。

本章从风险管理、安全隐患排查和重大危险源辨识三个部分进行阐述。

第一节 风险管理

应急管理工作遵循预防为主、常备不懈的方针，利用风险管理的成果，同时成为其有机整体的一部分，对电网运行设备进行技术分析，针对电网薄弱环节及运行设备可能出现的问题提出防范措施，修订各级各类突发事件应急预案，进行技术分析，确保其正确和可操作。发生事件时分析原因，为突发事件的处置和快速恢复供电提供技术支持，制定电网事件抢修和恢复方案。

一、全员树立风险意识

安全风险管理强调人的自觉性和主动性，注重通过这项工作改变安全管理的理念，通过企业员工的自觉行动取得良好的效果。目前，无论是设备事件，还是人身伤害事件，有人员责任的和有管理漏洞的仍然是主要原因，究其深层次原因，80%以上都是管理上的问题，表现在生产安全方面就是同样性质的或带有“误”字性质的事件重复发生。培养安全风险意识，需要一个长期的强制过程，通过严格的制度和标准化的程序，改正多年来养成的不规范习惯，建立一套科学合理且易于接受的安全工作标准化程序。

风险管理需要广大员工每一个人都要有风险危机意识，并运用所掌握的风险管理工具来保证供电企业承担最小的风险。让员工从理念上接受风险管理，拥有风险管理相关的知识和技能，促进员工形成风险管理迫切性、重要性的认识，使他们能够主动在工作中应用风险管理的方法工具，主动执行风险管理的各种要求。

二、健全风险预控体系

风险评估管理体系以自下而上的每个岗位、每个现场、每个班组的自我评估为基础；以自上而下的专家评估为指导，逐渐形成一个动态的持续改进的有机体系。加强风险识别和分析，强化风险关键点的监控，提高风险管控能力，有效防范和应对生产安全风险。

风险管理组织实施的流程是：①制订风险管理规划；②风险辨识；③风险评估；④风险管理策略方案选择；⑤风险管理策略实施；⑥风险管理策略实施评价，如图 3－1 所示。

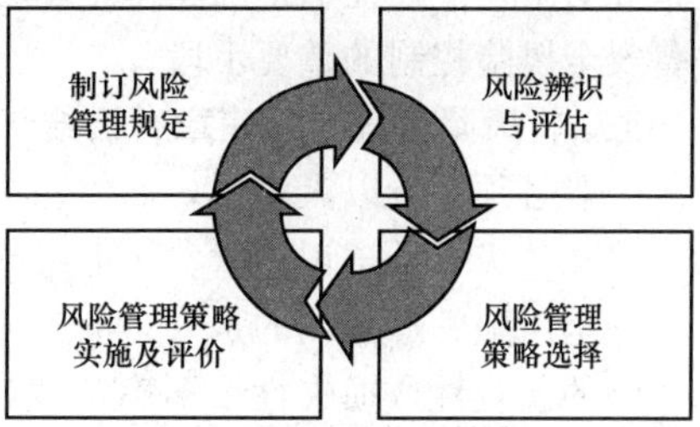

图 3－1　风险管理的 PDCA 循环流程图

三、实现超前控制

应急管理和风险管理的共同点是更多地强调超前控制，坚持“综合治理、注重预防”的原则，加强风险预控，超前化解风险。即在工作之前就对工作环境和场所中可能发生的事故用科学的方法进行检查预测并采取相应的防范措施，力争将可能的事故消除在发生之前。对事故的预测不是仅凭借经验和处置突发事件总结，而是在“横向到边，纵向到底，不留死角”的区域划分下，根据不同的区域特点，运用现代风险评估技术多角度、全方位进行风险分析，找出危险源，评价它的风险程度，制定对应级别的控制措施。这样就更加体现了预防为主的原则，使预防目标和手段更加科学。

安全生产风险评估体系是一个动态的系统，它是对企业的安全构成因素的作用进行评估量化，这个结果既能反映供电企业的生产经营安全现状，又能预测其一旦发生事故的后果。安全生产风险评估体系，是利用系统工程的原理，通过对各类事故形成的各种因素及其相互关系进行分析，从而实现对企业生产经营及人们生存场所安全现状进行客观评估、对事故后果进行科学预测。风险评估体系能够同时满足市场调节机制对安全生产监督管理机制的要求。安全生产风险评估的结论，应当是一个量化的结果，它反映的是人们生产活动场所的安全状态，而且是一个动态的评价方法和评价结果，它始终反映的是生产安全的现状，为实现超前控制提供技术保障依据。

四、将风险管理和与生产管理紧密结合

风险管理不应与日常安全管理工作对立起来，而应相互融合起来，融合的基础是风险管理的理念。在日常工作中，要逐步提高企业职工的风险意识，自觉运行风险管理的手段，达到发现隐患、控制事故、保证安全的目的。定期对生产中的系统和设备进行风险识别、评价以及制订控制措施，并将风险管理过程的控制作为生产安全保证体系的重要工作内容。

生产作业前必须进行该项作业的风险识别、评价以及制订控制措施，并与标准化作业相结合。标准化作业是针对现场作业过程中每一项具体的操作，按照电力生产安全有关法律法规、技术标准、规程规定的要求，对电力现场作业活动的全过程进行细化、量化、标准化，保证作业过程处于“可控、在控”状态，不出现偏差和错误，以获得最佳秩序与效果。标准化作业是以标准化作业指导书的形式体现的，现场标准化作业目的是对现场作业的全过程控制，体现对设备、人员行为的全过程管理。标准化作业指导书围绕安全、质量两条主线，实现安全与质量的综合控制。将风险管理的要求融入标准化作

业指导书中，实践证明是确保作业现场安全、产品质量的有效途径，也是电网、人身、设备安全风险控制的重要手段。

五、将风险管理与反违章有机结合

企业必须坚持以人为本，始终把人身安全放在首位。学习安全规章制度的有关条款，提高各级人员辨识违章、纠正违章和防止违章的能力。

安全风险管理强调的是人、机、环境整体的、全方位的安全管理。风险的形成过程和风险的客观性、损失性、不确定性特征共同构成风险形成机制分析和风险管理的基础。源于风险意识的风险管理主要包括风险分析、风险评价与风险控制三大部分。通过风险分析，可得到特定系统所有风险的风险预估值，对此再参照相应的风险标准及可接受性，判断系统的风险是否可接受，是否采取安全措施。在风险评估的基础上，针对风险状况采取相应的措施与对策方案，以控制、抑制、降低风险。风险管理不仅要定性分析风险因素、风险事故及损失状况，而且要尽可能基于风险标准及可接受性对风险进行定量评价，其目的是要定量分析安全生产的现状和水平，尤其是预知和掌握客观存在的危险因素及严重程度，明确反事故工作的重点和需要采取的反事故措施，实现事前控制，减少和消灭恶性事故。

六、持续改进逐步降低企业风险

风险管理要求是循环渐进的，新一轮评价都是在上一轮评价反馈信息的基础上，实现持续改进和推动。在全面和系统的基础上，采用各种手段不断对危险进行控制、改进，在风险得到监控、降低后可以重新评估。出现隐患、未遂、事件、事故后要及时检查管理制度的漏洞，如果发生风险管理外的事件，就要及时补充风险管理系统使管理得到持续改进。

风险管理的监督和评价工作作为安全监督体系的重要工作内容，定期对风险管理过程进行监督和评价，将风险管理与安全监督和检查工作相结合，通过风险管理的监督和评价，发现问题，持续改进。

风险管理是借助于风险辨识、风险分析、风险评估、风险控制等科学手段，分别对应实施评价、分析、评估、整改各阶段工作，实现了从传统的“关注事后分析与控制”转变为“关注事前的风险分析与控制”的创新。

七、风险管理是企业安全文化的一个平台

生产安全风险管理是一个系统工程，将风险管理工作作为企业日常管理的一个平台，使安全生产工作真正转移到以预防为主的轨道上来。

打造企业安全文化，首先要打造“我要安全”的安全责任文化，这是一个从认知转化到行为规范化的过程，是一个持续改进的过程，也是企业在生产经营中，逐步体现“一切为了人，为了一切人”的思想过程。因此，正确解读“以人为本、重视生命、安全责任重于泰山”，才能使企业安全责任文化深深地扎根在每一个人的心中，使人在思想上牢牢记住“我要安全”的责任文化。同时，企业为造就“我要安全”的安全责任型员工，把强化建立安全养成教育培训学习计划纳入行动计划，以提高企业员工安全技术素质教育。使安全从决策管理层重视，进化为操作岗位层的重视，由安全要求的他律，转变为岗位履职人的自律，在实际工作中落实自我负责，自我约束，自我管理，才能把安全的被动预防转化为企业安全责任者的主动预防。

第二节 安全隐患排查治理

作为风险管理的一部分，安全生产事故隐患排查治理不是一种运动式的短期工作，而是有科学的方法作指导，有先进的手段作工具来开展的并作为长期坚持的常态工作。

通过深入落实安全生产隐患排查治理专项行动，系统排查人身、电网、设备、供电、二次系统、自然灾害安全隐患，组织对供电企业内部及化工、矿山等高危客户及一级、二级重要用户和大型社区、高层等特殊用户开展供用电安全隐患排查，能够达到摸清底数、查清隐患、健全档案、明确责任、促进管理的效果，并且可以及时消除影响电网安全运行的事故隐患和高危用户供用电安全隐患。

为了建立安全生产事故隐患排查治理长效机制，强化安全生产主体责任，加强事故隐患监督管理，防止和减少事故，保障人民群众生命财产安全，主要依据《中华人民共和国安全生产法》（中华人民共和国主席令第七十号）、《全国人民代表大会常务委员会关于修改〈中华人民共和国安全生产法〉的决定》（中华人民共和国主席令第十三号）、《安全生产事故隐患排查治理暂行规定》（国家安全生产监督管理总局令第16号）、《中央企业安全生产监督管理暂行办法》（国务院国有资产监督管理委员会令第21号）、《国务院安委会办公室关于建立安全隐患排查治理体系的通知》（安委办〔2012〕1号）、国家安全生产监督管理总局《企业安全生产标准化基本规范》（AQ/T 9006—2010）、《公安部关于修改〈火灾事故调查规定〉的决定》（中华人民共和国公安部令第121号）、《公安部关于修订道路交通事故等级划分标准的通知》（公通字〔1991〕113号）、《国家大面积停电事件应急预案》（国办函〔2015〕134号）及《国家突发环境事件应急预案》（2006年）、《民用航空器地面事故等级》（GB 18432—2001）、《民用航空器飞行事故调查规定》（中国民用航空总局令第179号）等国家法律法规和规章制度，按照“谁主管、谁负责”和“全覆盖、勤排查、快治理”的原则，明确责任主体，落实职责分工，实行分级分类管理，做好安全隐患排查治理的全过程闭环管控工作。

各级供电企业应当建立健全生产安全事故隐患排查治理制度，采取技术、管理措施，及时发现并消除事故隐患。主要负责人对本单位事故隐患排查治理工作全面负责。事故隐患排查治理情况应当如实记录，并向从业人员通报。

一、定义与分级

安全生产事故隐患，是指安全风险程度较高，生产经营单位违反安全生产法律、法规、规章、标准、规程和安全生产管理制度的规定，或因其他因素在生产经营活动中存在可能导致事故发生的物的危险状态、可能导致事故发生的作业场所、设备设施、电网运行的不安全状态、人的不安全行为和安全管理上的缺陷。

根据可能造成的事故后果，事故隐患分为一般事故隐患和重大事故隐患。一般事故隐患，是指一般事故隐患和安全事件隐患，危害和整改难度较小，发现后能够立即整改排除的隐患；重大事故隐患分为Ⅰ级和Ⅱ级，危害和整改难度较大，应全部或者局部停产停业，并经过一定时间整改治理方能排除的隐患，或因外部因素影响致使生产经营单位自身难以排除的隐患。

1. Ⅰ级重大事故隐患

1）一～二级人身、电网或设备事件。

2）水电站大坝溃决事件。

3）特大交通事故，特大或重大火灾事故。

4）重大以上环境污染事件。

2. Ⅱ级重大事故隐患指可能造成以下后果或安全管理存在以下情况的安全隐患

1）三～四级人身或电网事件。

2）三级设备事件或四级设备事件中造成100万元以上直接经济损失的设备事件，或造成水电站大坝漫坝、结构物或边坡垮塌、泄洪设施或挡水结构不能正常运行事件。

3）五级信息系统事件。

4）重大交通，较大或一般火灾事故。

5）较大或一般等级环境污染事件。

6）重大飞行事故。

7）安全管理隐患。安全监督管理机构未成立，安全责任制未建立，安全管理制度、应急预案严重缺失，安全培训不到位，发电机组（风电场）并网安全性评价未定期开展，水电站大坝未开展安全注册和定期检查等。

3. 一般事故隐患

1）五～八级人身事件。

2）其他四级设备事件，五～七级电网或设备事件。

3）六～七级信息系统事件。

4）一般交通事故，火灾（七级事件）。

5）一般飞行事故。

6）其他对社会造成影响事故的隐患。

4. 安全事件隐患

1）八级电网或设备事件。

2）八级信息系统事件。

3）轻微交通事故，火警（八级事件）。

4）通用航空事故征候，航空器地面事故征候。

安全隐患与设备缺陷既有延续性又有区别。超出设备缺陷管理制度规定的消缺周期仍未消除的设备危急缺陷和严重缺陷，即为安全隐患。

被判定为安全隐患的设备缺陷，应继续按照现有设备缺陷管理规定进行处理，同时纳入安全隐患管理流程进行闭环督办。

安全隐患划分为电网运行及二次系统、输电、变电、配电、发电、电网规划、电力建设、信息通信、环境保护、交通、消防、装备制造、煤矿、安全保卫、后勤和其他共十六大类进行统计，每一类均包含设备、系统、管理和其他隐患。

安全隐患等级实行动态管理。依据隐患的发展趋势和治理进展，隐患的等级可进行相应调整。

二、职责分工

各级供电企业建立总部、省、地市和县级供电企业组成的四级隐患排查治理工作机制。

各级供电企业主要负责人对本单位隐患排查治理工作负全责。

安全隐患所在企业是安全隐患排查、治理和防控的责任主体。发展策划、人力资源、运维检修、调度控制、基建、营销、农电、科技（环保）、信息通信、消防保卫、后勤和产业等部门是本专业隐患的归口管理部门，负责组织、指导、协调专业范围内隐患排查治理工作，承担闭环管理责任。

各级安全监察部门是隐患排查治理的监督部门，负责督办、检查隐患排查治理工作，归口管理相关数据的汇总、统计、分析、上报。

1. 供电企业总部的主要职责

1）贯彻执行国家、行业有关安全生产的法律、法规、规程、制度和文件要求，组织制定供电企业隐患排查治理相关管理制度并监督执行。

2）督促指导各省级供电企业开展隐患排查治理工作，汇总、统计、分析各级供电企业隐患排查治理情况，按照有关规定向国家和政府有关部门汇报。

3）各专业职能部门对分管专业范围内安全隐患的排查治理负有管理职责，指导、协调各省级供电企业对重大事故隐患进行治理。

4）组织跨区域电网建设、运行重大事故隐患的排查治理，开展跨区、跨省重要输电线路和枢纽变电站（换流站）隐患排查治理。对电网内主网架结构性缺陷，或主设备普遍性问题的隐患组织排查、评估、定级、治理方案制定，明确治理责任主体，并督促实施，保证资金投入。

5）对各省级供电企业隐患排查治理工作进行专项监督检查。

6）检查所属单位隐患排查治理开展情况，协调解决所属单位在工作执行过程中遇到的各种问题，针对共性、苗头性、倾向性安全隐患，适时开展专项排查治理。遇有重大问题或普遍问题时，统一协调政府相关部门或其他行业单位，促进安全隐患治理工作。

2. 省级供电企业的主要职责

1）负责重大事故隐患排查治理的闭环管理。

2）贯彻执行政府部门及供电企业有关要求，组织所属企业开展隐患排查治理工作，保证隐患排查治理所需资金投入和物资供应。各专业职能部门对分管专业范围内安全隐患的排查治理负有管理职责。

3）核定所属企业上报的重大事故隐患，组织制定、审查批准治理方案，监督、协调治理方案实施，对治理结果进行验收。

4）对由于主网架结构性缺陷或主设备普遍性问题，以及重要枢纽变电站、跨多个地市级供电企业管辖的重要输电线路处于检修或切改状态造成的隐患进行排查、评估、定级，制定治理方案，明确治理责任主体，并组织实施。

5）按照供电企业总部委托范围，具体负责受委托运行维护的跨区电网隐患排查治理。

6）检查所属单位隐患排查治理开展情况，协调解决所属单位在工作执行过程中遇到的各种问题，针对共性、苗头性、倾向性安全隐患，适时组织开展专项排查治理活动。

7）汇总、统计、分析本单位隐患排查治理情况，向供电企业和地方政府有关部门汇报。

8）督促承担境外工程项目的送变电施工企业开展隐患排查治理工作。

3. 地市级供电企业的主要职责

1）负责本企业安全隐患的排查和评估定级，负责审定县级供电企业上报的一般事故隐患，负责初步审核县级供电企业上报的重大事故隐患，对评估为重大等级的隐患，及时报省级供电企业核定。

2）根据省级供电企业的安排，负责重大事故隐患控制、治理等相关工作，负责一般事故隐患治理的闭环管理，归口管理并协调、督促所属二级机构、县级供电企业开展安全事件隐患排查治理。各专业职能部门对分管专业范围内安全隐患的排查治理负有管理职责。

3）受省级供电企业委托，编制重大事故隐患治理方案，报送省级供电企业审查。

4）根据省级供电企业指导和安排，具体实施重大事故隐患的治理，对重大事故隐患治理结果进行预验收并向省级供电企业申请验收。

5）负责本企业隐患排查治理情况汇总、统计、分析和上报工作。

6）协调当地政府相关部门或其他行业单位，促进隐患排查治理。

4. 县级供电企业的主要职责

1）负责本企业安全隐患的排查和评估定级。对评估为重大和一般事故隐患的，及时报地市级供电企业审核。

2）根据地市级供电企业的安排，负责重大和一般事故隐患控制、治理方案编制、实施、验收申请等相关工作，负责安全事件隐患治理的闭环管理。

3）负责本企业隐患排查治理情况的汇总、统计、分析和上报工作。

4）协调当地政府相关部门或其他行业单位，促进隐患排查治理。

5. 班组、供电所的主要职责

1）结合设备运维、监测、试验或检修、施工等日常工作排查安全隐患。

2）根据上级安排开展专项安全隐患排查和治理工作。

3）负责职责范围内安全隐患的上报、管控和治理工作。

各级供电企业将生产经营项目、工程项目、场所、设备发包、出租或代维的，应当与承包、承租、代维单位签订安全生产管理协议，并在协议中明确各方对安全隐患排查、治理和防控的管理职责；对承包、承租、代维单位隐患排查治理负有统一协调和监督管理的职责。

三、排查治理

隐患排查治理应纳入日常工作中，按照“排查（发现）→评估报告→治理（控制）

→验收销号”的流程形成闭环管理，如图 3-2 所示。

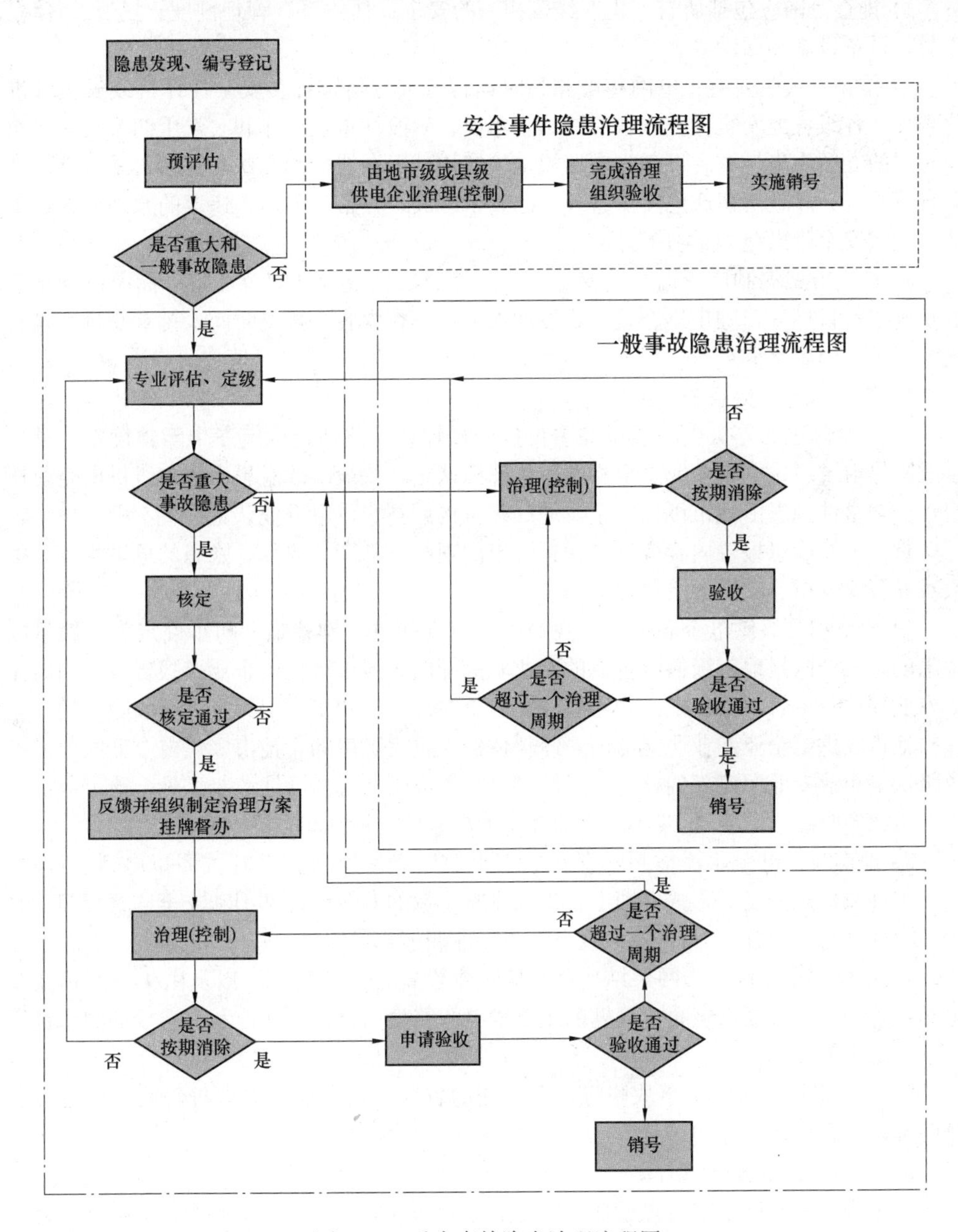

图 3-2　重大事故隐患治理流程图

1. 安全隐患排查（发现）

各级供电企业、各专业应采取技术、管理措施，结合常规工作、专项工作和监督检查工作排查、发现安全隐患，明确排查的范围和方式方法，专项工作还应制定排查方案。

1）排查范围应包括所有与生产经营相关的安全责任体系、管理制度、场所、环境、人员、设备设施和活动等。

2）排查方式主要有：电网年度和临时运行方式分析，各类安全性评价或安全标准化查评，各级各类安全检查，各专业结合年度、阶段性重点工作和“二十四节气表”组织开展的专项隐患排查，设备日常巡视、检修预试、在线监测和状态评估、季节性（节假日）检查，风险辨识或危险源管理，已发生事故、异常、未遂、违章的原因分析，事故案例或安全隐患范例学习等。

3）排查方案编制应依据有关安全生产法律、法规或设计规范、技术标准以及企业的安全生产目标等，确定排查目的、参加人员、排查内容、排查时间、排查安排、排查记录要求等内容。

2. 安全隐患评估报告

1）安全隐患的等级由隐患所在单位按照预评估、评估、认定三个步骤确定。重大事故隐患由省级供电企业或总部相关职能部门认定，一般事故隐患由地市级供电企业认定，安全事件隐患由地市级供电企业的二级机构或县级供电企业认定。

重大事故隐患报告内容应当包括：隐患的现状及其产生原因、隐患的危害程度和整改难易程度分析、隐患的治理方案。

2）地市和县级供电企业对于发现的隐患应立即进行预评估。初步判定为一般事故隐患的，一周内报地市级供电企业的专业职能部门，地市级供电企业接报告后一周内完成专业评估、主管领导审定，确定后一周内反馈意见；初步判定为重大事故隐患的，立即报地市级供电企业专业职能部门，经评估仍为重大隐患的，地市级供电企业立即上报省级供电企业专业职能部门核定，省级供电企业应于3天内反馈核定意见，地市级供电企业接核定意见后，应于24小时内通知重大事故隐患所在单位。

3）地市级供电企业评估判断存在重大事故隐患后应按照管理关系以电话、传真、电子邮件或信息系统等形式立即上报省级供电企业的专业职能部门和安全监察部门，并于24小时内将详细内容报送省级供电企业专业职能部门核定。

4）省级供电企业对主网架结构性缺陷、主设备普遍性问题，以及由于重要枢纽变电站、跨多个地市级供电企业管辖的重要输电线路处于检修或切改状态造成的隐患进行评估，确定等级。

5）跨区电网出现重大事故隐患，受委托的省级供电企业应立即报告委托单位有关职能部门和安全监察部门。

3. 安全隐患治理（控制）

安全隐患一经确定，隐患所在供电企业应立即采取防止隐患发展的控制措施，防止事故发生，同时根据隐患具体情况和急迫程度，及时制定治理方案或措施，抓好隐患整改，按计划消除隐患，防范安全风险。

1）重大事故隐患治理应制定治理方案，由省级供电企业专业职能部门负责或其委托地市级供电企业编制，省级供电企业审查批准，在核定隐患后30天内完成编制、审批，并由专业部门定稿后3天内抄送省级供电企业安全监察部门备案，受委托管理设备单位应在定稿后5天内抄送委托单位相关职能部门和安全监察部门备案。

重大事故隐患治理方案应包括：隐患的现状及其产生原因、隐患的危害程度和整改难易程度分析、治理的目标和任务、采取的方法和措施、经费和物资的落实、负责治理的机构和人员、治理的时限和要求、防止隐患进一步发展的安全措施和应急预案。

2）一般事故隐患治理应制定治理方案或管控（应急）措施，由地市级供电企业负责在审定隐患后15天内完成。其中，主网架结构性缺陷、主设备普遍性问题以及重要枢纽变电站、跨多个地市级供电企业管辖的重要输电线路处于检修或切改状态造成的隐患，隐患治理方案由省级供电企业专业职能部门编制，并经本企业批准。

3）安全事件隐患应制定治理措施，由地市级供电企业二级机构或县级供电企业在隐患认定后一周内完成，地市级供电企业有关职能部门予以配合。

4）安全隐患治理应结合电网规划和年度电网建设、技改、大修、专项活动、检修维护等进行，做到责任、措施、资金、期限和应急预案“五落实”。

5）供电企业总部、省级供电企业和地市级供电企业应建立安全隐患治理快速响应机制，设立绿色通道，将治理隐患项目统一纳入综合计划和预算优先安排，对计划和预算外急需实施的项目须履行相应决策程序后实施，报供电企业总部备案，作为综合计划和预算调整的依据，对治理隐患所需物资应及时调剂、保障供应。

6）未能按期治理消除的重大事故隐患，经重新评估仍确定为重大事故隐患的须重新制定治理方案，进行整改。对经过治理、危险性确已降低、虽未能彻底消除但重新评估定级降为一般事故隐患的，经省级供电企业核定可划为一般事故隐患进行管理，在重大事故隐患中销号，但省级供电企业要动态跟踪直至彻底消除。

7）未能按期治理消除的一般事故隐患或安全事件隐患，应重新进行评估，依据评估后等级重新填写“重大、一般事故或安全事件隐患排查治理档案表”，重新编号，原有编号消除。

4. 安全隐患治理验收销号

1）隐患治理完成后，隐患所在单位应及时报告有关情况、申请验收。省级供电企业组织对重大事故隐患治理结果和主网架结构性缺陷或主设备普遍性问题，以及重要枢纽变电站、跨多个地市级供电企业管辖的重要输电线路处于检修或切改状态造成的隐患的安全隐患进行验收，地市级供电企业组织对一般事故隐患治理结果进行验收，县级供电企业或地市级供电企业二级机构组织对安全事件隐患治理结果进行验收。

2）事故隐患治理结果验收应在提出申请后10天内完成。

验收后填写“重大、一般事故或安全事件隐患排查治理档案表”。重大事故隐患治理应有书面验收报告，并由专业部门定稿后3天内抄送省级供电企业安全监察部门备案，受委托管理设备单位应在定稿后5天内抄送委托单位相关职能部门和安全监察部门备案。

3）隐患所在企业对已消除并通过验收的应销号，整理相关资料，妥善存档，具备条件的应将书面资料扫描后上传至信息系统存档。

省、地市和县级供电企业应开展定期评估，全面梳理、核查各级各类安全隐患，做到准确无误，对隐患排查治理工作进行评估。定期评估周期一般为地市、县级供电企业每月一次，省级供电企业至少每季度一次，可结合安委会会议、安全分析会等进行。

5. 与用户相关的安全隐患治理

1）由于电网限制或供电能力不足导致的安全隐患，纳入供电企业安全隐患进行闭环管理。

2）由于用户原因导致电网存在的安全隐患，由地市或县级供电企业负责以安全隐患通知书的形式告知用户，同时向政府有关部门报告，督促用户整改，并将安全隐患纳入闭环管理，采取技术或管理措施防止对电网造成影响。

3）用户自身存在供用电安全隐患，由地市或县级供电企业负责以安全隐患通知书的形式告知产权单位，提出整改要求，告知安全责任，做好签收记录，同时向政府有关部门报告，积极督促整改。

四、安全隐患预警

建立安全隐患预警通告机制。因计划检修、临时检修和特殊方式等使电网运行方式变化而引起的电网运行隐患风险，由相应调度部门发布预警通告，相关部门制定应急预案。电网运行方式变化构成重大事故隐患，电网调度部门应将有关情况通告同级安全监察部门和相关部门。

对排查出影响人身和设备安全的隐患，要分析其风险程度和后果严重性，由相关专业管理部门或作业实施单位及时发布预警通告，及时告知涉及人身和设备安全管理的责任单位。

接到隐患预警通知后，涉及人身、电网和设备安全管理的责任单位应立即采取管控、防范或治理措施，做到有效降低隐患风险，保障作业人员和电网及设备运行安全，并将措施落实情况报告相关部门。隐患预警工作结束后，发布单位应及时通告解除预警。

五、信息报送

省、地市和县级供电企业安监部应分别明确一名专责人，负责安全隐患的汇总、统计、分析、数据库管理、信息报送等工作。相关专业职能部门应明确一名专责人，负责专业范围内安全隐患的统计、分析、信息报送等工作。

重大事故隐患和一般事故隐患需逐级统计、上报至供电企业总部；安全事件隐患由地市级供电企业统计、上报至省级供电企业，省级供电企业汇总后报供电企业总部备案。

安全隐患信息报送执行零报告制度。各级供电企业须如实记录并按时报送。

安全隐患信息报送通过安全监察信息系统中的安全隐患管理信息系统进行，与生产管理系统、ERP 等做好数据共享和应用集成，对隐患排查、上报、整改、挂牌督办等工作进行全过程记录和管理，实现自下而上、横向联动，动态跟踪隐患排查治理工作进展情况。

省、地市和县级供电企业应运用安全隐患管理信息系统，做到“一患一档”。隐患档案应包括以下信息：隐患简题、隐患来源、隐患内容、隐患编号、隐患所在企业、专业分类、归属职能部门、评估等级、整改期限、整改完成情况等。隐患排查治理过程中形成的传真、会议纪要、正式文件、治理方案、验收报告等也应归入隐患档案。上述档案的电子文档应及时录入安全隐患管理信息系统（见表 3－1～表 3－3）。

表 3－1　　重大事故隐患排查治理档案表

××××年度　　××××公司

排查	隐患简题				隐患来源	
	隐患编号		隐患所在单位		专业分类	
	隐患发现人		发现人单位		发现日期	
	隐患内容及原因					
预评估	隐患危害程度（可能导致后果）				归属职能部门	
	预评估等级		预评估负责人签名/日期		县公司级单位（工区）审核签名/日期	
评估	评估等级		评估负责人签名/日期		地市公司级单位领导审核签名/日期	
核定	省公司级单位核定意见				职能部门负责人签名/日期	
治理	治理责任单位			治理期限	自　年　月　日至　年　月　日	
	安全第一责任人			联系电话		
	整改负责人			联系电话		
	是否计划外项目			是否完成计划外备案手续		
	治理目标任务是/否落实			治理经费物资是/否落实		
	治理时间要求是/否落实			治理机构人员是/否落实		
	安全措施应急预案是/否落实			累计完成治理资金（万元）		
	治理计划或治理方案（防控、整改措施和应急预案）					
	治理完成情况					
验收	验收申请单位			负责人		日期
	验收组织单位					
	验收意见和结论					
	验收组长			日期		

注　1. 安全隐患按发现顺序编号，格式为：单位汉字名称简写＋年号（4 位）＋顺序号（4 位）。县公司级单位汉字名称简写前应加所在地市名称简称。

2. 本表由安全隐患所在单位负责填写、流转和管理，验收后报安监部建档。

表 3-2　　一般事故隐患排查治理档案表

××××年度　　××××公司

<table>
<tr><td rowspan="4">排查</td><td>隐患简题</td><td colspan="5"></td><td colspan="4">隐患来源</td><td colspan="2"></td></tr>
<tr><td>隐患编号</td><td></td><td colspan="2">隐患所在单位</td><td colspan="2"></td><td colspan="4">专业分类</td><td colspan="2"></td></tr>
<tr><td>隐患发现人</td><td></td><td colspan="2">发现人单位</td><td colspan="2"></td><td colspan="4">发现日期</td><td colspan="2"></td></tr>
<tr><td>隐患内容及原因</td><td colspan="11"></td></tr>
<tr><td rowspan="3">预评估</td><td>隐患危害程度
（可能导致后果）</td><td colspan="5"></td><td colspan="4">归属职能部门</td><td colspan="2"></td></tr>
<tr><td rowspan="2">预评估等级</td><td rowspan="2"></td><td colspan="2">预评估负责人</td><td colspan="2"></td><td colspan="4">日期</td><td colspan="2"></td></tr>
<tr><td colspan="2">县公司级单位
（工区）审核</td><td colspan="2"></td><td colspan="4">日期</td><td colspan="2"></td></tr>
<tr><td rowspan="2">评估</td><td rowspan="2">评估等级</td><td></td><td colspan="2">评估负责人</td><td colspan="2"></td><td colspan="4">日期</td><td colspan="2"></td></tr>
<tr><td></td><td colspan="2">地市公司级
单位领导审定</td><td colspan="2"></td><td colspan="4">日期</td><td colspan="2"></td></tr>
<tr><td rowspan="6">治理</td><td>治理责任单位</td><td colspan="2"></td><td colspan="3">治理
期限</td><td colspan="6">自　年　月　日至　年　月　日</td></tr>
<tr><td>安全第一责任人</td><td colspan="2"></td><td colspan="4">联系电话</td><td colspan="5"></td></tr>
<tr><td>整改负责人</td><td colspan="2"></td><td colspan="4">联系电话</td><td colspan="5"></td></tr>
<tr><td colspan="2">是否计划外项目</td><td></td><td colspan="6">是否完成计划外备案手续</td><td colspan="3"></td></tr>
<tr><td colspan="2">治理计划或治理方案
（防控、整改措施和应急预案）</td><td colspan="10"></td></tr>
<tr><td>治理完成情况</td><td colspan="11"></td></tr>
<tr><td rowspan="4">验收</td><td>验收申请单位</td><td colspan="3"></td><td>负责人</td><td colspan="3"></td><td colspan="3">日期</td><td></td></tr>
<tr><td>验收组织单位</td><td colspan="11"></td></tr>
<tr><td>验收意见和结论</td><td colspan="11"></td></tr>
<tr><td>验收组长</td><td colspan="3"></td><td>日期</td><td colspan="7"></td></tr>
</table>

注　1. 安全隐患按发现顺序编号，格式为：单位汉字名称简写＋年号（4 位）＋顺序号（4 位）。县公司级单位汉字名称简写前应加所在地市名称简称。

2. 本表由安全隐患所在单位负责填写、流转和管理，验收结束后报安监部建档。

表 3-3　　**安全事件隐患排查治理档案表**

××××年度　　××××公司

<table>
<tr><td rowspan="4">排查</td><td>隐患简题</td><td colspan="3"></td><td>隐患来源</td><td></td></tr>
<tr><td>隐患编号</td><td></td><td>隐患所在单位</td><td></td><td>专业分类</td><td></td></tr>
<tr><td>隐患发现人</td><td></td><td>发现人单位</td><td></td><td>发现日期</td><td></td></tr>
<tr><td>隐患内容及原因</td><td colspan="5"></td></tr>
<tr><td rowspan="2">预评估</td><td>隐患危害程度
（可能导致后果）</td><td colspan="3"></td><td>归属职能
部门</td><td></td></tr>
<tr><td>预评估等级</td><td></td><td>预评估负责人</td><td></td><td>日期</td><td></td></tr>
<tr><td rowspan="2">评估</td><td rowspan="2">评估等级</td><td rowspan="2"></td><td>评估负责人</td><td></td><td>日期</td><td></td></tr>
<tr><td>县公司级单位
（工区）领导审定</td><td></td><td>日期</td><td></td></tr>
<tr><td rowspan="5">治理</td><td>治理责任单位</td><td colspan="2"></td><td>治理期限</td><td colspan="2">自　年　月　日至　年　月　日</td></tr>
<tr><td>安全第一责任人</td><td colspan="2"></td><td>联系电话</td><td colspan="2"></td></tr>
<tr><td>整改负责人</td><td colspan="2"></td><td>联系电话</td><td colspan="2"></td></tr>
<tr><td colspan="2">治理计划
（防控、整改措施和应急预案）</td><td colspan="4"></td></tr>
<tr><td>治理完成情况</td><td colspan="5"></td></tr>
<tr><td rowspan="4">验收</td><td>验收申请单位</td><td></td><td>负责人</td><td></td><td>日期</td><td></td></tr>
<tr><td>验收组织单位</td><td colspan="5"></td></tr>
<tr><td>验收意见和结论</td><td colspan="5"></td></tr>
<tr><td>验收组长</td><td></td><td>日期</td><td colspan="3"></td></tr>
</table>

注　1. 安全隐患按发现顺序编号，格式为：单位汉字名称简写＋年号（4 位）＋顺序号（4 位）。县公司级单位汉字名称简写前应加所在地市名称简称。

2. 本表由安全隐患所在单位负责填写、流转和管理，验收后报安监部建档。

地市级供电企业专业职能部门、所属单位（含县级供电企业）每月 21 日前将当月（上月 21 日至本月 20 日，以下同）安全隐患排查治理情况通过安全隐患管理信息系统报地市级供电企业安监部。安监部汇总、审核，形成安全隐患排查治理一览表（见表 3-4）和安全隐患排查治理情况月报表（见表 3-5）。本条所述“专业职能部门、所属单位”由地市级供电企业结合实际确定。

表 3-4 安全隐患排查治理一览表

（20××年 1 月—××月）

填报单位： 填报日期： 年 月 日

序号	隐患编号	隐患简题	评估定级	专业分类	归属职能部门/单位	治理期限	是否消除	未消除的隐患，当月整改进展情况

表 3-5 **安全隐患排查治理情况月报表**

填报单位：（盖章） （20××年1月—××月）

类别	覆盖面			安全事件隐患			一般事故隐患			重大事故隐患						累计落实隐患治理资金
										Ⅰ级			Ⅱ级			
	应排查治理隐患的单位	实际排查治理隐患	覆盖率	排查	已整改	整改率	排查	已整改	整改率	排查	已整改	整改率	排查	已整改	整改率	
	（家）	（家）	（%）	（项）	（项）	（%）	（项）	（项）	（%）	（项）	（项）	（%）	（项）	（项）	（%）	（万元）
	(1)	(2)	(3)	(4)	(5)	(6)	(7)	(8)	(9)	(10)	(11)	(12)	(13)	(14)	(15)	(16)
合计																
1. 电网安全																
2. 火力发电厂安全																
3. 水电厂安全																
4. 风电场安全																
5. 电力建设安全																
6. 电力二次系统安全																
7. 煤矿安全																
8. 其他																

单位负责人：（签字） 填表人：（签字） 联系电话： 填报日期：××年 × 月 × 日

注 1. 统计数据为每年1月以来的累计数据。列入治理计划的重大隐患和往年未完成治理的重大隐患须另附简要文字说明。

2. 隐患类别中“1. 电网安全”不包括“6. 电力二次系统安全”。

省级供电企业各专业职能部门每月21日前将当月安全隐患排查治理情况通过安全隐患管理信息系统报本企业安监部。安监部汇总、审核，形成“安全隐患排查治理一览表”和“安全隐患排查治理情况月报表”。

地市级供电企业安监部每月23日前将本企业当月“安全隐患排查治理情况月报表”报省级供电企业安监部。省级供电企业安监部负责汇总、审核，每月25日前形成本企业当月“安全隐患排查治理一览表”和“安全隐患查治理情况月报表”。

省级供电企业每月26日前通过安全隐患管理信息系统向供电企业总部上报“安全隐患排查治理情况月报表”，7月5日前通过安全隐患管理信息系统上报半年度工作总结，次年1月5日前通过公文系统上报年度隐患排查治理工作总结。

各专业职能部门和下属供电企业应做好沟通协调，确保隐患排查治理报送数据的准确性和一致性。

省、地（市）和县级供电企业安监部应在月度安全生产会议上通报本单位隐患排查治理工作情况。班组（供电所、运维站）应在每周安全日活动上通报本班组隐患排查治理工作情况。

对于重大事故隐患，省、地（市）和县级供电企业应按相关规定向地方政府有关部门报告。

供电企业总部每季度、每年对供电企业系统隐患排查治理情况进行统计分析，按要求向国家有关部门报送。

六、督办机制

隐患排查治理工作执行上级对下级监督，同级间安全生产监督体系对安全生产保证体系进行监督的督办机制。

安全隐患实行逐级挂牌督办制度。省级供电企业对重大事故隐患实施挂牌督办，地市级供电企业对一般事故隐患实施挂牌督办，县级供电企业及地市级供电企业其他二级机构对安全事件隐患实施挂牌督办，指定专人管理、督促整改。

省级、地（市）级、县级供电企业安监部根据掌握的隐患信息情况，以《安全监督通知书》形式进行督办，定期对隐患排查治理情况进行检查并及时通报。

供电企业总部对省级供电企业挂牌督办的重大事故隐患进行督查，监督治理情况。

七、评价考核与奖惩

供电企业总部每年对省级供电企业的隐患排查治理工作进行评价、通报，省、地市、县级供电企业应逐级对所属单位年度隐患排查治理工作开展情况进行评价、通报。

各级供电企业应将隐患排查治理工作纳入安全生产绩效考核范围。

按照供电企业相关规定对发现、举报和消除重大事故隐患的人员，给予表扬或奖励。

对重大事故隐患治理工作成绩突出的单位，给予表扬或奖励。

对经事故分析认定存在应排查而未排查出隐患导致事故发生的，对瞒报安全隐患或因工作不力延误消除隐患并导致安全事故的，对上述相关责任人按供电企业有关奖惩规定处罚。重大事故隐患治理不力，追究省级供电企业责任；一般事故隐患治理不力，由省级供电企业追究相关供电企业、人员责任；安全事件隐患治理不力，由地市公司、县级供电企业追究相关单位、人员责任。

第三节　重大危险源辨识

各级供电企业为全面落实《国务院关于进一步加强安全生产工作的决定》及重大危险源监督管理工作要求，牢固树立重大危险源监督管理企业主体责任意识，促进重大危险源监督与管理工作规范、科学、有序地开展，各级供电企业应加大力度开展重大危险源登记、检测、评估、监控、治理、应急救援和监督与管理等重点环节，把重大危险源监督管理与安全生产监督管理的各项工作有机结合起来。

各级安全监管部门要进一步提高对重大危险源监督管理工作重要性的认识，加强对重大危险源普查、评估、监控、治理工作的组织领导和监督检查，要把强化重大危险源监督管理工作作为安全生产监督检查和考核的一项重要内容。

企业是安全生产的主体，也是重大危险源管理监控的责任主体，在重大危险源管理与监控中负有重要责任。供电企业要做好以下工作：①重大危险源普查登记建档工作，如实向安全监管部门申报；②保证重大危险源安全管理与监控所必需的资金投入；③要建立健全本单位重大危险源安全管理规章制度，落实重大危险源安全管理和监控责任，制定重大危险源安全管理与监控的实施方案；④要对从业人员进行安全教育和技术培训，使其掌握本岗位的安全操作技能和在紧急情况下应当采取的应急措施；⑤要在重大危险源现场设置明显的安全警示标志并加强重大危险源的监控和有关设备、设施的安全管理；⑥要对重大危险源的工艺参数、危险物质进行定期的检测评估，对重要的设备、设施进行经常性的检测、检验并做好检测、检验记录；⑦要对重大危险源的安全状况进行定期检查，并建立重大危险源安全管理档案；⑧要对存在事故隐患和缺陷的重大危险源认真实施整改治理，不能立即整改的，必须采取切实可行的安全措施，防止事故发生；⑨要制定重大危险源应急救援预案，落实应急救援预案的各项措施；⑩要贯彻执行国家、地区、行业的技术标准，推动技术进步，不断改进监控管理手段，提高监控管理水平，提高重大危险源的安全稳定性。

按照重大危险源的种类和能量在意外状态下可能发生事故的最严重后果，重大危险源分为以下四级：①一级重大危险源：可能造成特别重大事故的；②二级重大危险源：可能造成特大事故的；③三级重大危险源：可能造成重大事故的；④四级重大危险源：可能造成一般事故的。

《安全生产法》第三十七条规定："生产经营单位对重大危险源应当登记建档，进行定期检测、评估、监控，并制定应急预案，告知从业人员和相关人员在紧急情况下应当采取的应急措施。生产经营单位应当按照国家有关规定将本单位重大危险源及有关安全措施、应急措施报有关地方人民政府安全生产监督管理部门和有关部门备案。"各级供电企业严格执行《中华人民共和国安全生产法》、《关于开展重大危险源监督管理工作的指导意见》（安监管协调字〔2004〕56号）、《关于认真做好重大危险源监督管理工作的通知》（安监总协调字〔2005〕62号）、《关于规范重大危险源监督与管理工作的通知》（安监总协调字〔2005〕125号）等国家及政府监督管理部门的法律法规和规章管理制度，宣贯重大危险源辨识标准——《危险化学品重大危险源辨识》（GB 18218—2009）。

供电企业的主要负责人对本企业重大危险源的安全管理与检测监控全面负责，安全生产委员会要保证重大危险源安全管理与检测监控所必需的资金投入。把安全生产事故隐患排查治理纳入常态工作机制，随时对重大危险源进行排查、评估、报备和跟踪整改。

一、危险化学品重大危险源辨识

1. 相关概念

(1) 危险化学品。具有易燃、易爆、有毒、有害等特性，会对人员、设施、环境造成伤害或损害的化学品。

(2) 单元。一个（套）生产装置、设施或场所，或同属一个生产经营单位的且边缘距离小于500m的几个（套）生产装置、设施或场所。

(3) 临界量。对于某种或某类危险化学品规定的数量，若单元中的危险化学品数量等于或超过该数量，则该单元定为重大危险源。

(4) 危险化学品重大危险源。长期或临时地生产、加工、使用或储存危险化学品，且危险化学品的数量等于或超过临界量的单元。

2. 辨识依据（GB 8218—2014）

危险化学品重大危险源的辨识依据是危险化学品的危险特性及其数量，具体见表3-6和表3-7。若一种危险化学品具有多种危险性，按其中最低的临界量确定。

表3-6　化学品名称及其临界量

序号	类别	危险化学品名称和说明	临界量（t）
1	爆炸品	叠氮化钡	0.5
2		叠氮化铅	0.5
3		雷酸汞	0.5
4		三硝基苯甲醚	5
5		三硝基甲苯	5
6		硝化甘油	1
7		硝化纤维素	10
8		硝酸铵（含可燃物＞0.2%）	5
9	易燃气体	丁二烯	5
10		二甲醚	50
11		甲烷，天然气	50
12		氯乙烯	50
13		氢	5
14		液化石油气（含丙烷、丁烷及其混合物）	50
15		一甲胺	5
16		乙炔	1
17		乙烯	50

续表

序号	类别	危险化学品名称和说明	临界量（t）
18	毒性气体	氨	10
19		二氟化氧	1
20		二氧化氮	1
21		二氧化硫	20
22		氟	1
23		光气	0.3
24		环氧乙烷	10
25		甲醛（含量＞90%）	5
26		磷化氢	1
27		硫化氢	5
28		氯化氢	20
29		氯	5
30		煤气（CO，CO和H_2、CH_4的混合物等）	20
31		砷化三氢（胂）	12
32		锑化氢	1
33		硒化氢	1
34		溴甲烷	10
35	易燃液体	苯	50
36		苯乙烯	500
37		丙酮	500
38		丙烯腈	50
39		二硫化碳	50
40		环己烷	500
41		环氧丙烷	10
42		甲苯	500
43		甲醇	500
44		汽油	200
45		乙醇	500
46		乙醚	10
47		乙酸乙酯	500
48		正己烷	500
49	易于自燃的物质	黄磷	50
50		烷基铝	1
51		戊硼烷	1

续表

序号	类别	危险化学品名称和说明	临界量（t）
52	遇水放出易燃气体的物质	电石	100
53		钾	1
54		钠	10
55	氧化性物质	发烟硫酸	100
56		过氧化钾	20
57		过氧化钠	20
58		氯酸钾	100
59		氯酸钠	100
60		硝酸（发红烟的）	20
61		硝酸（发红烟的除外，含硝酸＞70%）	100
62		硝酸铵（含可燃物≤0.2%）	300
63		硝酸铵基化肥	1000
64	有机过氧化物	过氧乙酸（含量≥60%）	10
65		过氧化甲乙酮（含量≥60%）	10
66	毒性物质	丙酮合氰化氢	20
67		丙烯醛	20
68		氟化氢	1
69		环氧氯丙烷（3氯1，2环氧丙烷）	20
70		环氧溴丙烷（表溴醇）	20
71		甲苯二异氰酸酯	100
72		氯化硫	1
73		氰化氢	1
74		三氧化硫	75
75		烯丙胺	20
76		溴	20
77		乙撑亚胺	20
78		异氰酸甲酯	0.75

表3-7　　未在表3-6中列举的危险化学品类别及其临界量

类别	危险性分类及说明	临界量（t）
爆炸品	1.1A项爆炸品	1
	除1.1A项外的其他1.1项爆炸品	10
	除1.1项外的其他爆炸品	50

续表

类别	危险性分类及说明	临界量（t）
气体	易燃气体：危险性属于2.1项的气体	10
	氧化性气体：危险性属于2.2项非易燃无毒气体且次要危险性为5类的气体	200
	剧毒气体：危险性属于2.3项且急性毒性为类别1的毒性气体	5
	有毒气体：危险性属于2.3项的其他毒性气体	50
易燃液体	极易燃液体：沸点≤35℃且闪点＜0℃的液体，或保存温度一直在其沸点以上的易燃液体	10
	高度易燃液体：闪点＜23℃的液体（不包括极易燃液体），液态退敏爆炸品	1000
	易燃液体：23℃≤闪点＜61℃的液体	5000
易燃固体	危险性属于4.1项且包装为Ⅰ类的物质	200
易于自燃的物质	危险性属于4.2项且包装为Ⅰ或Ⅱ类的物质	200
遇水放出易燃气体的物质	危险性属于4.3项且包装为Ⅰ或Ⅱ的物质	200
氧化性物质	危险性属于5.1项且包装为Ⅰ类的物质	50
	危险性属于5.1项且包装为Ⅱ或Ⅲ类的物质	200
有机过氧化物	危险性属于5.2项的物质	50
毒性物质	危险性属于6.1项且急性毒性为类别1的物质	50
	危险性属于6.1项且急性毒性为类别2的物质	500

注　以上危险化学品危险性类别及包装类别依据GB 12268确定，急性毒性类别依据GB 20592确定。

3. 危险源的辨识指标

单元内存在危险化学品的数量等于或超过表3－6、表3－7规定的临界量，即被定为重大危险源。单元内存在的危险化学品数量根据处理危险化学品种类的多少区分为以下两种情况：①危险化学品为单一品种，则该危险化学品的数量即为单元内危险化学品的总量，若等于或超过相应的临界量，则定为重大危险源；②危险化学品为多品种时，则按式（3－1）计算，若满足式（3－1），则定为重大危险源

$$\frac{q_1}{Q_1}+\frac{q_2}{Q_2}+\cdots+\frac{q_n}{Q_n}\geqslant 1 \tag{3-1}$$

式中　q_1、q_2、…、q_n 为每一种危险化学品实际存在量，t；Q_1、Q_2、…、Q_n 为与各危险化学品相对应的临界量，t。

二、排查登记建档

各级供电企业要对本单位的重大危险源进行登记建档，建立重大危险源管理档案，并按照国家和地方有关部门重大危险源申报登记的具体要求，在每年3月底前将有关材料报送当地县级以上人民政府安全生产监督管理部门备案。

各级供电企业把做好重大危险源监督管理工作作为安全生产领域的一项基础工程、

一项治本之策、一项长久任务，不但要组织本企业的危险物品使用、存储情况排查登记，而且要掌握本企业供电范围内危险化学品生产、储存单位的重大危险源信息，更好地要运用现代信息技术逐步建立重大危险源信息管理，了解和掌握供电区域内重大危险源的数量和分布状况，对重大危险源实施有效预警监控，并与危险化学品生产、储存、运输单位的应急预案进行有效衔接，建立强有力的应急技术保障体系，提升应急安全监督管理水平与效果。

供电企业系统存在的危险物品主要集中在工程用乙炔气瓶、煤油、酒精、生活用液化石油气等几方面，但使用量极低且分别存放，虽然远没有达到重大危险源辨识标准的临界量，不存在重大危险源。但是，硫化氢、六氟化硫等有毒有害气体仍然存在于变电站、电缆沟井、排污排水沟井等处的，对供电企业的员工和周围民众造成生命威胁。按照重大危险源规定及辨识标准，以上危险源虽不能纳入重大危险源，但各级供电企业明确要求各单位要登记建档，并为可能存在有毒有害气体部位作业的部门配备有毒有害气体检测仪、正压式呼吸器等检测、防护用品。

对新构成的重大危险源，要及时报告当地县级以上人民政府安全生产监督管理部门备案；对已不构成重大危险源的，生产经营单位应及时报告核销。生产经营单位存在的重大危险源在生产过程、材料、工艺、设备、防护措施和环境等因素发生重大变化或国家有关法规、标准发生变化时，生产经营单位要对重大危险源重新进行安全评估并及时报告当地县级以上人民政府安全生产监督管理部门。

重大危险源申报表填表说明如下，样表见表 3-8～表 3-13。

表 3-8　　经营单位基本情况表

法人单位名称				单位代码	
填报单位名称（盖章）					
通信地址				邮政编码	
填报单位负责人姓名				电　话	
经济类型	1 国有经济　2 集体经济　3 私营经济　4 有限责任公司 5 联营经济　6 股份合作　7 外商投资　8 港澳台投资 9 其他经济				
所在行业	A 农、林、牧、渔业 B 采掘业 C 制造业 D 电力、煤气及水的生成和供应业 E 建筑业 F 地质勘查业、水利管理业 G 交通运输仓储业及邮电通信业 H 批发和零售贸易、餐饮业 I 金融保险业 J 房地产业 K 社会服务业 L 卫生、体育和社会福利业 M 教育文化艺术及广电业 N 科学研究和综合技术服务业 O 国家机关党政机关和社会团体 P 其他行业				
成立时间			占地面积	m^2	
行业管理部门			职工总数	人	
固定资产总值	万元	年总收入	万元	年利润	万元
主要产品					

填表人：__________　联系电话：__________　填表日期：__________

表 3-9　　生产场所基本特征表

<table>
<tr><td colspan="2">单元名称</td><td colspan="2"></td><td>固定资产总值</td><td>万元</td></tr>
<tr><td colspan="2">具体位置</td><td colspan="4"></td></tr>
<tr><td colspan="2">所处环境功能区</td><td colspan="4">1　工业区　2　农业区　3　商业区　4　居民区　5　行政办公区
6　交通枢纽区　7　科技文化区　8　水源保护区　9　文物保护区</td></tr>
<tr><td colspan="2">占地面积</td><td colspan="2">m²</td><td>正常当班人数</td><td>人</td></tr>
<tr><td colspan="2" rowspan="2">物质名称</td><td colspan="4">单元内危险物质量</td></tr>
<tr><td>现存物质总量（t）</td><td>工艺过程中的物质量（t）</td><td>存储的物质量（t）</td><td>废弃物质量（t）</td></tr>
<tr><td>1</td><td></td><td></td><td></td><td></td><td></td></tr>
<tr><td>2</td><td></td><td></td><td></td><td></td><td></td></tr>
<tr><td>3</td><td></td><td></td><td></td><td></td><td></td></tr>
<tr><td>4</td><td></td><td></td><td></td><td></td><td></td></tr>
<tr><td>5</td><td></td><td></td><td></td><td></td><td></td></tr>
<tr><td>6</td><td></td><td></td><td></td><td></td><td></td></tr>
<tr><td>7</td><td></td><td></td><td></td><td></td><td></td></tr>
<tr><td>8</td><td></td><td></td><td></td><td></td><td></td></tr>
</table>

填表人：__________　联系电话：__________　填表日期：__________

表 3-10　　危险房屋基本特征表

<table>
<tr><td>名　称</td><td colspan="3"></td></tr>
<tr><td>具体位置</td><td colspan="3"></td></tr>
<tr><td>用　途</td><td colspan="3">1 厂房　2 仓库　3 办公　4 住宅　5 学校　6 其他</td></tr>
<tr><td>设计单位</td><td></td><td>施工单位</td><td></td></tr>
<tr><td>竣工日期</td><td></td><td>设计服役期</td><td></td></tr>
<tr><td>建筑面积</td><td>m²</td><td>使用面积</td><td>m²</td></tr>
<tr><td>层数</td><td></td><td>最大跨度</td><td>m</td></tr>
<tr><td>高度</td><td>m</td><td>危房类型</td><td>1　整幢　2　局部</td></tr>
<tr><td>设计是否满足现行规范并简要说明</td><td colspan="3"></td></tr>
<tr><td>施工是否符合要求并简要说明</td><td colspan="3"></td></tr>
<tr><td>曾受何种灾害</td><td colspan="3">1　火灾　2　水灾　3　地震　4　台风　5　其他________
简要说明受灾的程度：</td></tr>
<tr><td>改扩建情况</td><td colspan="3"></td></tr>
<tr><td>危房鉴定等级*</td><td colspan="3"></td></tr>
<tr><td>危房鉴定单位</td><td colspan="3"></td></tr>
</table>

*　参考《城市危险房屋管理规定》（建设部令 1989 第四号）和《危险房屋鉴定标准》（JGJ 125—99）。

填表人：__________　联系电话：__________　填表日期：__________

表 3-11　　　　　　　　　　**锅炉基本特征表**

<table>
<tr><td>锅炉型号</td><td></td><td>锅炉名称</td><td></td><td>编　号</td><td></td></tr>
<tr><td>具体位置</td><td colspan="5"></td></tr>
<tr><td>制造厂名</td><td colspan="3"></td><td>制造日期</td><td></td></tr>
<tr><td>安装完工日期</td><td colspan="2"></td><td>投入使用日期</td><td colspan="2"></td></tr>
<tr><td>设计工作压力</td><td colspan="2">MPa</td><td>许可使用压力</td><td colspan="2">MPa</td></tr>
<tr><td>额定供热量
或额定出力</td><td colspan="2">kcal*/h
t/h</td><td>介质出口温度</td><td colspan="2">℃</td></tr>
<tr><td>水处理方法</td><td colspan="2"></td><td>锅炉用途</td><td colspan="2"></td></tr>
<tr><td>备注（移装、检修、改造、事故记录）</td><td colspan="5"></td></tr>
</table>

*　1kcal/h=4.2kJ。

填表人：________　联系电话：________　填表日期：________

表 3-12　　　　　　　　　　**压力容器基本特征表**

<table>
<tr><td>名称</td><td></td><td>编号</td><td></td><td>注册编号</td><td></td><td>使用证编号</td><td></td></tr>
<tr><td>类别</td><td></td><td>设计单位</td><td></td><td>投用年月</td><td></td><td>使用单位</td><td></td></tr>
<tr><td>制造单位</td><td></td><td>制造年月</td><td></td><td>出厂编号</td><td colspan="3"></td></tr>
<tr><td>材料</td><td>筒体</td><td></td><td>封头</td><td></td><td>内衬</td><td colspan="2"></td></tr>
<tr><td>内径</td><td>mm</td><td rowspan="4">操作条件</td><td>设计压力</td><td>MPa</td><td rowspan="5">安全件</td><td>是否有安全阀</td><td></td></tr>
<tr><td>壁厚</td><td>mm</td><td>最高工作压力</td><td>MPa</td><td>是否有爆破片</td><td></td></tr>
<tr><td>高（长）</td><td>mm</td><td>设计温度</td><td>℃</td><td>是否有紧急切断阀</td><td></td></tr>
<tr><td>容积</td><td>m^3</td><td>介质</td><td></td><td>是否有压力表</td><td></td></tr>
<tr><td colspan="2">有、无保温、绝热</td><td colspan="3"></td><td>是否有液面计</td><td></td></tr>
<tr><td>安全状况等级</td><td></td><td>定期检验情况</td><td colspan="2"></td><td>备注</td><td colspan="2"></td></tr>
</table>

注　1. 换热器的换热面积填写在压力容器规格的容积一栏内。

2. 两个压力腔的压力容器的操作条件分别填写在斜线前后并加以说明。

填表人：________　联系电话：________　填表日期：________

表 3-13 重大危险源周边环境基本情况表

<table>
<tr><td rowspan="7">危险源周边环境情况</td><td rowspan="7">周边地区情况</td><td>单位类型</td><td>数量（个）</td><td>单位名称</td><td>人数</td><td>与危险源最近距离</td></tr>
<tr><td>住宅区</td><td></td><td></td><td></td><td></td></tr>
<tr><td>生产单位</td><td></td><td></td><td></td><td></td></tr>
<tr><td>机关团体</td><td></td><td></td><td></td><td></td></tr>
<tr><td>公共场所</td><td></td><td></td><td></td><td></td></tr>
<tr><td>交通要道</td><td></td><td></td><td></td><td></td></tr>
<tr><td>其他</td><td></td><td></td><td></td><td></td></tr>
<tr><td rowspan="4">周边环境对危险源的影响</td><td colspan="2">类型</td><td>数量（个）</td><td colspan="3">简要说明</td></tr>
<tr><td colspan="2">火源</td><td></td><td colspan="3"></td></tr>
<tr><td colspan="2">输配电装置</td><td></td><td colspan="3"></td></tr>
<tr><td colspan="2">其他</td><td></td><td colspan="3"></td></tr>
</table>

填表人：________________ 联系电话：________________ 填表日期：________________

1）重大危险源申报的目的是掌握重大危险源的状况及其分布，为重大危险源评价、分级、监控和管理提供基础数据。

2）重大危险源申报表分为三类，第一类为生产经营单位基本情况表（表 3-8），第二类为各类重大危险源基本特征表（表 3-8～表 3-13），第三类为重大危险源周边环境基本情况表（表 3-9）。

填表时，应根据生产经营单位的实际情况填写生产经营单位基本情况表（见表 3-8）以及所有符合申报范围的重大危险源基本特征表。生产经营单位存在哪一类别的重大危险源填报相应的重大危险源基本特征表，每个重大危险源填表一份；如存在多个重大危险源，则自行复印表格填报。生产场所及其他可能给周围环境造成严重后果的重大危险源应填写重大危险源周边环境基本情况表。

3）重大危险源申报表的填报、图文资料，必须坚持实事求是的原则，严格按照规范填写，如实地反映实际情况。

4）填表应用钢笔，表格内容要认真逐项填写，无此项内容时填写无，因故无法填写的内容应注明原因。

5）当重大危险源申报涉及保密数据时，应遵守有关保密规定。

三、检测检验和安全评估

供电企业应当至少每两年要对本单位的重大危险源进行一次安全评估，并出具安全评估报告。安全评估工作应由注册安全工程师主持进行，或委托具备国家规定的资质条件从事重大危险源安全检测检验和安全评估业务的中介机构进行。按照国家有关规定，已经进行安全评价并符合重大危险源安全评估要求的，可不必进行安全评估。安全评估报告要做到数据准确、内容完整、方法科学，建议措施具体可行、结论客观公正。安全评估报告主要包括以下内容：①安全评估的主要依据；②重大危险源基本情况；③危险、有害因素辨识；④可能发生事故的种类及严重程度；⑤重大危险源等级；⑥防范事故的对策措施；⑦应急救援预案的评价；⑧评估结论与建议等。

注册安全工程师、评估机构对其做出的检测检验和安全评估结论负责。安全评估报告应报当地安全监管部门。

重大危险源的生产过程以及材料、工艺、设备、防护措施和环境等因素发生重大变化，或国家有关法规、标准发生变化时，供电企业应当对重大危险源重新进行安全评估，并将有关情况报当地安全监管部门。

四、监控与整改

在重大危险源监管和监控体系建设方面，明确各级供电企业是其管辖范围内重大危险源管理监控的主体，在重大危险源管理与监控中负有重要责任，负责配合属地政府安全监管部门做好重大危险源的监督管理工作，直接服从于其在重大危险源方面的监管。

重大危险源的排查治理工作作为隐患排查治理的重要组成部分之一，被列为常态开展排查的对象，纳入供电企业系统隐患排查治理流程。对重大危险源的安全状况以及重要的设备设施进行定期检查、检测、检验，并做好记录。并在重大危险源现场设置明显的安全警示标志，加强重大危险源的现场检测监控和有关设备、设施的安全管理。

供电企业系统每年开展的安全生产春检、秋检以及各专项检查工作，也是发现和排查重大危险源的有力支撑，在检查活动中，各级供电企业都会针对重大危险源的排查提出明确排查要求。

各级供电企业安全第一责任人对本企业重大危险源的安全管理和监测监控全面负责。各级供电企业安全生产委员会是本单位重大危险源监管的领导核心。本企业三级安全网组织是重大危险源监管工作的具体执行者。各企业注册安全工程师负责对本企业三级安全网组织在生产过程中反映出的疑似重大危险源进行初步评估。

对存在事故隐患的重大危险源，供电企业必须立即整改。要制定整改方案，落实整改措施、整改资金、责任人、期限、应急预案等。整改期间要采取切实可行的安全措施，防止事故发生。

五、应急预案及培训

生产经营单位要制定重大危险源应急救援预案，配备必要的救援器材、装备，每年进行一次事故应急救援演练。

重大危险源应急救援预案必须报送当地县级以上人民政府安全生产监督管理部门备案。重大危险源应急救援预案应当包括以下内容：①企业危险源基本情况及周边环境概况；②应急机构人员及其职责；③危险辨识与评价；④应急设备与设施；⑤应急能力评价与资源；⑥应急响应、报警、通信联络方式；⑦事故应急程序与行动方案；⑧事故后的恢复与程序；⑨培训与演练。

在开展重大危险源监督管理工作中，要严格执行重大危险源监督管理制度，在当地政府安全生产监管机构的指导下按照国家安全生产监督管理总局组织编写的《重大危险源申报登记与管理》（试行）教材做好培训工作，指导生产经营单位做好重大危险源的申报登记和管理工作，切实做好相关的技术培训工作。

通过教育和培训，使企业主要负责人、员工学习和掌握重大危险源监督管理的政策理论、评估标准、评估方法和相关法规、标准，了解做好重大危险源管理监控工作的重要意义，从而进一步提高认识、转变观念、改进工作方式。要加大宣传力度，在报纸、杂志和网站上大力宣传各地、各级供电企业开展重大危险源监督管理工作的先进经验和有效做法，宣传重大危险源的有关法规标准、政策规定和技术知识，为深入开展重大危险源监督管理工作营造良好的工作氛围。

各级供电企业要对从业人员进行安全生产教育和培训，使其熟悉重大危险源安全管理制度和安全操作规程，掌握开展重大危险源监督管理所必备的业务知识和技能以及安全操作知识，掌握本岗位的安全操作技能等，将供电区域范围内重大危险源可能发生事故时的危害后果、应急措施等信息告知相关工作人员。

六、专项监督检查

各级供电企业应当配合当地安全监管部门认真落实国家有关重大危险源监督管理的规定和要求，全面开展重大危险源普查登记和监控管理工作。检查中如果被发现对重大危险源未登记建档，或未进行评估、监控，或未制定应急预案的依据《安全生产法》第九十八条的规定责令限期改正，可以处十万元以下的罚款；逾期未改正的，责令停产停业整顿，并处十万元以上二十万元以下的罚款，对其直接负责的主管人员和其他直接责任人员处二万元以上五万元以下的罚款；构成犯罪的，依照刑法有关规定追究刑事责任。

为了推进重大危险源监督管理制度的实施，提高对事故的防范能力和对安全生产事故的控制力，在各级供电企业安全第一责任人要在年度安全生产工作计划中确定开展重大危险源专项监督检查的安排，定期组织专项的监督检查，重点检查开展重大危险源监督管理工作的情况。加强对存在重大危险源供电企业的监督检查，督促供电企业加强对重大危险源的安全管理与监控，重点监督检查的内容包括：①贯彻执行国家有关法律、法规、规章和标准的情况；②预防安全生产事故措施的落实情况；③重大危险源的登记建档等情况；④重大危险源的安全评估、检测、监控情况；⑤重大危险源设备维护、保养和定期检测情况；⑥重大危险源现场安全警示标志设置的情况；⑦从业人员的安全培训教育情况；⑧应急救援组织建设和人员配备的情况；⑨应急救援预案和演练工作的情况；⑩配备应急救援器材、设备及维护、保养的情况；⑪ 重大危险源日常管理的情况；⑫ 法律、法规规定的其他事项。

任何单位或个人对生产经营单位重大危险源存在的事故隐患以及安全生产违法行为，均有权向安全生产监督管理部门举报。

各级安全监管部门监督检查中对存在缺陷和事故隐患的重大危险源进行治理整顿，督促生产经营单位加大投入，采取有效措施，消除事故隐患，确保安全生产。在整改前或整改中无法保证安全的，应当责令生产经营单位从危险区域内撤出作业人员，暂时停产、停业或停止使用。难以立即整改的，要限期完成，并采取切实有效的防范、监控措施。

安全生产监督管理部门在监督检查中，发现生产经营单位有下列行为之一的，依据《中华人民共和国安全生产法》等有关法律法规规定，责令限期改正。逾期未改正的，责令停产停业整顿，并处罚款：①未对从业人员进行安全教育和技术培训；②未在重大危险源现场设置明显的安全警示标志；③未对重大危险源设施、设备进行经常性维护、保养和定期检测；④未对重大危险源登记建档；⑤未对重大危险源进行安全评估；⑥未对重大危险源进行定期检测、监控；⑦未制定重大危险源应急救援预案；⑧其他违反有关法律法规的行为。

第四章

应急管理能力评估

加强应对突发事件的能力建设，作为进一步完善供电企业应急管理体系的重要举措之一，越来越受到政府相关部门和各级供电企业的重视。同时，应急能力评估（Capability Assessment for Emergency Management）成为应对突发事件能力建设的前提和重要组成部分。

按照《生产经营单位生产安全事故应急预案编制导则》（GB/T 29639—2013）的要求，在全面调查和客观分析生产经营单位应急队伍、装备、物资等应急资源状况基础上开展应急能力评估，并依据评估结果，完善应急保障措施。依据生产经营单位风险评估及应急能力评估结果，组织编写应急预案。应急预案编制应注重系统性和可靠性，做到与相关部门和单位应急预案相衔接。

供电企业应急能力评估的实施，以提高供电企业应急能力为出发点，突出“预防为主，科学应对，常态管理”的管理思想，坚持“以人为本，防救结合”的救援工作原则，以评估供电企业应急体系为核心，全过程评估应急管理的四个过程即应急预防、应急准备、应急响应和应急恢复。在建立多层次、多序列、多方面的供电企业应急能力评估指标体系帮助下，逐渐形成科学合理的评估标准和评估方法和具有可操作性的评估流程，在供电企业应急能力评估通用准则的基础上，确定3～5年为常态化开展应急能力评估的PDCA循环周期，为有效检验供电企业应急能力提供了依据。

应急能力评估分为供电企业总体应急能力评估、供电企业专项应急能力评估和供电企业现场应急能力评估三个层次。

第一节　供电企业总体应急能力评估

一、术语和定义

（1）应急能力。应急能力是政府和企业及社会各类组织应急管理体系中所有要素和应急行为主体有机组合的总体能力。

（2）供电企业应急能力。指供电企业在实施全过程应急管理过程中和应对突发事件时救援处置能力的综合反应能力，它包括应急预防、应急准备、应急响应及后期恢复四个方面的总体管理处置水平，主要体现在“五个体系”、“四种能力”、“两个系统”共11项子系统的建设及管理情况。

1）五个体系。是指应急组织体系、应急预案体系、规章制度体系、培训演练体系、应急科技支撑体系。

2）四种能力。是指综合保障能力、救援处置能力、舆论引导能力、恢复重建能力。

3）两个系统。是指预防预测和监控预警系统、应急信息与指挥系统。

（3）供电企业应急能力评估。是指对各级供电企业应对可能发生突发公共事件的综合管理、处置能力进行的评估。

（4）危险分析。是对危险影响和后果进行评价和估量，包括定性分析和定量分析。危险分析一般包括危险源辨识、脆弱性分析和风险评估三个过程。

二、评估内容

以“一案三制”为核心，针对供电企业应急预防、应急准备、应急响应、后期恢复四个方面对电网企业应急能力进行全面的评估。

（1）应急预防。应急组织体系、应急预案体系、规章制度体系内容的评估。

（2）应急准备。培训演练体系、科技支撑体系、综合保障能力、预防预测和监控预警系统、应急信息指挥系统内容的评估。

（3）应急响应。救援处置能力、舆情应对能力内容的评估。

（4）后期恢复。恢复重建能力内容的评估。

《评估标准》共设一级评估指标4个，二级评估指标11个，三级评估指标32个。《评估标准》采用打分制，总分1000分，其中一级评估指标中应急预防240分（占24%），应急准备285分（占28.5%），应急响应420分（占42%），后期恢复55分（占5.5%）。

三、评估方法

由独立专业评估机构或专业人员按照既定评估标准，采用动态评估与静态查评相结合的评估方法，重点评估考核被评价供电企业的实际应急能力。评估方法如下。

（1）静态查评。主要采用核实的方法，通过听汇报、查资料、查记录、实物核对等方法，依据评估标准对应急管理及应急体系建设情况进行静态查评。静态查评分值500分，占总分的50%。

（2）动态评估。主要采用考问、推演等方式对企业的应急管理和处置能力进行实际检验。动态查评分值500分，占总分的50%。动态评估主要采取如下方法。

1）考试（100分）。建立应急考试题库，对被评估企业，分别选取一定比例的应急领导小组成员、部门领导、管理人员、一线员工进行提问、询问、组织答题考试，考试的内容主要包括应急组织、应急预案、规章制度、培训演练相关职能和常识。

2）演练（400分）。每次评估演练不少于3次，其中专项预案演练（以桌面推演为主，重点考查整体应急机制与流程）不少于1次，现场处置方案演练（以现场实战演练为主）不少于两次，全面检验应急预测预警、应急启动、应急响应、指挥协调、事件处置、舆论引导和信息发布等应急响应及处置工作流程，从实战中检验应急预案、应急机制的科学合理性，检验突发事件应对能力。

3）分析评判。对过去三年突发事件应对案例进行分析，综合上述查证与评估情况，针对应急体系建设11项二级指标即“五个体系”、“四种能力”、“两个系统”的建设及实际工作情况对企业的应急能力进行分析及评估，从而得出供电企业应急能力的分项及总体能力水平现状。

四、评估分级

对供电企业应急能力从4个方面（一级指标）、11项内容（二级指标）、32个小项（三级指标）进行评估。评分时逐一对各级指标进行实际打分，然后形成汇总表（见表4-1）。

表4-1　　供电企业应急能力评估总表

序号	评估项（二级指标）	应得分	实得分	得分率（%）	其中动态评估		评估级别
					应得分	实得分	
1	1.1 应急组织体系	75			10		
2	1.2 应急预案体系	120			35		
3	1.3 规章制度体系	45			25		
4	2.1 演练培训体系	80			30		
5	2.2 科技支撑体系	20					
6	2.3 综合保障能力	130					
7	2.4 预防预测和监控预警系统	30					
8	2.5 应急信息指挥系统	25					
9	3.1 救援处置能力	350			350		
10	3.2 舆情应对能力	70			50		
11	4.1 恢复重建能力	55					
	总分	1000			500		

评估时主要针对11项二级指标的得分率逐项分出四个等级（优秀、良好、一般、较差），其中，优秀得分率应为不小于85%，85%>良好得分率≥75%，75%>一般得分率≥60%；较差得分率应为60%以下，同时，根据分析评判对总体应急能力进行评价。动态评估内容见表4-2。

表4-2　　动态评估内容

<table>
<tr><th>序号</th><th>评估项（二级指标）</th><th>评估内容（含三、四级分项指标）</th><th>分项指标评估分</th><th>二级指标评估分</th><th>评估方式</th></tr>
<tr><td rowspan="2">1</td><td rowspan="2">1.1　应急组织体系</td><td>1.1.1.1　评估应急领导指挥体系（应急领导小组成员）对应急工作职责的掌握情况</td><td>5</td><td rowspan="2">10</td><td rowspan="2">考试
考问</td></tr>
<tr><td>1.1.1.2　评估应急保证体系（部门领导、管理人员、一线员工）对应急工作职责的掌握情况</td><td>5</td></tr>
<tr><td rowspan="3">2</td><td rowspan="3">1.2　应急预案体系</td><td>1.2.2.1　评估应急领导小组成员、部门领导、管理人员、一线员工对总体预案的掌握情况，包括对编制和突发事件预警、应急响应启动分级、响应流程的设置及管理等</td><td>5</td><td rowspan="3">35</td><td rowspan="3">考试
考问</td></tr>
<tr><td>1.2.2.2　评估应急领导小组成员、部门领导、管理人员、一线员工对专项预案的掌握情况</td><td>15</td></tr>
<tr><td>1.2.2.3　评估管理人员、一线员工对现场处置方案的掌握情况</td><td>15</td></tr>
</table>

续表

序号	评估项（二级指标）	评估内容（含三、四级分项指标）	分项指标评估分	二级指标评估分	评估方式
3	1.3　规章制度体系	1.3.1.1　评估应急领导小组成员、部门领导、管理人员对国家相关法律法规的掌握情况	3	25	考试考问
		1.3.1.2　评估应急领导小组成员、部门领导、管理人员对电力监管机构相关规定的掌握情况	3		
		1.3.1.3　评估应急领导小组成员、部门领导、管理人员对各级政府地方法规有关规定的掌握情况	3		
		1.3.1.4　评估应急领导小组成员、部门领导、管理人员对供电企业有关规定的掌握情况	8		
		1.3.2　评估应急领导小组成员、部门领导、管理人员、一线员工对本企业相关规定、标准的掌握情况	8		
4	2.1　培训演练体系	2.1.1.2　评估部门领导、管理人员、一线人员对应急演练基本常识的掌握情况	10	30	考试考问
		2.1.2.3　评估部门领导、管理人员对应急管理及应急救援抢修基本常识与技能的掌握情况	6		
		2.1.2.4　评估一线人员对应急救援抢修基本常识与技能的掌握情况	6		
		2.1.3　评估部门领导、管理人员、一线人员对电力生产、电网运行和电力安全知识及应急避险、自救互救常识的掌握情况	8		
5	3.1　救援处置能力	3.1.1　通过实际演练全面检验应急预测预警阶段预警通知、事态监测、处置准备工作情况	70	350	实际演练
		3.1.2　通过实际演练全面检验应急响应阶段先期处置、接处警、应急启动、指挥协调、事件处置等应急处置全过程的应对情况	280		
6	3.2　舆情应对能力	3.2.1　通过实际演练检验舆情引导是否及时	20	50	实际演练
		3.2.2.1　通过实际演练检验信息发布程序是否符合应急预案及实际工作需要	15		
		3.2.2.2　通过实际演练检验信息发布内容是否符合应急预案及实际工作需要	15		
	合计		500	500	

专家评估组根据评估情况撰写评估报告。评估报告内容应包括：供电企业概况、专家组成员及分工、专家评估工作报告。评估报告对每个分项和总体情况进行说明，对供电企业应急能力给出判定结果，主要说明供电企业应急能力评估工作中发现的优势和不足，针对主要问题提出整改建议和意见。

本评估评定结果作为供电企业持续提高应急管理水平和能力的参考和依据，不排名、不考核、不通报。

五、评估管理

1. 评估组织

(1) 专家评估组的组成。一般应由5～7人组成，应包括电网企业应急专家、被评估单位所在当地政府应急主管部门、区域电力监管机构应急部门、其他相关政府部门人员及应急能力评估专家。

(2) 委托安全评价机构进行专家评估的，安全评价机构应依法取得安全评价相应的资质；安全评价人员应依法取得注册安全工程师资格证书，并经从业登记与评价机构建立法定劳动关系。

(3) 应急能力评估专家应满足以下条件。

1) 具有高级及以上技术职称。

2) 为省级及以上突发事件应急管理专家库专家。

3) 从事电力行业应急管理工作3年以上。

4) 有参与地市级以上应急事件处置的经历。

2. 评估深度

在专家评估过程中，对于地市级供电企业，按照20%比例对该市的县级供电企业（不少于3个）进行抽样评估，被评估单位（包括抽样评估单位）应急中心100%进行查评。

3. 评估适用性调整

本《评估标准》主要考虑地市级供电企业应急管理能力，对由于地区差异等原因本《评估标准》中部分项目可能不适用，专家评估时根据实事求是原则，可按有关规定酌情给予加减分，加分率每项（三级指标）不得超过5%。

4. 整改提高

(1) 评估工作结束后，专家组应向上级主管单位和被评估单位递交书面评估报告。被评估单位应根据自评估结果与专家评估结果，组织相关部门制定整改计划，整改计划必须明确整改内容、整改措施、完成期限、整改负责人和验收人。整改计划应有主管领导审查批准并报上级主管部门备案。

(2) 被评估单位主管领导应定期检查和督促整改计划完成情况，对未按期完成整改工作的部门、人员进行考核。

(3) 被评估单位应在年度中期和末期对本单位应急能力评估整改计划完成情况进行总结、通报，及时提出意见和建议，对未完成整改的项目进行风险评估，必要时应修改整改计划，实施闭环管理。

(4) 被评估单位应将应急能力评估整改计划完成情况和整改工作年度总结上报上级主管部门。

5. 评估周期

供电企业应结合应急管理工作实际和《评估标准》内容，以3～5年为一个评估周期，按照“计划、评估、整改”的过程循环推进。

六、评估标准（见表4-3）

表4-3　　评　估　标　准

序号	评估项目	标准分	评估内容	评估方法	扣分标准	备注
1	应急预防	240				
1.1	应急组织体系	75				动态评估10分
1.1.1	应急组织	40				
1.1.1.1	指挥体系	20	1. 应常设应急领导小组，组长由本单位主要负责人担任，副组长由其他领导担任，成员由相关部门主要负责人组成。 2. 应急领导小组应下设安全应急办公室和稳定应急办公室，分别设在安监部和办公室，进行归口管理。 3. 应急领导小组成员名单及常用通信联系方式应报上级单位备案	查阅相关文件、制度，检查落实情况。 对应急指挥人员进行考问、考试	未设应急领导小组不得分，成员组成不符合要求一处扣2分，未设应急办公室或稳定应急办公室并进行归口管理扣5分，应急领导小组成员名单及常用通信联系方式未报上级备案扣5分。 对应急领导小组成员，按5%比例进行本岗位职责考试，考试成绩折算到本项下满分5分，扣完为止	动态5分
1.1.1.2	保证体系	20	1. 安全应急办公室和稳定应急办公室应负责开展安全、稳定应急管理和预案修编工作的监督检查。 2. 应在相关职能部门根据突发事件类别成立专项事件应急处置领导机构（临时机构）。 3. 调度、运检、安监、营销、信通、外联、信访、保卫等部门应实时监控电网安全、信访稳定和治安保卫工作，及时处置突发事件应急；基建、农电、物资、财务、后勤等部门应落实应急队伍和物质储备，做好应急抢险救灾、抢修恢复等应急处置及保障工作	查阅相关文件、制度，检查落实情况。 对相关领导、管理人员、一线员工进行考问、考试	安全应急办公室和稳定应急办公室未开展安全、稳定应急管理和预案制定的监督检查，扣5分；各专业部门应急职责不明确，每发现一处扣2分；专业部门和单位未落实应急工作要求，每发现一处扣2分，扣完为止。 对部门领导、管理人员及一线员工按5%～10%比例进行本岗位职责考试，考试成绩折算到本项下满分5分，扣完为止	动态5分
1.1.2	应急规划	15				
1.1.2.1	制定企业应急发展规划	5	应结合本企业实际制定应急发展规划，并纳入企业整体发展规划	查阅有关应急发展规划文件	未制定应急发展规划不得分，未纳入企业整体发展规划扣4分，规划缺乏科学合理性一处扣2分，扣完为止	

续表

序号	评估项目	标准分	评估内容	评估方法	扣分标准	备注
1.1.2.2	开展差异化规划设计	5	根据管辖区域可能发生的自然灾害及高危用户的特点，分析发生突发事件的几率与概率，应对重点城市、重要部位开展差异化规划设计	查阅有关差异化规划设计文件	未开展差异化规划设计不得分，开展差异化规划设计针对性不强扣2分	
1.1.2.3	应急发展规划组织实施	5	应按制定的应急发展规划逐步实施	查阅有关实施材料、记录，现场询问察看	未按规划进行实施每处扣3分，扣完为止	
1.1.3	应急日常管理	20				
1.1.3.1	工作总结	10	1. 每季编制应急管理工作报表，主要内容包括： (1) 应急管理和应急指挥机构基础情况季报表。 (2) 应急管理和应急指挥机构统计表。 (3) 应急预案修编情况统计表。 (4) 应急管理培训开展情况统计表。 (5) 应急平台建设情况统计表。 (6) 应急演练开展情况统计表。 2. 编制年度计划报表 (1) 应急培训计划表。 (2) 应急演练计划表。 (3) 应急体系建设重点项目表。 3. 每年应组织开展应急管理年度（半年）工作总结，编写半年总结报告，总结报告内容。 (1) 应急管理工作总体情况，主要包括组织体系建设及运转情况，日常工作开展情况（规章制度修编、预案修编、演练培训、其他重点工作完成情况、统计期内发生的应急事件及其应对情况）。 (2) 安全生产应急管理工作存在的主要问题。 (3) 有关对策、意见和建议。 (4) 明年（下半年）工作思路和重点工作	查阅应急管理半年、年度总结报告、报表	无总结报告不得分，季、年报表及总结报告不全面缺少一项扣3分，针对提出的问题未提出相应的对策和建议扣5分	

续表

序号	评估项目	标准分	评估内容	评估方法	扣分标准	备注
1.1.3.2	案例管理	10	应注意收集国内外各种类型重大事故应急救援的实战案例，建立典型案例分析库，对典型事故筛选与分析，吸取经验教训，完善现有应急预案	查阅典型案例库	未建立典型案例分析库扣5分，未进行统计分析扣5分，统计分析不到位扣2分；未对上一年度应急响应及处置情况纳入案例分析扣2分，分析不到位扣2分	
1.2	应急预案体系	120				动态评估35分
1.2.1	风险分析	35				
1.2.1.1	电网风险分析	10	1. 装机容量要满足电网发用电平衡，装机结构、分布应合理，省会或一级城市电网内应具有具备黑启动能力的电源（包括但不仅限于水电、燃油机组）。 2. 应对区域火电厂燃料供应及储备警界点、重要水电厂的来水警界、重要风电厂的来风情况进行监测。 3. 电厂（包括上网的热电厂）应双电源接线并配置合理。 4. 500、220kV（或作为城市电网主供网的电压等级）电网应形成环网结构或可靠的两级及以下辐射型多回路供电通道。 5. 电网在正常方式（包括计划检修方式）应满足$N-1$要求。 6. 电网间联络线正常输送容量应处于合理水平，联络线出现故障各自系统应能保持稳定。 7. 应制定防止大面积停电措施。 8. 配电网每个分区至少有两个及以上的电源供电	查阅相关统计记录	发现一处不符合扣1分，扣完为止	

续表

序号	评估项目	标准分	评估内容	评估方法	扣分标准	备注
1.2.1.2	人身安全风险分析	10	应做好对危险性生产区域易发生触电、高空坠落、爆炸、爆破、起吊作业、中毒、窒息、机械伤害、火灾、烧烫伤、淹溺等引起人身伤亡和设备事故的脆弱性分析，并定期进行隐患排查，及时制定相应防范措施，防止人身伤亡和设备损坏事故的发生	查阅预案、现场处置方案等相关资料	未进行人身、设备安全脆弱性分析不得分，未定期对危险性生产区域进行隐患排查扣2分，存在引起人身伤亡和设备事故的场所分析不全，发现一处扣1分，防范措施不当发现一处扣1分，扣完为止	
1.2.1.3	高危及重要用户风险分析	10	1. 应做好所辖范围内重要用户的统计、分类与分级，制定重要电力用户名单，建立基础档案数据库，并指导重要电力用户排查治理安全用电隐患，重要电力用户名单应报地方人民政府有关部门批准并报电力监管机构备案。 2. 特级重要电力用户、一级重要电力用户、二级重要电力用户、临时性电力重要用户的电源配置应满足要求。 3. 应制定电网负荷管理规定，并根据有序供电方案，编制所辖电网的紧急事故拉闸限电序位表和超负荷拉闸限电序位表，报政府有关部门批准；事故拉闸序位资料应齐全，并及时进行更新。 4. 应针对有需求的重要用户分别制定应急供电实施方案，以确保事故情况下应急发电车（机）能够迅速完成接入、提供应急电源。 5. 应与重要电力用户共同协商确定保安负荷，并报当地电力监管机构备案。 6. 建立大型居民社区台账清单，制定大型社区突发停电事件应急处置预案	查看营销、运检、调度和重要用户等相关资料	任意一项不符合要求均不得分	
1.2.1.4	其他风险脆弱性分析	5	1. 根据危险源辨识和脆弱性分析确定各类事故的风险等级，事故应急预案相应的风险等级。 2. 根据事故发生的可能性、后果严重程度及风险等级利用科学的评估方法对每种事故进行风险评估	查看预案等有关材料，现场询问察看	事故预案未确定风险等级不得分；未开展风险源评估的不得分，仅采用定性评估的扣2分；评估方法不完善扣2分	

续表

序号	评估项目	标准分	评估内容	评估方法	扣分标准	备注
1.2.2	预案管理	85				动态15分
1.2.2.1	总体应急预案	10				
1.2.2.1.1	预案内容	5	应结合供电企业安全生产和应急管理工作实际，并满足以下基本要求： 1. 符合与应急相关的法律、法规、规章和技术标准的要求。 2. 与事故风险分析和应急能力相适应。 3. 责任分工明确，责任落实到位。 4. 与上级及政府部门的应急预案有机衔接	查阅供电企业的综合应急预案。 对各级各类人员进行考试、考问	内容不符合企业安全生产和应急管理工作实际，扣3分；不满足基本要求每项扣1分，扣完为止。 对应急领导小组成员、部门领导、管理人员及一线员工按5%～10%比例进行总体预案管理及启动相关知识考试，考试成绩折算到本项下满分5分，扣完为止	动态5分
1.2.2.1.2	预案结构	5	应符合国家电监会《电力企业综合应急预案编制导则（试行）》（电监安全〔2009〕22号）规范	查阅综合应急预案	结构不符合导则规定，每项扣2分，扣完为止	
1.2.2.2	专项应急预案	25				动态15分
1.2.2.2.1	自然灾害类专项应急预案	6	自然灾害类专项应急预案应包括：台风应急预案、防汛应急预案、雨雪冰冻灾害应急预案、雪灾应急预案、地震应急预案、地质灾害应急预案	查阅供电企业的自然灾害类专项应急预案。 对相关领导、管理人员及一线人员进行考试、考问	预案不齐全，每缺少一项扣1分；预案针对性不强，每项扣2分；未按要求发布，每缺少一项扣1分，扣完为止。 对应急领导小组成员、部门领导、管理人员及一线员工按5%～10%比例进行专项预案管理及启动相关知识考试，考试成绩折算到本项得分，满分3分，扣完为止	根据实际情况决定是否编制增减预案

续表

序号	评估项目	标准分	评估内容	评估方法	扣分标准	备注
1.2.2.2.2	事故灾难类专项应急预案	6	事故灾难类专项应急预案应包括：人身事故应急预案、交通事故应急预案、设备事故应急预案、大型施工机械事故应急预案、生产经营区域火灾应急预案、通信系统突发事件应急预案、网络信息系统突发事件应急预案、大面积停电事件应急预案、环境污染事件应急预案、水电站大坝垮塌和水淹厂房事件应急预案	查阅供电企业的事故灾难类专项应急预案。 对相关领导、管理人员及一线人员进行考试、考问	预案不齐全，每缺少一项扣1分。未按要求发布，每缺少一项扣1分，扣完为止。 对应急领导小组成员、部门领导、管理人员及一线员工按5%～10%比例进行专项预案管理及启动相关知识考试，考试成绩折算到本项得分，满分3分，扣完为止	根据实际情况增减预案
1.2.2.2.3	公共卫生事件类专项应急预案	2	应有突发公共卫生事件应急预案	查阅供电企业的公共卫生事件类专项应急预案。 对相关领导、管理人员及一线人员进行考试、考问	预案未制定，不得分；未按要求发布，扣1分。 对应急领导小组成员、部门领导、管理人员及一线员工按5%～10%比例进行专项预案管理及启动相关知识考试，考试成绩折算到本项得分，满分1分，扣完为止	
1.2.2.2.4	社会安全事件类专项应急预案	6	社会安全事件类专项应急预案应包括：电力服务事件应急预案、电力短缺应急预案、重要保电应急预案、企业突发群体性事件应急预案、社会涉电突发群体性事件应急预案、新闻突发事件处置应急预案、涉外突发事件应急预案、反恐怖处置应急预案	查阅供电企业的社会安全事件类专项应急预案。 对相关领导、管理人员及一线人员进行考试、考问	预案未制定不得分；未按要求发布，每缺少一项扣1分，扣完为止。 对应急领导小组成员、部门领导、管理人员及一线员工按5%～10%比例进行专项预案管理及启动相关知识考试，考试成绩折算到本项得分，满分3分，扣完为止	根据实际情况增减预案

续表

序号	评估项目	标准分	评估内容	评估方法	扣分标准	备注
1.2.2.2.5	预案内容	5	1. 应符合原国家电监会《电力企业专项应急预案编制导则（试行）》（电监安全〔2009〕22号）规范，包括：总则、应急处置基本原则、事件类型和危害程度分析、事件分级、应急指挥机构及责任、预防与预警、信息报告、应急响应、后期恢复、应急保障、培训和演练、附则和附件等内容。 2. 附件应包括：有关应急机构或人员联系方式、应急救援队伍信息、应急物资储备清单、规范化格式文本、关键的路线、标识和图纸、相关应急预案名录、有关流程等内容	查阅供电企业的专项应急预案。 对相关领导、管理人员及一线人员进行考试、考问	内容不符合导则，发现一处扣1分，扣完为止。 对应急领导小组成员、部门领导、管理人员及一线员工按5%～10%比例进行专项预案管理及启动相关知识考试，考试成绩折算到本项下满分5分，扣完为止	
1.2.2.3	现场处置方案（第一批）	30				动态15分
1.2.2.3.1	自然灾害类现场处置方案	9	1. 突发地震现场处置方案。 2. 突发水灾现场处置方案。 3. 作业人员遭遇雷电天气现场处置方案	查阅相关资料。 对管理人员及一线人员进行考试、考问	方案不齐全，每缺少一项扣1分。未按要求发布，每缺少一项扣1分，扣完为止。 对管理人员及一线员工按5%～10%比例进行现场处置方案管理及启动相关知识考试，考试成绩折算到本项下满分5分，扣完为止	根据实际情况增减现场处置方案
1.2.2.3.2	事故灾难类现场处置方案	9	1. 灾事故现场处置方案（变电站）。 2. 火灾事故现场处置方案（办公场所）。 3. 低压触电现场处置方案。 4. 高压触电现场处置方案。 5. 人员高空坠落现场处置方案。 6. 动物袭击事件现场处置方案。 7. 作业现场坍（垮）塌事件现场处置方案。 8. 溺水事件现场处置方案。 9. 交通事故现场处置方案	查阅供电企业现场处置方案。 对管理人员及一线人员进行考试、考问	方案不齐全，每缺少一项扣1分。未按要求发布，每缺少一项扣1分，扣完为止。 对管理人员及一线员工按5%～10%比例进行专项预案管理及启动相关知识考试，考试成绩折算到本项得分，满分5分，扣完为止	

续表

序号	评估项目	标准分	评估内容	评估方法	扣分标准	备注
1.2.2.3.3	公共卫生事件类现场处置方案	3	食物中毒现场应急处置方案	查阅电网企业现场处置方案。 对管理人员及一线人员进行考试、考问	方案未制定，不得分；未按要求发布，扣1分。 对管理人员及一线员工按5%～10%比例进行专项预案管理及启动相关知识考试，考试成绩折算到本项得分，满分2分，扣完为止	
1.2.2.3.4	社会安全事件类现场处置方案	9	1. 外来人员强行进入变电站现场处置方案。 2. 人员上访现场处置方案	查阅供电企业现场处置方案。 对相关管理人员及一线人员进行考试、考问	方案未制定，不得分；未有按要求发布，扣1分。 对管理人员及一线员工按5%～10%比例进行专项预案管理及启动相关知识考试，考试成绩折算到本项得分，满分3分，扣完为止	
1.2.2.4	预案评审	10	1. 供电企业应急预案应按照国务院办公厅《突发事件应急预案管理办法》（国办发〔2013〕101号）和《电力企业应急预案管理办法》（电监安全〔2009〕61号）的有关要求组织预案评审。 2. 评审通过的应急预案由本单位主要负责人（分管负责人）签署发布，并报上级主管单位及政府相关部门备案	查阅供电企业事故应急预案的评审记录、审批、备案文件	未按要求组织预案评审，每个预案扣1分；未经主要负责人（分管负责人）签署发布，每个预案扣1分；预先编制或修订后，未及时发布，每项扣1分；未报上级主管单位及政府相关部门备案扣3分，扣完为止	
1.2.2.5	预案更新	10	按照《生产安全事故应急预案管理办法》（安监总局17号令）和《电力企业应急预案管理办法》（电监安全〔2009〕61号）的有关要求，根据应急管理法律法规和有关标准变化情况、电网安全生产形势和问题、应急处置经验教训、应急组织机构和人员的联系方式等，及时进行更新	查阅供电企业事故应急预案及相关内容	未对预案进行动态管理与及时修订的发现一处扣2分，扣完为止	
1.3	规章制度体系	45				动态评估25分

续表

序号	评估项目	标准分	评估内容	评估方法	扣分标准	备注
1.3.1	上级规章制度	25				
1.3.1.1	国家相关法律法规	5	应包括《突发事件应对法》（主席令〔2007〕第69号）、《中华人民共和国安全生产法》（主席令〔2014〕第13号）、《中华人民共和国电力法》（主席令〔1995〕第60号）、《生产安全事故报告和调查处理条例》（国务院493号令）、《电力安全事故应急处置和调查处理条例》（国务院599号令）、《突发公共卫生事件应急条例》（国务院376号令）、《电力监管条例》（国务院432号令）、《国家大面积停电事件应急预案》（国办函〔2015〕134号和《国家突发公共事件总体应急预案》（国发〔2005〕11号）等	查阅企业相关资料。 对相关领导、管理人员进行考试、考问	每缺少一项制度文件扣1分，扣完为止。 对应急领导小组、部门领导、管理人员按5%比例抽查、考问、考试，考试成绩折算到本考核项得分，满分3分，扣完为止	动态3分
1.3.1.2	电力监管机构相关规定	5	应包括《电力突发事件应急演练导则（试行）》、《电力企业综合应急预案编制导则（试行）》、《电力企业专项应急预案编制导则（试行）》、《电力企业现场处置方案编制导则（试行）》（电监安全〔2009〕22号）和《电力企业应预案管理办法》（电监安全〔2009〕61号）等	查阅企业相关资料。 对相关领导、管理人员进行考试、考问	每缺少一项制度文件扣2分，扣完为止。 对应急领导小组、部门领导、管理人员按5%比例抽查、考问、考试，考试成绩折算到本考核项得分，满分2分，扣完为止	动态3分
1.3.1.3	各级政府地方法规有关规定	5	应包括政府部门发布的《突发事件应对条例》、省市级政府《突发公共事件总体应预案》和《处置电网大面积停电事件应急预案》等	查阅企业相关资料。 对相关领导、管理人员进行考试、考问	缺少一项制度文件，扣1分，扣完为止。 对应急领导小组、部门领导、管理人员按5%比例抽查、考问、考试，考试成绩折算到本考核项得分，满分2分，扣完为止	动态3分

续表

序号	评估项目	标准分	评估内容	评估方法	扣分标准	备注
1.3.1.4	供电企业相关规定	10	《应急管理工作规定》、《应急队伍管理规定》、《物资仓储配送管理办法》、《应急物资管理办法》《应急救援基干分队管理意见》、《应急专家队伍管理意见》、《电网大面积停电事件应急联合演练指导意见》、《供电企业应急预案体系框架方案》、《应急预案评审管理办法》、《应急预案编制规范》、《进一步规范供电企业生产安全事故和突发事件信息报告工作要求》等	查阅企业相关资料。 对相关领导、管理人员进行考试、考问	每缺少一项制度文件扣1分，扣完为止。 对应急领导小组、部门领导、管理人员按5%比例抽查、考问、考试，考试成绩折算到本考核项得分，满分8分，扣完为止	动态8分
1.3.2	企业相关规定、管理标准、工作标准、技术标准	20	1. 应建立应急法规制度库。 2. 应包括组织管理、队伍管理、物资管理、装备（车辆）管理、应急值班、信息报送、资料管理等。 3. 应急管理标准、工作标准、技术标准	查阅企业发文、相关制度文件。 对相关领导、管理人员、一线人员进行考试、考问	未建立应急法规制度库扣5分，每缺少一项制度文件扣2分，扣完为止。地市供电企业应使用上级标准，上级的制度不能覆盖到地市供电企业或需制定实施细则的，每缺少一项制度文件扣2分，扣完为止。 对应急领导小组、部门领导、管理人员、一线人员按5%比例抽查、考问、考试，考试成绩折算到本考核项得分，满分8分，扣完为止	动态8分
2	应急准备	270				
2.1	演练培训体系	80				动态评估30分
2.1.1	应急演练	40				
2.1.1.1	演练计划	5	1）供电企业应制定年度演练计划。 2）演练计划应包含内容：演练项目名称、主要内容、演练类型、参演人数、计划完成时间、演练经费概算等	查阅供电企业制定的年度演练计划	未制定演练计划的不得分，未按计划完成演练任务的扣3分，演练计划内容不完整，每缺少1项扣1分，扣完为止	

续表

序号	评估项目	标准分	评估内容	评估方法	扣分标准	备注
2.1.1.2	演练实施	20	1）每年应至少组织一次电网、应急联动单位、用户参与的大面积停电应急联合演练。 2）应定期组织开展电网调度联合反事故演习，综合考虑电网薄弱环节及季节性事故特点，有针对性地演练各级电网调度、发电厂和变电站之间协同处置重大突发事件的应急机制，提高各级各专业运行人员的事故判断和应急处置能力。 3）应针对重大人员伤亡、电力设施毁损、重要变电站（发电厂）全停、重要用户停电、台风洪涝灾害等各类突发事件，定期组织应急救援救灾演练	查阅供电企业应急演练记录。对相关领导、管理人员、一线人员进行考试、考问	未按要求定期组织开展大面积停电应急联合演练扣 5 分，应急联合演练无针对性扣 5 分，各类突发事件应急演练不全面，每缺少一类，扣 1 分，扣完为止。 对部门领导、管理人员、一线人员按 5%比例抽查、考问、考试，考试成绩折算到本考核项下满分 10 分，扣完为止	动态 10 分
2.1.1.3	演练评估和改进措施	15	应及时对应急演练开展情况进行评估，根据评估结果采取相应整改完善措施，并检查落实情况	查阅应急工作总结等相关资料	未对应急演练情况进行评估发现一次扣 4 分，评估后对于发现问题未列整改计划扣 3 分，计划未落实扣 1～2 分	
2.1.2	应急培训	30				
2.1.2.1	培训计划	6	应将应急培训纳入企业培训规划和员工年度培训计划，制定培训大纲和具体课件	查阅企业年度培训计划、演练方案、班组安全活动记录，实地核查	未纳入年度培训计划不得分，计划落实不到位扣 3 分	
2.1.2.2	应急指挥人员培训	8	应结合岗位安全职责熟练掌握本单位应急预案中有关报警、接警、处警和组织、指挥应急响应的程序等内容	查阅培训资料，现场考问	未进行培训，不熟悉相关应急管理工作内容不得分	
2.1.2.3	应急管理人员培训	8	1. 应定期开展现场考问、反事故演习、事故预想等现场培训活动，应掌握应急预案有关内容。 2. 应组织并参加应急管理理论培训。 3. 应参加相关技术业务培训。 4. 应组织并参加相关应急常识、救援抢修技能的业务培训，如应学会紧急救护法、熟练掌握触电急救；应掌握消防器材的使用方法等	查阅培训资料。对相关领导、管理人员进行考试、考问	未安排专业技能培训扣 4 分，未定期开展应急培训扣 3 分，不掌握应急预案相关内容扣 2 分，未接受触电急救培训或不掌握紧急救护法扣 2 分/人，不掌握消防器材使用方法扣 3 分。 对部门领导、管理人员按 5%比例抽查、考问、考试，考试成绩折算到本考核项下满分 6 分，扣完为止	动态 6 分

续表

序号	评估项目	标准分	评估内容	评估方法	扣分标准	备注
2.1.2.4	应急队伍培训	8	1. 应急队伍人员应每年进行专业生产技能培训，安排登山、游泳等体能训练和触电、溺水等紧急救护等专项训练。 2. 掌握相关应急救援抢修设备、装备的使用。 3. 掌握突发事件故预防、避险、自救、互助、减灾等技能	查阅培训资料。对管理人员、一线人员进行考试、考问	未安排专业技能培训，扣 4 分；未安排专项训练和急救训练扣 3 分；未掌握应急装备的正确使用方法扣 3 分。 对一线员工按 5%～10%比例抽查、考问、考试，考试成绩折算到本考核项得分。满分 6 分，扣完为止	动态 6 分
2.1.3	应急知识宣传	10	1. 利用多种渠道或方式开展电力生产、电网运行和电力安全知识的科普宣传和教育，提高公众应对突发停电事件的能力。 2. 三级安全教育应包括生产作业场所危险源（点）、如何避险和报警等有关内容。 3. 公布有关应急预案、报警电话等	查阅宣传手册、展板、图片及相关影像等资料。 对相关领导、管理人员、一线人员进行考试、考问	未面向公众开展相关应急宣传和教育不得分，三级安全教育应急培训内容不全面扣 2 分，员工无法查询应急预案、报警电话扣 1 分。 对部门领导、管理人员、一线员工按 5%～10%比例抽查、考问、考试，考试成绩折算到本考核项得分，满分 8 分，扣完为止	动态 8 分
2.2	科技支撑体系	20				
2.2.1	应急理论与技术研究	10	应开展应急理论与技术研究，注意收集国内外各种类型重大事故应急救援的实战案例，认真总结经验和吸取教训，撰写相关文章在国内刊物上发表	查阅事故通报、安全简报、相关资料	未收集国内外各种类型实战案例扣 5 分，未及时总结经验和吸取教训扣 5 分	
2.2.2	应急新技术及装备开发	10	应开展事故预测、预防、预警和应急处置技术研究，完善储备技术应用和推广		未开展事故预测、预防、预警和应急处置技术研究每项扣 3 分，扣完为止	
2.3	综合保障能力	130				
2.3.1	队伍保障	35				

续表

序号	评估项目	标准分	评估内容	评估方法	扣分标准	备注
2.3.1.1	专家队伍	5	1. 应组织建立电力应急专家组，开展专家信息收集、分类、建档工作，建立相应数据库，逐步完善专家信息共享机制，形成分级分类、覆盖全面的电力应急专家资源信息网络。 2. 完善专家参与预警、指挥、抢险救援和恢复重建等应急决策咨询工作机制，开展专家会商、研判、培训和演练等活动；发生突发事件时，相关应急专家组人员应及时到场，并提供决策咨询	查阅相关文件、制度，检查落实情况	未建立专家队伍不得分，电力应急专家资源覆盖专业不全面扣2分，未建立专家参与应急决策咨询工作机制扣3分，发生突发事件，相关专业专家未及时到场扣1分，扣完为止	
2.3.1.2	应急救援基干队伍	15	1. 应按要求组建企业应急救援基干队伍，人数应满足要求。 2. 应急救援基干队伍应具有相应的应急救援能力和技术水平，现场抽查考问应急救援基干队伍成员关于应急理论、基本技能、专业技能、应急装备操作技能等知识。 3. 应急救援基干队伍应具有完善的日常管理制度。 4. 应急救援基干队伍人员每年至少参加1～2次的演练和培训。 5. 应急救援基干队伍装备应状态良好、种类齐全、数量充裕，应定期检修并更新，能满足全天候需求。 6. 应为应急救援基干队员购买人身意外伤害保险，配备必要的防护装备和器材。 7. 现场模拟应急演练，考验应急救援基干队伍集结所需时间，并现场核查应急救援基干队伍所配装备种类、数量	查看相关文件、资料并实地检验、查看	未组建应急救援基干队伍不得分，人数不满足要求扣4分；专业配置不满足需求，每项扣3分；按10%比例进行抽查考问，发现一人未掌握相关应急知识扣2分；未制定日常管理制度的不得分，制度不完善的扣2分；未按计划进行演练和培训，扣2分；未购买人身意外伤害保险，不得分；防护器材不全或不可用，每发现一处扣2分；集结时间超过1小时扣5分，装备未带齐全扣3分，扣完为止	

续表

序号	评估项目	标准分	评估内容	评估方法	扣分标准	备注
2.3.1.3	应急抢修队伍	10	1. 应组建专业应急抢修队伍。 2. 加强应急抢修队伍的日常管理。 3. 定期组织技能培训、装备保养、预案演练等活动。 4. 省级供电企业技能培训实训基地应配备应急队伍各种培训所需的训练和演习设施，现场抽查考问应急队伍人员掌握应急装备使用知识	查阅相关资料、现场查看、考问	未建立应急抢修队伍不得分，未严格执行管理制度，扣3分；未定期组织技能培训、装备保养、预案演练扣3分；技能培训基地不满足训练和演习要求，扣4分；按1%比例进行抽查考问，发现一人未掌握扣2分，扣完为止	
2.3.1.4	客户服务应急队伍	5	1. 应明确95598客户服务中心及用电服务队伍应急状态下的工作职能。 2. 定期组织技能培训、预案演练等活动。 3. 掌握客户信息并建立畅通的信息联络与沟通渠道	查阅相关资料、现场查看、考问	未建立用电服务队伍，不得分；未严格执行管理制度，扣2分；未定期组织技能培训、预案演练扣2分；未掌握客户信息并建立畅通的信息联络与沟通渠道，发现一人未掌握扣2分，扣完为止	
2.3.1.5	新闻舆情应急队伍	5	1. 建立舆情监控队伍。 2. 定期组织技能培训、预案演练等活动。 3. 掌握媒体信息并建立畅通的信息联络与沟通渠道	查阅相关资料、现场查看、考问	未建立舆情监控队伍，不得分；未严格执行管理制度，扣2分；未定期组织技能培训、预案演练扣2分；未掌握主要媒体信息并建立畅通的信息联络与沟通渠道，发现一人未掌握扣2分，扣完为止	
2.3.2	资金保障	10	1. 应将应急培训、演练、应急系统建设及运行维护等所需资金，纳入年度资金预算，建立健全应急保障资金投入机制。 2. 企业行政领导应保证所需经费的提取和使用。 3. 安监部门应对实施情况进行监督	查阅安监、财务部门相关资料	未将应急体系建设所需资金纳入年度资金预算不得分，经费不能保证不得分，未对应急经费使用情况进行监督扣5分	
2.3.3	物资保障	20				

续表

序号	评估项目	标准分	评估内容	评估方法	扣分标准	备注
2.3.3.1	物资储备	8	1. 主要应急装备应符合所属省级供电企业要求，主要应急装备包括一、二次电气专业设备、备品备件及防汛救灾物资等。 2. 应急物资应按相应规定设立专用仓库妥善存放和按时保养。 3. 指定专人负责。 4. 不得擅自挪用	现场检查物资库、查阅相关资料	未按规定存放和保养，每件（套）扣1分；装备存在故障或缺陷，影响安全和使用性能，每件（套）扣1分；未指定专人负责扣5分；存在擅自挪用或使用后未记录的情况发现一处扣2分，扣完为止	
2.3.3.2	物资调配	6	1. 应明确由应急指挥部统一调拨储备物资，物资供应组具体实施。 2. 应急工作组和基层单位应掌握现场可调用的应急装备资源，建立信息数据库，明确现场应急装备的类型、数量、性能和存放位置。 3. 灾后12h内供电企业在岗员工基本生活得到初步救助，灾后24h第一批异地应急储备物资运抵灾区集结点	查阅物资调配制度、应急物资台账	未建立应急储备物资统一调拨制度不得分，未制定企业应急装备清单扣4分。 信息不完整、更新不及时扣2分；信息有差错扣2分，扣完为止	
2.3.3.3	物资信息	6	1. 在编制物资需求计划时应考虑事故应急，并实行备品备件分级储备，统一管理。 2. 应建立备品备件储备动态数据库，在突发事件应急时可迅速获取物资储备的资源分布情况，保障应急物资供应	检查应急物资存放现场、检查物资信息系统、台账资料	未实行备品备件分级管理制度，扣5分；备品备件存放条件不满足要求，扣2分；备品备件储备数量不足每类扣1分，扣完为止；未建立动态数据库，不得分；信息不完整，每项扣1分；更新不及时、信息有差错发现一处扣1分，扣完为止	
2.3.4	装备保障	20				
2.3.4.1	装备配置	10	主要应急装备应符合所属省级供电企业要求，主要应急装备包括：通信及定位装备、运输装备、发电及照明装备、生命保障装备、基本生活装备	检查应急装备存放现场、检查台账资料	未编制应急装备清单台账，扣4分；地市级供电企业无应急发电车，扣6分，无应急照明灯，扣4分，基层工区级单位抢修车未按标准配置，每发现一处扣2分；应急基干救援队伍、应急抢修队伍装备未按要求配置，每发现一处扣1分，扣完为止	

续表

序号	评估项目	标准分	评估内容	评估方法	扣分标准	备注
2.3.4.2	装备维护管理	10	1. 专用装备设施应按相应规定设立专用仓库妥善存放和按时保养。 2. 指定专人负责。 3. 不得擅自挪用	查阅应急装备维护制度、使用、保养记录	未建立应急装备维护管理制度不得分，装备维护使用信息不完整、更新不及时扣3分，信息有差错扣2分	
2.3.5	通讯保障	20	1. 应急通信网络实现省、市、县全覆盖。完善应急卫星、短波等通信系统，建立有线与无线、固定与机动、公众通信与电力专网相结合的应急通信保障体系。县（工区）以上应急机构至少配备一种小型便携应急通信终端。特别重大突发事件现场图像等信息力争4h内传送到上级应急指挥平台。 2. 应严格执行应急通信管理制度。 3. 在正常情况下，应由调度电话、系统程控电话、外线电话、手机、电传、电子邮件等方式作为通信与信息保障。 4. 有关应急值班人员手机应保持每天24h开机。 5. 应急响应期间，应有可靠的指挥、调度、通信联络和信息交换渠道	检查应急联络制度、现场查看应急通信设备设施	未严格执行应急通讯管理制度，扣10分；未建立相应通信录，扣5分；相关人员通信方式不齐全，扣2分；应急通信与信息不畅通，扣3分，扣完为止	
2.3.6	后勤保障	5	1. 建立应急后勤保障体系，保证突发事件发生后对灾区抢修队伍及员工生活、医疗、心理等方面的快速保障与救助。 2. 合理规划高层办公场所避难场所		未建立后勤应急保障体系，扣3分；人员职责不清，扣2分；应急保障措施不落实，扣3分，扣完为止	
2.3.7	协调机制	15				
2.3.7.1	供电企业与政府部门、单位的协调	3	1. 省、地市级供电企业应与当地政府部门建立协调机制；发生较大范围停电、较大涉电突发事件时，应及时向政府汇报，争取各方面支援。 2. 应与公共服务资源建立协调机制，建立相互协作支援机制。 3. 应急情况下，供电企业应配合和支持政府或重要单位的应急工作	查看事故应急预案及相关文件	供电企业与政府未建立协调机制，不得分；发生突发事件未及时向政府汇报，延缓救援或造成不良舆论不得分；未与公共服务资源建立协调机制，不得分；未及时配合和支持政府或重要单位应急工作，不得分	

续表

序号	评估项目	标准分	评估内容	评估方法	扣分标准	备注
2.3.7.2	供电企业内部上下协调	3	1. 应建立上下级协调统一的应急预案的启动条件。 2. 协调方案的内容应包括：上级调配下级资源及下级向上级请求使用资源	查看事故应急预案及相关文件	上下级应急预案的启动条件不协调不得分，协调方案内容不全面扣 2 分	
2.3.7.3	供电企业与平等单位间的协调	3	1. 相邻的供电企业之间应建立应急相互支援机制。 2. 有着电气联系，交叉供电现象的供电企业，有应急相互支援机制	查看事故应急预案及相关文件	供电企业之间未建立相互支援机制不得分，有电气联系交叉供电的供电企业无相互支援机制扣 2 分	
2.3.7.4	厂网协调	3	1. 厂网应急预案之间的协调应有协议或文件保证。 2. 供电企业应根据电厂类型、是否为黑启动机组等建立不同的协调机制，同时应考虑地方电厂、企业自备电厂协调机制。 3. 协调机制失灵时应有快速协调联动机制	查看事故应急预案及相关文件	应急预案未规定协调机制不得分，厂网应急预案之间的协调无文件或协议扣 1 分；未根据电厂类型建立不同的协调机制，扣 1 分；未考虑地方电厂和自备电厂，扣 1 分；未指定快速协调联动机制，扣 1 分，扣完为止	
2.3.7.5	供电企业与重要用户之间的协调	3	1. 应与重要用户之间建立协调机制。 2. 应对重要电力用户自备电源应急能力进行评估。 3. 应制定有效的策略，使得重要用户的电气操作或紧急自备供电行为不能对电网起负面影响。 4. 与重要电力用户签订输配电设施代维代运协议的，代维代运部门资质及对外服务的能力是应满足要求	查看事故应急预案及相关文件	供电企业未与重要电力用户制定协调机制，不得分；未对重要电力用户自备电源应急能力进行评估，发现一处扣 1 分；未制定防止重要用户的电气操作或紧急自备供电对电网影响的策略，发现一处扣 1 分；签订代维代运协议的部门资质或能力不满足要求不得分	
2.4	预防预测和监控预警系统	30				

续表

序号	评估项目	标准分	评估内容	评估方法	扣分标准	备注
2.4.1	基础信息数据库	15	1. 应依托现有专业信息系统，建立应急指挥管理系统，实现突发事件信息的汇集、分析、传输与共享。 2. 利用现有生产、调度、营销等平台，明确信息报送渠道和程序，建立统一高效的应急指挥平台。 3. 建立与调度机构和管辖范围内的发电厂、变电站（含运行维护单位）应急指挥处置会商系统。 4. 建立与上级主管部门、政府、电力监管及相关专业部门的信息联络网	查阅有关信息管理系统、信息报送流程资料	未建立省级供电企业层面应急指挥中心不得分，未建立地市供电企业层面应急指挥中心的扣 10 分，未建立县级供电企业层面应急指挥中心的扣 2 分；未实现专业信息系统的共享，扣 2 分；供电企业未明确信息报送渠道和程序，扣 3 分；主要生产单位未明确信息报送渠道和程序，扣 3 分；调度机构管辖范围内的厂站未建立应急电话会议系统，每一个厂站扣 1 分，最多扣 4 分，未建立与上级部门的信息联络网扣 3 分，扣完为止	
2.4.2	监测监控网络	15	1. 应建立分级负责的常态监测网络。按事故分类，明确由各相关专业部门指定的负责人对各类事故进行常态监测、监控。 2. 各专业部门应划分监测区域，明确监测项目。 3. 与上级主管部门、政府、能监局及其有关部门，气象、交通、防汛、地震、消防、卫生等专业机构，建立常态联络机制。 4. 应建立电网运行分析制度，包括状态估计、潮流分析、危险点分析等，应对发现的问题提出整改意见或应对措施。事故处理后应及时进行分析评估，提出改进措施。 5. 应建立舆情监测系统，实时监测新闻媒体及网络信息。 6. 设置新闻发言人，制定新闻发言人工作规定	查看预案和应急工作相关制度文件	未建立分级负责监测网络不得分，各部门监测负责人或职责不明确每处扣 2 分；监测区域、监测项目不明确每处扣 2 分，常态联络机制缺少一项扣 1 分；未建立电网运行分析制度扣 3 分，事故处理后未及时分析评估或提出改进措施的扣 3 分；未建立舆情监测系统，扣 2 分，未设置新闻发言人扣 5 分，未制度新闻发言人工作规定扣 3 分，扣完为止	
2.5	应急信息指挥系统	25				

续表

序号	评估项目	标准分	评估内容	评估方法	扣分标准	备注
2.5.1	应急指挥中心硬件设施	10	应急指挥中心硬件设施应包括： 1. 应急指挥中心应满足指挥、会商、值班等功能和空间要求。 2. 应急指挥中心可视化水平应满足要求。 3. 应配备高清电视电话会议系统。 4. 与政府应急指挥中心、下级应急指挥中心、相关指挥中心应完成系统对接。 5. 应满足应急指挥中心与各相关协调单位应急通信的要求。 6. 应满足应急指挥中心与各级电力生产单位、电网事故处理部门以及重要用户之间的应急指挥、调度、通信的要求。 7. 应对音频、视频、有关数据做完整记录。 8. 应急中心网络安全网络部署在信息内网，并附加支持互联网浏览，信息内外网应进行物理隔离	按供电企业下发的应急管理信息系统相关要求进行现场检查	未按供电企业要求完成应急指挥中心建设，不得分；配置不满足要求，扣2分；无会议系统，扣5分；未实现高清传输扣5分；与政府应急指挥中心未对接的扣5分，与上级供电企业应急指挥中心未对接的扣5分，与上级主管部门应急指挥中心未实现独立通道要求的扣5分，与下级未实现独立通道的扣5分；未考虑应急电话量和电话应急优先级别，扣5分；音频、视频、数据记录缺少一项，扣5分；未有安全防护措施的不得分，防护措施不完善的扣5分；调度实时信息传输通过调度数据专网传输，非专网传输的不得分，扣完为止	
2.5.2	应急管理软件系统	10	应急管理软件系统应包括：应建立完善的应急管理信息系统、应急管理信息系统的信息通道应畅通、应急管理信息系统应具有分析功能、应急管理信息系统的辅助决策水平、应急管理信息系统应有良好的可扩展性和升级能力	按供电企业下发的应急管理信息系统相关要求进行现场检查	未建立应急管理软件系统不得分，软件系统功能缺少一项扣3分，扣完为止	
2.5.3	应急指挥中心自身保障	5	1. 应急指挥中心应具备独立的两路交流供电，每路电源应具备应急指挥中心满负荷供电能力，两路交流电源之间能实现互为备用、快速转换。 2. 交流失电后，应急指挥中心控制室内的重要设备、应急照明设备等应由UPS电源进行供电，供电时间不低于1h，应急指挥中心应在交流失电1h内应能启动应急电源进行供电	按供电企业下发的应急管理信息系统相关要求进行现场检查	不具备独立的两路交流电源不得分，两路交流电源不能实现互为备用不得分，无UPS电源进行供电或供电时间小于1h不得分，应急指挥中心在交流失电1h内无法启动应急电源供电不得分	

续表

序号	评估项目	标准分	评估内容	评估方法	扣分标准	备注
3	应急响应	420		通过演练现场检查，考验	现场随机选取一个专项应急预案进行桌面演练，现场随机选取 2 个以上现场处置方案进行实战演练	
3.1	救援处置能力	350				动态评估 350 分
3.1.1	预测预警	70				
3.1.1.1	预警通知	30	应针对电网特殊运行方式、自然灾害条件、事故灾难、公共卫生事件和社会安全事件及时发出风险预警	以实际演练为主，查阅风险预警记录、通知为辅	未做预警通知不得分；风险预警工作不规范扣 10 分；预警措施未闭环管理扣 10 分，无风险预警记录扣 10 分	动态 30 分
3.1.1.2	事态监测	20	事态监测应包括：事件的基本情况和涉及范围、事件的危害程度、事件可能达到的等级	以实际演练为主，查阅检查及考核记录为辅	未建立监测机制或未进行事件监测不得分，事态监测不全面每缺一项扣 5 分	动态 20 分
3.1.1.3	处置准备	20	1. 及时收集、报告信息，开展应急值班。 2. 加强对电网运行等检测工作。 3. 采取必要的措施。 4. 应急领导小组成员迅速到位。 5. 应急队伍和相关人员进入待命状态	以实际演练为主，查阅相关资料为辅	未开展应急值班不得分，未加强对电网运行检测工作的扣 5 分，措施不到位扣 3 分，应急领导小组成员不到岗到位扣 5 分，应急队伍、人员未及时待命扣 3 分，扣完为止	动态 20 分
3.1.2	应急响应	280				
3.1.2.1	先期处置	30	发生突发事件时，现场人员应能按照有关规定的要求进行先期处置，控制事件发展，重点做好人员的自救和互救工作	实际演练	抽查的现场人员不掌握先期处置方法的每人次扣 5 分，未进行正确的先期处置导致人员自身伤亡或事故扩大本项不得分，并加扣 3.1 项 5 分	动态 30 分
3.1.2.2	接处警	40				

续表

序号	评估项目	标准分	评估内容	评估方法	扣分标准	备注
3.1.2.2.1	接警	20	1. 接（处）警系统设置电话、传真、网络等信息传递设备。 2. 接警时应明确信息来源和汇报渠道。 3. 预警或响应启动后，应确保24h渠道畅通并有人值班，值班记录应详实、完整	以实际演练为主，现场查看接（处）警系统设备设施为辅	接（处）警系统信息传递设备不满足要求扣10分，接警信息记录不明确扣5分，预警或响应启动后值班记录不详实每处扣3分，扣完为止	动态20分
3.1.2.2.2	处警	20	1. 建立信息汇报通报机制，准确传递汇报接收的信息，初步分析事故形式提出预警或响应级别，报请应急领导小组审定。 2. 遇有突发事件，事发供电企业在做好信息报告的同时，要启动预案响应措施，进行正确的先期处置。 3. 突发事件的影响程度达到预警或响应级别的，应准确的进行预警或响应，未达到响应级别但造成一定社会影响的应进行正确舆论疏导	以实际演练为主，查阅主要媒体网站、报刊、相关资料及接（处）警记录；抢修工作有关管理规定、工作记录等为辅	未建立信息汇报制度或信息汇报不明确扣5分，预警或响应级别分析不正确扣5分，有瞒报、漏报情况发生不得分，对造成一定社会影响的事件未作出反应的扣5分	动态20分
3.1.2.3	应急启动	40	1. 经应急领导小组批准确定响应级别及启动范围、行动措施并迅速启动应急响应。 2. 响应启动后应迅速启动相应应急预案，将应急组织体系转变为应急指挥体系，组织实施应急处置。 3. 按预案规定将有关情况报告上级应急领导小组和地方政府应急指挥机构，接受应急领导，必要情况下请求应急救援	实际演练	启动应急响应级别不正确10分，未进行正确的先期处置每处扣5分，未按规定报告上级或地方政府扣10分	动态40分
3.1.2.4	指挥协调	40				
3.1.2.4.1	辅助决策	10	1. 应建立应急辅助决策支持系统，并经过专家认证，对系统进行定期升级、维护。 2. 应根据事态发展适时调整响应级别，专家全过程参与，指导应急处置	以实际演练为主，现场检查应急辅助决策支持系统，查阅相关资料为辅	无应急辅助决策支持系统扣5分，系统未经过专家认证或未定期升级、维护扣4分；未能及时调整响应级别或无专家辅助决策，视后果严重程度扣5～10分	动态10分

续表

序号	评估项目	标准分	评估内容	评估方法	扣分标准	备注
3.1.2.4.2	资源调动	30	1. 应急指挥人员应及时到岗到位，保持通信畅通。 2. 组织应急救援基干队伍和专业应急队伍集结，处于紧急待命状态。 3. 应急救援物资应及时供应，协调运输经营单位，优先运送处置突发事件所需物资、设备，必要时跨区调用或请求政府部门提供人力、物力、财力或及时支援。 4. 建立后勤保障制度	以实际演练为主，查阅应急救援过程的影像、文字资料为辅	应急指挥人员未能及时到岗到位或队伍集结不及时不得分，救援物资供应不及时扣10分，后勤保障不能及时跟进扣5分，保障制度不完善扣5分，保障不及时扣3分，扣完为止	动态30分
3.1.2.5	事件处置	120				
3.1.2.5.1	应急救援	30	1. 应急救援基干队伍在接到特别重大突发事件处置指令后8h内抵达现场，勘查现场情况，及时反馈信息。 2. 应立即组织现场人员开展自救互救，疏散、撤离与人员安置等。 3. 配置相应的设备设施，迅速搭建前方指挥部，建立与后方指挥部的通信联系。 4. 应能保障应急供电的可靠性	以实际演练为主，查阅应急救援过程的影像、文字资料为辅	应急救援队伍未在规定时间抵达现场每次扣5分，抵达现场装备配置不符合现场要求扣2～10分，应急救援不能有序开展扣5～10分，信息反馈不及时不准确每处扣1分	动态30分
3.1.2.5.2	现场处置	50	1. 及时成立现场抢修指挥部，制定现场抢修方案。 2. 一般灾害情况下应急抢修恢复送电时间不超过24h，抢修方案应考虑不同条件下的应急困难，经专家论证按抢修方案进行抢修处置。 3. 做好现场安全保卫，控制危险源、标明危险区域、封锁危险场所，并采取其他防范措施避免事故或损失扩大。 4. 应做好现场监测，保证抢修现场人员安全。 5. 应做好群众的基本生产保障和事故现场环境评估工作，做好事故防范措施，防止次生灾害和二次事故的发生	实际演练	现场抢修方案不合理不得分，抢修方案未经过专家论证扣10分，未采取有效的防范措施致使事故或损失扩大的不得分，未能有效开展现场监测扣5分，发生次生灾害或二次事故扣10分，现场应急指挥、管理人员不掌握应急程序每发现一次扣3分，应急抢修队伍应不熟悉现场处置方案，不掌握应急处置技能与应急装备使用知识每发现一次各扣3分，扣完为止	动态50分

续表

序号	评估项目	标准分	评估内容	评估方法	扣分标准	备注
3.1.2.5.3	损失统计及信息报送	30	应建立灾情快速统计系统，及时掌握电力设施受损程度和影响范围，按要求及时、全面、准确地各类突发事故造成的人员伤亡和损失情况（电力、电量、设备等），并按上级单位和政府的要求及时上报	以实际演练为主，查阅相关突发事件报告单等资料为辅	未建立灾情快速统计制度规范的不得分；事发单位、班次对灾情统计报告流程不掌握每处扣5分，灾情统计分析不到位每处扣3分，上报不及时每处扣3分	动态30分
3.1.2.5.4	信息采集与交换	10	整合各类信息，确保与政府、上级主管部门和各专业机构有效沟通、交换信息	以实际演练为主，查阅有关资料为辅	信息报送内容、数据不统一扣3分，信息不完整扣3分，出现较大纰漏不得分，沟通交换信息不及时每次扣2分	动态10分
3.1.2.6	应急响应结束	10	突发事件根源已解除，影响已基本恢复后，是否及时终止应急响应，并按规定发布解除应急响应通知	实际演练	解除应急响应的条件不具备扣5分。 发布解除应急响应通知不及时、不规范扣2～5分	动态10分
3.2	舆情应对能力	70				动态评估50分
3.2.1	舆情引导	30	1. 建立突发事件网络舆情监测预警、管理控制相关的数据库、信息获取与分析系统。 2. 落实网络舆情信息自动化监测人员职责。 3. 扩建多通道舆情数据资源挖掘融合、智能存储与过滤、网络舆情态势分析评估和主动预警。 4. 发生突发事件，30min内通过微博等渠道及时向社会发布信息	查阅有关系统、资料	未建立网络舆情监测预警系统的不得分，监测人员职责不落实、分析不到位扣5分，上报及发布不及时，扣5分，未开通官方微博，信息发布渠道单一的扣3分，扣完为止	动态20分
3.2.2	信息发布	40				

续表

序号	评估项目	标准分	评估内容	评估方法	扣分标准	备注
3.2.2.1	信息发布程序	20	1. 应制定信息报告的模板和新闻发布通稿。 2. 应急响应启动或解除后，按规定程序进行新闻发布。 3. 启动大面积停电预案应急响应，应按规定进行信息报告，由政府举行新闻发布会，并由政府新闻发言人进行信息发布。 4. 信息发布应及时，避免产生负面影响。 5. 建立网络舆情监测预警体系，预警信息公众有效覆盖率达到 90%	以实际演练为主，查阅信息发布相关规定及已经发布的信息资料等为辅	未明确新闻发布制度的不得分，未按要求进行信息报告和新闻发布扣 10 分，启动大面积停电预案应急响应未进行新闻发布不得分，信息发布不及时或产生负面影响的不得分	动态 15 分
3.2.2.2	信息发布内容	20	1. 信息发布的内容应全面。 2. 不同应急阶段信息报告和新闻发布的目的应明确。 3. 信息发布应考虑应急阶段性特点	以实际演练为主，查阅信息发布相关规定及已经发布的信息资料等为辅	信息发布的内容不全面扣 5 分，不同阶段目的不明确每处扣 5 分，未考虑应急阶段性特点扣 5 分	动态 15 分
4	后期恢复	55				
4.1	恢复重建能力	55				
4.1.1	现场恢复	15				
4.1.1.1	评估事件损失	5	事故灾害的影响得到初步控制，导致次生、衍生事故隐患消除后，经应急领导小组批准应急响应结束，转入恢复阶段。针对突发事件的类型，相关专业部门立即组织开展事故灾害的损失统计和综合分析，向应急办提报损失及影响情况报告	查阅相关报告及记录等	相关专业部门未与影响情况进行损失统计及综合分析的每次扣 2 分，未向应急办报送统计分析报告的每次扣 2 分	
4.1.1.2	事故原因调查	5	查找事故原因，评估事故发展趋势，预测事故后果，为制定恢复方案和事故调查提供参考	查阅相关报告及记录等	相关专业部门未针对突发事件查找事故原因的每次扣 2 分	

续表

序号	评估项目	标准分	评估内容	评估方法	扣分标准	备注
4.1.1.3	事故保险理赔	5	及时清理事发现场，尽快恢复到正常生产、工作、生活和生态环境。收集整理灾害影响影像资料和相关基础资料，及时与保险机构联系人员、财产的保险理赔工作	查阅相关报告及记录等	事件发生后未及时清理现场的每次扣2分。灾后理赔未进行的每次扣2分	
4.1.2	长期恢复	10				
4.1.2.1	重建被毁设施设备	5	根据设备、设施受损情况，对短期内无法恢复的，制定临时过渡措施和整改措施计划，针对存在的设备、设施隐患，落实资金及工作时间进度，保证系统安全	查阅相关报告及记录等	未针对短期内无法恢复的设备设施制定临时过渡措施和整改计划的每次扣2分	
4.1.2.2	重新规划和建设	3	结合事故调查分析结果，对运行方式不合理、设计理念不科学、管理手段不合理等问题，重新修改电网及工作规划，制定改造和改进方案	查阅相关报告及记录等	未针对事故调查分析结果，重新修改电网及工作规划，制定改造和改进方案的每次扣1分	
4.1.2.3	灾后人员心理恢复	2	妥善安置和慰问受害及受影响人员，重点开展员工的心理恢复	查阅相关报告及记录等	对受灾影响需要心理救助的员工开展心理恢复的每件扣1分	
4.1.3	评估调查	20				
4.1.3.1	评估调查与考核机制	5	1. 建立健全突发事件评估调查与考核机制。 2. 事发单位对每次突发事件的处置过程进行评估调查。 3. 事发单位应对上级单位应急处置评估调查报告有关建议和要求，应予以落实，制定整改计划，限期整改，闭环管理，按要求向上级单位进行反馈。 4. 应按规定组织或配合上级部门开展事故调查，并做好归档和备案工作，有针对性的制定事故防范对策措施，对整改措施进行落实。 5. 将应急考核工作纳入企业业绩考核，建立应急工作奖惩机制，对应急日常管理、应急体系建设、应急处置与救援全过程进行考核	查阅评估制度与考核机制、查阅调查报告及相关考核记录等	未建立评估调查与考核机制不得分，未对突发事件处置进行评估调查每次扣2分，评估调查整改措施不落实或未形成闭环管理每次扣2分，考核机制不健面扣2分，没有考核记录扣1分	

续表

序号	评估项目	标准分	评估内容	评估方法	扣分标准	备注
4.1.3.2	事故灾害评估调查	15				
4.1.3.2.1	预警启动评估调查	5	1. 事发单位在每次预警解除后，在规定时间内完成自行评估调查。 2. 完成评估调查报告，做出总体评价，分析各环节应急处置的优与劣，指出存在问题，提出整改建议。评估的内容主要包括：灾害（灾难）概况、电网影响情况、预警启动及响应情况、应急处置及电网抢修恢复情况、取得的经验和存在的问题和不足、改进措施。 3. 评估报告应经专家审核，通过后及时上报上级相关主管部门。 4. 针对总结评估提出的问题，制定整改措施，对需长时间才能完成的要列入工作计划，并由安监部门监督落实	上一年度及本年度突发事件的预警响应记录、预警评估报告及相关资料	未进行预警启动评估的不得分；预警启动不适当或应启动而未启动的酌情扣分。评估报告内容不全的每项扣2～10分，未对发现的问题提出有效的整改措施扣10分。未上报的扣2分	
4.1.3.2.2	应急响应评估调查	10	1. 事发单位在每次应急响应解除后，在规定时间内完成自行评估调查。 2. 完成评估调查报告，评估报告的内容主要包括：灾害（灾难）概况、电网影响情况、应急启动及响应情况、应急处置及电网抢修恢复情况、取得的经验、存在的问题和不足、改进措施。 3. 评估报告应经专家审核，通过后及时上报上级相关主管部门。 4. 评估报告应重点对应急处置过程中发现的薄弱环节进行评估，对应急响应各阶段应急处置的正确性，预案的科学合理性及相关防范措施落实情况进行评估	查阅重大危险源档案、应急预案和资料，现场核查、应急工作总结、报表等	未对应急处置过程中发现的薄弱环节进行评估，扣5分，评估内容不全面缺少一项扣5分，重要的总结评估报告未经专家审核扣5分，未及时上报扣5分，未针对总结评估提出的问题制定整改措施扣5分，扣完为止	
4.1.4	落实整改	10	根据总结评估提出的整改措施进行落实，短期内不能完成的整改内容应列入整改计划，由安监部门负责监督落实	查阅整改计划与落实情况	整改措施未落实或未制定整改计划不得分，措施不全面或不符合实际每项扣2分，措施不落实每项扣2分	

供电企业应急能力评估结果明细表见表4-4。

表4-4　　供电企业应急能力评估结果明细表

序号	评价项目	应得分（分）	实得分（分）	得分率（%）	重点问题
1	应急预防	240			
1.1	应急组织体系	75			
1.1.1	应急组织	40			
1.1.2	应急规划	15			
1.1.3	应急日常管理	20			
1.2	应急预案体系	120			
1.2.1	风险分析	35			
1.2.2	预案管理	85			
1.3	规章制度体系	45			
1.3.1	上级规章制度	25			
1.3.2	企业相关规定	20			
2	应急准备	285			
2.1	演练培训体系	80			
2.1.1	应急演练	40			
2.1.2	应急培训	30			
2.1.3	应急知识宣传	10			
2.2	科技支撑体系	20			
2.2.1	应急理论与技术研究	10			
2.2.2	应急新技术及装备开发	10			
2.3	综合保障能力	130			
2.3.1	队伍保障	40			
2.3.2	资金保障	10			
2.3.3	物资保障	20			
2.3.4	装备保障	20			
2.3.5	通信保障	20			
2.3.6	后勤保障	5			
2.3.7	协调机制	15			
2.4	预防预测和监控预警系统	30			
2.4.1	基础信息数据库	15			
2.4.2	监测监控网络	15			
2.5	应急信息指挥系统	25			
2.5.1	应急指挥中心硬件设施	10			
2.5.2	应急管理软件系统	10			
2.5.3	应急指挥中心自身保障	5			

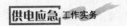

续表

序号	评价项目	应得分（分）	实得分（分）	得分率（%）	重点问题
3	应急响应	420			
3.1	救援处置能力	350			
3.1.1	预测预警	70			
3.1.2	应急响应	280			
3.2	舆情应对能力	70			
3.2.1	舆论疏导	30			
3.2.2	信息发布	40			
4	后期恢复	55			
4.1	恢复重建能力	55			
4.1.1	现场恢复	15			
4.1.2	长期恢复	10			
4.1.3	评估调查	20			
4.1.4	落实改进措施	10			

供电企业应急能力评估发现的主要问题、整改建议及分项评分结果见表4-5。

表4-5　供电企业应急能力评估发现的主要问题、整改建议及分项评分结果（评估组用）

专业			评估人			第　页
项目序号	主要问题	应得分	应扣分	实得分	整改建议	是否重点问题（√）

七、供电企业应急能力评估总结报告（模板）

（一）基本情况

评估的时间、地点、参加人员，被评估单位的基本概况。

（二）评估的主要内容

由评估组根据评估标准对专家进行分工，根据分工每名专家进行评估并撰写分项报告，由组长牵头汇总总体报告。

（三）相关文献、材料

由被评估方提供相关预案、文件、记录和相关材料。

（四）评估效果

评估报告对每个分项和总体情况进行说明，对供电企业应急能力给出判定结果。

（五）意见和建议

主要说明供电企业应急能力评估工作中发现的优势和不足，针对主要问题提出整改建议和意见。针对优势和好的经验指出值得推广和发扬之处；针对不足指出正确的行动方案，提出改进意见和建议。

第二节　供电企业专项应急能力评估

供电企业针对典型专业开展专项应急能力评估，评估的组织部门为本专业的职能管理部门或上级主管部门，评估依据为本企业的现行某项专项应急预案或相关联的几项专项应急预案以及工作要求。下面以大型社区突发停电事件和突发停电事件为例分别说明现场演练和桌面推演的评估。

一、应急处置能力动态描述

通过电力服务事件处置专项预案应急演练，动态考察超过千户居民的大型社区突发停电事件发生后被评价单位应急处置能力。控制人员按事件发生、发展、结束的时间顺序，按事件发生（预警阶段）、事件发展（响应阶段）、局部事态恶化、局部事态缓解、总体事态平稳五个阶段的事件特征，依次给出事件信息，观察被演单位的反应情况。

建立演练信息库，每个阶段的信息难度由低至高分A（低）、B（中）、C（高）三类。每次演练可选取事件信息7～10条，在保障事件发展合理的前提下选取5～6条A类信息，适当增加3～5条B、C类信息，提高应急处置难度。

重点评估内容包括预测预警、先期处置、接处警、应急启动、指挥决策、资源调动、应急救援、现场抢修、损失统计及信息报送、信息采集交换、舆情引导、终止响应等行动。

二、评估方法

1）应急演练评估专家5～7人组成评估专家组。评估专家组需提前1天制定演练题目，被评估单位配合制定演练方案，准备相关材料、资料，确保演练会场满足演练需要。

2）每位评估专家按给出信息的应对情况按考核要点逐项给予评价。

3）每位评估专家需对演练过程中所观察到的行动，进行总结，找出优势和不足项以及整改项，提出改进建议和整改意见。经评价组组长确认后将评估分折算到评价总表中，满分500分。

三、评估表

（一）大型社区突发停电事件应急供电处置评估表（见表4-6）

表4-6　　大型社区突发停电事件应急供电处置评估表

演练阶段	评估内容	完成情况	应得分	实得分	备注
预警阶段			60		
事件发生	1. 是否启动预警，启动预警后的应对措施是否得当	时间： □全部完成 □部分完成 □未完成	20		
	2. 是否有效进行可能造成的突发停电事件的监测预测	时间： □全部完成 □部分完成 □未完成	20		
	3. 应急处置准备是否充分（如人员、预案、设备、装备等）	时间： □全部完成 □部分完成 □未完成	20		
响应阶段			420		
事件发展局部事态恶化局部事态缓解	1. 处警		70		
	（1）接警是否建立畅通的信息传递渠道，大型社区的物业公司（居民委员会、村民委员会）是否建立联系方式，相关人员了解报警方式和途径	时间： □全部完成 □部分完成 □未完成	50		查阅大型社区的物业公司（居民委员会、村民委员会）联系方式资料
	（2）处理信息。客服部门是否按照职责分工准确、迅速传递信息，信息传递汇总是否渠道畅通、程序规范。是否及时向相关上级部门报告	时间： □全部完成 □部分完成 □未完成	20		
	2. 先期处置 电网调度及运行人员是否立即隔离故障点，调整运行方式，有序处置电网停电事件	时间： □全部完成 □部分完成 □未完成	30		
	3. 应急启动		50		
	（1）专项应急处置指挥部办公室是否及时组织研判。是否向应急指挥部提出启动应急响应建议	时间： □全部完成 □部分完成 □未完成	10		
	（2）启动应急响应是否及时。启动的应急预案、响应级别、应对措施是否适当	时间： □全部完成 □部分完成 □未完成	20		

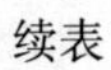
续表

演练阶段	评估内容	完成情况	应得分	实得分	备注
事件发展局部事态恶化局部事态缓解	（3）应急启动。应急指挥中心是否及时开通指挥应急处置。应急指挥人员是否到岗到位	时间： □全部完成 □部分完成 □未完成	10		
	（4）应急启动备班。应急指挥人员是否有备班的序位	时间： □全部完成 □部分完成 □未完成	10		
	4. 指挥协调——辅助决策		30		
	（1）相关专业应急专家是否到位且足额	时间： □全部完成 □部分完成 □未完成	10		
	（2）现场应急指挥部是否成立并开展工作	时间： □全部完成 □部分完成 □未完成	10		
	（3）与当地政府及相关专业部门联系是否及时，通信手段是否完备	时间： □全部完成 □部分完成 □未完成	10		
	5. 指挥协调——资源调动		80		
	（1）各专业抢修队伍是否迅速集结到位	时间： □全部完成 □部分完成 □未完成	5		
	（2）应急基干救援队伍是否集结并抵达现场，完成应急供电	时间： □全部完成 □部分完成 □未完成	5		
	（3）现场是否根据应急联动协议落实各自的协议职责，立即组织利用应急救援措施、应急装备、快速接入设备等营救被困人员	时间： □全部完成 □部分完成 □未完成	25		
	（4）营销服务队伍（用电检查员）及时到社区安抚受突发停电事件影响公众	时间： □全部完成 □部分完成 □未完成	30		

续表

演练阶段	评估内容	完成情况	应得分	实得分	备注
事件发展局部事态恶化局部事态缓解	（5）新闻应急队伍监控舆情，及时应对发出新闻通稿给客户服务中心95598以及政府相关部门，并通过企业微博等手段安抚受突发停电事件影响公众	时间： □全部完成 □部分完成 □未完成	10		
	（6）应急救援物资是否及时调配并供应。物资部门是否根据需要向协议部门和单位提出支援的需求。是否根据需要及时跨区调用或请求政府部门提供急需物资、设备、装备、设施、工具或人力支援	时间： □全部完成 □部分完成 □未完成	5		
	6. 事件处置——应急救援		30		
	（1）应急基干救援队伍是否完成现场勘察、搭建现场指挥部，完成应急供电，回传现场视频、音频信息	时间： □全部完成 □部分完成 □未完成	15		视频、音频回传共15分，其中视频回传10分，音频回传5分
	（2）应急基干救援队伍是否完成应急供电，回传现场视频、音频信息	时间： □全部完成 □部分完成 □未完成	15		视频、音频回传共15分，其中视频回传10分，音频回传5分
	7. 事件处置——现场处置		30		
	（1）救援抢修人员是否迅速抵达事发现场，指挥部是否制定合理高效的抢修方案，经专家论证并按抢修方案进行处置	时间： □全部完成 □部分完成 □未完成	10		
	（2）是否做好现场安全措施，保证抢修现场人员安全	时间： □全部完成 □部分完成 □未完成	10		
	（3）是否采取防止发生次生、衍生事件的必要措施；是否标明危险区域，封锁危险场所，划定警戒区，实行交通管制及其他控制措施	时间： □全部完成 □部分完成 □未完成	5		
	（4）针对不断恶化的事态变化，是否有效运用内外协调联运机制，与各级政府部门主动联系，在政府的组织下开展应急状态下的优质服务，必要时，寻求政府、相关专业部门和协调联动企业提供支援	时间： □全部完成 □部分完成 □未完成	5		

续表

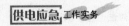

演练阶段	评估内容	完成情况	应得分	实得分	备注
事件发展局部事态恶化局部事态缓解	8. 事件处置——损失统计		10		
	事发单位是否明确事件信息统计部门和人员，明确事件统计信息报告的格式和内容	时间： □全部完成 □部分完成 □未完成	10		
	9. 事件处置——信息报送		10		
	事发单位及相关管理部门是否明确信息报送责任。信息报送内容是否满足应急处置需求。是否及时准确分级、分专业向主管部门汇报信息	时间： □全部完成 □部分完成 □未完成	10		
	10. 事件处置——信息采集交换		10		
	（1）是否迅速启动应急通信系统，完成与各级应急指挥中心通信联系，完成与救援抢修现场与政府等相关部门的通信联系	时间： □全部完成 □部分完成 □未完成	5		
	（2）是否及时检查相关网络、通信系统的运行状态，及时维护和修复故障	时间： □全部完成 □部分完成 □未完成	5		
	11. 舆情引导		30		
	（1）突发事件发生后专业部门是否监控媒体对事件的报道，及时发现负面信息并逐级汇报	时间： □全部完成 □部分完成 □未完成	15		
	（2）突发事件发生后新闻应急负责人、新闻发言人以及相关人员是否及时到位，启动新闻应急响应	时间： □全部完成 □部分完成 □未完成	15		
	12. 信息发布		40		
	（1）是否在事发 30min 内通过微博等形式向公众发布第一条应对信息，是否跟踪进行媒体接触和公众调查，并根据应急处置的过程不同分阶段进行信息发布，通知事件处置进展情况	时间： □全部完成 □部分完成 □未完成	10		
	（2）信息报道及信息发布的执行途径和批准流程按供电企业统一规范	时间： □全部完成 □部分完成 □未完成	10		

续表

演练阶段	评估内容	完成情况	应得分	实得分	备注
事件发展局部事态恶化局部事态缓解	(3) 信息发布的内容是否基本满足公众对关注信息的知情权，是否及时准确地按照有关规定向社会发布可能受到的影响和危害，宣传避免、减轻危害的常识，公布咨询电话	时间： □全部完成 □部分完成 □未完成	20		
响应结束			10		
总体事态平稳	1. 是否及时终止应急响应，是否及时发布解除应急响应通知，是否组织损失统计分析和总结评估，并及时向公众发布并上级主管部门及相关机构报告	时间： □全部完成 □部分完成 □未完成	5		
	2. 是否制定转入正常生产抢修状态后的恢复工作方案及灾后重建计划。做好灾后恢复重建过程中的用户的安全供电及优质服务、员工的心理及生活救助等后续工作	时间： □全部完成 □部分完成 □未完成	3		
	3. 是否组织保险理赔等工作，是否做好应急资金、物资使用等管理	时间： □全部完成 □部分完成 □未完成	2		

（二）突发停电桌面推演评估表（见表4－7）

表4－7　　突发停电桌面推演评估表

演练阶段	评估内容	完成情况	应得分	实得分	备注
预警阶段			60		
事件发生	1. 是否启动预警，启动预警后的应对措施是否得当	时间： □全部完成 □ 部分完成 □ 未完成	20		
	2. 是否有效进行灾害的监测预测	时间： □全部完成 □ 部分完成 □ 未完成	20		
	3. 应急处置准备是否充分（如：人员、预案、物资、各种保障资源是否能够及时到位和获取）	时间： □全部完成 □ 部分完成 □ 未完成	20		

续表

演练阶段	评估内容	完成情况	应得分	实得分	备注
响应阶段			420		
事件发展局部事态恶化局部事态缓解	1. 接处警 相关部门是否准确、迅速传递信息，信息传递汇总是否渠道畅通、程序规范，是否及时向相关上级部门报告	时间： □全部完成 □ 部分完成 □ 未完成	70		
	2. 先期处置 电网调度及运行人员是否立即隔离故障点，调整运行方式，有序处置电网停电事件。现场是否根据灾情立即组织营救和救治伤亡人员，疏散、安置受灾人员	时间： □全部完成 □ 部分完成 □ 未完成	30		
	3. 应急启动		50		
	(1) 专项应急处置办公室是否及时组织研判，是否向应急领导小组提出启动应急响应建议	时间： □全部完成 □ 部分完成 □ 未完成	10		
	(2) 启动应急响应是否及时，启动的应急预案、响应级别、应对措施是否适当	时间： □全部完成 □ 部分完成 □ 未完成	20		
	(3) 应急启动。应急指挥中心是否及时开通指挥应急处置，应急指挥人员是否到岗到位	时间： □全部完成 □ 部分完成 □ 未完成	20		
	4. 指挥协调——辅助决策		30		
	(1) 应急专家是否到位	时间： □全部完成 □ 部分完成 □ 未完成	10		
	(2) 指挥协调——辅助决策。现场应急指挥部是否成立并开展工作	时间： □全部完成 □ 部分完成 □ 未完成	10		
	(3) 指挥协调——辅助决策。与政府及相关专业部门联系是否及时，通信手段是否完备	时间： □全部完成 □ 部分完成 □ 未完成	10		
	5. 指挥协调——资源调动		80		
	(1) 各专业抢修队伍是否迅速集结到位	时间： □全部完成 □ 部分完成 □ 未完成	20		

续表

演练阶段	评估内容	完成情况	应得分	实得分	备注
事件发展局部事态恶化局部事态缓解	（2）应急基干救援队伍是否集结并抵达现场，是否迅速搭建现场指挥部，完成应急供电	时间： □全部完成 □ 部分完成 □ 未完成	10		
	（3）专业抢修队伍、营销服务队伍、新闻应急队伍是否按职责工作	时间： □全部完成 □ 部分完成 □ 未完成	20		
	（4）应急救援物资是否及时调配并供应。物资部门是否根据需要向协议部门和单位提出支援的需求，是否根据需要及时跨区调用或请求政府部门提供急需物资、设备、装备、设施、工具或人力支援	时间： □全部完成 □ 部分完成 □ 未完成	20		
	（5）后勤保障体系是否及时向灾区及抢险人员提供生活必需品，是否有支援人员后勤保障措施	时间： □全部完成 □ 部分完成 □ 未完成	10		
	6. 事件处置——应急救援		30		
	（1）应急基干救援队伍是否完成现场勘察、搭建现场指挥部，完成应急供电，回传现场信息	时间： □全部完成 □ 部分完成 □ 未完成	15		
	（2）应急基干救援队伍是否完成应急供电，回传现场信息	时间： □全部完成 □ 部分完成 □ 未完成	15		
	7. 事件处置——现场处置		30		
	（1）救援抢修人员是否迅速抵达事发现场，指挥部是否制定合理高效的抢修方案，经专家论证并按抢修方案进行处置	时间： □全部完成 □ 部分完成 □ 未完成	5		
	（2）是否做好现场安全措施，保证抢修现场人员安全	时间： □全部完成 □ 部分完成 □ 未完成	5		
	（3）是否采取防止发生次生、衍生事件的必要措施，是否标明危险区域，封锁危险场所，划定警戒区，实行交通管制及其他控制措施	时间： □全部完成 □ 部分完成 □ 未完成	10		

续表

演练阶段	评估内容	完成情况	应得分	实得分	备注
事件发展局部事态恶化局部事态缓解	（4）针对不断恶化的事态变化，是否有效运用内外协调联动机制，与政府主动联系，在政府的组织下开展应急状态下的优质服务，必要时，寻求政府、相关专业部门和跨区供电企业提供支援	时间： □全部完成 □ 部分完成 □ 未完成	10		
	8. 事件处置——损失统计。 事发单位是否明确事件信息统计部门和人员，明确事件统计信息报告的格式和内容	时间： □全部完成 □ 部分完成 □ 未完成	10		
	9. 事件处置——信息报送 事发单位及相关管理部门是否明确信息报送责任。信息报送内容是否满足应急处置需求。是否及时准确分级、分专业向主管部门汇报信息	时间： □全部完成 □ 部分完成 □ 未完成	10		
	10. 事件处置——信息采集交换		10		
	（1）是否迅速建立应急通信系统，完成与各级应急指挥中心通信联系，完成与救援抢修现场与政府等相关部门的通信联系	时间： □全部完成 □ 部分完成 □ 未完成	5		
	（2）是否及时检查相关网络、通信系统的运行状态，及时维护和修复故障	时间： □全部完成 □ 部分完成 □ 未完成	5		
	11. 舆情引导		30		
	（1）突发事件发生后专业部门是否监控媒体对事件的报道，及时发现负面信息并逐级汇报	时间： □全部完成 □ 部分完成 □ 未完成	15		
	（2）突发事件发生后是否确定新闻应急负责人、新闻发言人，启动新闻应急响应，相关人员到位	时间： □全部完成 □ 部分完成 □ 未完成	15		
	12. 信息发布		40		
	（1）是否在 30min 内通过微博等形式向公众发布第一条应对信息，是否跟踪进行媒体接触和公众调查，并根据应急处置的过程不同分阶段进行信息发布，通知事件处置进展情况	时间： □全部完成 □ 部分完成 □ 未完成	10		

续表

演练阶段	评估内容	完成情况	应得分	实得分	备注
事件发展局部事态恶化局部事态缓解	（2）信息报道及信息发布的执行途径和批准流程按供电企业统一规范	时间： □全部完成 □ 部分完成 □ 未完成	10		
	（3）信息发布的内容是否基本满足公众对关注信息的知情权，是否及时、准确地按照有关规定向社会发布可能受到的影响和危害，宣传避免、减轻危害的常识，公布咨询电话	时间： □全部完成 □ 部分完成 □ 未完成	20		
响应结束			10		
总体事态平稳	1. 是否及时终止应急响应，是否及时发布解除应急响应通知，是否组织损失统计分析和总结评估，并及时向公众发布并上级主管部门及相关机构报告	时间： □全部完成 □ 部分完成 □ 未完成	5		
	2. 是否制定转入正常生产抢修状态后的恢复工作方案及灾后重建计划。做好灾后恢复重建过程中的用户安全供电及优质服务、员工的心理及生活救助等后续工作	时间： □全部完成 □ 部分完成 □ 未完成	3		
	3. 是否组织保险理赔等工作，是否做好应急资金、物资使用等管理	时间： □全部完成 □ 部分完成 □ 未完成	2		

四、评估观察表

用表 4－8 来记载演练过程中发现的优势、不足及问题。每个三级评估项分别最少归纳出三个经验及不足的观察项，没有最多限制。

表 4－8　　　　评估观察表

（一）好的经验	
项目名称：	行动内容：
1. 行动描述（行动的具体时间、地点、人物和内容，观察到的强项，所观察到的积极行动所导致的良好结果）	
2. 参考依据（参考预案、政策、程序等）	
3. 建议（提出强化优势固化成果的建议）	

续表

（二）存在的不足（不足项）	
项目名称：	行动内容：
1. 行动描述（行动的具体时间、地点、人物和内容，观察到的不足之处，所观察到的问题可能导致的不良后果）	
2. 参考依据（参考预案、政策、程序等）	
3. 建议（对主要问题给出改进建议）	
（三）需要整改的问题（整改项）	
项目名称：	行动内容：
1. 行动描述（行动的具体时间、地点、人物和内容，观察到的不足之处，所观察到的问题可能导致的不良后果）	
2. 参考依据（参考预案、政策、程序等）	
3. 建议（对主要问题给出改进建议）	

五、演练观察总结

（1）基本情况（演练时间、地点、参加人员）

（2）主要内容（依据演练方案）

（3）效果评价

1）将观察到的重点内容记录下来，对观察到的行动进行评价。

2）结合评估标准评价单项和综合能力水平。

（4）意见和建议

1）发现的优势，提出推广意见。

2）找出存在的不足，提出改进意见和建议。

第三节 供电企业现场应急能力评估

各级供电企业在针对特定的具体场所、设备设施、岗位，在开展详细的现场分析现场风险和危险源的基础上编制的现场处置方案，因其针对突发事件发展的各个阶段，可以逐步升级为事件和事故等，相应的班组启动现场处置方案可以升级为供电企业启动专项应急预案直至上级供电企业启动相应的应急预案，所以针对典型的突发事件类型（人身事故、电网事故、设备事故、火灾事故）开展的现场应急能力评估最能体现各项安全管理和应急管理的规章制度在基层的落实情况，也就最能体现出供电企业最具说服力的基础应急能力水平。

以下就以地震应急疏散演练评估为例加以说明。

一、演练事件模拟

以某市突发地震为背景，选择办公楼、营业厅、供电所、变电站、培训中心等某生产经营场所作为演练现场，全员参与，模拟地震发生后人员的疏散、逃生和自救、互救。

演练情景的分为“地震发生”和“地震停止”两个阶段模拟。“地震发生”阶段主要对人员的紧急应对措施和组织进行评估，此阶段建议持续时间3min（以便评估人员有足够时间对人员行为进行评估）。“地震停止”阶段主要对人员疏散组织和突发意外处置进行评估。

场景设置建议：

1）演练组织方可根据现场条件设置疏散障碍（如在一疏散通道上放置纸箱，模拟倾倒的异物堵塞通道；锁闭办公室、寝室、车间等某房门，模拟因地震门窗变形，无法打开；在室内或通道施放干冰，模拟因地震引发火情等；广播通知，某楼梯不能使用，模拟地震造成楼梯损坏不能使用等）。

2）演练组织方可设置人为干预（如设置一名或几名人员惊慌失措，扰乱秩序，模拟人员在突发地震时，失去理智，慌乱盲目行事或惊吓过度，不知所措；在疏散通道设置一名或几名人员模拟疏散过程中摔伤、砸伤、昏厥等，无法行动；设置人员在电梯口召唤其他人员上电梯，快速疏散，模拟疏散过程中人员对错误信息的判断和纠正等）。

每场演练建议选择3～4个场景，场景的设置建议不公开，在演练开始前5min内设置完成。建议选择人员较多的场所开展演练，演练前30min，广播通知全体人员即将进行（7级）地震逃生与疏散演练，并通知演练开始信号。

二、演练评估组织

1）演练评估组事先与演练方实地考察，确定演练场所，商定演练方案。演练方案仅限演练组织人员知晓。

2）演练评估组由3～5人组成，设一名组长，负责评估组的组织和分工。在演练开始前5min，评估组人员对表，确保计时基准的一致性。评估组成员，每人一台对讲机，对讲机与演练方组织负责人频率一致。

3）工作分工。根据现场条件，设置1～2名评估人员对地震发生期间演练人员行为进行观察评估，设置1～2名评估人员对疏散演练场景点进行观察评估，设置1～2名评估人员在演练场疏散出口对第一个和最后一个疏散人员进行计时，设置1～2名评估人员对疏散的人群的组织、行为和对突发情况的处理进行观察评估。建议评估人员可用录像、照相或利用场所监控系统的方式对演练人员的典型行为进行记录，以便分析和评判。

评估重点如下。

1）对地震警报的敏觉性和响应的快速性。

2）人员在避险、逃生、疏散等情况下的判断力和采取措施的正确性。

3）组织的有序性和合理性。

4）应对突发意外的处置能力。

三、地震逃生与疏散现场应急演练评估表（见表4-9）

表4-9　地震逃生与疏散现场应急演练评估表

序号	处置步骤	评估标准	评估结果	应得分	实得分
1	地震发生的第一时间反应、判断和采取的措施	（1）地震有感时，人员是否立即停止工作，对当前环境进行快速、正确判断，确定是否发生地震	时间： □良好 □一般 □较差	3	
		（2）确定发生地震后，是否保持冷静	□良好 □一般 □较差	1	
		（3）是否有人及时提出应对建议	□有 □没有	1	
		（4）提出应对建议的正确性	□良好 □一般 □较差	2	
		（5）是否有人盲目往外跑	□有（　人） □没有	1	
		（6）是否有人提醒不要或制止盲目外跑	□有 □没有	1	
		（7）是否找到相对稳固或安全的地方避险	□良好 □一般 □较差	2	
		（8）是否采取了合适的避险姿势	□良好 □一般 □较差	2	
		（9）外跑逃生，是否有序，路线是否合理	□良好 □一般 □较差	3	
		（10）第一和最后一名人员跑出时间	Fir：　s， Las：　s	2	

续表

序号	处置步骤	评估标准	评估结果	应得分	实得分
1	地震发生的第一时间反应、判断和采取的措施	(11) 是否采取了自我保护措施(如用坐垫、提包等护头部)	□良好 □一般 □较差	5	
		(12) 逃生发现有人受伤，不能行动时的处置措施是否合适；逃生后，是否及时汇报（根据演练情景选评）	□良好 □一般 □较差	4	
		(13) 逃生发现有障碍物时的处置措施是否合适；逃生后，是否及时汇报（根据演练情景选评）	□良好 □一般 □较差	4	
		(14) 逃生中发现有火情时的应对是否合适，逃生后，是否及时汇报（根据演练情景选评）	□良好 □一般 □较差	4	
		(15) 逃生时，是否有人乘坐电梯（根据演练情景选评）	□有（　人） □没有	3	
2	地震停止，人员疏散	(1) 人员是否有震后应尽快疏散到开阔地的意识	□良好 □一般 □较差	4	
		(2) 是否有人提出疏散建议(主要以办公室或楼层人员为评估对象)	□有 □没有	1	
		(3) 是否有广播提出疏散要求(主要以总体疏散组织者为评估对象)	□有 □没有	1	
		(4) 人员疏散响应是否迅速，是否有人拖沓	□有（　人） □没有	2	
		(5) 是否有合理的疏散组织结构	□良好 □一般 □较差	3	
		(6) 疏散组织策略是否合适	□良好 □一般 □较差	2	
		(7) 选择路线是否正确	□良好 □一般 □较差	5	
		(8) 疏散过程中，人员行动是否快速、有序	□良好 □一般 □较差	2	

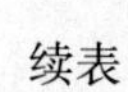
续表

序号	处置步骤	评估标准	评估结果	应得分	实得分
2	地震停止，人员疏散	(9) 疏散中，应对突发意外处置措施是否得当（包括发现火情、有毒气体泄漏、通道阻塞、人员受伤、制造慌乱气氛等，根据演练情景设置选评）	□良好 □一般 □较差	5	
		(10) 疏散中，人员是否采取了自我保护措施	□良好 □一般 □较差	4	
		(11) 第一和最后一名疏散人员离开建筑物耗时（从演练方通知地震结束开始计算）	Fir： s， Las： s	1	
		(12) 人员是否疏散完毕	□是 □否（人）	1	
		(13) 疏散集中点的选取是否正确，是否能避开高空坠物、围墙倾倒、坍塌等危险点	□良好 □一般 □较差	4	
		(14) 在疏散集中点，是否有人维持现场秩序	□有 □没有	1	
3	参演人员的演练状态	(1) 参演人员状态投入程度	□良好 □一般 □较差	3	
		(2) 参演人员的演练执行力	□良好 □一般 □较差	3	
				80	

第五章

生产安全突发事件监测与预警

按照《中华人民共和国突发事件应对法》(中华人民共和国主席令 2007 年第六十九号)建立健全突发事件监测制度和预警制度要求，各级供电企业构建全面覆盖、纵向贯通、横向协同、责任明确、闭环落实的企业生产安全风险预警管控工作机制，规范各类生产安全风险预警职责、流程、措施和要求，有效防范人身、电网、设备事故及降低各类突发事件对供电企业的影响程度。

通过建立安全监测与预警制度，预控并掌握供电企业生产活动中的阶段性、苗头性、关键性、倾向性问题，及时通报安全生产情况和可能发生事故(事件)的几率、危害程度及影响范围，监督所属企业积极采取有效的预防措施，实行过程控制和闭环管理，达到预控不安全事件，确保实现企业安全生产目标。

对于人身安全风险预控，各级供电企业在从事输电、变电、配电、检修、试验、电力建设、调控等生产性工作中，加强生产作业过程中预控措施，防止发生人身伤亡事故，规范人身安全风险预警管理，根据安全风险管理有关要求，落实组织不完善、管理不到位、行为不规范、措施不落实和气候条件恶劣等可能引发人身伤亡事故的风险控制措施，并将人身安全风险预警根据发布层级的不同分为三级，即Ⅰ、Ⅱ、Ⅲ级预警。

对于电网和设备风险的监测与预警，各级供电企业依据《电力安全事故应急处置和调查处理条例》(国务院令第 599 号)、《电网调度管理条例》(国务院令第 115 号)、《单一供电城市电力安全事故等级划分标准》(国能电安〔2013〕255 号)、《电网安全风险管控办法(试行)》(国能安全〔2014〕123 号)主要针对电网检修、施工、调试等带来运行方式变化，输变电设备缺陷或异常带来运行状况变化，季节及气候等外部因素带来运行环境变化，引起电网出现计划性、短期性、预见性的运行安全风险和网架薄弱、设备容量受限、线路卡脖子等结构性安全风险，从规划、建设、改造等方面采取相应的预警和控制措施。

对于自然灾害和突发事件风险的监测与预警，各级供电企业依据《国家安全监管总局关于进一步加强和完善自然灾害引发生产安全事故预警工作机制的通知》(安监总应急〔2009〕105 号)等要求，将有可能引发生产安全事故的自然灾害、事故灾难和公共卫生事件的预警级别，按照突发事件发生的紧急程度、发展势态和可能造成的危害程度分为一、二、三、四级，分别用红色、橙色、黄色和蓝色标示，一级为最高级别。

第一节 风 险 监 测

一、供电企业监测数据类型

1. 事故灾难类

事故灾难类数据指生产活动中电能系统运行数据的实时监测，包括：电力系统潮流变化、电能质量、电气设备运行情况以及生产管理系统、企业运营监控系统、电力用户用电采集数据等。对设备的计划检修、试验、校验及状态监测等运行状况和数据变化进行分析，尤其对可能对电网系统运行产生重大影响的风险点监测数据发生重大变化及有可能对系统的安全状态产生重大影响的监测数据发生突变的状况，快速采集与掌握的经验数值和预警条件进行比较，为各级管理人员研判提供数据依据。

在突发事件的事前、事中和事后的各个阶段，实时监测事件的发生和发展过程，忠实记录每一步应急处置相应行动对整个电网系统运行状况的影响，为以后的应急处置和应急指挥积累数据资料。

2. 自然灾害类

自然灾害类数据指有可能影响到电能系统正常运行方式的自然灾害类数据，包括：雨雪冰霜恶劣天气、高温、低温等气象信息，地震、山洪、滑坡、泥石流及火山爆发地质灾害信息数据。

供电企业和属地政府、应急办公室、减灾中心、防汛抗旱指挥部、气象局、地震局等相关部门建立协调联动机制，定期不定期接收自然灾害预报信息实现对自然灾害数据的共享。

3. 社会公共类

社会公共类数据指可能影响到供电企业正常生产秩序的社会事件信息，包括公共卫生事件、社会群体事件、新闻应急突发事件等信息。

(1) 公共卫生事件是指突然发生，造成或可能造成社会公众健康严重损害的重大传染病疫情、群体性不明原因疾病、重大食物和职业中毒以及其他严重影响供电企业员工及公众健康的事件。

(2) 群体性突发事件是指突然发生的，由多人参与，以满足某种需要为目的，使用扩大事态、加剧冲突、滥施暴力等手段，扰乱、破坏或直接威胁供电企业正常生产秩序，危害公共安全，应予立即处置的群体性事件。

(3) 新闻应急突发事件是指在生产、经营、服务、管理过程中，与利益相关方发生的冲突、纠纷或分歧，引起媒体和社会广泛关注，并最终影响企业外部发展环境的事件，包括但不限于客观存在的舆情隐患，可能发生的舆情风险，已经出现的舆情征兆和造成不良影响的舆情事件。

二、监测机制的建立与运转

针对不同的监测数据类型按照职责分工，分别由企业不同的安全生产保证体系成员部门和安全应急体系及安全稳定体系开展实时监测，监测并记录监控数据从量变到质变的发展全过程，及时研判与处置突发事件。

对于生产事故类监控数据，由电力调控中心、监控中心、运行值班等岗位实时监控系统运行数据及设备运行状态监测数据。

对于自然灾害类监控数据，加强与专业部门（气象、地质、防雷、消防等）协调联动机制的完善，并且，注重社会资源的调动。

对于社会公共类监控数据加强应急值守，把加强应急值守作为常态工作的基础和保障。严格执行24小时值班制度和领导带班制度，明确领导带班职责和相应的考核奖惩办法。选派政治敏锐、责任心强、熟悉业务的人员充实到行政值班工作岗位上来，严格落实责任制，带班领导和行政值班人员要恪尽职守，认真履行值班职责，做到不脱岗、不漏岗，确保值班的连续性、有效性，实现对突发事件的快速应对。

三、完善应对突发事件信息报告员队伍建设

供电企业组织社区、企业、乡村、学校、热心市民等单位和个人的专兼职突发事件信息报告员队伍建设，扩大信息来源。每年组织进社区、进企业、进学校、进农村、进家庭宣传教育活动，普及应急管理知识，发展热心人士成为应急信息报告员。

第二节　预警职责分工

对突发事件的监测是指在突发事件发生的事前、事中、事后对突发事件相关的量化数据及表面现象进行的实时、持续、动态更新的检测和记录，以便作为积累突发事件处置经验和开展应急处置后评估的依据。同时，对比应急预警的启动条件，作为启动相应等级预警的数据依据。

供电企业的监测对象包括对电力系统的设备运行、系统稳定及影响到电力供应的自然灾害和人为因素等。在开展实时跟踪获取相关运行信息的同时，以科学的方法对收集到的重大危险源、危险区域、供电关键基础设施和重点防护目标等空间分布、运行状况以及社会安全形势、气象和地质灾害等海量数据进行分析，并且，对比有关电力系统运行风险和突发事件的案例资料，及时掌握安全风险和突发事件变化的信息，为安全风险科学预警、及时采取有效处置措施以及对突发事件处置决策提供重要的基础数据信息。

各级供电企业按照管辖范围，建立总部、区域、地市三级生产安全风险预警管控机制。各相关职能部门履行各自的职责。

一、各级供电企业应急领导小组、安全应急办公室职责

1）各级供电企业应急领导小组是生产安全风险预控工作的领导机构。负责贯彻落实上级工作部署，领导、指挥供电企业各类事故风险监测、预警信息发布及响应行动工作；研究风险预控工作重大决策和部署。

确定涉及多个部室的预警发布牵头部门，组织监督其他相关部室做好配合工作。

2）各级供电企业安全应急办公室是生产安全风险预控工作的综合管理机构。负责贯彻落实企业应急领导小组的指示，牵头组建风险监测、预警信息发布、相应行动工作体系，制订预警工作总体规定，并监督检查各部室和各部门的执行情况。

二、各级职能部室职责

(1) 安监部。是台风、暴雨、暴雪、冰冻、高温等恶劣天气、人身安全风险和高危作业预警信息发布的归口管理部门。负责针对恶劣天气发布预警通知书，统一发布存在安全风险的高危作业和人身安全风险作业预警通知书。同时，也是电网风险预警管控工作的牵头组织部门，负责组织建立电网风险预警管控机制，编制（修订）电网风险预警管控工作规范。负责电网风险预警管控工作的全过程监督、检查、评价。负责生产安全风险预警系统的建设与应用。组织生产安全应急准备措施。根据需要做好生产安全风险报备工作。

(2) 电力调控中心。是电网大范围停电等电网运行安全风险预警信息发布工作的归口管理部门。负责针对电网特殊运行方式、薄弱运行方式及基建技改施工过程中的过渡运行方式，开展风险辨识和评估，编制《电网运行风险预警通知单》。提出电网运行风险预警管控措施要求，组织落实优化停电计划、调整运行方式、制定事故应急预案、完善安全预控策略等措施。组织落实上级电网运行风险管控措施，监督检查下级调控专业电网运行风险管控措施落实，组织发布电网运行风险预警通知单。

(3) 运检部。是电网设备运行风险预警信息发布工作的归口管理部门。负责分析重大检修、设备状况、外力破坏等安全风险；组织落实设备巡视、维护、消缺和安全防护等管控措施；加强输电通道和设备缺陷监测，增加巡视次数，落实防外力破坏措施，根据需要恢复无人值班站有人值守。组织落实上级运维检修专业提出的生产安全风险管控措施，监督检查下级运检专业生产安全风险管控措施落实。负责针对电网设备运行风险发布预警通知书，负责向安监部提供检修和技改现场中高危作业风险信息。

(4) 建设部。负责分析施工跨越、基建接入、设备调试等对电网运行设备的安全风险，组织落实基建施工、现场防护、系统调试等管控措施。组织落实上级建设专业提出的生产安全风险管控措施，监督检查下级建设专业生产安全风险管控措施落实，负责向安监部提供电网建设施工过程中高危作业风险信息。

(5) 营销部。是电力供应短缺、重要用户供用电安全风险等预警信息发布工作的归口管理部门。负责梳理分析重要客户用电安全风险，督促重要客户落实应急保安电源配置，组织落实有序用电、供电服务等管控措施。负责针对电力供需缺口及重要用户供电保障进行风险分析，发布电力供应风险预警通知书。组织落实上级营销专业提出的安全风险管控措施，监督检查下级营销专业安全风险管控措施落实。负责向安监部提供营销作业中存在高危作业风险的信息。

(6) 科技信息部。是电力通信系统和网络信息系统故障风险预警信息发布工作的归口管理部门。负责分析电力通信、信息系统安全风险，组织落实电力光缆、通信设备、信息安全防护等管控措施，负责安全风险预警系统的维护与管理。负责针对电力通信系统和网络信息系统运行中面临的各类事故风险，组织发布电力通信系统和网络信息系统风险预警通知书。组织落实上级信通专业提出的电网风险管控措施，监督检查下级信通专业安全风险管控措施落实。

(7) 办公室。是信访稳定等风险预警信息发布工作的归口管理部门。负责针对群体上访等不稳定事件风险，组织发布信访稳定风险预警通知书。

(8) 对外联络部。是社会负面舆情等风险预警信息发布工作的归口管理部门。负责针对社会群体、新闻媒体等负面舆情，组织发布舆情风险预警通知书。

(9) 后勤部。是感染高危传染病、食物变质中毒等风险预警信息发布工作的归口管理部门。负责依据政府有关安排和授权范围内，针对高危传染病、食堂食品卫生等风险，组织发布员工健康风险预警通知书。

三、各部门、班组职责

各级电网运行、检修、建设、营销等部门按照“预警通知单”要求，组织落实相应的生产安全风险预警管控措施，并将落实措施执行情况反馈给“预警通知单”的发出部室。

下级部门和班组负责生产安全风险管控措施的具体落实。

第三节 风 险 评 估

各级供电企业充分发挥安全生产例会、生产安全信息系统作用，规范生产安全风险评估。建立“年、月、周、日”生产安全风险评估机制。

(1) 年度分析。供电企业总部、区域供电企业、地市供电企业开展年度生产安全风险分析，加强年度生产计划协调，各级专业责任职能部门编制年度生产安全分析报告，应包括次年生产安全风险分析结果。

(2) 月度分析。供电企业总部、区域供电企业、地市供电企业加强月度生产计划协调，各级专业责任职能部门牵头组织分析下月生产计划停电带来的安全风险，梳理达到预警条件的工作项目，制定月度预警发布计划。

(3) 周分析。各级专业责任职能部门根据周生产计划安排和电网运行情况，动态开展生产安全风险评估，做好风险预警发布准备工作。

(4) 日协调。相关专业部门据停电计划和电网检修、设备隐患、施工跨越、重要客户保电、灾害天气等情况，通过安全生产日例会和班前会、班后会等机制，及时向专业责任职能部门提出生产风险预警发布需求，协同相关部门开展风险评估。

一、人身安全风险评估

供电企业按照企业生产性质建立人员安全风险评估手册，按人身安全风险管理内容确定评价要素，并对每个要素制定详细的评价标准，落实人身安全风险分析评估常态机制，在确认工作计划内容时，开展人身安全风险分析风险的评估项目，根据应得分和实得分的比例确定风险度。根据风险度的高低分别实施Ⅰ、Ⅱ、Ⅲ级预警，并按要求实施整改、采取防范措施，实现安全生产工作闭环管理，实现从问题发现、整改落实到持续改进的闭环管理。

建立“年、月、周”分析，“日”协调的人身安全风险评估机制。充分利用安全风险预警管理系统，涵盖两票、生产任务、缺陷管理、状态检修、隐患排查等应用内容，实现实时登录、实时汇总、实时查询的目的，满足安全预警动态管理的要求。并且，按照管控要求定期召开各种安全生产分析会，对各类安全生产指标、参数进行分析，实时发布预警信息。尤其通过班组的班前会积极分析当班运行方式和工作任务，做好危险点分析，布置安全措施，交代注意事项。关注所有工作人员的精神状态，及时发现不安全行为及时调整风险等级相应的实施应对策略。班后会总结当班工作和安全情况，表扬好人好事，批评忽视安全、违章作业等不良现象，并做好记录。

贯彻安全管理的预防为主方针，将安全管理的事后处理为核心转变为事前预防管理。突出以人为核心，采用系统安全分析手段和现代控制方法，分析生产系统存在的各种危险因素，做好系统控制，使危险因素始终保持在可接受的安全状态范围内，强调超前管理与重点控制。

通过建立人身安全风险评估手册，强化对标管理，用数值表示隐患可能造成的结果，定量化指出企业安全生产形势及发展趋势，实现从定性管理进化到定量管理，通过关键指标分析、评估、预警进行事前控制，通过整改落实巩固安全基础。

落实综合治理方针，将风险管理作为一种动态、实时和适时的科学管理模式来常态开展，随着设备的更新、淘汰，场所条件的变化，生产方式流程的变化，预警要素也要随之更新。通过发布预警渠道的多样化，实现安全风险的动态监控和预警的实效性。通过安全风险预警体系的有效运转实现综合治理，以事前控制为基础，通过监督检查、数据分析、人员行为管控三种预警方式，实现安全管理的闭环控制，指标体系实现安全业务全覆盖。

二、电网及设备运行风险评估

1. 预警信息分级原则

各类预警信息的分级一般参照各专项应急预案或由各个归口管理部门、各级单位，综合考虑事件可能造成的危害程度和风险发生的紧急程度、发展势态，或上级发布的预警信息确定。

预警信息一般分为Ⅰ、Ⅱ、Ⅲ、Ⅳ级，分别用红色、橙色、黄色和蓝色表示。Ⅰ级（红色）为最高级别。

2. 预警发布原则

(1) 按照“分级预警、分层管控”原则，规范各级风险预警发布。

1) 供电企业总部负责发布直属调控系统可能导致五级以上电网安全事件的风险。供电企业总部对全网可能导致四级以上电网安全事件风险预警管控情况进行跟踪督导。

2) 区域供电企业发布区域调控管辖范围内可能导致六级以上电网安全事件的风险。

3) 地市供电企业发布地市调控管辖范围内可能导致七级以上电网安全事件的风险。

(2) 供电企业总部直属调控系统电网运行、设备风险预警发布条件包括但不限于：

1) 设备停电期间发生 $N-1$ 故障，可能发生五级以上电网、设备安全事件（事故）。

2) 设备停电造成直流系统运行方式变化，存在双极闭锁风险。

3) 跨区域（跨省）重要交直流通道持续满载或重载。

4) 跨区域（跨省）输电通道故障，符合有序用电启动条件。

5) 跨区域（跨省）电网主设备存在缺陷或隐患不能退出运行。

6) 清洁能源输送及消纳存在较大困难。

(3) 区域供电企业调控电网运行、设备风险预警发布条件包括但不限于：

1）设备停电期间发生 $N-1$ 故障，可能发生六级以上电网、设备安全事件（事故）。

2）设备停电造成 500（750）kV 变电站改为单线供电、单台主变压器、单母线运行。

3）区域电网重要输电通道持续满载或重载。

4）500（750）kV 主设备存在缺陷或隐患不能退出运行。

5）重要通道故障，符合有序用电启动条件。

（4）地市级供电企业调控电网运行、设备安全风险预警发布条件包括但不限于：

1）设备停电期间发生 $N-1$ 故障，可能发生七级以上突发电网、设备安全事件（事故）。

2）设备停电造成 110kV 变电站改为单台主变压器、单母线运行。

3）220kV 主设备存在缺陷或隐患不能退出运行。

4）二级以上重要客户供电安全存在隐患。

电网运行预警流程如图 5－1 所示。

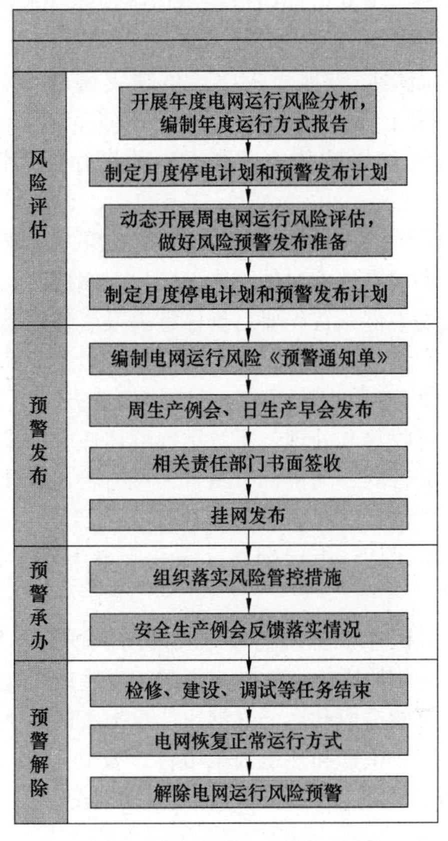

图 5－1　电网运行预警流程

3．工作要求

电网运行风险预警管控重点抓好风险辨识和管控措施落实“两个环节”，满足以下要求。

(1) 全面性。全面评估电网运行方式、运行状况、运行环境及其他可能对电网运行安全和电力供应构成影响的风险因素，不遗漏风险。

(2) 准确性。依据规程制度等，对风险进行有效辨识，准确判明风险大小，确定预控范围，明确预控要求，不放大风险、不降低标准。

(3) 及时性。风险预警发布要预留合理时间，对于计划性工作，“预警通知单”原则在工作实施3个工作日前发布，管控措施原则在工作实施前1个工作日反馈。

(4) 可靠性。制定切实可靠并具有可操作性的风险管控措施，明确设备、责任、时间、范围，风险管控可靠有效。

电网运行风险预警管控应抓好与电网应急工作的有序衔接，针对电网风险可能失控的情况，制订完善应急预案，制订落实应急措施，及时启动应急机制，全方位做好电网运行安全工作。

三、突发事件风险评估

(1) 自然灾害风险评估。由安监部归口组织运维检修部监测、分析和评估。台风、暴雨、暴雪、雨雪冰冻、洪水、龙卷风、大雾、飑线风等气象自然灾害，地震、泥石流、山体崩塌、滑坡、地面塌陷等地质灾害、生物灾害和森林草原火灾等，根据气象、水文、海洋、地震、国土等部门的灾害预警、预报信息，结合人口、自然和社会经济背景数据库，对灾害可能影响的地区和人口数量等损失情况作出分析、评估和预警。

(2) 社会安全事件风险评估。突发群体事件、突发事件新闻处置由办公室归口组织监测、分析和评估，涉外突发事件由对外联络部归口组织监测、分析和评估。

要正确处置群体性突发事件，首先要对群体性突发事件的基本特征（群体性、突发性、规模性、后果严重性和发展规律等）有正确的认识、了解和把握。只有这样，才能在摸清现场情况的基础上，审时度势，制定正确的处置方案或按照已有的预案正确处理。并及时对相关信息进行收集和处理。了解掌握群体性突发事件的基本情况，如事发的前因后果、时间、地点、目的、动机、组织者、参与者、对社会的危害程度、规模程度等基本情况，要做到底数清、情况明、心中有数。

(3) 公共卫生事件风险评估。由后勤部（综合服务中心）归口组织监测、分析和评估。

突然发生，监测机构、医疗卫生机构或有关部门发现有发生或可能发生传染病暴发、流行的，发生或发现不明原因的群体性疾病的，发生或可能发生重大食物和职业中毒事件的情形之一造成或可能造成社会公众健康严重损害的重大传染病疫情、群体性不明原因疾病、重大食物、职业中毒和环境因素事件以及其他严重影响公众健康的事件。监测与预警工作应当根据突发事件的类别，制定监测计划，科学分析、综合评价监测数据。

四、风险评估流程

省地调度一体化电网风险预控综合管理流程如图5-2所示。

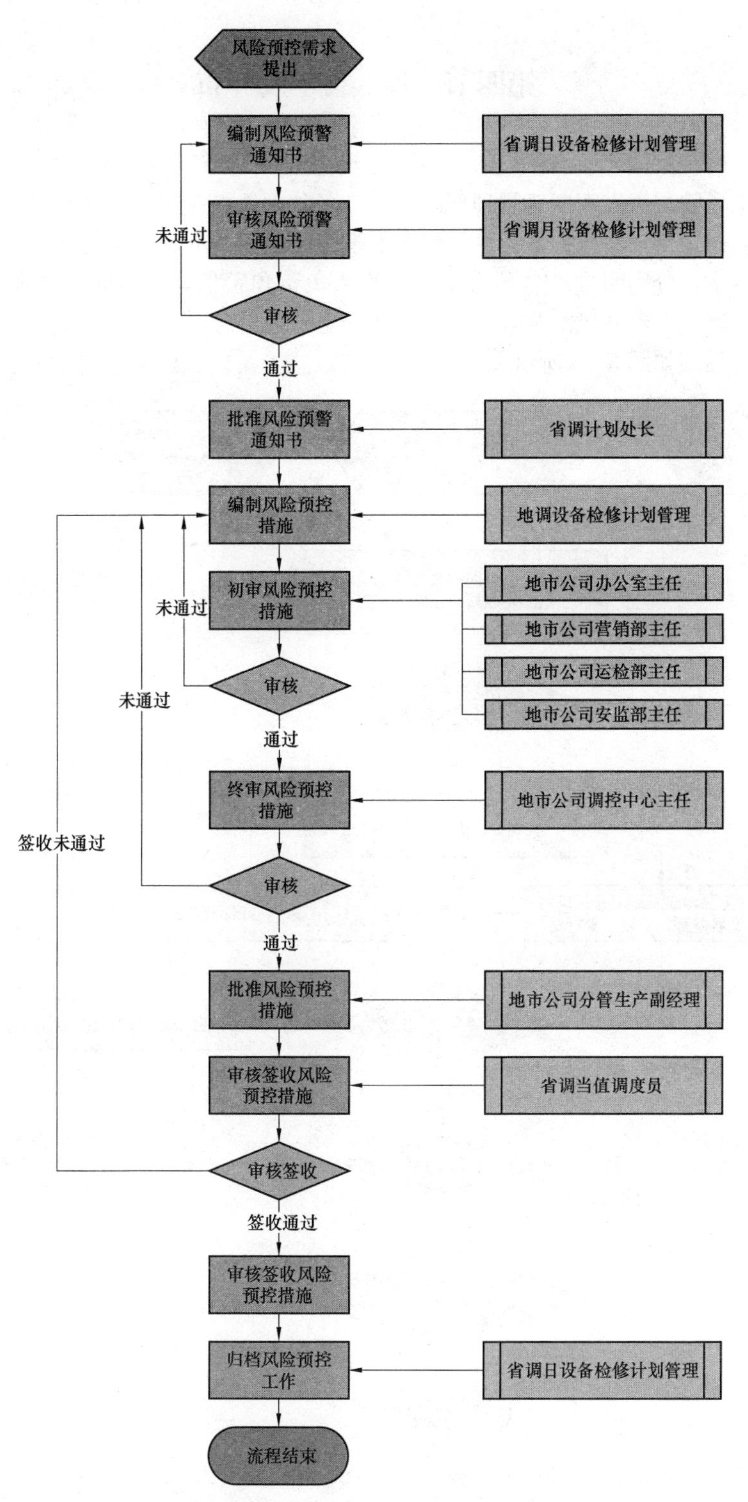

图 5-2　省地调度一体化电网风险预控综+合管理流程

第四节 预 警 发 布

安监部门将责任部门签收后的“预警通知单”，在安全监察信息系统挂网发布。各个生产安全风险预警发布归口管理部门明确一名分管负责人和一名预警工作联络人负责预警信息发布工作，并根据需要，组织突发事件风险相关企业或部门（班组）建立预警信息工作网络，分别明确一名预警工作联络人负责预警信息的接收、办理和反馈等工作。编制不同突发事件风险及各个等级生产安全预警信息的应对措施等。预警发布、调整、解除流程图如图5-3所示。

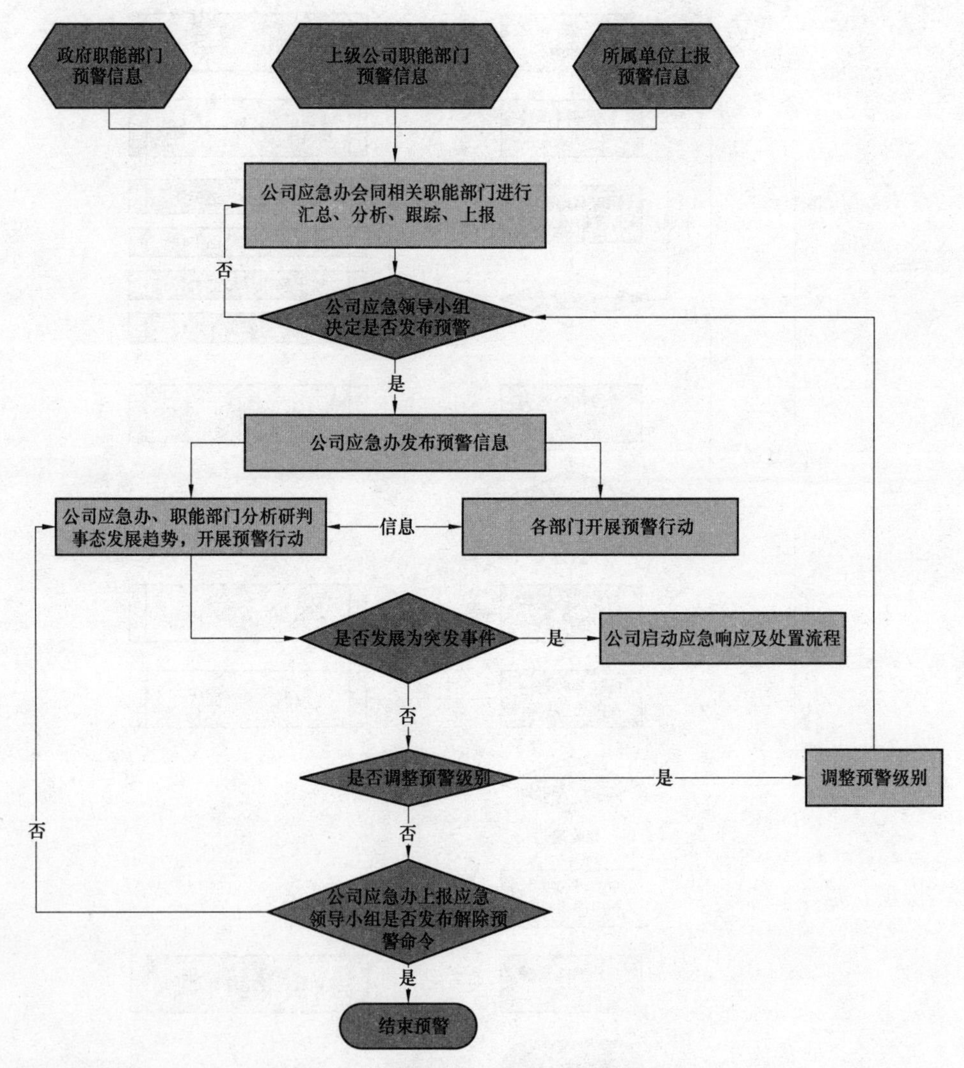

图5-3 预警发布、调整、解除流程图

一、人身安全风险预警的发布

人身安全风险预警以“人身安全风险预警通知书”形式发布，内容主要由主题、事由、时段、风险分析和预控措施等组成。人身安全风险预警通知书通过生产安全风险预警管理系统以通知形式进行发布。

（1）Ⅰ级人身安全风险预警由各级供电企业安监部会同有关部室编制，经安监部负责人批准后发布。发生或出现下列情况后应及时发布Ⅰ级人身安全风险预警。

1）各级供电企业范围内发生重伤及以上人身伤亡事故或因生产交通、火灾等事故引发人身伤亡。

2）接到上级有关生产作业性人身伤亡事故通报、快报，各级供电企业同类型生产作业存在同类较大安全风险。

3）各级供电企业范围内出现可能引发人身伤亡事故的恶劣气候，如高温、低温等气象灾害。

4）安全检查发现特别严重、存在影响人身安全的行为、装置、管理的共性违章行为，以及苗头性、倾向性安全问题。

（2）Ⅱ级人身安全风险预警由供电企业安监部会同有关部门编制，供电企业分管安全生产工作负责人批准后发布。发生或出现下列情况后应及时发布Ⅱ级人身安全风险预警。

1）供电企业发生人身重伤或造成重大影响的人员群体轻伤事件。

2）供电企业生产作业范围内出现可能引发人身伤亡事故的恶劣气候，如高温、低温等气象灾害。

3）供电企业安全生产事故隐患排查发现设备、设施、施工机具、环境等方面存在威胁作业人员人身安全的隐患，暂时不能处理的。

4）施工检修作业现场发现严重及以上威胁作业人员人身安全的行为、装置、管理性违章行为。

5）供电企业组织实施的有发生人身伤亡风险的多班组配合大型检修现场或高危基建现场时。

（3）Ⅲ级人身安全风险预警通知书（见图5-4）由部门安全员会同有关技术人员共同编制，由部门负责人批准后，报供电企业安监部发布。部门发生或出现下列情况后发布Ⅲ级人身安全风险预警通知书。

1）本部门范围内发生人员轻伤事故或严重人身伤亡未遂事故。

2）本部门范围内在设备、设施、施工机具、环境等方面存在威胁作业人员人身安全的隐患，暂时不能处理的。

3）在同一作业区域或同一条线路上，供电企业与其他单位或本部门与其他部门相互协调、配合的存在较大人身安全风险的施工、检修作业。

4）本部门两个及以上班组共同参加，工作面多，需要班组之间协调配合的存在较大人身安全风险的施工、检修作业。

人身安全风险预警通知书

预警级别：　　　　　　　　　　　　　　　　　　　　　　　　　编号：
发布单位：　　　　　　　　　　　　　　　　　　　　　　　　　发布时间：

主　　题	
事　　由	
计划时间	
安全风险分析	
预控措施	

批准：　　　　　　　　　　　　审核：　　　　　　　　　　　　编制：

图 5-4　人身安全风险预警通知书

二、电网、设备安全风险预警发布

根据电网、设备风险评估结果和预警条件，编制并发布风险预警通知单（见图 5-5）。

电网运行风险预警通知单

编号：×年第×号

电力调度控制中心　　　　　　　　　　　　年　月　日

<table>
<tr><td colspan="4">主送：部门</td></tr>
<tr><td colspan="4">停电设备及工期</td></tr>
<tr><td colspan="4">月　日～　月　日，线/母线/变压器。</td></tr>
<tr><td colspan="4">运行安全风险分析</td></tr>
<tr><td colspan="4"></td></tr>
<tr><td colspan="3">风险管控措施要求</td><td>签收部门</td></tr>
<tr><td colspan="3"></td><td></td></tr>
<tr><td>编制</td><td></td><td>审核</td><td></td></tr>
<tr><td>签发</td><td colspan="3"></td></tr>
</table>

呈送：

图 5-5　电网运行风险预警通知单

1）电力调控部门主管负责人审核预警通知单，在安全生产日例会或日生产早会发布预警通知单，相关责任部门负责人书面签收，同时由调控部门下发至承办部门。

2）安监部将责任部门签收后的预警通知单，在生产安全风险预警系统挂网发布。

3）预警通知单应包括停电设备、计划安排、风险分析、风险产生起止时间、管控措施要求，管控措施应明确承办单位及其负责的电网设备、巡视维护、现场看护、有序用电等重点内容。

4）对于电网设备异常、施工跨越、重要客户保电、灾害天气、非计划停电等导致电网运行风险，达到预警条件的，调控部门实时采取短信的方式向相关责任部门发布风险预警。

三、社会安全事件风险预警发布

根据需要，台风、暴雨、暴雪、雨雪冰冻、洪水、龙卷风、大雾、飑线风等气象自然灾害；地震、泥石流、山体崩塌、滑坡、地面塌陷等地质灾害；突发群体事件、突发事件新闻处置、涉外突发事件及公共卫生事件风险预警通知单（见图 5-6）可通过安全监察管理系统、办公系统、微信系统、传真等多种方式进行发布，并通过电话等方式通知相关人员，确认预警通知书及时发布到位。

预 警 通 知 单

〔　〕号

发布部门：　　　　　　　　　　　　时间：　　年　　月　　日　　时　　分

主送单位			
预警来源			
险情类别		预警级别	
影响范围		影响时间	
事件概要			
有关要求			
编制		审核	
签发			
反馈信息			
综合评价			

抄报：

抄送：

图 5-6　预警通知单

第五节 预警承办与响应

按照“谁签收、谁落实、谁反馈”的原则，相关责任部门组织落实风险管控措施，并在安全生产例会上反馈落实情况。

一、预警承办

预警接收部门在预警通知单签收后，立即组织预警通知书风险管控措施落实的同时，可根据自身实际情况，以电网运行风险专业管控措施落实反馈单的形式对风险应对措施进行补充、完善和落实。

二、预警响应

1. 人身安全风险预警

1）Ⅰ级人身安全风险预警发布后，相关供电企业应在1个工作日内制订落实方案或防范措施并组织实施。预警通知书计划时间结束后2个工作日内，相关供电企业将执行落实情况报安监部。

2）Ⅱ级人身安全风险预警发布后，相关部门应在1个工作日内制订落实方案或防范措施并组织实施。预警通知书计划时间结束后2个工作日内，相关部门将执行落实情况报安监部。

3）Ⅲ级人身安全风险预警发布后，相关班组于1个工作日内制订落实方案或防范措施并组织实施。预警通知书计划结束后2个工作日内，相关班组将落实情况报部门安全员。

2. 电网、设备安全风险预警

各级电网运行、检修、建设等二级部门按照“预警通知单”要求，组织落实相应的电网运行风险预警管控措施。

1）接收预警的相关部门接到预警通知单后，立即组织相关部门进一步评估、确认风险，按照上级专业部门反馈单提出的风险管控工作要求，制订细化风险管控措施，明确责任部门、责任人员、控制措施、完成时限，组织实施。风险管控措施包括但不限于：方式调整、预案编制、人员培训、特巡特护、告知客户、现场管控、舆情应对、应急准备等措施。对于计划停电工作，在设备操作前，各项风险管控措施均应落实到位，具备下达设备停电操作指令的条件。停电检修期间的管控措施，各级责任部门要监督检查措施落实情况，确保落实到位。

2）接收预警的相关部门按照制订细化的风险管控措施和要求时间，逐条落实，落实情况填入反馈单。在确认停电前需完成的管控措施落实到位，在停电检修期间需落实的管控措施准备完毕后，于停电前2个工作日将反馈单反馈至上级专业部门。

3）接收预警的相关部门可根据需要细致分析事件风险对本企业的影响，转发或编发预警通知书。

4）相关责任部门收到下级承办部门反馈单，确认各阶段风险管控措施落实到位，于停电前1个工作日反馈至调控部门，同时在安全生产日或周例会上反馈落实情况。

5）在办理过程中，如事件风险发生显著变化或发生突发事件，必须立即汇报预警通知书发布部门。

三、预警落实情况反馈

预警接收机构按要求及时反馈预警通知书的接收办理情况。

1）预警接收部门联络人在风险应对措施落实过程中或结束后，向预警发布部门反馈办理情况。办理情况经有关负责人审核。

2）办理情况描述应和预警通知书的相关要求逐一对应，内容具体、明确。

3）预警通知单发布部门和供电企业相关专业部室应密切跟踪预警通知书收办情况，对没有按时反馈办理信息的，及时督促办理及反馈。

第六节　预警调整、解除与评估

一、预警调整

事件风险发生新的变化或已经消除，由归口管理部门重新调整发布预警通知书或发布解除预警通知单（见图5-7）。

解除预警通知单

〔20　　〕号

发布部门：　　　　　　　　　　　　　　　　　时间：20　年　月　日　时　分

主送单位			
原预警通知单编号			
主要内容			
后续工作要求			
编制		审核	
签发			

抄报：

抄送：

图5-7　预警解除通知单

1）归口管理部门应全过程加强对事件风险的动态分析，根据事态发展，适时组织辨识和研判，及时调整预警通知。

2）事件风险增大或减小，应增加或降低预警级别，并重新发布预警通知书。

3）重新调整发布预警通知书应重新履行审批手续。

二、预警解除

上级发布人身安全风险预警解除通知书或有事实证明风险已经消除，应立即发布预警解除通知书，终止已采取的有关措施。

对于原预警通知书中标明预警时限的，在到达终止时间后，预警通知书自动解除，可不另发解除预警通知书。

在预警过程中发生突发事件，执行相关突发事件专项应急预案开展突发事件处置，同时做好与应急领导小组的信息沟通与协同。

人身安全风险预警需提前解除的，本着“谁发布，谁解除”的原则进行预警解除。

根据电网运行、设备安全风险预警通知单明确的工作内容和计划时间，电网检修、基建接入、系统调试等任务结束，电网恢复正常运行方式，自行解除电网运行、设备风险预警。对于停电检修计划临时取消、延长停电时间和通过短信方式发布的电网运行、设备安全风险预警，由电力调控部门采用短信方式通知相关部门予以解除。

预警解除在安全生产例会和安全监察信息系统上实施。

三、预警的检查与评估

各级供电企业及安全应急办公室（安全监察部门）负责对各归口管理部门风险预警工作情况进行督察和考核。各专业归口管理部门应建立风险预警信息发布管理及考核工作机制，加强对预警通知书发布及执行情况的督查与考核。结合春（秋）季安全检查、电网专项安全检查、隐患排查治理等工作，对电网运行风险预警管控机制建立和运转情况进行检查，并且逐月对下一级生产安全风险预警发布、措施落实、实际效果等进行统计、分析和评估。针对人身、电网、设备安全事故（事件），将生产安全风险预警管控工作情况纳入调查范围，对于责任不到位、措施不落实等引起的安全事故（事件），按规定追究责任。特别对因玩忽职守导致预警信息发布或者接收工作出现延误或失误，造成严重后果的或对于预警通知书明确的工作要求执行不到位，造成严重后果的，对有关责任单位和人员进行严肃处理。对于虽未造成严重后果，但在执行过程中出现工作不到位等问题，应依据专业管理考核及绩效考核等有关规定，予以通报批评，并在年度管理工作评比中予以考核。供电企业突发大面积停电事件预警指导卡（模板）如图 5 - 8 所示。

供电企业突发大面积停电事件预警指导卡（模板）

部门（单位）/预警动作	供电企业应急领导小组	应急办（安监部）	调控中心	运检部	办公室	外联部	物资部	后勤部	各级供电企业
风险监测	听取应急办和相关部室信息汇报	搜集汇总调控中心、运检部、各级供电企业风险监测信息	自然灾害、电网运行、供需平衡风险监测	自然灾害、外力破坏、设备运行风险监测					监测到可能引发电网大面积停电风险信息后，按照业务管理对口原则及时报告有关职能管理部门和应急办
预警发布	分析各部室提出的预警建议，批准预警建议	应急办根据基层单位、供电企业总部、政府部门发布的预警信息，立即汇总相关信息，提出供电企业突发电网大面积停电预警建议，向上级供电企业、政府相关部门汇报预警情况	根据风险监测结果，向应急领导小组提出突发大面积停电预警建议，发布预警	根据风险监测结果，向应急领导小组提出大面积停电预警建议					根据风险监测结果，向专业部室得出突发大面积停电预警建议
预警行动	听取应急办和相关部室信息汇报	收集信息，报告应急领导小组，做好成立突发电网大面积停电事件处置领导小组及办公室的准备工作，组织开展应急值班，必要时，组织专家进行会商和评估，与政府相关部门沟通，及时报告事件信息	合理安排电网运行方式，做好电网异常情况处置预案	做好应急抢修、应急电源准备工作	与政府相关部门沟通，及时报告事件信息	做好舆情监控和信息披露准备，做好新闻宣传和舆论引导工作	组织做好应急物资准备工作	做好交通运输和后勤保障准备工作	基层单位针对可能发生的突发电网大面积停电事件，按本单位预案，做好应急准备工作，做好成立突发电网大面积停电事件处置领导小组及指挥部的准备工作
预警解除	批准解除预警建议	综合分析，发生大面积停电的可能性解除时，提出突发大面积停电预警解除建议	提出突发大面积停电预警解除建议，经供电企业应急领导小组批准，发布解除预警通知	恢复正常工作秩序	恢复正常工作秩序	恢复正常工作秩序	恢复正常工作秩序	恢复正常工作秩序	恢复正常工作秩序

图 5－8　供电企业突发大面积停电事件预警指导卡

第六章

突发事件应急预案

在我国开展应急管理工作的初期，突发事件应急预案作为“一案三制”应急管理体系的强力支撑，发挥了关键作用。并且，在应急管理体系建设的推进过程中，以应急预案（一案）促进应急管理体制、应急管理机制、应急管理法制（三制）建设的作用得到明显体现，应急预案成为了应急管理体系的载体、核心和重要抓手。

《国家突发公共事件总体应急预案》对突发事件应急预案的编制做出了指导性规定，包括应急预案编制的目的、原则、依据和适用范围，以及预案中对组织体系、运行机制、应急保障、监督管理等方面内容的要求，成为了各级供电企业编制应急预案的依据。各级供电企业在对可能涉及的各类突发事件充分风险分析和预测的基础上，认真研究各种危机发生的原因、表现形式、产生的危害、发生几率以及应对的有效措施等，制定应急预案，做到有备无患，增强防范和应对各种突发事件的能力，把各种突发事件可能造成的危害减小到最低限度。

应急预案是在辨识和评估潜在的重大危险、事件类型、发生的可能性、发生的过程、事件后果及影响严重程度的基础上，对应急机构与职责、人员、技术、装备、设备、设施、物资、救援行动及其指挥与协调等方面预先做出的具体安排。其核心是预先制定，为保证尽可能降低突发事件导致的人员伤亡、财产损失和环境破坏这样的应急处置目标实现，就要预先开展危险辨识、安全风险分析，对人员、电网、设备、装备、物资以及应急技术和管理水平等状况进行客观评估，在此基础上拟定行动方案或应急策略，明确在突发事件发生的事前、事中、事后，各部门、各岗位在什么时间做什么，根据预案做好各种资源的物质和机制准备；还要对各岗位、各部门和各相关联动单位就应急预防、应急预警、应急准备、应急响应、应急恢复等各阶段的协调配合进行多轮次的演练，根据演练的效果持续修订应急预案，使其达到实际、实用、实效的要求。

按照谁使用谁编制的原则，通过让相关专业员工参与到重大危险源辨识、风险分析对应急预案的编制、评审、演练、修订等主要过程中来的方法，可以有针对性地普及应急知识，有效提升全员应急意识。

应急预案管理是指通过对信息的分析，预测事物的发展趋势，识别可能带来的威胁，并针对这些情况制订相应的预备性处置方案。一旦预测的情况发生，就可以按照预定的方案行动，同时根据具体的事态发展及时调整行动方案，以控制事态的发展，将可能发生的损失降至最低，维护社会整体利益和企业长远利益。应急预案管理的主要内容包括预案的编制、预案的演练、预案的评估、实施过程中预案的动态调整、预案的修订等。

本章介绍了突发事件应急预案基本特征、应急预案的编制、应急预案的审批，对应急准备、应急预案的报备以及应急预案的修订等内容进行了介绍。

第一节　应急预案的基本特征

一、应急预案的意义

应急预案是应对突发事件的标准化作业指导书。针对突发事件的性质、特点和可能造成的危害，规定应急管理工作组织指挥体系与职责和突发事件的预防与预警机制、处置程序、应急保障措施以及事后恢复与重建措施等内容。

1）明确了突发事件应急处置的法律依据、工作原则、应对重点和适用范围等。

2）明确了应对突发事件的组织体系及岗位职责规范，规范了应急指挥机构的响应程序和内容，规定了有关组织（部门）的应急救援责任。

3）明确了突发事件的预防预警机制和应急处置程序及方法，在事件的趋势向不可控方向发展时及时发布相应级别的预警，相关部门根据预警级别做出连锁反应。开展先期处置的过程中及时调整预警级别，将事件的发展趋势掌控在可控范围内，避免处置不当、延误或扩大影响范围。

4）明确了突发事件分级响应的原则、主体和程序以及组织管理流程框架、启动条件的判断和应对策略的选择，另外，还包括人员、设备、物资的调配原则和程序，使得应急系统能够正确判断并针对突发事件恰当地做出相应级别的响应行动。

5）明确了突发事件的抢险救援、处置程序，采用预先规定的方式，在突发事件中实施迅速、有效地救援响应行动，最大限度地降低人身、电网、设备的损失，尽最大努力避免次生、衍生灾害。

6）明确了突发事件过程中的应急保障措施，从人员、装备、物资、技术支持、交通运输、医疗卫生、信息通信、食品饮水、舆情、治安等方面提供全方位的支持。

7）对善后处理进行了规范，在突发事件处置完毕后，尽快恢复电网的正常运行方式，发生突发事件后按照“四不放过”的原则对情况进行调查，对应急处置的过程总结、评估。

8）明确了应急管理的日常事务性管理工作，对应急预案的修订完善、教育培训、演练周期、总结评估等动态管理内容以及宣传普及应急知识，提高应急意识进行了规范。

二、应急预案的作用

1. 超前预控，从容应对

供电企业通过有计划地组织开展重大危险源辨识、风险分析、隐患排查、应急能力评估等预控措施，针对应急组织机构与职责、人员、设备、装备、物资、应急指挥平台、生产环境等方面存在的隐患制定并落实必要的治理措施，通过采取技术与管理手段降低突发事件发生的几率。

应急预案预先明确了应急各方的职责和响应程序，在应急力量和应急资源等方面做了大量准备，可以指导应急救援迅速、高效、有序地开展，将突发事件造成的人员伤亡、财产损失和环境破坏降低到最低限度。对于无法避免的突发事件，通过应急预案的执行将其控制在可控范围内，避免其诱发其他的次生、衍生灾害，起到基本的应急指导作用，成为开展应急救援的原则和案例。在此基础上，可以针对特定危害编制专项应急预案，有针对性地制定应急措施，进行专项应急准备和演练将事件损失降低。

2. 预设模板，明确责任

当突发事件发生时，各部门、各专业在应急响应行动中需要迅速、准确地做出响应，其响应过程中发生微小的拖延或处置不当都将影响到突发事件的后果。应急预案明确了应急救援的范围和体系，使应急准备和应急管理摆脱无据可依、无章可循。应急预案解决了突发事件的事前、事中、事发、事后各阶段，由哪个岗位、什么时间、向哪个岗位做什么、到什么程度、怎么做等程序问题。哪个岗位应该完成哪些工作、流程的下一步传给哪个岗位及各岗位应该履行的责任，都通过应急预案明确无误地表述出来。

另外，应急预案还规定了某个岗位人员缺位情况下的递补序位，汇报工作内容模板、数据获取途径都以预案文件的形式明确规定。尤其是培训和演练，它们依赖于应急预案培训可以让应急响应人员熟悉自己的责任，具备完成指定任务所需的相应技能；演练可以检验应急预案和行动程序，评估应急人员的技能和整体协调性。

3. 磨合机制，协调联动

应对突发事件在企业内部，需要各部门、各专业打破固有的生产活动运转模式，根据研判条件启动最适合的应急预案中的最恰当响应级别行动；当发生超过供电企业应急能力的重大事件时，便于不同单位、部门，不同级别政府或部门之间的协调与沟通，从而保证应急救援工作顺利、快速和高效地进行。

4. 沟通协调，预案衔接

当发生超过组织应急能力的重大突发事件时，往往需要不同行业、不同管理部门甚至需要政府管理机关组织协调与沟通联动响应行动。这时不仅要启动本单位的相关应急预案响应，其他相关部门和单位也要根据联动协议，启动相关的应急预案响应，不同的是响应行动级别可能存在差异，从而保证应急救援工作顺利、快速和高效地进行。这就要求各相关联动部门预先沟通协调，将本单位应急预案与相关应急联动部门或单位的相关应急预案预留接口进行实用化衔接，保证衔接顺畅、配合默契。

5. 行动指南，意识提升

应急预案作为应对突发事件的标准化作业程序，在编制、演练、修订过程中，按照突发事件发展的客观规律，制订并完善更加趋于合理的处置程序和措施。在预先做好人员、技术、设备、装备准备的同时，理顺应急管理流程和程序。通过修订完善和演练使得相关人员能够熟练掌握应急处置的程序和措施。

应急预案的编制过程实际上是一个风险识别、风险评价和风险控制措施设计的过程，而且这个过程需要各方全员参与，因此，应急预案的编制、评审以及发布宣传，有利于相关人员了解可能存在的风险以及相应的应急措施，提高风险防范的意识和能力。

三、应急预案的特点

1. 全面性

应急预案囊括了事前预测预警、事发识别控制、事中应急处置和事后恢复重建等内容，明确各个阶段所做的工作，谁来做、怎样做、何时做，逻辑结构严密，层层递进，贯穿于突发事件应急管理的全过程，具有全面性。

2. 系统性

应急预案本身作为应急管理的重要组成部分，是处置突发事件的响应行动指南，包括了处置突发事件工作中的各个环节。各级各类应急预案相互之间有序衔接，构成一个完整应急预案体系。起草应急预案时，各级各部门各单位之间密切联系、加强沟通，确保应急预案的严密性和系统性。

3. 权威性

应急预案一般由相关职能管理部门负责组织按照国家法律法规和行业规章制度编制，使应急预案有法律依据，经召开相关专业应急专家组应急预案评审会审议，通过后颁布执行，使得应急预案依法、规范，具有权威性。

4. 实用性

应急预案中所规定的防范应对处置计划和方法，既有历史经验和理论概括，又有科学分析和成功做法，同一类型突发事件由于时间、空间等具体条件的不同，处置措施也不尽相同。必须在全面调查研究的基础上，开展分析论证，制订出科学的处置方案，制定的处置措施应当建立在应急能力评估结论的基础上，严密统一、协调有序、高效快捷地应对突发事件，具有实用性，可操作性强。

四、应急预案的功能

（1）事件预防。通过危险辨识、突发事件后果分析，采用技术和管理手段降低突发事件发生的可能性，并且，将可能发生的突发事件控制在局部范围内，防止事故的蔓延。

（2）应急处置。如果发生突发事件，应急预案可以提供应急处置程序和办法，以快速处置事件，将突发事件消灭在萌芽状态。

（3）抢险救援。采用预先制定的现场抢险和抢救方式、方法，控制或减少突发事件造成的损失。

五、应急预案的基本要求

编制应急预案是进行应急准备的重要工作内容之一，编制应急预案不但要遵守一定的编制程序，同时应急预案的内容也应该满足下列基本要求。

1. 应急预案要有针对性

应急预案是针对可能发生的突发事件，因此应结合危险分析的结果，针对以下内容进行编制，确保其有效性。

（1）针对重大危险源。重大危险源是指长期或临时的生产、搬运、使用、储存危险物品，且危险物品的数量等于或超过临界量的单元（包括场所和设施）。重大危险源历来就是国家安全生产监管的重点对象，在《中华人民共和国安全生产法》中明确要求针对重大危险源进行定期检测、评估、监控，并制定相应的应急预案。

（2）针对发生的各类事件。由于应急预案是针对可能发生的事件而预先制定的行动方案，因此，应在编制应急预案之初就要对供电企业中可能发生各类事件进行分析和辨识，在此基础上编制预案，才能确保应急预案更广范围的覆盖性。

（3）针对关键的岗位和地点。供电企业不同生产岗位的风险大小都有差异，特别是在输电、变电、配电、用电这些专业工作，运行、检修、高压试验这些岗位和杆塔上、工井下这些地点突发事件发生概率较高，一旦发展成事故造成的后果十分严重，针对这些关键的岗位和地点，应当编制应急预案。

(4) 针对薄弱环节。薄弱环节主要指供电企业为应对重大突发事件发生而存在的应急能力缺陷或不足的方面。供电企业在进行重大突发事件应急救援过程中，人力、救援装备等资源可能会满足不了要求，针对这种情况，供电企业在编制应急预案过程中，必须针对这些方面内容提出弥补措施。

(5) 针对重大社会影响。供电企业涉及重大社会影响的突发事件，主要包括大面积停电事件或突发停电事件。电能供应关系到国计民生的大局，一旦发生突发停电事件，其造成的影响或损失往往不可估量，因此，针对这些重要工作应当编制应急预案。

2. 应急预案要有科学性

应急处置工作是一项科学性很强的工作，编制应急预案必须以科学严谨的工作态度，在全面调查研究的基础上，实行领导和专家相结合的方式，开展科学分析和论证，制定出决策程序和处置方案、应急手段先进的应急响应行动方案，使应急预案真正具有科学性。

3. 应急预案要有可操作性

应急预案应具有实用性或可操作性。即发生重大突发事件或灾害时，有关应急组织、人员可以按照应急预案的规定迅速、有序、有效地开展应急处置行动，降低经济损失。为确保应急预案实用、可操作，突发事件应急预案编制过程中应充分分析、评估企业可能存在的重大危险及其后果，并结合自身应急资源、能力的实际，对应急过程中的一些关键信息，如潜在重大危险及后果分析、支持保障条件、决策、指挥与协调机制等进行系统地描述。同时，应急联动相关部门应确保突发事件应急所需的人员、装备、设施和设备、资金支持以及其他必要资源。

4. 应急预案要有完整性

应急预案内容应完整，包含实施应急响应行动需要的所有基本信息。应急预案的完整性主要体现在以下几方面。

(1) 功能（职能）完整。应急预案中应说明有关部门应履行的应急准备、应急响应职能和灾后恢复职能，说明为确保履行这些职能而应履行的支持性职能。

(2) 应急过程完整。应急管理一般可划分为应急预防阶段、应急准备阶段、应急响应阶段和应急恢复四个阶段，每一阶段的工作以前一阶段的工作为基础，目标是减轻突发事件造成的冲击，把影响降至最小，因此可能会涉及不同性质的应急预案。突发事件应急预案至少应涵盖上述四个阶段，尤其是应急准备和应急响应阶段，应急预案应全面说明这两阶段的有关应急事项。同时，应急预案应包含对突发事件现场进行先期处置的内容。

(3) 适用范围完整。应急预案中应阐明该预案的适用范围。应急预案的适用范围不仅指在本区域或供电企业内发生事故时应启动预案。其他区域或有应急联动协议的兄弟单位发生事故，也有可能作为该预案启动条件。针对不同突发事件的性质，可能会对预案的适用范围进行扩展。

5. 应急预案要合法合规

应急预案中的内容应符合国家法律、法规、标准和规范的要求。应急预案的编制工作必须遵守相关法律法规的规定。我国有关生产安全应急预案编制工作的法律法规包括《中华人民共和国安全生产法》、《中华人民共和国突发事件应对法》等，另外，还要遵守《生产经营单位生产安全事故应急预案编制导则》（GB/T 29639—2013）等标准的规定。

6. 应急预案要有可读性

应急预案应包含应急所需的所有基本信息，这些信息如组织不完善可能会影响预案执行的有效性，因此预案中信息的组织应有利于使用和获取，并具备相当的可读性。应急预案的可读性包括：

（1）易于查询。应急预案中信息的组织方式应有助于使用者找到所需要的信息，各章节组成部分阅读起来较为连贯，能够较为轻松方便地掌握章节安排，查询到所需要的信息。

（2）语言简洁，通俗易懂。应急预案编写人员应使用规范语言表述预案内容，并尽可能使用诸如流程图、地图、曲线图、表格等多种信息表现形式，使所编制的应急预案语言简洁，通俗易懂。应急预案中应主要采用通用书面语言文字描述，尽量引用普遍接受的原则、标准和规程，对于那些对编制应急预案有重要作用的依据应列入预案附录并注明引用文本信息。高度专业化的技术用语或信息应采用有利于使用者理解的方式说明。

（3）层次及结构清晰。应急预案应有清晰的层次和结构。由于可能发生的突发事件类型多样，影响范围也各有不同，因此，应根据不同类型、特点和具体场所合理组织编制各类预案。

7. 应急预案要相互衔接

安全生产应急预案应相互协调一致、相互兼容。供电企业的应急预案应与上级单位应急预案、当地政府应急预案、主管部门应急预案、下级单位应急预案等相互衔接，确保出现紧急情况时能够及时启动各方应急预案，有效控制事故。

六、应急预案的分类

1. 按照应急预案的功能与目标分类

按照应急预案的功能与目标不同，可以将其分为三类：总体应急预案、专项应急预案和现场处置方案，三者之间的层次关系如图 6-1 所示。

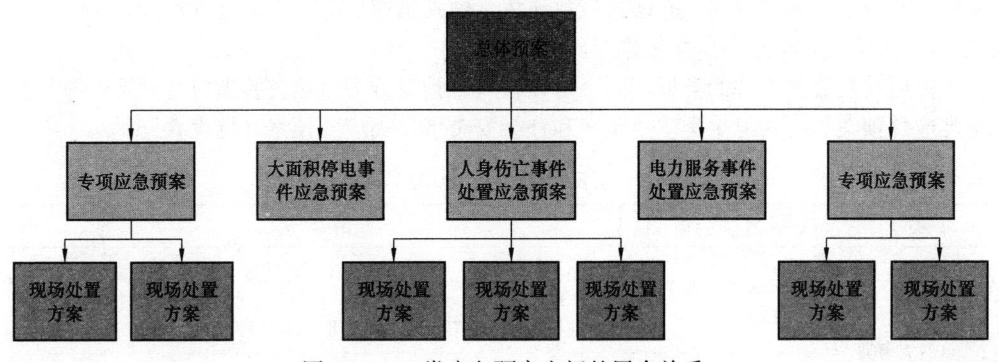

图 6-1　三类应急预案之间的层次关系

（1）总体应急预案。随着《生产经营单位生产安全事故应急预案编制导则》（GB/T

29639—2013）等标准的颁布实施，进一步明确总体应急预案从总体上阐述了处置事故和突发事件的应急方针、政策、应急组织结构及相关应急职责、应急行动、措施和保障等基本要求和程序，是应对各类事故和突发事件的综合性文件。总体应急预案应全面考虑管理者和应急者的责任和义务，并说明紧急事件应急救援体系的预防、预警、准备、应急和恢复等过程的关联。通过总体应急预案可以很清晰地了解应急体系及文件体系，特别是政府和上级总体应急预案可作为应急救援工作的基础即使对那些没有预料到的紧急突发事件也能起到一般的应急指导作用。

（2）专项应急预案。专项预案是针对具体的、特定类别突发事件（如大面积停电事件、气象灾害、人身伤亡事件、公共卫生事件、电力服务事件等突发事件）的紧急情况而制定的应急预案，说明单一专项应急行动的目的和范围。通过危险源和应急保障而制订的计划和方案，是总体应急预案的组成部分，应按照总体应急预案的程序和要求组织制定，并作为总体应急预案的附件（如电网大面积停电事件应急预案、重要城市电网大面积停电各类事件应急预案、突发事件信息报告与新闻发布应急预案等）。

专项应急预案应制定明确的救援程序和具体的应急救援措施。某些专项应急预案包括准备措施，但大多数专项应急预案通常只有应急处置阶段部分，一般不涉及突发事件的预防和准备，以及突发事件处置后的恢复阶段。专项应急预案是在总体应急预案的基础上充分考虑了某种特定危险的特点，结合突发事件类型特点对应急组织机构、应急行动等进行的更具体的阐述，具有非常强的针对性。对于涉及多项专项应急预案的突发事件来说，在运用时则需要做好协调工作。

（3）现场处置方案。现场处置方案是针对具体的装置、场所或设施、岗位所制定的应急处置措施。它是在专项应急预案的基础上，根据具体需要而编制的，是针对特定的具体场所，通常是该类型突发事件风险较大的场所或重要防护区域所制定的预案。现场处置方案是一系列简单行动的过程，针对某一具体现场的该类特殊危险及周边环境情况，在详细分析的基础上，对应急救援中的各个方面做出的具体而细致的安排，具有更强的针对性和对现场救援活动的指导性。现场处置方案应具体、简单、针对性强。现场处置方案应以班组为单位根据风险评估及危险性控制措施逐一编制，做到突发事件相关人员应知应会，熟练掌握，并通过应急演练，做到迅速反应、正确处置。

2. 按照突发事件的类型分类

按照突发公共事件的类型不同，可以将应急预案分为自然灾害类应急预案、事故灾难类应急预案、公共卫生类应急预案和社会安全事件类应急预案（见表6-1）。

表6-1　　应急预案分类

类型	名　称	用　途
自然灾害类	气象灾害处置应急预案	用于处置台风、暴雨、暴雪、雨雪冰冻、洪水、龙卷风、大雾、飑线风等气象灾害造成的电网设施设备较大范围损坏或重要设施设备（特高压、重要输电断面）损坏事件
	地震地质等灾害处置应急预案	用于处置地震、泥石流、山体崩塌、滑坡、地面塌陷等灾害以及其他不可预见灾害造成的电网设施设备较大范围损坏或重要设施设备损坏事件

续表

类型	名　称	用　途
事故灾难类	人身伤亡事件处置应急预案	用于处置生产、基建、农电、经营、多经、交通、国外项目工作中出现的人员伤亡事件，以及因生产经营场所发生火灾造成的人员伤亡事件
	大面积停电事件处置应急预案	用于处置因各种原因导致的电网大面积停电事件
	设备设施损坏事件处置应急预案	用于处置生产、基建、农电、经营、多经、国外项目等运行或工作中出现的重要设施设备损坏事件（包括办公楼、厂房等），以及因火灾（包括森林火灾）造成的生产经营场所房屋及设备损坏事件
	通信系统突发事件处置应急预案	用于处置对企业造成严重损失和影响的通信系统突发事件
	网络信息系统突发事件处置应急预案	用于处置对企业造成严重损失和影响的各类网络与信息安全事件
	环境污染事件处置应急预案	用于处置供电企业发生的各类环境污染事件（如硫酸、盐酸、烧碱、液氨及其他有毒、腐蚀性物资在运输、储存和使用过程中发生大量泄漏事故，造成土壤、水源、空气污染；剧毒化学药品处置不当造成土壤、水源污染；油料大量泄漏造成水源、土壤污染；水力除灰管线造成水源、土壤污染；灰坝垮塌造成水源、土壤污染等）
公共卫生事件类	突发公共卫生事件处置应急预案	用于社会发生国家卫生和计划生育委员会规定的传染病疫情情况下，供电企业的应对处置，以及供电企业内部人员感染疫情事件的处置
社会安全事件类	电力服务事件处置应急预案	用于处置正常工作中出现的，涉及对经济建设、人民生活、社会稳定产生重大影响的供电服务事件（如涉及重点电力客户的停电事件、新闻媒体曝光并产生重要影响的停电事件、客户对供电服务集体投诉事件、新闻媒体曝光并产生重要影响的供电服务质量事件、其他严重损害供电企业形象的服务事件等），以及处置因能源供应紧张造成的发电能力下降，从而导致电网出现电力短缺的事件
	重要保电事件处置应急预案	用于国家、社会重要活动、特殊时期的电力供应保障，以及处置国家社会出现严重自然灾害、突发事件，政府要求供电企业在电力供应方面提供支援的事件
	突发群体事件处置应急预案	用于处置供电企业内外部人员群体到供电企业上访，封堵、冲击供电企业生产经营办公场所及供电企业内部或与供电企业有关的人员，群体到政府相关部门上访，封堵、冲击政府办公场所事件
	突发事件新闻处置应急预案	用于供电企业发生各类突发事件的情况下，供电企业在新闻应急方面的预警、信息发布及应急处置
	涉外突发事件处置应急预案	用于处置供电企业在外人员出现的人身安全受到严重威胁事件（如被绑架、扣留、逮捕等）事件，以及在供电企业工作的外国人在华工作期间发生的人身安全受到严重威胁或因触犯法律受到惩处事件

3. 按照预案的对象和级别分类

(1) 应急行动指南或检查表。应急行动指南主要是说明针对已辨识的危险应采取的特定应急行动。指南简要描述应急行动必须遵从的基本程序，如发生情况向谁报告，报告什么信息，采取哪些应急措施。这种应急预案主要起提示作用，对相关人员要进行培训，有时将这种预案作为其他类型应急预案的补充。

(2) 应急响应预案。针对现场每项设施和场所可能发生的突发事件而编制的预案称为应急响应预案。应急响应预案要包括所有可能的危险状况，明确有关人员在紧急状况下的职责。这类预案仅说明处置紧急事务的必须行动，不包括事前要求（如培训、演练等）和事后措施。

(3) 互助应急预案。这是相邻的预案编制主体为在突发事件应急处置中共享资源，相互帮助制定的应急预案。这类预案适合于资源有限的中、小企业以及高风险的大型企业，需要高效的协调管理。

(4) 应急管理预案。应急管理预案是综合性的突发事件应急预案，这类预案详细描述突发事件前、过程中和事件后何人做何事、什么时候做、如何做。这类预案要明确制定每一项职责的具体实施程序。应急管理预案包括突发事件应急的四个逻辑步骤；预防、预备、响应、恢复。

4. 按照预案生成的时间、目的及过程特点分类

(1) 静态应急预案。在应急事件发生之前生成，主要用于预防某一类突发事件发生或为某一类突发事件发生后提供基本的处置程序与步骤的应急预案，可以界定为静态预案。静态预案用于解决突发事件的“共性”问题，我们一般意义上所说的应急预案均为静态预案。

(2) 动态应急预案。突发事件发生之后开始生成，其目的是为处置当前事件，基于当前事件的具体情况和特点所形成的现场处置预案，可以界定为动态应急预案。动态预案用于解决突发事件的“个性”问题，是以静态应急预案的处置流程为基础，利用软件辅助决策系统功能，根据突发事件发生地点和重要影响因素的不同，生成相关处置方案。动态应急预案软件辅助决策系统工作过程如图 6-2 所示。

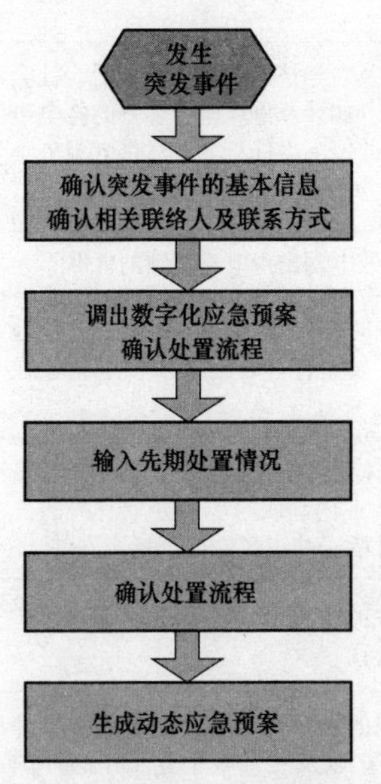

图 6-2　动态应急预案辅助决策系统工作过程

5. 其他分类

按照应急预案制定主体的不同，应急预案可以分为政府应急预案、事业单位应急预案、非政府组织应急预案、企业应预案和家庭应急预案等；按照突发事件影响范围不同，可以将预案分为现场应急预案和场外应急预案；按照预案的性质，可以把预案分为指导性应急预案和操作性应急预案，指导性应急预案如国家级和省级预案，操作性应急预案如现场预案和专项预案。

七、应急预案的分级

根据可能的事故后果的影响范围、地点及应急方式，在

我国建立突发事件应急救援体系时，可将应急预案分成五个级别（见图 6-3）。

1. Ⅰ级（企业级）应急预案

这类突发事件的有害影响，局限在一个单位（如某个工厂、建设单位、建设项目等）的界区之内，并且可被现场的操作者遏制和控制在该区域内。这类事故可能需要投入整个单位的力量来控制，但其影响预期不会扩大到公共区域。

2. Ⅱ级（县、市/社区级）应急预案

这类突发事件所涉及的影响可扩大到公共区域，但可被该县（市、区）或社区的力量，加上所涉及的企业或企业行政部门的力量所控制。

3. Ⅲ级（地区/市级）应急预案

这类突发事件影响范围大，后果严重，或是发生在两个县或县级市管辖区边界上的突发事件。应急救援需动用地区的力量。

4. Ⅳ级（省级）应急预案

对可能发生的特大火灾、爆炸、毒物泄漏事故、特大危险品运输事故、大面积停电事故以及属省级特大事故隐患、省级重大危险源，应建立省级突发事件应急反应预案。它可能是一种规模极大的灾难事故，或可能是一种需要用突发事件发生的城市或地区所没有的特殊技术和设备进行处理的特殊事故。这类突发事件需用全省范围内的力量来控制。

5. Ⅴ级（国家级）应急预案

对突发事件后果超过省、直辖市、自治区边界以及列为国家级突发事件隐患、重大危险源的设施或场所，应制定国家级应急预案。

企业一旦发生突发事件，应即刻实施应急程序，如需上级援助，应同时报告当地辖区政府应急管理部门。根据预测的突发事件影响程度和范围，需投入的应急人力、物力和财力，逐级启动应急预案。在任何情况下都要对企业突发事件情况的发展进行连续不断的监测，并将信息传送到辖区政府应急指挥中心。辖区政府应急指挥中心根据突发事件严重程度，将核实后的信息逐级报送上级应急机构。辖区政府应急指挥中心可以向科研单位、应急专家、数据库和实验室就突发事件所涉及专业的危险物质性质、突发事件控制措施等方面征求专家意见。企业或辖区政府应急指挥中心应不断向上级机构报告突发事件控制的进展情况、所做出的决定与采取的行动。后者对此进行审查、批准或提出替代对策，将突发事件应急处理移交上一级指挥中心的决定，应由辖区政府指挥中心和上级政府机构共同作出。做出这种决定（升级）的依据是突发事件的规模、辖区政府及企业能够提供的应急资源及突发事件发生的地点是否使辖区范围外的地方处于风险之中。政府主管部门应建立顺畅的信息报警系统且有一个标准程序，将突发事件发生、发展的信息传递给相应级别的应急指挥中心，根据对突发事件状况的评价，实施相应级别的应急预案。

八、应急预案管理的方法

1. 应急预案管理动态化

根据应急管理的实际情况，让应急预案修编和运行一直处于动态之中，伴随着突发事件和外部环境的变化而及时充实、改进和完善，使应急预案因时、因地、因人（人员

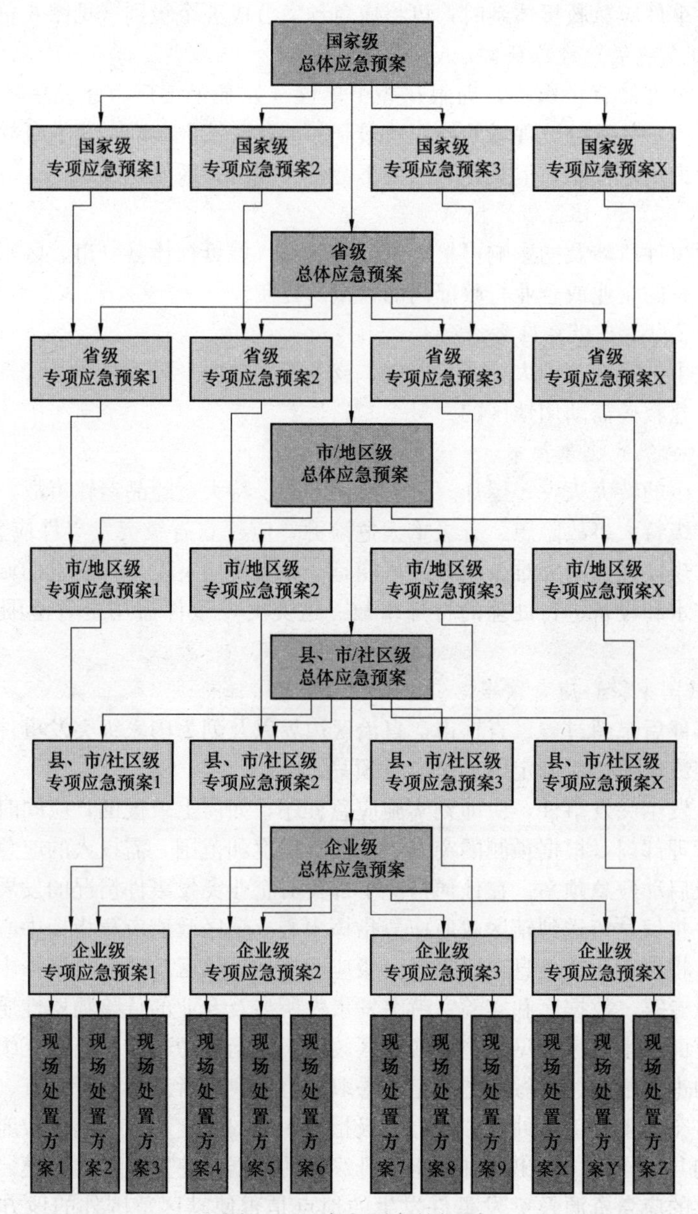

图 6-3　应急预案的级别

变动）而及时修订和更新，以保证应急预案的准确性、科学性、指导性和可操作性。应急预案使用单位情况有变更或预案涉及的应急力量有变动，新装备、新技术、新设备投入使用都应该及时修订应急预案，并对存档和上报的预案同时进行修订和更新。

2. 应急预案管理数字化

数字化应急预案是应急预案经过结构化、信息化、智能化达到标准化的过程，使应急预案真正成为应急管理工作中可操作、可视化、可考察、可量化的应急预案。应急预案的数字化不仅可以提高预案的管理效率，而且也可以使应急预案实施体现出高度智能化的状态。应急预案的数字化要经过以下四个过程：①按照应急预案标准化结构将应急预案文本进行结构化分解，将事件信息、事件分级、组织机构与职责（制作职责分配表）、监测预警、应急响应、应急资源、应急通讯录等要素，开发成既相对独立又相互关联的程序模块；②分析应急预案流程图：根据突发事件的演化过程分析，将应急预案文本进行流程化分解，分析每个关键节点，如信息接收、信息传达、预案启动、预警级别判断、响应级别判断、相应级别提升或降低、召开紧急会议、根据职责分配表关联具体的应急行动等，从而得到详细的应急预案流程图，并开发成能够自动分析执行的预案流程系统软件；③将各种信息和资源与应急预案流程图关联，包括各应急预案结构要素数据接口、突发事件演化分析信息、现场设备与环境信息、现场视频监控数据、应急资源信息等；④开发应急指挥长系统：收集突发事件的应急知识和同类事件的典型案例，开发应急知识库和案例库，制定应急策略和现场处置方案的推理规则，实现应急响应过程中关键节点应急处置方案的智能化分析和评估，在此基础上逐步实现应急预案的数字化。

3. 应急预案管理专业化

能够有一支专业化的、训练有素的应急管理人才队伍是供电企业应急管理体系发挥作用的保证。应急管理工作不同于一般管理，它具有一定的经验性和专业性。对于应急预案管理，各级供电企业应当加强对应急管理人员尤其是预案管理人员的教育与培训，提高他们的管理技能与专业素养，提高他们应急预案管理的水平。各级应急职能管理部门应当加大应急预案专业化管理必要性及专业化管理知识的宣传力度，让供电企业各层级人员和各类组织认识到预案管理的专业性和重要性，提高各级供电企业应急预案管理的整体水平。

第二节　应急预案的编制

编制应急预案是应急救援工作的核心内容之一，是开展应急救援工作的重要保障。我国政府近年来相继颁布的一系列法律法规，如《中华人民共和国安全生产法》、《中华人民共和国突发事件应对法》等，另外，还制定了《生产经营单位生产安全事故应急预案编制导则》（GB/T 29639—2013）、《电力企业应急预案管理办法》（电监安全〔2009〕61号）等标准和制度对预案的编制做出了指导性规定，包括预案编制的目的、原则、依据和适用范围，以及预案中对组织体系、运行机制、应急保障、监督管理等方面内容的要求。各级供电企业应急预案的编制应依据有关方针政策、法律、法规、规章、制度、标准，并遵循应急预案编制规范和格式要求，要素齐全。应急预案的内容应突出“实际、实用、实效”的原则，既要避免出现与现有安全生产管理规定、规程重复或矛盾，又要避免以应急预案替代规定、规程的现象。

各级供电企业应在突发事件总体应急预案所规定原则和内容的指导下，在对本地区及供电业务范围内可能发生各类突发性事件充分预测的基础上，认真研究各种危机发生的原因、表现形式、产生的危害程度、发生频率以及应对的有效措施等制定应急预案，做到有备无患，增强防范和应对各种突发事件的能力，把各种突发事件可能造成的危害降低到最低的程度。并且，还要规范电力应急预案管理工作，完善电力应急预案体系，增强电力应急预案的科学性、针对性、实效性。应急预案编制工作流程图如6-4所示。

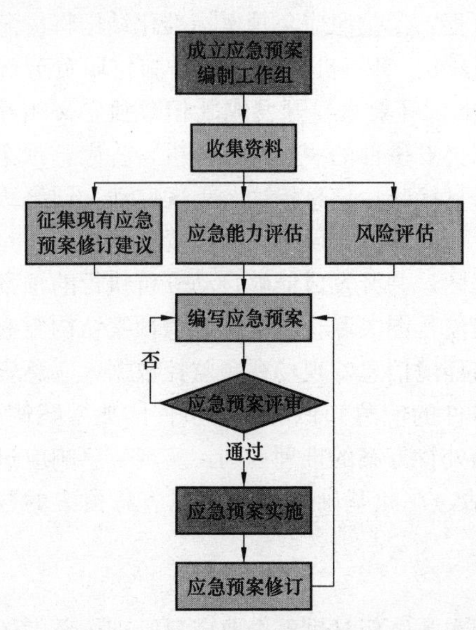

图6-4　应急预案编制工作流程图

一、成立应急预案编制工作组

各级供电企业应结合本单位部门职能和分工，成立以企业主要负责人（或分管负责人）为组长，相关部门人员参加的应急预案编制工作组。供电企业应急预案编制过程，首先是针对供电区域内可能发生的突发事件类别和应急水平，成立应急预案编制工作组，明确编制工作职责、任务分工，制定编制工作计划，广泛收集编制应急预案所需的各种材料，充分分析本单位的各种风险因素，调查本单位的应急资源状况，评估本单位的应急工作现状，组织开展应急预案编制工作。成立应急预案编制工作组是将各有关职能部门、各类专业技术人员最有效结合起来的方式，因为其不仅可以有效保证编制应急预案的准确性、完整性和实用性，而且还可为各应急相关部门提供一个非常重要的协作与交流机会，有利于统一各专业的意见。

应急预案编制工作组的规模，取决于突发事件的类别、需求和资源等情况。在成立时，通常需要遵循以下原则。

1. 全员参与

应鼓励更多的相关工作人员投入到编制过程中，因为编制的过程本身是一个磨合和熟悉各自生产经营活动、明确各自责任的过程，同时预案编制本身也是最好的培训过程。应急预案编制过程中，首先应组织相关人员相关知识和技能的培训，使所有与突发事件有关人员均掌握危险源的危害性、应急处置方案和技能。

2. 时间和经费保障

具有时间和必要的经费保障是参与人员能投入更多时间和精力的前提。应急预案是一个复杂的工程，从危险分析、评价，脆弱性分析，资源分析到法律法规要求的符合性分析，从现场的生产过程到防护能力及演练，如果没有充足的时间保证，难以保证预案的编制质量。

3. 交流与沟通

各部门、各岗位必须能够及时沟通、互通信息，提高编制过程的透明度和水平。在编制过程中，经常会遇到一些职责不明、功能不全问题，编制过程中如果不集中起来沟通，往往会由于不能及时沟通，导致出现功能和职责的重复、交叉或不明确的现象。

4. 专家支持

应急预案涉及多个专业和技术领域的内容，预案的编写不仅是一个文件化的过程，更重要的是，它依据供电企业实际情况对致灾因素和应急能力进行评价，编制一个与其应急响应能力相适应的预案，使预案的科学性、严谨性和可行性都得到保障。只有对于这些领域的情况有深入了解，才能写出有针对性的内容。对于预案的编写来讲，专家既需要应急管理领域的研究者，也需要经验丰富的管理者，更需要各专业的学术带头人。

5. 参编人员要求与构成

应急预案编制工作涉及面广、专业性强，是一项非常复杂的系统工程，应急预案编制工作组需要生产、调控、信通、营销、物资、安全、环境、消防、保卫、医疗、外联、综合服务等职能部门积极配合，选派熟练掌握本专业管理，并且，沟通能力强、有相当应急意识的专业管理人员参加，此外，还需要相关应急联动部门以及专业安全咨询机构的参与。这些人员除了应有一定的应急专业知识、团队精神和社会责任感外，还应得到各相关政府职能部门的认同。

二、收集资料

1）应急预案编制工作组应广泛收集与编制应急预案相关的各种资料，包括法律法规、技术标准、应急预案、国内外同行业事故案例分析、本单位技术资料等。

2）立足本单位应急管理基础和现状，收集本单位安全生产相关技术资料、周边环境影响、应急资源等有关资料。依据本单位应急能力评估报告，充分利用本单位现有的应急系统、应急设备、应急装备、应急队伍、应急物资等资源，建立科学有效的应急预案体系。

3）应急预案编制过程中，对于机构设置、预案流程、职责划分等具体环节，应符合本单位实际情况和特点，保证预案的适应性、可操作性和有效性。

三、风险评估、应急能力评估

在编制应急预案前，应认真做好编制准备工作，全面分析企业安全风险因素，排查事故隐患的种类、数量和分布情况，并在隐患治理的基础上，确定事故危险源，分析可能发生的事故类型及后果，并指出可能产生的次生、衍生事故。进行风险分析和评估，针对事故危险源和存在的问题，评估事故的危害程度和影响范围，客观评价本单位应急能力，充分借鉴国内外同行业事故教训及应急工作经验确定相应的防范和应对措施。

预案编制准备工作要立足供电企业应急管理基础和现状，明确应急预案的目标、范围、定位、框架等关键要素。贯彻落实实用、实际、实效的要求，在机构设置、预案流程、职责划分等具体环节，符合本企业实际情况和特点，保证预案的适应性、可操作性和有效性。

四、应急预案的编制

各级供电企业应急预案体系一般由总体应急预案、专项应急预案和现场处置方案构成。

（1）总体应急预案。总体应急预案是各级供电企业应急预案体系的总纲，主要从总体上阐述应对各类突发事件的总体制度安排，包括各级供电企业的应急组织机构及职责、应急预案体系、事故风险描述、预警及信息报告、应急响应、保障措施、应急预案管理等内容。

（2）专项应急预案。专项应急预案是各级供电企业为应对某一类或某几种类突发事件，或针对具体的突发事件、重要生产设施、重大危险源、重大应急保障等内容而制定的应急预案。专项应急预案主要包括事故风险分析、应急指挥机构及职责、处置程序和措施等内容。

（3）现场处置方案。现场处置方案是供电企业根据不同事故类别，针对具体的场所、设备设施、岗位，针对典型的突发事件，制定的应急处置措施和主要流程，主要包括事故风险分析、应急工作职责、应急处置和注意事项等内容。供电企业应根据风险评估、岗位操作规程以及危险性控制措施，组织本单位现场作业人员及相关专业人员共同进行编制现场处置方案。

各级供电企业编制的各类应急预案具体内容应当符合《电力企业综合应急预案编制导则（试行）》、《电力企业专项应急预案编制导则（试行）》和《电力企业现场处置方案编制导则（试行）》的基本要求。

各级供电企业编制的本单位总体应急预案、专项预案和现场处置方案之间应当相互衔接，并与所涉及单位的应急预案相互衔接。

五、应急预案的主要内容

（一）总体应急预案主要内容

1. 总则

（1）编制目的。简述应急预案编制的目的。

（2）编制依据。简述应急预案编制所依据的法律、法规、规章、标准和规范性文件以及相关应急预案等。

（3）适用范围。说明应急预案适用的工作范围和事故类型、级别。

（4）应急预案体系。说明各级供电企业应急预案体系的构成情况，可用框图形式表述。

（5）应急工作原则。说明供电企业应急工作的原则，内容应简明扼要、明确具体。

2. 事故风险描述

简述各级供电企业存在或可能发生的事故风险种类、发生的可能性以及严重程度及影响范围等。

3. 应急组织机构及职责

明确各级供电企业的应急组织形式及组成单位或人员，可用结构图的形式表示，明确构成部门的职责。应急组织机构根据事故类型和应急工作需要，可设置相应的应急工作小组，并明确各小组的工作任务及职责。

4. 预警及信息报告

（1）预警。根据供电企业监测监控系统数据变化状况、事故险情紧急程度和发展势态或有关部门提供的预警信息进行预警，明确预警的条件、方式、方法和信息发布的程序。

（2）信息报告。按照有关规定，明确突发事件及事故险情信息报告程序，主要包括：

1）信息接收与通报。明确24h应急值守电话、突发事件信息接收、通报程序和责任人。

2）信息上报。明确突发事件发生后向上级主管部门或单位报告事件信息的流程、内容、时限和责任人。

3）信息传递。明确突发事件发生后向本单位以外的有关部门或单位通报事故信息的方法、程序和责任人。

5．应急响应

（1）响应分级。针对事故危害程度、影响范围和供电企业控制事态的能力，对突发事件应急响应进行分级，明确分级响应的基本原则。

（2）响应程序。根据突发事件级别和发展态势，描述应急指挥机构启动、应急资源调配、应急救援、扩大应急等响应程序。

（3）处置措施。针对可能发生的事件风险、事件危害程度和影响范围，制定相应的应急处置措施，明确处置原则和具体要求。

（4）应急结束。明确现场应急响应结束的基本条件和要求。

6．信息公开

明确向有关新闻媒体、社会公众通报事故信息的部门、负责人和程序以及通报原则。

7．后期处置

主要明确污染物处理、生产秩序恢复、医疗救治、人员安置、善后赔偿、应急救援评估等内容。

8．保障措施

（1）通信与信息保障。明确与可为本单位提供应急保障的相关单位或人员通信联系方式和方法，并提供多序位备用方案；同时，建立信息通信系统及维护方案，确保应急期间信息通畅。

（2）应急队伍保障。明确应急响应的人力资源，包括应急专家、专业应急队伍、兼职应急队伍等。

（3）物资装备保障。明确各级供电企业的应急物资和装备的类型、数量、性能、存放位置、运输及使用条件、管理责任人及其联系方式等内容。

（4）其他保障。根据应急工作需求而确定的其他相关保障措施（如经费保障、交通运输保障、治安保障、技术保障、医疗保障、后勤保障等）。

9．应急预案管理

（1）应急预案培训。明确对本单位人员开展的应急预案培训计划、方式和要求，使有关人员了解相关应急预案内容，熟悉应急职责、应急程序和现场处置方案。如果应急预案涉及到电力用户、社区和居民，要做好宣传教育和告知等工作。

（2）应急预案演练。明确供电企业不同类型应急预案演练的形式、范围、频次、内容以及演练评估、总结等要求。

（3）应急预案修订。明确应急预案修订的基本要求，并定期进行评审，实现可持续改进。

（4）应急预案备案。明确应急预案的报备部门，并进行备案。

（5）应急预案实施。明确应急预案实施的具体时间、负责制定与解释的部门。

（二）专项应急预案的主要内容

1. 突发事件风险分析

针对可能发生的突发事件风险，分析突发事件发生的可能性以及严重程度、影响范围等。

2. 应急指挥机构及职责

根据突发事件类型，明确应急指挥机构总指挥、副总指挥以及各成员单位或人员的具体职责。应急指挥机构可以设置相应的应急救援工作小组，明确各小组的工作任务及主要负责人职责。

3. 处置程序

明确突发事件及突发事件险情信息报告程序和内容，报告方式和责任人等内容。根据应急响应级别，具体描述突发事件接警报告和记录、应急指挥机构启动、应急指挥、资源调配、应急救援、扩大应急等应急响应程序。

4. 处置措施

针对可能发生的事件风险、事件危害程度和影响范围，制定相应的应急处置措施，明确处置原则和具体要求。

（三）现场处置方案的主要内容

1. 事故风险分析

主要包括：①突发事件类型；②突发事件发生的区域、地点或装置的名称；③突发事件发生的可能时间、事件的危害严重程度及其影响范围；④突发事件发生前可能出现的征兆；⑤突发事件可能引发的次生、衍生事故。

2. 应急工作职责

根据现场工作岗位、组织形式及人员构成，明确各岗位人员的应急工作分工和职责。

3. 应急处置

主要包括以下内容：

(1) 突发事件应急处置程序。根据可能发生的突发事件及现场情况，明确事件报警、各项应急措施启动、应急救护人员的引导、突发事件扩大及同各级供电企业应急预案的衔接的程序。

(2) 现场应急处置措施。针对可能发生的火灾、爆炸、危险化学品泄漏、坍塌、水患、机动车辆伤害等，从人员救护、工艺操作、事件控制，消防、现场恢复等方面制定明确的应急处置措施。

(3) 明确报警负责人以及报警电话及上级管理部门、相关应急救援单位联络方式和联系人员，突发事件报告基本要求和内容。

4. 注意事项

主要包括：①佩戴个人防护器具方面的注意事项；②使用抢险救援器材方面的注意事项；③采取救援对策或措施方面的注意事项；④现场自救和互救注意事项；⑤现场应急处置能力确认和人员安全防护等事项；⑥应急救援结束后的注意事项；⑦其他需要特别警示的事项。

（四）附件

1. 有关应急部门、机构或人员的联系方式

列出应急工作中需要联系的部门、机构或人员的多种联系方式，当发生变化时及时进行更新。

2. 应急物资装备的名录或清单

列出应急预案涉及的主要物资和装备名称、型号、性能、数量、存放地点、运输和使用条件、管理责任人和联系电话等。

3. 规范化格式文本

应急信息接报、处理、上报等规范化格式文本。

4. 关键的路线、标识和图纸

主要包括：①警报系统分布及覆盖范围；②重要防护目标、危险源一览表、分布图；③应急指挥部位置及救援队伍行动路线；④疏散路线、警戒范围、重要地点等的标识；⑤相关平面布置图纸、救援力量的分布图纸等。

5. 有关协议或备忘录

列出与相关应急救援部门签订的应急救援协议或备忘录。

（五）应急预案编制格式和要求

(1) 封面。应急预案封面主要包括应急预案编号、应急预案版本号、生产经营单位名称、应急预案名称、编制单位名称、颁布日期等内容。

(2) 批准页。应急预案应经生产经营单位主要负责人（或分管负责人）批准方可发布。

(3) 目次。应急预案应设置目次，目次中所列的内容及次序如下：①批准页；②章的编号、标题；③带有标题的条的编号、标题（需要时列出）；④附件，用序号表明其顺序。

(4) 印刷与装订。应急预案推荐采用 A4 版面印刷，活页装订。

第三节　应急预案的审批

总体应急预案、专项应急预案编制完成后，各级供电企业必须组织评审。评审分为内部评审和外部评审，内部评审由供电企业主要负责人组织有关部门和人员进行，外部评审由供电企业组织外部有关专家和人员进行评审。涉及多个部门、单位职责、处置程序复杂、技术要求高的现场处置方案必须组织进行评审。应急预案按照评审意见修订后，若有重大修改的应重新组织评审。

一、应急预案评审准备

供电企业应急预案编制完成后，应在广泛征求意见的基础上，对应急预案按照分级评审的原则组织评审。总体应急预案的评审由本企业应急职能管理部门负责组织，专项应急预案的评审由该预案编制责任部门负责组织，需评审的现场应急处置方案由该方案的业务主管部门自行组织评审。

1. 评审形式

应急预案评审通常采取会议评审形式。评审会议由供电企业业务分管领导或其委托人主持，参加人员包括评审专家组成员、评审组织部门及应急预案编写组成员。评审意见应形成书面意见，并由评审组织部门存档。

2. 成立评审专家组

(1) 评审专家组组成。应急预案评审专家组应包括应急职能管理部门人员、安全生产及应急管理等方面的专家。涉及网厂协调和社会联动的应急预案，应邀请应急预案涉及的政府有关部门、能源监管机构和相关单位专家参加评审。

上级单位应指导、监督下级单位的应急预案评审工作，参加下级单位总体应急预案的评审。

(2) 评审专家组成员要求。

1) 熟悉并掌握国家有关应急管理法律法规、国家或行业标准，以及国家相关应急预案。

2) 熟悉并掌握供电企业有关应急管理规章制度、规程标准和应急预案。

3) 熟悉应急管理工作。总体、专项应急预案评审人一般应具有高级及以上专业技术职称，参加现场处置方案评审一般应具有中级及以上专业技术职称。

4) 责任心强，工作认真。

3. 提前桌面推演

各级供电企业应急预案编制完成、并经本单位编制责任部门初审后，应书面征求本单位应急管理归口部门及其他相关部门的意见，并由编制部门组织桌面推演进行论证。

4. 预案提前送达

落实参加评审的单位或人员，将应急预案及有关资料在评审前送达参加评审的单位或人员。

对于涉及政府部门或其他单位的应急预案，在评审前应书面征求所在地区有关部门和单位的意见。

5. 起草编制说明

各级供电企业应急预案编制部门应根据反馈的意见和桌面推演发现的问题，组织对应急预案进行修改并起草编制说明。修改后的应急预案经本单位分管领导审核后，形成应急预案评审稿。

二、组织对应急预案评审

评审工作应由供电企业主要负责人或主管安全生产工作的负责人主持，应急预案评审工作组讨论并提出会议评审意见。

应急预案评审采取形式评审和要素评审两种方法。形式评审主要用于应急预案备案时的评审，要素评审用于生产经营单位组织的应急预案评审工作。应急预案评审采用符合、基本符合、不符合三种意见进行判定。对于基本符合和不符合的项目，应给出具体修改意见或建议。

1) 形式评审。依据《生产经营单位安全生产事故应急预案编制导则》和有关行业规范，对应急预案的层次结构、内容格式、语言文字、附件项目以及编制程序等方面进行审查，重点审查应急预案的规范性和编制程序，形成应急预案形式评审表见表6-2。

表6-2　应急预案形式评审表

评审项目	评审内容及要求	评审意见
封面	应急预案版本号、应急预案名称、供电企业名称、发布日期等内容	
批准页	1. 对应急预案实施提出具体要求。 2. 发布单位主要负责人签字或单位盖章	
目录	1. 页码标注准确（预案简单时目录可省略）。 2. 层次清晰，编号和标题编排合理	
正文	1. 文字通顺、语言精练、通俗易懂。 2. 结构层次清晰，内容格式规范。 3. 图表、文字清楚，编排合理（名称、顺序、大小等）。 4. 无错别字，同类文字的字体、字号统一	
附件	1. 附件项目齐全，编排有序合理。 2. 多个附件应标明附件的对应序号。 3. 需要时，附件可以独立装订	
编制过程	1. 成立应急预案编制工作组。 2. 全面分析本单位危险因素，确定可能发生的事故和其他突发事件类型及危害程度。 3. 针对危险源和事故危害程度，制定相应的防范措施。 4. 客观评价本单位应急能力，掌握可利用的社会应急资源情况。 5. 制定相关专项预案和现场处置方案，建立应急预案体系。 6. 充分征求相关部门和单位意见，并对意见及采纳情况进行记录。 7. 必要时与相关专业应急救援单位签订应急救援协议。 8. 应急预案经过评审或论证。 9. 重新修订后评审的，一并注明	

2）要素评审。依据国家有关法律法规、标准、导则和有关行业规范，从合法性、完整性、针对性、实用性、科学性、操作性和衔接性等方面对应急预案进行评审。为细化评审，采用列表方式分别对应急预案的要素进行评审。评审时，将应急预案的要素内容与评审表中所列要素的内容进行对照，判断是否符合有关要求，指出存在问题及不足。应急预案要素分为关键要素和一般要素。应急预案要素评审的具体内容及要求见表6-3～表6-6。

关键要素是指应急预案构成要素中必须规范的内容。这些要素涉及生产经营单位日常应急管理及应急救援的关键环节，具体包括预案体系、适用范围、危险源辨识与风险评估、突发事件分级、组织机构及职责、信息报告与处置和应急响应程序、保障措施、培训与演练等要素。关键要素必须符合生产经营单位实际和有关规定要求。

表 6-3　　总体应急预案要素评审表

评审项目		评审内容及要求	评审意见
总则	编制目的	目的明确，简明扼要	
	编制依据	1. 引用的法规标准及其他文件合法有效。 2. 明确相衔接的上级预案，不得越级引用应急预案	
	应急预案体系*	1. 清晰表述本单位及所属单位应急预案组成和衔接关系（推荐使用图表）。 2. 覆盖本单位及所属单位可能发生的事故类型	
	应急工作原则	1. 符合国家、企业有关规定和要求。 2. 结合本单位应急工作实际	
适用范围*		范围明确，适用的事故类型和响应级别合理	
危险性分析	单位概况	1. 明确与应急工作有关的情况，包括设施、装置、设备以及重要目标场所的布局等。 2. 需要各方应急力量（包括外部应急力量）事先熟悉的有关基本情况和内容	
	危险源辨识与风险分析*	1. 客观分析本单位存在的危险源及危险程度。 2. 客观分析可能引发事故的诱因、影响范围及后果	
组织机构及职责*	应急组织体系	1. 能够清晰描述本单位的应急组织体系（推荐使用图表）。 2. 明确应急组织成员日常及应急状态下的工作职责	
	指挥机构及职责	1. 清晰表述本单位应急指挥体系。 2. 应急指挥部门职责明确。 3. 各应急救援小组设置合理，应急工作任务和职责明确	
预防与预警	危险源管理	1. 明确技术性预防和管理措施。 2. 明确相应的应急处置措施	
	预警行动	1. 明确预警信息发布的方式、内容和流程。 2. 预警级别与采取的预警措施科学合理	
	信息报告与处置*	1. 明确本单位 24h 应急值守电话。 2. 明确本单位内部信息报告的方式、要求与处置流程。 3. 明确向上级单位、政府有关部门进行应急信息报告的责任部门、方式、内容和时限。 4. 明确向突发事件相关单位通告、报警的责任部门、方式、内容和时限。 5. 明确向有关单位发出请求支援的责任部门、方式和内容。 6. 明确与外界新闻舆论信息沟通的责任部门及具体方式	
应急响应	响应分级*	1. 分级清晰且与上级应急预案响应分级衔接。 2. 体现突发事件紧急和危害程度。 3. 明确紧急情况下应急响应决策的原则	
	响应程序*	1. 立足于控制事态发展，减少事故损失，减轻危害。 2. 明确救援过程中各专项应急功能的实施程序。 3. 明确扩大应急的基本条件及原则。 4. 辅以图表直观表述应急响应程序	

续表

评审项目		评审内容及要求	评审意见
应急响应	应急结束	1. 明确应急结束的条件和相关后续事宜。 2. 明确发布应急终止命令的组织机构和程序。 3. 明确事故应急结束后负责工作总结部门	
后期处置		1. 明确应急结束后，后果影响清除、生产恢复、污染物处理、善后赔偿等内容。 2. 明确应急处置能力评估及应急预案的修订等要求	
保障措施*		1. 明确应急通信信息保障措施，明确相关单位或人员的通信方式，确保应急期间信息通畅。 2. 明确应急装备、物资、设施和器材及其存放位置清单，以及保证其有效性的措施。 3. 明确各类应急资源，包括专（兼）职应急队伍的组织机构以及联系方式。 4. 明确应急工作经费保障方案。 5. 明确交通运输、安全保卫、后勤服务等保障措施	
培训与演练*		1. 明确本单位开展应急培训的计划和方式方法。 2. 如果应急预案涉及周边社区和居民，应明确相应的应急宣传教育和告知工作。 3. 明确应急演练的方式、频次、范围、内容、组织、评估、总结等内容	
附则	应急预案备案	1. 明确本预案应报备的有关部门（上级主管部门及地方政府有关部门）和有关抄送单位。 2. 符合国家关于预案备案的相关要求	
	制定与修订	1. 明确负责制定与解释应急预案的部门。 2. 明确应急预案修订的具体条件和时限	

* 代表应急预案的关键要素。

表 6-4　　　　专项应急预案要素评审表

评审项目		评审内容及要求	评审意见
事故类型和危险程度分析*		1. 客观分析本单位存在的危险源及危险程度。 2. 客观分析可能引发突发事件的诱因、影响范围及后果。 3. 提出相应的突发事件预防和应急措施	
组织机构及职责*	应急组织体系	1. 清晰描述本单位的应急组织体系（推荐使用图表）。 2. 明确应急组织成员日常及应急状态下的工作职责。 3. 规定的工作职责合理，相互衔接	
	指挥机构及职责	1. 清晰表述本单位应急指挥体系。 2. 应急指挥部门职责明确。 3. 各应急工作小组设置合理，应急工作明确	

续表

评审项目		评审内容及要求	评审意见
预防与预警	危险源监控	1. 明确危险源的监测监控方式、方法。 2. 明确技术性预防和管理措施。 3. 明确采取的应急处置措施	
	预警行动	1. 明确预警信息发布的方式及流程。 2. 预警级别与采取的预警措施科学合理	
信息报告程序*		1. 明确本单位 24h 应急值守电话。 2. 明确本单位内部应急信息报告的方式、要求与处置流程。 3. 明确向上级单位、政府有关部门进行应急信息报告的责任部门、方式、内容和时限。 4. 明确向突发事件相关单位通告、报警的责任部门、方式、内容和时限。 5. 明确向有关单位发出请求支援的责任部门、方式和内容	
应急响应*	响应分级	1. 分级清晰合理且与上级应急预案响应分级衔接。 2. 体现突发事件紧急和危害程度。 3. 明确紧急情况下应急响应决策的原则	
	响应程序	1. 明确具体的应急响应程序和保障措施。 2. 明确救援过程中各专项应急功能的实施程序。 3. 明确扩大应急的基本条件及原则。 4. 辅以图表直观表述应急响应程序	
	处置措施	1. 针对突发事件种类制定相应的应急处置措施。 2. 符合实际，科学合理。 3. 程序清晰，简单易行	
应急物资与装备保障*		1. 明确对应急救援所需的物资和装备的要求。 2. 应急物资与装备保障符合单位实际，满足应急要求	

* 代表应急预案的关键要素。如果专项应急预案作为综合应急预案的附件，综合应急预案已经明确的要素，专项应急预案可省略。

表 6-5　　现场处置方案要素评审表

评审项目	评审内容及要求	评审意见
事故特征*	1. 明确可能发生事故的类型和危险程度，清晰描述作业现场风险。 2. 明确突发事件判断的基本征兆及条件	
应急组织及职责*	1. 明确现场应急组织形式及人员。 2. 应急职责与工作职责紧密结合	
应急处置*	1. 明确第一发现者进行突发事件初步判定的要点及报警时的必要信息。 2. 明确报警、应急措施启动、应急救护人员引导、扩大应急等程序。 3. 针对操作程序、工艺流程、现场处置、事故控制和人员救护等方面制定应急处置措施。 4. 明确报警方式、报告单位、基本内容和有关要求	

续表

评审项目	评审内容及要求	评审意见
注意事项	1. 佩戴个人防护器具方面的注意事项。 2. 使用抢险救援器材方面的注意事项。 3. 有关救援措施实施方面的注意事项。 4. 现场自救与互救方面的注意事项。 5. 现场应急处置能力确认方面的注意事项。 6. 应急救援结束后续处置方面的注意事项。 7. 其他需要特别警示方面的注意事项	

* 代表应急预案的关键要素。现场处置方案落实到岗位每个人，可以只保留应急处置。

表 6-6　　应急预案附件要素评审表

评审项目	评审内容及要求	评审意见
有关部门、机构或人员的联系方式	1. 列出应急工作需要联系的部门、机构或人员至少两种以上联系方式，并保证准确有效。 2. 列出所有参与应急指挥、协调人员姓名、所在部门、职务和联系电话，并保证准确有效	
重要物资装备名录或清单	1. 以表格形式列出应急装备、设施和器材清单，清单应当包括种类、名称、数量以及存放位置、规格、性能、用途和用法等信息。 2. 定期检查和维护应急装备，保证准确有效	
规范化格式文本	给出信息接报、处理、上报等规范化格式文本，要求规范、清晰、简洁	
关键的路线、标识和图纸	1. 警报系统分布及覆盖范围。 2. 重要防护目标一览表、分布图。 3. 应急救援指挥位置及救援队伍行动路线。 4. 疏散路线、重要地点等标识。 5. 相关平面布置图纸、救援力量分布图等	
相关应急预案名录、协议或备忘录	列出与本应急预案相关的或相衔接的应急预案名称、以及与相关应急救援部门签订的应急支援协议或备忘录	

注　附件根据应急工作需要而设置，部分项目可省略。

一般要素是指应急预案构成要素中可简写或省略的内容。这些要素不涉及生产经营单位日常应急管理及应急救援的关键环节，具体包括应急预案中的编制目的、编制依据、工作原则、单位概况、预防与预警、后期处置等要素。

三、应急预案评审依据

1）国家有关方针政策、法律、法规、规章、制度、标准、应急预案。

2）供电企业有关规章制度、规程标准、应急预案。

3）本单位有关规章制度、规程标准、应急预案。

4）本单位有关风险评估情况、应急资源调查、应急管理实际情况。

5）预案涉及的其他单位相关情况。

四、应急预案评审要点

应急预案评审应坚持实事求是的工作原则，结合供电企业工作实际，按照《生产经营单位安全生产事故应急预案编制导则》和有关行业规范，供电企业的预案评审应当注重电力应急预案的实用性、规章制度的合法性、基本要素的完整性、预防措施的针对性、组织体系的科学性、响应程序的操作性、应急保障措施的可行性、应急预案的衔接性等内容，从以下八个方面进行评审。

(1) 合法性。符合国家有关法律、法规、规章、制度和标准，以及有关部门和上级单位规范性文件要求。

(2) 合规性。符合供电企业相关规章制度的要求。

(3) 完整性。具备《生产经营单位安全生产事故应急预案编制导则》、《电力企业综合应急预案编制导则（试行）》、《电力企业专项应急预案编制导则（试行）》、《电力企业现场处置方案编制导则（试行）》及供电企业应急预案编制规范所规定的各项要素。

(4) 针对性。紧密结合本单位危险源辨识与风险评估，针对突发事件的性质、特点和可能造成的危害。

(5) 实用性。切合本单位工作实际及电网安全生产特点，与生产安全事故应急处置能力相适应，满足应急工作要求。

(6) 科学性。组织体系与职责、信息报送和处置方案等内容科学合理。

(7) 操作性。应急程序和保障措施等内容具体明确、切实可行。

(8) 衔接性。总体应急预案、专项应急预案和现场处置方案形成体系，并与政府有关部门、相关职能部门、相关公共事业单位、上下级供电企业相关应急预案相互衔接一致。

五、应急预案评审申请

(1) 应急预案编制责任部门向应急预案职能管理部门提出评审申请。预案编制责任部门提交《应急预案评审申请表》（见表6－7）的同时，应附下列文件资料。①应急预案送审稿及其编制说明；②有关部门和单位的反馈意见，桌面推演发现的问题。

(2) 各级应急预案编制责任部门审查资料齐全且符合要求后，组织召开评审会。

1）成立评审专家组。

2）将应急预案送审稿和编制说明在评审前送达参加评审的部门、单位和人员。

六、评审类别

(1) 内部评审。内部评审是指编制成员内部实施的评审。应急管理职能部门应当要求应急预案编制部门在应急预案初稿编写工作完成后，组织编写人员内部进行互评，之后组织本企业应急专家评审，保证应急预案语言简洁通畅、内容完整。

(2) 外部评审。外部评审由上级主管部门或地方政府负责安全管理的部门，组织外部机构或专家对应急预案进行审核。根据评审人员的不同，又可分为同级评审、上级评审、机构评审和政府评审。

表 6 - 7　应急预案评审申请表

填报部门（盖章）：　　　　填报时间：

<table>
<tr><td>预案名称</td><td colspan="3"></td></tr>
<tr><td>预案编制责任部门</td><td></td><td>联系人及电话</td><td></td></tr>
<tr><td colspan="4">送审稿编制情况：
征求意见及采纳情况：
桌面推演发现的问题及整改情况：
拟定评审时间：
部门负责人签字：　　日期：</td></tr>
<tr><td>应急管理归口部门意见</td><td colspan="3">部门负责人签字：　　日期：</td></tr>
<tr><td>本单位分管预案编制责任部门领导意见</td><td colspan="3">签字：　　日期：</td></tr>
</table>

注　本表由预案编制责任部门填报。

七、应急预案评审会议

应急预案评审会议通常由本单位分管应急预案编制责任部门负责人主持进行，参加人员包括评审专家组全体成员、应急预案评审组织部门及编制部门有关人员。会议的主要内容如下。

1）介绍应急预案评审人员构成，推选会议评审负责人。

2）评审负责人说明评审工作依据、议程安排、内容和要求、评审人员分工等事项。

3）应急预案编制部门向评审人员介绍应急预案编制（或修订）情况，就有关问题进行说明。

4）评审人员对应急预案进行讨论，提出质询。

5）应急预案评审专家组根据会议讨论情况，提出会议评审意见。

6）参加会议评审人员签字，形成应急预案评审意见（见表6-8）。评审意见应当记录、存档。

表6-8　　　　应急预案评审意见

单位名称：　　　　　　　　　　　　　　　　　　　　　　　　　　编号：

<table>
<tr><td>应急预案名称</td><td colspan="3"></td></tr>
<tr><td>应急预案编制责任部门</td><td colspan="3"></td></tr>
<tr><td>应急预案评审组织部门</td><td></td><td>评审日期</td><td></td></tr>
<tr><td colspan="4">评审意见：（可以另加附页）

评审专家组组长（签字）：________
年　月　日</td></tr>
<tr><td>备注</td><td colspan="3"></td></tr>
</table>

八、应急预案修订完善

应急预案编制部门应认真分析研究评审意见，按照评审意见对应急预案存在的问题以及不合格项进行修订或完善。评审意见要求修改后重新进行评审的，应急预案编制责任部门应按照要求重新申请，组织评审。

九、批准发布

应急预案经评审、修改，并经过应急预案评审符合要求后，由本单位主要负责人（或分管负责人）签署发布。应急预案印发文件或单位主要负责人（或分管负责人）签署声明内容及签字应当作为应急预案批准页的主要内容。

应急预案发布时，应统一进行编号。编号采用英文字母和数字相结合，应包含编制单位、预案类别和顺序编号等信息。

第四节　应急预案的报备

国务院办公厅在《关于加强企业应急管理工作意见的通知》中明确提出：建立企业预案的评估管理，动态管理和备案管理制度，按照分类管理、分级负责的原则报当地政府主管部门和上级单位备案，并告知相关单位。备案管理单位要加强对预案内容的审查，实现预案的有机衔接。

中央管理的供电企业总公司总体应急预案和专项应急预案，应报国务院国有资产监督管理部门、国务院安全生产监督管理部门和国务院有关主管部门备案；其所属的省、市、县级分（子）公司负有现场安全生产管理直接责任的，其应急预案和专项预案按照隶属或业务关系报所在地人民政府安全生产职能管理部门和有关主管部门备案。

各级供电企业应急预案应当自发布之日起20个工作日内以正式文件形式进行备案。按照国家统一标准、分类管理、分级负责、条块结合、协调衔接的原则，各类安全生产事故应急预案分别报送相应级别政府应急职能管理部门、安全生产监督管理部门、能源监督管理、上级供电企业等相关部门审查、备案。

需要备案的应急预案包括：总体应急预案、专项应急预案的文本，现场处置方案的目录。

各级供电企业向上级供电企业及政府应急管理机构报备应急预案时，应当提交以下材料：①应急预案备案申请表（见表6-9）；②评审专家的姓名、职称；③应急预案评审意见和结论；④应急预案文本目录；⑤应急预案电子文档。

表6-9　　生产经营单位生产安全事故应急预案备案申请表

单位名称			
联系人		联系电话	
传真		电子信箱	
法定代表人		资产总额	万元
行业类型		从业人数	人
单位地址		邮政编码	
根据《生产安全事故应急预案管理办法》，现将我单位编制的： 等预案报上，请予备案。 （单位公章） ____年____月____日			

政府应急管理机构应当指导、督促、检查供电企业做好应急预案备案工作，并对供电企业应急预案的备案情况和备案内容提出审查意见。

各级政府应急职能管理部门及上级供电企业应当指导、督促检查供电企业做好应急预案的备案登记工作，建立应急预案备案登记建档制度。

受理备案登记的应急职能管理部门应当在受理申请之日起 60 日对应急预案进行形式审查，经审查符合要求的，予以备案并出具应急预案备案登记表；不符合要求的，不予备案并说明理由。

对于实行安全生产许可、重大危险源备案、安全生产标准化达标验收的生产经营单位，在申请安全生产许可证、重大危险源备案和安全生产标准化达标验收时，必须通过应急预案备案登记、取得备案登记表（见表 6－10），并将备案登记表作为申请必备材料之一。

表 6－10　　生产经营单位生产安全事故应急预案备案登记表

备案编号：

<table>
<tr><td>单位名称</td><td colspan="3"></td></tr>
<tr><td>单位地址</td><td></td><td>邮政编码</td><td></td></tr>
<tr><td>法定代表人</td><td></td><td>经 办 人</td><td></td></tr>
<tr><td>联系电话</td><td></td><td>传　　真</td><td></td></tr>
<tr><td colspan="4">你单位上报的：

经形式审查符合要求，准予备案。

（盖　章）
____年____月____日</td></tr>
</table>

注　应急预案备案编号由县及县以上行政区划代码、年份和流水序号组成。

第五节　应急预案修订与更新

应急预案通过演练与评估，要实施应急预案的动态管理。一个时期制定的应急预案，只具有相对的稳定性。随着安全形势的变化以及认识水平的提高，根据应急预案的法律法规和有关标准变化情况、电网安全生产形势和问题、应急处置总结出的经验教训、应急管理主体责任的变动等，需要及时评估和改进应急预案内容，不断增强预案的科学性、针对性、时效性和可操作性，不断完善并持续改进应急预案，提高应急预案质量的同时，使应急预案更加符合实际。经过制定应急预案编制—培训与演练—应急预案评估—修订与完善过程的不断循环，达到持续提升各类责任主体应急处置能力、增强预案有效性的目的。应急预案修订的 PDCA 动态循环过程如图 6－5 所示。

一、应急预案的修订

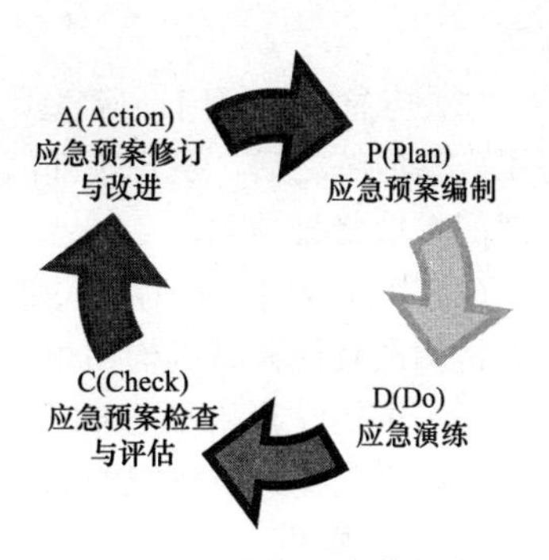

图 6-5　应急预案修订的 PDCA 动态循环过程

突发事件应急预案必须与各级供电企业规模、危险等级及应急准备等状况相一致。随着社会、经济和环境的变化，应急预案中包含的信息可能会发生变化。因此，应急组织或机构应定期或根据实际需要对应急预案进行评审、检验、更新和完善，以便及时更换变化或过时的信息，并解决演练、实施中反映出的问题。各级供电企业应每年至少进行一次应急预案适用情况的评估，分析评价其针对性、实效性和操作性，实现应急预案的动态优化，并编制评估报告。应急预案每三年至少修订一次，当出现以下情况时，应及时进行应急预案的修订。

(1) 依据的法律、法规、规章、标准和应急预案发生变化。

(2) 应急组织指挥体系或者职责已经调整需对应急组织和政策做相应的调整和完善。

(3) 企业因兼并、重组、转制等导致隶属关系或管理模式、经营方式、法定代表人发生变化。

(4) 应急预案演练评估报告提出整改要求修订或通过演练和实际各类突发事件应急反应取得了启发性经验。

(5) 供电企业生产规模发生较大变化或进行重大技术改造使得企业生产工艺和技术发生变化需对应急反应的内容进行修订。

(6) 企业面临的风险或其他重要环境因素发生变化，形成新的重大危险源。

(7) 应急资源发生重大变化的。

(8) 应急预案管理部门要求修订的。

(9) 政府有关部门、应急预案编制部门或应急管理职能部门认为应当修订的其他情况。

即使没有上述这些必须修订预案的条件，预案也应该定期检查、修订。

各级供电企业的应急职能部门应当及时向有关部门或者单位报告应急预案的修订情况，按照应急预案报备程序及时重新备案。

各级供电企业的应急职能部门应组织按照应急预案的要求配备相应的应急物资及装备，建立使用状况档案，定期检测和维护，使其处于良好状态。

二、修订程序

1. 修订发起

应急预案的修订主体是预案制定部门。修订发起人和修订程序在供电企业的应急预案管理办法中通常都有规定。一般情况下，应急预案修订发起人包括：

(1) 应急职能管理部门。应急职能管理部门在相关法律法规作了修改或出台了新的法律法规、应急组织体系、和职责发生了改变、预案体系和预案规范需要调整，启动了应急响应或者举行了应急演练需要对应急预案内容做调整等情况下将发起修订应急预案。

（2）应急响应部门。应急预案中确定的应急响应部门，在经过启动应急响应或者举行了应急演练之后，发现本部门不能履行某些职责的，可以以书面形式告知应急职能管理部门提请修订预案。

（3）其他部门。政府相关部门、应急联动部门、社会上的安全评价机构、应急预案评估机构及其他科研机构和相关专家学者，在工作中发现应急预案需要修订的地方，如危险源、重要设施和要害部门等发生了改变，以及应急资源方面的变化或其他潜在的影响因素，可以提请应急职能部门提请修订应急预案，但要附上相关佐证材料。

2. 修订实施

（1）修订机构。修订也是预案编制的过程，原则上应由原编制委员会承担。但由于修订任务不大，且不作重大改变，可以抽调原编制委员会的部分成员，特别是修订内容涉及的部门成员，组成修订小组。

（2）修订流程。

1）根据修订建议作应急预案修订，一般流程是：分析修订建议——确定修订内容——审查修订内容与应急预案的一致性——调整应急预案内容——报批修订内容——发布修订内容、完成修订。

2）定期修订预案，一般流程是：逐条分析预案——识别预案问题——确定修订内容——审查修订内容与应急预案的一致性——调整应急预案内容——报批修订内容——发布修订应急预案、完成修订。

供电企业应急职能管理部门应根据应急预案评审的结果、应急演练的结果及日常发现的问题，组织人员对应急预案修订、更新，以确保应急预案的持续适宜性；同时，每次修订应急预案制后，修订、更新的应急预案应通过有关负责人员的认可，并及时进行发布和备案。

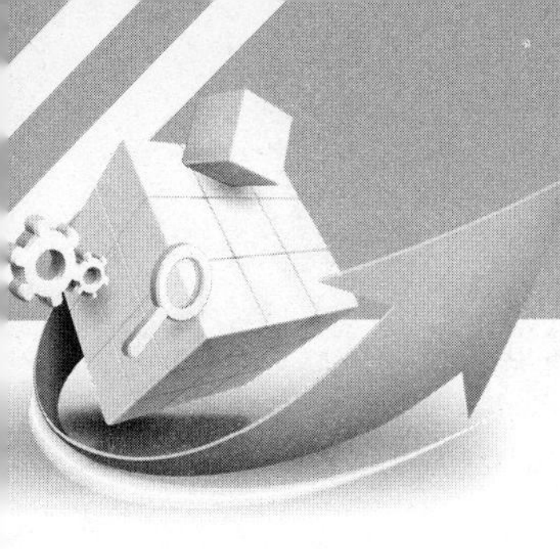

第七章
突发事件应急演练

在应急管理工作中，突发事件的处置占据中心地位。突发事件应急演练是各类突发事件应急准备过程中的一项重要工作，是用来提升和改进应对突发事件管理水平的重要措施。通过应急演练，能够摸清各级供电企业应对突发事件的人员、装备、物资以及组织机构和机制建设是否满足需求，评估应急准备工作的状态，检验和评估应急预案、发现并及时修订应急预案中存在的缺陷和不足，检验应急体系运转与协调联动；能够发现应急预案中规定的突发事件处置程序和处置措施是否得当，检验应急人员实际操作技能水平，提升应急管理人员、应急基干队伍、应急专业队伍、全体员工及公众应急救援知识和技能；能够发现应对突发事件能力方面存在的各种问题，从而为改进供电企业的应急管理工作确定方向和目标。

组织不同层级和形式的突发事件应急演练，是开展安全生产应急知识培训和应急预案宣传、教育、培训工作的重要手段。以此确保供电企业的广大员工具备基本的应急技能，熟悉各项应急预案，掌握本岗位的突发事件防范措施和应急处置程序，使得应急预案相关职能部门及岗位人员提高应对突发事件责任意识，掌握应急工作程序，提高应急处置和协调能力。

突发事件应急演练是在假设发生突发事件的情景下，按照预先设计的处置行动步骤，开展的全景仿真行动。通过应急演练预期达到明确各层级应急管理人员和应急专业人员的岗位应急职责，验证应急预案、应急处置程序的可操作性，应急管理机构职能的配置合理性，应急管理流程运转的顺畅性，各责任主体之间应急协调联动协作与沟通配合，在演练中应急人员识别和处置突发事件的技能水平等。

为验证应急预案的有效性，发现并改正其中的问题，提高应急救援人员的技能水平与救援队伍的整体能力，以便在突发事件处置过程中达到快捷、有序和有效的效果，经常性地开展预案演练是一项非常重要的工作。各级供电企业要结合实际制定年度突发事件应急演练计划，定期组织应急演练，针对发现的问题，对应急预案进行修订和完善；同时，对应急演练情况进行评估和总结，并将评估和总结情况及时上报当地政府应急办公室、安全生产监督管理部门、能源监管部门和上级供电企业。预案演练要结合实际、周密组织、讲究实效、注重质量。

本章介绍了突发事件应急演练的一般要求，并按照应急演练的实际流程，对应急准备、实施以及评估、总结和追踪等内容进行了论述。

第一节　突发事件应急演练概论

突发事件应急演练是指各级人民政府及其部门、企事业单位、社会团体等即演练组织单位组织相关单位及人员，依据有关应急预案，模拟应对突发事件的活动。突发事件应急演练在预防和控制突发事件过程中可以发挥如下的作用。

1）评估供电企业的应对突发事件准备状态，发现并及时修正应急预案的缺陷和不足。

2）评估供电企业应对突发事件能力，明确各组织、部门、岗位人员的职责，提升各层级应急相关人员对应急预案和处置程序掌握的熟练程度；掌握应急设备、物资调配流程的顺畅程度。

3）考核人员生产技能和应急实际操作能力，作为检验应急培训效果和量化应急培训需求的资料。

4）协调供电企业各联动部门的配合，促进各级供电企业与政府及相关应急联动协作单位应急预案的衔接。

5）完善政府与企业、行业与企业、企业与企业之间的应急协调联动机制建设。

6）促进公众、媒体对供电企业应急工作的理解，提升员工及公众的应急意识。

一、应急演练的目的与要求

1. 应急演练目的

应急演练的目的是通过培训、评估、改进等手段提高供电企业应对突发事件的综合处置能力，将应急预案放到生产活动过程中检验其是否能够有效实施，验证应急预案应对可能出现突发事件时的适用性，找出应对突发事件准备工作中需要进一步改善的部分，建立和保持可靠的通信渠道及应急机制的协调配合，确保有应急职责的组织和部门以及人员都熟悉并能够履行岗位应急职责，持续改进和完善应急体制建设。应急演练目的主要包括以下几个方面。

(1) 检验预案。查找应急预案中存在的问题，进而完善应急预案，提高应急预案的实用性和可操作性。

(2) 完善准备。检查应对突发事件所需应急队伍、物资、装备、技术等方面的准备情况，发现不足及时予以调整补充，做好应急准备工作。

(3) 锻炼队伍。增强演练组织单位、参与单位和人员等对应急预案的熟悉程度，提高其应急处置能力。

(4) 磨合机制。进一步明确相关单位和人员的职责任务，理顺工作关系，完善应急机制。

(5) 科普宣教。普及应急知识，提高公众风险防范意识和自救互救等灾害应对能力。

2. 应急演练要求

针对不同类型的突发事件应急演练，在策划应急演练内容、演练情景、演练频次、演练评估方法等方面有以下共性的要求。

(1) 应急演练必须遵守相关法律、法规、标准和企业规章制度及应急预案规定。

(2) 领导重视、科学策划。开展应急演练工作必须得到有关领导的重视，给予资金、时间、人员、场地等相应的支持，必要时有关领导应参与演练过程并按照其岗位职责扮演相应的角色。应急演练必须预先确定演练目标，演练策划人员应对演练内容、演练情景等事项精心策划。

(3) 结合实际、突出重点。应急演练应结合供电企业可能发生的危险源特点、潜在突发事件类型、可能发生突发事件的地点和季节性特点及应对突发事件准备工作的实际情况进行。演练应重点解决应急过程中组织指挥和协同配合问题，解决应急准备工作不足的问题，以提高应急行动的整体效能。

(4) 周密组织、统一指挥。演练策划人员必须制定并落实保证演练达到目标的具体措施，各项演练活动应在统一指挥下实施，参演人员要严格遵守应急演练现场纪律，确保演练过程的安全。应急演练不得影响供电企业安全生产和正常的生产秩序，不得使各类人员承担不必要的风险。

(5) 循序渐进、分步实施。突发事件应急演练应遵循自上而下、先分后合、分步实施的原则，全面的应急演练应以若干次桌面推演和功能演练为基础。

(6) 注重实效、确保质量。突发事件应急演练指导机构应精干，工作程序要简明，各类演练文件要实用、符合供电企业安全生产实际、以取得实效为检验应急演练质量的唯一标准。

(7) 全员参与、公众知情。突发事件应急演练是提高广大员工和公众应急意识和普及应急专业知识，以及宣传防灾、减灾的重要手段，要充分利用以大家能够接受并取得效果的组织形式达到普及应急科学知识的目的。

二、应急演练原则

1) 结合实际、合理定位。紧密结合应急管理工作实际，明确演练目的，根据资源条件确定演练方式和规模。

2) 着眼实战、讲求实效。以提高应急指挥人员的指挥协调能力、应急队伍的实战能力为着眼点，重视对演练效果及组织工作的评估、考核，总结推广经验，及时整改存在问题。

3) 精心组织、确保安全。围绕演练目的，精心策划演练内容，科学设计演练方案，周密组织演练活动，制订并严格遵守有关安全措施，确保演练参与人员及演练装备设施的安全。

4) 统筹规划、厉行节约。统筹规划应急演练活动，适当开展跨地区、跨部门、跨行业的综合性演练，充分利用现有资源，努力提高应急演练效益。

三、应急演练的分类

应急演练可采用多种演练形式方法，根据应急工作的不同需要进行选择。

1. 按组织形式分类

(1) 桌面演练。桌面演练是指由应急救援系统的指挥人员和关键岗位人员利用地理信息系统、三维电子地图、生产工艺流程图、生产信息控制系统、应急演练仿真机系统、视频会议系统等辅助手段，针对事先设定的演练情景，按照应急预案及其标准运作程序讨论和推演应急决策及现场处置的过程，讨论紧急情况时应采取行动的演练活动。从而促进相关人员掌握应急预案中所规定的岗位应急职责和程序，提高指挥决策和协同配合能力。

桌面演练的主要特点是对演练情景进行口头演练，一般是在应急指挥中心或视频会议室内举行，主要作用是在没有现场实际操作安全风险的情况下，将模拟的应对突发事件的发生、先期处置、损失情况、发展、处置过程都及时地显示到大屏幕上，控制人员和演练人员在设置事件发展方向和处置过程中，检验和发现应急预案中的问题和不足，获得一些建设性的讨论结果。主要目的是在熟悉规范的应急处置流程的基础上，锻炼参加演练人员解决问题的能力，以及解决应急组织相互协作和职责履行问题的能力。

桌面演练只需展示有限的应急响应和内部协调活动，应急响应结束后由记录组汇报应急演练的开展情况，按照应急演练评估表作为标准对演练人员处置工作进行评估，并提交一份简短的书面报告，总结演练活动和提出有关改进应急响应工作的建议。采取桌面演练的方法成本较低，主要是作为功能演练和全面演练的“模拟预演”。

（2）功能演练。功能演练是指测试和评估应对突发事件响应某项功能或其中某些应急响应项目而组织的演练活动。功能演练一般在应急指挥中心举行，并可同时开展现场演练，调用有限的应急系统和设备，主要目的是针对特定的应急响应功能，检验应急响应人员以及应急管理体系的策划和响应能力。检验和评估指挥和控制应对突发事件功能的演练，其目的是将多个部门在设定的突发事件发生及其后续的发展情景情况下集权式的应急处置和及时做出响应的能力量化考察结果，演练地点主要集中在应急指挥中心、应急指挥分中心或现场等，并开展规定项目的现场处置工作，调用规定的外部资源，外部资源的调用范围和规模应能满足响应规定项目的现场处置工作指挥和控制要求。例如：设置主变压器损坏，就是要考察调控中心、运检部、发展部、物流中心等部门在研判、技术监督、确认、调拨、运输、检修、试验、投运等环节的应急响应能力和协调配合能力。

应急响应功能是指突发事件应急响应过程中需要完成的某些任务的集合，这些任务之间联系紧密，共同构成应急响应的一个功能模块。比较核心的应急响应功能包括：接警与信息报送、指挥调度、警报与信息公告、应急通信、公共关系、事态监测与评估、警戒与治安、人群疏散与安置、人员搜救、医疗救护、工程救险、应急资源调配与运输等。

功能演练比桌面演练规模要大，需动员更多的应急响应组织和人员资源，必要时，还可要求上级应急职能管理部门参与演练过程，为演练方案设计、协调和评估工作提供技术支持。功能演练所需的评估人员一般为4～12人，具体数量依据应急演练地点、演练规模、现有资源和被演练功能的数量而定。演练完成后，除采取口头评论形式外，还应向上级应急职能管理部门提交有关演练活动的书面汇报，提出改进建议。

功能演练的特点是目的性明确，演练活动主要围绕特定应急功能开展，并不需要启动整个应急救援系统，演练的规模得到控制，既降低了演练成本，又达到了“实战”锻炼的效果。

（3）全面演练。全面演练是指针对应急预案中全部或大部分应急响应功能，检验、评估应急救援系统应急功能运行能力的演练活动。全面演练一般会持续几个小时，采取互动方式进行，演练过程要求尽量真实，调用更多的应急响应人员和资源，全部涉及的部门都要参加，以检验系统之间、部门之间、岗位之间的综合协调性。投入全部相关人员、设备及其他资源的实战性演练，以展示相互协调的应急响应能力。

全面演练中策划组的作用更加突显出来，并且负责应急运行、协调和政策拟订人员的参与，以及上级应急职能部门人员和应急专家在演练方案设计、协调和评估工作提供的技术支持也是必不可少的。而且，全面演练的准备时间需要得更长，演练过程中，这些人员或组织的演练范围要比功能演练更广。全面演练一般需要更多的记录人员和评估人员。演练完成后，除采取口头评论和书面汇报外，还应提交正式的书面报告。

在三种演练中，全面演练能够比较全面、真实地展示应急预案的优缺点，演练过程涉及整个应急救援系统的每一个响应要素，参与人员能够得到比较好的实战训练，能够全面客观地反映整个应急救援系统应对突发事件，特别是重大事件情况下的综合应急能力。因此，在条件和时机成熟时各级供电企业应尽可能进行全面演练，同时，组织一次大规模的全面演练人员、设备、装备以及事务性成本也最高，所以，每次全面演练前要周密策划并控制频次。同时，鉴于全面演练接近实战的特点，必须确保所有专业参加演练人员都经过系统的应急培训并成绩合格，确保演练的安全基础。桌面演练、功能演练和全面演练特点比较见表7－1。

表7－1　　桌面演练、功能演练和全面演练特点比较

	桌面演练	功能演练	全面演练
演练目的	1. 解决应急组织相互协作和职责划分的问题，加强不同应急组织人间的理解、沟通。 2. 验证应急预案的可操作性，同时检验参演人员对应急知识和技能的掌握程度，锻炼解决问题的能力。 3. 完善应急预案，为今后现场演练打基础	1. 对特定功能反应的操练与评估。 2. 验证应急预案的可操作性，同时检验应急响应人员对应急知识和技能的掌握程度，以及应急管理体系的策划和响应能力。 3. 检查响应小组内部沟通、互动协调情况以及当时所做决定的正确性	1. 全面展开应对突发事件演练范围，以检验应对突发事件管理与应急反应的能力。 2. 促进应急救援系统各职能部门的协调和整体控制能力。 3. 为应对突发事件响应人员提供最贴近真实应急情况的应急技能训练
演练人员	1. 应急主管领导。 2. 各功能应急演练相关职能部门的负责人。 3. 应急职能管理部门管理人员	1. 应急主管领导。 2. 各功能应急演练相关职能部门的负责人。 3. 专业应急救援队伍。 4. 应急职能管理部门管理人员	1. 应急主管领导。 2. 所有相关应急演练相关职能部门的负责人。 3. 应急基干队伍。 4. 应急专业队伍。 5. 应急职能管理部门管理人员。 6. 各应急联动单位负责人。 7. 上级应急职能管理部门管理人员。 8. 应急专家
演练内容	模拟紧急情景中应采取的响应行动及应急响应过程中的内部协调活动	相应的应急响应功能及指挥与控制应急响应过程中的内部、外部协调活动	应急预案中载明的大部分要素

续表

	桌面演练	功能演练	全面演练
演练地点	会议室 应急指挥中心	应急指挥中心 实施应急响应功能的地点 突发事件发生现场	应急指挥中心 应急指挥分中心 现场指挥所 调度控制中心 突发事件发生现场 现场处置地区
场面控制	设1名主持人引导讨论	设1名指挥长确保演练在可控方向范围内发展	设1名指挥长，若干名分指挥长，确保演练在可控方向发展，并协调各处置分现场
所需评估人员数量	一般需1～2人	一般需4～12人	一般需10～50人
演练评估方式	评估人员口头评论 书面评估演练报告及改进建议	1～2人进行演练记录 评估人员口头评论 书面评估演练报告及改进建议	通过专门评估小组对演练实施评估，通过与设定的演练目标量化对比检验演练的有效性。 召开总结评审会，总结演练中暴露的问题，提交演练总结报告。 组织单位将暴露问题按照“五落实”原则制定整改计划。与演练总结报告共同上报上级应急演练职能部门备案

注 三种演练类型的最大差别在于演练的复杂程度和规模，所需评估人员的数量与实际演练、演练规模、应急资源等状况有关。

应急演练的组织者或策划者在确定应急演练方法时，应考虑如下因素：①应急预案和应急响应程序制定工作的进展情况；②供电企业面临安全风险的性质和大小；③供电企业现有应急响应能力；④应急演练成本及资金筹措状况；⑤国家及地方政府部门颁布的有关应急演练的规定和各级供电企业的规章制度。

无论选择何种应急演练方法，应急演练方案必须适应演练单位应对突发事件应急管理的需求和资源条件。同时，各级供电企业在进行桌面演练和功能演练后，应加强开展实战性的全面演练，注重演练的真实性，提高相应人员应急状态下的自救互救能力和先期应急处置的能力。

2. 按内容分类

(1) 单项演练。单项演练是指只涉及应急预案中特定应急响应功能或现场处置方案中一系列应急响应功能的演练活动。注重针对一个或少数几个参与单位、部门、岗位的特定环节和功能进行检验。

(2) 综合演练。综合演练是指涉及应急预案中多项或全部应急响应功能的演练活动。注重对多个环节和功能进行检验，特别是对不同单位之间应急机制和联合应对能力的检验。

3. 按目的与作用分类

（1）检验性演练。检验性演练是指为检验应急预案的可行性、应急准备的充分性、应急机制的协调性及相关人员的应急处置能力而组织的演练。

（2）示范性演练。示范性演练是指为向观摩人员展示应急能力或提供示范教学，严格按照应急预案规定开展的表演性演练。

（3）研究性演练。研究性演练是指为研究和解决突发事件应急处置的重点、难点问题，试验新方案、新技术、新装备而组织的演练。

不同类型的演练相互组合，可以形成单项桌面演练、综合桌面演练、单项实战演练、综合实战演练、示范性单项演练、示范性综合演练等。

4. 创新应急演练形式

近年来各级各地供电企业通过不断探索，通过多次组织“无脚本”应急演练，顺利实现了从“有脚本”演练到“无脚本”演练的过渡，改变了以往以“演”为主的应急演练方式。去除应急工作开展初期应急演练以“演戏”为主，各级人员按照台词汇报生产情况，甚至突发事件中的意外都是提前拍出来的，降低了通过应急演练检验应急预案、应急体制、应急机制、应急流程的作用。

“无脚本”演练与传统应急演练方式最大区别就是：应急演练策划方案中可设计多个应急演练场景或突发事件，以方便演练控制人员从中随机选取模拟突发事件，但不再制定细化的应急演练脚本，同时在演练开始前，应急演练策划方案要对参演人员严格保密，实现完全的“无脚本”应急演练。在“无脚本”应急演练实施过程中，应急演练控制人员从演练策划方案中随机选取一个或多个应急演练模拟场景，组织模拟突发事件发生。在演练实施过程中，应急演练控制人员可根据现场情况及时调整演练模拟场景和突发事件，控制演练时间和进度，并对应急演练中的意外情况迅速做出反应和调整，保证现场参加应急演练人员安全和应急演练工作顺利开展。通过“无脚本”演练提高应急队伍掌握应急技能的主动性、积极性，逐步规范应对突发事件的机制流程，提高了应急演练的实际效果，巩固和提升了供电系统应对自然灾害和突发事件的能力。

四、应急演练策划

应急演练策划是做好突发事件应急演练工作的基础，以科学严谨的工作作风按照步骤逐项开展应急演练策划、演练的准备、演练实施、应急演练评估与总结。

1. 应急演练策划的原则

基于应急法律法规及现有应急预案和应急组织机构实际情况，策划一场应急演练的框架，预设突发事件发生的场景，人为设置突发事件处置过程中各种可能出现的各种状况。

2. 策划的过程内容

在可控范围内影响突发事件的发展方向，给参加应急演练人员处置突发事件过程中识别、研判突发事件进展，选择使用各项专项应急预案的条件和时机掌控，预警和应急响应的启动和解除考察；同时考察应急人员对应急管理相关法律法规、规章制度的熟悉程度、应急预案的适用性、各应急联动部门的协调性，检验应急能力是否达到实用、实际、实效的要求。

五、应急演练规划

演练组织单位根据实际情况，并依据相关法律法规和应急预案的规定，对一定时期内各类应急演练活动作出总体计划安排，通常包括应急演练的频次、规模、形式、时间、地点等。

第二节　应急演练组织机构及人员

突发事件应急演练应在各级供电企业总体应急预案或专项应急确定的应急领导机构或指挥机构领导下组织开展。应急演练组织单位要成立由单位领导、各相关专业主管领导和各专业职能部门领导组成的演练领导小组，通常下设策划部、保障部和评估组。对于不同类型和规模的演练活动，其组织机构和职能可以适当调整，根据需要，可设立指挥分中心及现场指挥部。

一、应急演练领导小组

应急演练领导小组负责突发事件应急演练活动全过程的组织领导，审批决定演练的重大事项。应急演练领导小组组长一般由应急演练单位或其上级单位的负责人担任，副组长一般由应急演练组织单位和主要联动单位负责人担任，小组其他成员一般由各参加应急演练专业主管领导和各相关职能管理部门负责人担任。在应急演练实施阶段，应急演练领导小组组长、副组长通常分别担任应急演练指挥长、分指挥长。

应急演练指挥长负责演练实施过程的指挥控制，一般由应急演练领导小组组长或上级领导担任。分指挥长协助应急演练总指挥对演练实施过程进行控制。

二、策划部

策划部负责应急演练策划、演练方案设计、演练实施的情景设置、组织协调、事件进程、联络方式、演练评估总结等工作。

策划部由应急演练指挥长、分指挥长、总策划、副总策划、控制组负责人、应急专家等构成，下设文案组、协调组、控制组、宣传组等。

1. 总策划

总策划是演练准备、演练实施、演练总结等阶段各项工作的主要组织者，在演练实施过程中在演练总指挥的授权下对演练过程进行控制。一般由演练组织单位具有应急演练组织经验和突发事件应急处置经验的人员担任。副总策划是总策划的助手协助总策划开展工作，一般由演练组织单位或参与单位的有关人员担任。

2. 文案组

在总策划的直接领导下，负责制定演练计划、设计演练方案、编写演练总结报告以及演练文档归档与备案等。其成员应具有一定的演练组织经验和突发事件应急处置经验。

3. 协调组

负责与演练涉及的相关单位以及本单位有关部门之间的沟通协调，其成员一般为演练组织单位及参与单位的办公室、外联部等部门人员。

4. 控制组

演练实施过程中，在总策划的直接指挥下，控制人员根据演练方案和现场情况负责向参加演练人员传送各类控制消息和指令，引导应急演练进程按计划进行，控制应急演练的进展。

控制人员根据演练方案及演练计划的要求，在应急演练中使用控制方案规定的方法适时发布控制信息，按照信息注入的方法和步骤以各种不同身份引导演练人员按响应程序行动，并不断给出情况或消息，供参演的指挥人员进行判断、提出对策、纠正行动偏差，控制演练进程和速度的同时注意充分发挥演练人员的主动性，只有在迫不得已时，才以命令形式直接纠正参加应急演练人员的错误。跟踪演练指标完成情况，实施监控、记录和报告程序，按照评估和考核项目清单，收集演练评估的基础资料，为评估演练的评估工作做准备。控制人员既要确保演练的进度，又要确保应急演练目标得到充分演练，以利于评估工作的开展。控制人员可以解答演练人员的疑问，解决演练过程中出现的问题，保障演练过程的安全。

控制人员要求有一定的应急演练经验，也可以从文案组和协调组抽调，常称为演练控制人员。

5. 宣传组

负责编制应急演练宣传方案，整理演练信息、组织新闻媒体和开展新闻发布等。其成员一般是演练组织单位及参与单位宣传部门的人员。

6. 安全小组

大型应急演练由于实行对突发事件最大程度的仿真，因而具有较大的危险性，故应该设置安全小组。安全小组负责对参加演练人员开展安全培训，对演练过程中的仿真环节和安全措施设置进行安全检查，对参加演练人员应对行为的安全性把关，有权中止某些具有明显安全不确定性的应急响应行动。

三、后勤保障部

后勤保障部负责在演练过程中提供安全警戒、调集应急演练所需物资装备，购置和制作演练模型、道具、场景，准备演练场地，维持演练现场秩序，保障运输交通工具，保障人员生活、医疗和安全保卫等。其成员一般是应急演练组织单位及参与单位综合服务中心等部门人员，常称为保障人员。

四、评估组

应急演练活动应成立评估组，评估组由若干名评估人员构成。评估组应选定评估组负责人，负责领导和组织演练评估工作。针对规模较大、演练地点和参演人员较多或实施程序复杂的演练，可设多级评估组，评估组长可下设评估小组组长。

评估组在应急演练的策划阶段应制定详细的应急演练评估方案，对应急演练准备、组织、实施及其安全事项等进展情况进行全过程、全方位地观察并予以记录和评估，及时向应急演练领导小组、策划部和后勤保障部提出意见、建议。应急演练评估方案是应急演练最重要的文件，通过应急演练考核标准的制定体现出应急演练的组织单位希望通过应急演练达到什么样的效果，实现什么样的目标，最后这些效果和目标达到了什么程度。应急演练评估方案中规定的评估活动和内容应该包括：应急演练评估行动管理、收集和评判演练开展情况的程序和方法、跟踪观察和记录应急演练指标完成情况的程序和方法、支持演练考核指标的特别信息的设定方法、演练评估记录表格及考核标准等。

应急演练评估组根据演练需要，可负责对应急演练现场安全保障方案的审核，在不干扰演练人员工作的情况下，协助控制组确保应急演练按计划进行。

应急演练评估组成员一般是应急领导小组邀请的应急管理专家、相关应急管理或响应机构或各级政府机构的代表担任。应急演练评估组可由上级部门选派，也可由应急演练组织单位自行组织。应急演练评估人员要求具有一定演练评估经验和突发事件应急处置经验专业人员，与应急演练组织单位或参与人员无直接利害关系并应符合以下条件。

1）应经过专门的应急演练评估培训，熟悉应急演练评估方式和方法，并具有相关专业技术知识。

2）能够正确执行国家有关应急管理的方针、政策和法律、法规，熟悉并掌握国家应急演练标准和相关规定要求。

3）具有敏锐的洞察力，并有诚实、客观、公正和专注工作态度。

4）能够了解应急演练活动的实施过程并熟悉演练活动文件的内容。

5）服从评估工作安排并能够对本人的评估结论负责。

应急演练前，应急演练评估人员必须接受有关评估技术和评估方法方面的培训。应急演练组织或策划人员应向应急演练评估人员介绍演练方案以及组织和实施流程，应急演练评估人员可依据演练方案与演练策划人员进行交互式讨论，明晰演练流程和内容。同时，应急演练评估组内部应组织应急演练评估人员的培训，主要围绕演练组织和实施的相关文件、演练评估方案、演练单位的应急预案和相关管理文件及其他有关内容展开。

演练过程完成后，评估人员所收集到的客观信息和事实，将成为评估应急组织表现、总结应急演练和应急预案各方面优缺点的基础。

五、应急演练参与人员

应急演练参与人员是按照应急演练过程中扮演的角色和承担的任务，针对模拟突发事件场景作出应急响应行动的人员。可将参加应急演练的人员分为以下三类。

1. 应急演练人员

应急演练人员是指在应急组织中承担具体任务，并在演练过程中尽可能对演练情景或模拟事件做出其在真实情景下可能采取响应行动的人员。他们所承担的具体任务包括：研判所遇到的突发事件、按照启动条件发布相应级别的预警、开展先期处置的同时及时报送信息、选择最恰当的应急预案响应行动级别开展应急响应行动、调配应急资源、协调联动机构和组织。按照突发事件后续可能发展的方向，采取相应的处置措施，尽快掌控事件发展的主动权，保证人员、电网、设备安全，尽快恢复正常生产运行方式，保护公众财产和健康。

应急演练人员应熟悉应急响应体系、功能和所承担任务的执行程序。演练时按规定的信息获取渠道，了解有关信息，并在解决问题时根据自身的判断来确定其响应行动，以控制或缓解模拟的紧急情况。

应急演练策划人员应按照应急预案的要求选择演练人员，演练人员主要来自于所演练应急预案相关部门、岗位的人员以及各级供电企业的应急基干队伍和应急专业队伍。

2. 应急演练模拟人员

应急演练模拟人员是指演练过程中扮演、替代某些应急响应机构和服务部门的人员和模拟突发事件事态发展的人员或模拟事件受害者的人员。

开展应急演练由于演练范围、规模、演练目标的不同，并不是每次演练都要求全部应急机构、组织、部门或人员都要参与，但是，应急机构、组织、部门和人员不参与演练并不说明该次演练不需要他们的支持与配合，所以，需要由模拟人员扮演来替代。

另外，模拟突发事件的发生过程，模拟气象条件、模拟电网和设备损失情况、模拟受突发事件影响的公众以及社会服务机构人员等都需要模拟人员的广泛参与。

3. 观摩人员

观摩人员是指观摩演练过程的来自相关应急职能部门、相关应急管理机构的工作人员、邀请的应急专家、兄弟供电企业、社区、学校及公众代表、具有同类演练需求部门的工作人员、来自媒体或宣传部门的记者等。

演练过程中，参与演练的所有人员应佩戴能表明其身份的识别符。

第三节 应急演练准备

组织突发事件应急演练首先应建立演练领导机构，即成立应急演练领导小组和应急演练策划小组。策划小组在应急演练准备阶段应完成确定演练目标和范围，编写演练方案，制定演练现场规则，并进行人员培训等。

一、制定演练计划

演练计划是突发事件应急职能管理部门对应急演练的基本构想和准备活动的初步安排，演练计划由文案组编制，经策划部审查后报演练领导小组批准。主要内容包括演练的目的、方式、时间、地点、日程安排、经费预算和保障措施等。

（1）确定演练目的，明确举办应急演练的原因、演练要解决的问题和期望达到的效果等。

（2）分析演练需求，在对事先设定事件的风险及应急预案进行认真分析的基础上，确定需调整的演练人员、需锻炼的技能、需检验的设备、需完善的应急处置流程和需进一步明确的职责等。

（3）确定演练范围，根据演练需求、经费、资源和时间等条件的限制，确定演练事件类型、等级、地域、参演机构及人数、演练方式等。演练需求和演练范围往往互为影响。

（4）安排演练准备与实施的日程计划，包括各种演练文件编写与审定的期限、物资器材准备的期限、演练实施的日期等。

（5）编制演练经费预算，明确演练经费筹措渠道。

应急演练工作流程如图 7-1 所示。

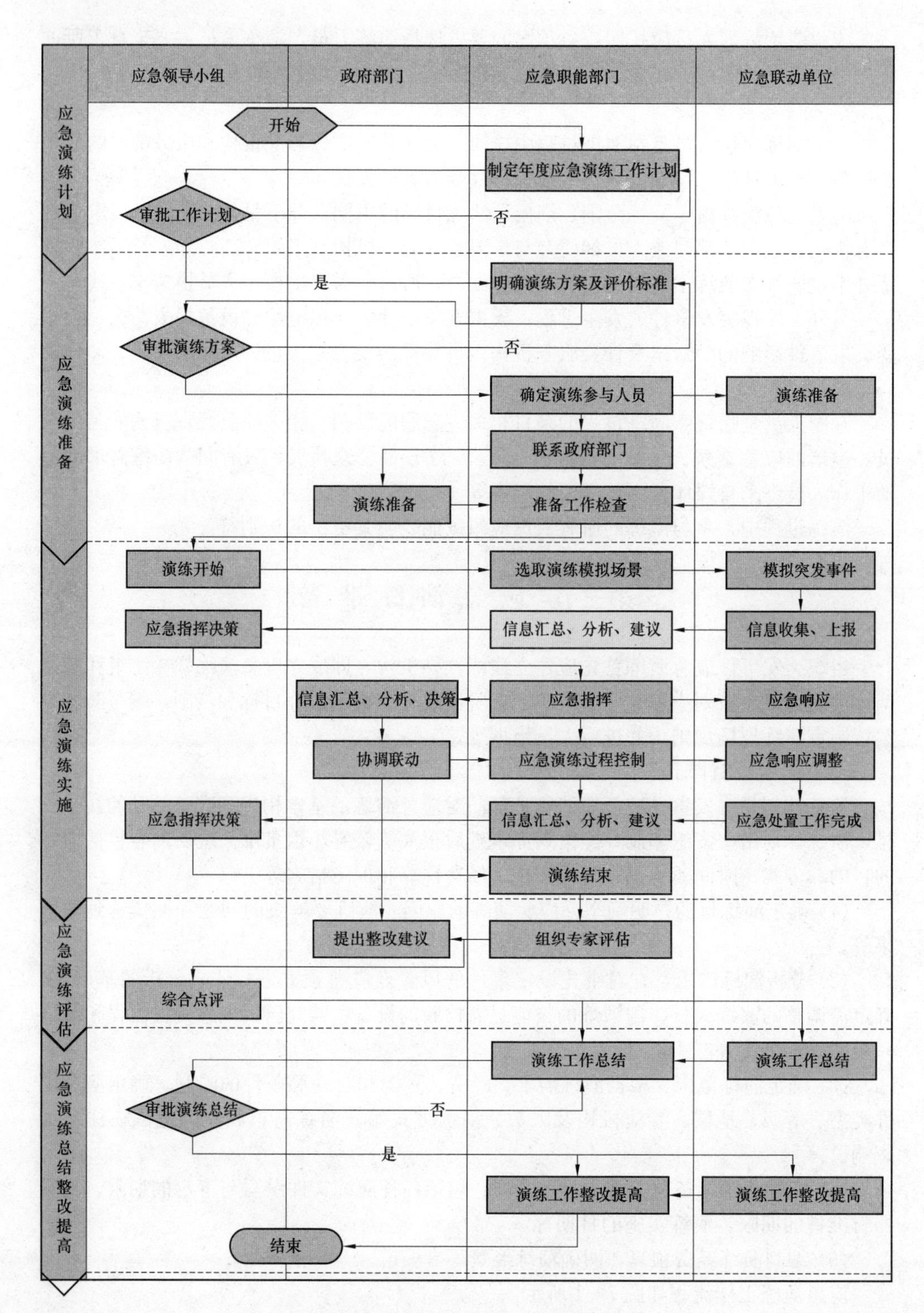

图7－1　应急演练工作流程

二、设计演练方案

演练方案是指根据演练目的和应达到的演练目标，对演练性质、规模、参演单位和人员、设计的突发事件、情景事件及其顺序、气象条件、响应行动、评估标准与方法、时间尺度等制定的总体设计。是针对某场应急演练确定的全盘计划，既有系统性又要重视细节。应急演练方案由文案组编写，通过评审后由应急演练领导小组批准，必要时还需报有关主管单位同意并备案。主要内容包括演练目标、演练情景、演练实施步骤、现场演练规则、评估标准与方法、后勤保障、安全注意事项等。

1. 确定演练目标

策划小组应在演练需求分析的基础上确定演练目标。通过评估以往发生的典型突发事件和演练案例的基础上，分析本次演练需重点解决的问题、需检验的应急响应功能和演练涉及范围。

应急演练目标是需完成的主要演练任务及其达到的效果，评估应急组织、人员应急准备状态和能力的指标。一般说明“由谁在什么条件下完成什么任务，依据什么标准，取得什么效果”。演练目标应简单、具体、可量化、可实现并注重演练结果。一次演练一般有若干项演练目标，每项演练目标都要在演练方案中有相应的事件和演练活动予以体现，并在演练评估中有相应的评估项目判断该目标的实现情况。以下演练目标基本涵盖突发事件应急准备过程中，应急机构、组织和人员应展示出的各种能力。在设计演练方案时应围绕这些演练目标展开。根据重要程度和权重将演练目标分为A、B、C三类，以决定演练的频次要求。

（1）应急动员。应急动员主要检验供电企业通知应急组织、动员应急响应人员的能力。本目标要求供电企业应具备在各种情况下警告、通知和动员应急响应人员的能力，以及启动应急设施和为应急设施调配人员的能力。供电企业不但要采取系列举措，向应急响应人员发出预警，通知或动员有关应急响应人员即时到位，还要及时启动应急指挥中心和其他应急技术支持设施，使相关应急设施从正常运转状态进入紧急运转状态。

（2）指挥和控制。指挥和控制主要检验指挥、协调和控制应急响应活动的能力。本目标要求各级供电企业应具备应急过程中控制所有响应行动的能力。事故现场指挥人员、应急指挥中心指挥人员和应急组织、行动小组负责人员都应按应急预案要求，建立应对突发事件指挥系统，考核指挥和控制应急响应行动的能力。

在演练方案中还应规定控制信息的传递方式和格式，以便控制人员根据需要发布控制信息，以诱使、引导演练人员做出正确的回应。控制消息主要包括消息来源、传递方式、内容、接收方、传递时机等，消息的传递方式主要有电话、无线通信、视频传达、短信或传真传达等。

（3）事态评估。事态评估主要考核获取突发事件信息、识别突发事件原因和致害物、判断事故影响及致其潜在危险的能力。本目标要求应急组织具备主动评估突发事件危险性的能力。即各级供电企业应具备通过各种方式和渠道，积极收集、获取突发事件信息，评估、调查人员伤亡和财产损失、现场危险性以及影响范围等有关情况的能力；具备根据所获信息，判断突发事件影响范围，以及对居民和环境的中长期危害的能力；具备确定进一步调查所需资源的能力；具备及时通知上级应急职能部门的能力。

(4) 资源管理。资源管理主要考核动员和管理应急响应行动所需资源的能力。本目标要求各级供电企业具备根据事态评估结果识别应急资源需求的能力，以及动员和整合内外部应急资源的能力。

(5) 通信。通信主要考核与所有应急响应地点、应急组织和应急响应人员有效通信交流的能力。本目标要求各级供电企业建立可靠的主通信系统和备用通信系统，以便与有关岗位的关键人员保持联系。供电企业的通信能力应与应急预案中的要求相一致。通信能力主要体现在通信系统及其执行程序的有效性和可操作性方面。

(6) 应急设施、装备和信息显示。应急设施、装备和信息显示主要考核应急设施、装备、地图、显示器材及其他应急支持资料的准备情况。本目标要求供电企业具备足够应急设施，而且应急设施内装备、地图、显示器材和应急支持资料的准备与管理状况能满足支持应急响应活动的需要。

(7) 预警与紧急公告。预警与紧急公告主要考核向公众发出预警和宣传保护措施的能力。本目标要求供电企业具备按照应急预案中的规定，迅速完成向受突发事件影响供电区域内公众发布应急防护措施命令和信息的能力。

(8) 公共信息。公共信息主要考核及时向媒体和公众发布准确信息的能力。本目标要求供电企业具备向公众发布确切信息和行动命令的能力。即供电企业应具备协调其他应急组织，确定信息发布内容的能力；具备及时通过媒体发布准确信息，确保公众能及时了解准确、完整和通俗易懂信息的能力；具备控制谣言，澄清不实传言的能力。

(9) 公众保护措施。公共保护措施主要考核根据危险性质制定并采取公众保护措施的能力。本目标要求供电企业具备根据事态发展和危险性质选择并实施恰当公众保护措施的能力，包括选择并实施对大型社区、学校等特殊人群保护措施的能力。

(10) 应急响应人员安全。演练方案和情景设计中应说明安全要求和原则，以防给演练参与人员或公众的安全健康带来危害。应急响应人员安全主要考核监测、控制应急响应人员面临危险的能力。本目标要求供电企业具备保护应急响应人员安全和健康的能力，主要强调应急区域划分、个体防护装备配备、事态评估机制与通信活动的管理。

(11) 交通管制。交通管制主要考核控制交通流量，控制疏散区和安置区交通出人口的组织能力和资源。本目标要求供电企业具备协调管制疏散区域交通道口的能力，主要强调交通控制点设置、执法人员配备和路障清除等活动的管理。

(12) 人员登记、隔离与去污。人员登记、隔离与消毒过程，考核监控与控制紧急情况的能力。本目标要求供电企业具备在适当地点（如接待中心）对疏散人员进行污染监测、去污和登记的能力，主要强调硫化氢、六氟化硫等污染物监测、去污和登记活动相关的执行程序、设施、设备和人员情况。

(13) 人员安置。人员安置主要考核收容被疏散人员的程序、安置设施和装备，以及服务人员的准备情况。本目标要求供电企业具备在适当地点建立人员应急避险安置中心的能力，人员应急避险安置中心一般设在学校、公园、体育场馆及其他建筑设施中，要求可提供生活必备条件，如应急照明、避难所、食品、厕所、医疗与健康服务等。

(14) 紧急医疗服务。紧急医疗服务主要考核供电企业与公共卫生系统协调联动过程中有关转运伤员的工作程序、交通工具、设施和服务人员的准备情况，以及检验医护人员、医疗设施的准备情况。本目标要求供电企业具备将伤病人员运往医疗机构的能力和为伤病人员提供医疗服务的能力。转运伤病人员既要求供电企业具备相应的交通运输能力，也要求具备确定伤病人员运往何处的决策能力，并且，有能够开展恰当的院前处置伤病员的卫生员和医疗器材。医疗服务主要是指医疗人员接收伤病人员过程中的所有响应行动。

(15) 24h不间断应急。主要考核保持24h不间断的应急响应能力。本目标要求供电企业在应急过程中具备保持24h不间断运行的能力。重大事故应急过程可能需坚持1天以上的时间，一些关键应急职能需维持24h的不间断运行，因而供电企业应能安排多班次人员轮班工作，并周密安排交接班过程，确保应急过程的持续性。

(16) 增援国家、省及其他地区。增援国家、省及其他地区主要考核识别外部增援需求的能力和向上级供电企业提出外部增援要求的能力。本目标要求供电企业具备向国家、省及其他地区请求增援，及向外部增援机构提供资源支持的能力，主要强调供电企业应及时识别增援需求、提出增援请求和向增援机构提供支持等能力。

(17) 突发事件控制与现场恢复。突发事件控制与现场恢复主要考核采取有效措施控制突发事件发展和恢复现场的能力。本目标检验供电企业具备采取针对性措施，有效控制突发事件发展和清理、恢复现场的能力。突发事件控制是指供电企业应及时恢复供电，以避免事态进一步恶化。现场恢复是指供电企业为履行社会责任保护公众安全健康，在应急响应后期采取的恢复主要生产、生活服务设施供电等一系列措施的实施活动。

(18) 文件化与调查。文件化与调查主要考核为突发事件及其应急响应过程提供文件资料的能力。本目标要求供电企业具备根据突发事件及其应急响应过程中的记录、日志等文件资料，调查分析突发事件原因并提出应急存在的不足和改进建议的能力。从突发事件发生到应急响应过程基本结束，参与应急的各类应急组织应按有关法律法规和应急预案中的规定，执行记录保存、报告编写等工作程序和制度，保存与突发事件相关的记录、日志及报告等文件资料，供突发事件调查及应急响应分析使用。

2. 设计应急演练情景与实施步骤

应急演练情景指根据应急演练的目标要求和突发事件发生与演变的规律，事先假设的突发事件一系列的发生发展过程情景事件，引入这些需要应急组织做出相应响应行动的事件，使得应急演练不断进行，从而全面检验演练目标。一般从突发事件发生的时间、地点、状态特征、被影响区域、周边环境、气象条件、可能的后果以及随时间的演变进程等方面进行描述。

设计应急演练情景时应尽可能结合实际情况，具有一定的真实性。为增强应急演练情景的真实程度，策划小组可以对历史上发生过的突发事件案例进行研究，将其中一些信息纳入应急演练情景中或在应急演练中采用一些道具或其他模拟材料等手段。

情景事件的时间尺度可以与真实事故的时间尺度相一致，也可以视情况将情景事件的时间尺度缩短。只要有可能尽量保持一致，特别是应急演练的早期阶段，能使演练人员了解可能用来完成他们自己特定任务的真实时间是非常必要的，特别是当应急演练涉及反映应急组织之间的协同配合时，时间尺度的真实性是很关键的。当用作演练的时间受限时，可以根据演练目标的要求压缩时间尺度，无特殊需要不应延长时间尺度。

应急演练人员在演练中的一切分析、判断及应急响应行动，主要针对假想突发事件及其发展变化而产生的，应急演练情景要为应急演练活动提供初始条件，还要通过一系列的情景事件引导应急演练活动继续，直至应急演练完成。应急演练情景包括应急演练场景概述和应急演练场景清单。

(1) 应急演练场景概述。要对每一处应急演练场景的概要说明，主要说明事件类别、发生的时间地点、发展速度、强度与危险性、受影响范围、人员和物资分布、已造成的损失、后续发展预测、气象及其他环境条件等。

(2) 应急演练场景清单。要明确应急演练过程中各场景的时间顺序列表和空间分布情况。应急演练场景之间的逻辑关联依赖于事件发展规律、控制消息和演练人员收到控制消息后应采取的行动。

3. 设计评估标准与方法

应急演练评估是通过观察、体验和记录演练活动，比较应急演练实际效果与目标之间的差异，总结应急演练成效和不足的过程。应急演练评估应以应急演练目标为基础。每项应急演练目标都要设计合理的评估项目方法和标准。根据应急演练目标的不同，可以用否决项主观评分（如发电车未能在规定时间到达现场该项不得分、快装塔未能在规定时间内架设完成该项不得分、未能在规定时间内发布新闻通稿该项不得分）、定量测量（如某项响应时间 20min 以内得 10 分、30min 以内得 5 分、40min 以内得 2 分、40min 以上不得分）等方法进行评估。

为便于应急演练评估操作，通常事先设计好评估表格，包括应急演练目标、评估方法、评估标准和相关记录项等。有条件时还可以采用专业评估软件等工具。

4. 编写应急演练方案文件

应急演练方案文件是指导应急演练实施的详细工作文件。根据应急演练类别和规模的不同，应急演练方案可以编为一个或多个文件。编为多个文件时可包括演练人员手册、应急演练控制指南、应急演练评估指南、应急演练宣传方案、应急演练脚本等，分别发给相关人员。可以以书面、PPT、视频或其他方式向演练人员说明。对涉密应急预案的演练或不宜公开的演练内容，还要制订保密措施。

(1) 应急演练人员手册。是指向应急演练人员提供的有关演练具体信息、程序的说明文件，内容主要包括演练概述、组织机构、时间、地点、参演单位、演练目的、演练情景概述、演练现场标识、演练后勤保障、演练规则、安全注意事项、通信联系方式等，但不包括演练细节，如情景事件等。演练人员手册可发放给所有参加演练的人员。

(2) 应急演练控制指南。是指有关应急演练控制、模拟和保障等活动的工作程序和职责的说明，内容主要包括应急演练情景概述、应急演练事件清单、应急演练场景说明、参演人员及其位置、应急演练控制规则、控制人员组织结构与职责、通信联系方式、后勤保障和行政管理机构等事项。应急演练控制指南主要供演练控制人员使用。

1) 应急演练情景概述的主要作用是描述突发事件情景，为应急演练人员的演练活动提供初始条件和初始事件。包括发生何种突发事件、发生时间、发生地点、是否预先发出预警。发展过程、突发事件的发展速度、强度与危险性，采取了哪些先期处置行动，已造成的人员、电网、设备和财产损失情况，突发事件发生时的气象条件等与演练情景相关的影响因素。

2）应急演练事件清单是指应急演练过程中需引入情景事件（包括重大事件或次级事件）的按时间顺序列表，其内容主要包括情景事件及其控制消息和期望行动，以及传递控制消息时间或时机。情景事件总清单主要供控制人员管理演练过程使用，其目的是确保控制人员了解情景事件应何时发生、应何时输入控制消息等。

（3）应急演练评估指南。内容主要包括应急演练情景概述、应急演练事件清单、应急演练目标、应急演练场景说明、参演人员及其位置、评估人员组织结构与职责、评估人员位置、评估准则、评估程序、评估策略、评估表格及相关工具、通信联系方式等，以及评估人员在应急演练准备、实施和总结阶段的职责和任务的详细说明。应急演练评估指南主要供演练评估人员使用。

（4）应急演练宣传方案。内容主要包括：宣传目标、宣传方式、传播途径、主要任务及分工、技术支持、通信联系方式等。

（5）应急演练脚本。对于重大综合性示范演练，应急演练组织单位要编写演练脚本，描述应急演练事件场景、处置行动、执行人员、指令与对白、视频背景与字幕、解说词等。

（6）通信录。是指记录关键应急演练人员通信联络方式及其所在位置等信息的文件。

5. 应急演练现场规则

应急演练现场规则是指为确保应急演练安全而制定的对有关应急演练和应急演练控制、参与人员职责、实际紧急事件、法规符合性、应急演练结束程序等事项的规定或要求。应急演练安全既包括演练参与人员的安全，也包括电网、公众和环境的安全。确保应急演练安全是应急演练策划过程中一项极其重要的工作，策划小组应制定应急演练现场规则，该规则中应包括如下方面的内容。

（1）应急演练过程中所有消息或沟通必须以“这是一次演练”作为开头或结束语，如果事先不通知演练开始日期，那么应急演练必须有足够的安全监督措施。

（2）参与应急演练的所有人员不得采取降低保证本人或公众安全条件的行动，不得进入禁止进入的区域，不得接触不必要的危险，也不得使他人遭受危险，无安全管理人员陪同时不得穿越高速公路、铁道或其他危险区域。

（3）应急演练过程中不得把假想突发事件、情景突发事件或模拟条件错当成真实的，特别是在可能使用模拟方法来提高应急演练真实程度的地方，如使用烟雾发生器、虚构伤亡事故和灭火地段等，当计划这种模拟行动时，事先必须考虑可能影响设施安全运行的所有问题。

（4）应急演练不应要求承受极端的气候条件（如不要达到可以称为自然灾害的水平）、高辐射或污染水平，不应为了应急演练需要的技巧而污染大气或造成类似危险。

（5）参演的应急响应设施、人员不得预先启动、集结，所有应急演练人员在演练突发事件促使其做出响应行动前应处于正常的工作状态。

（6）除应急演练方案或情景设计中列出的可模拟行动，以及控制人员的指令外，应急演练人员应将演练突发事件或信息当作真实事件或信息做出响应，应将模拟的危险条件当作真实情况采取应急行动。

(7) 参加应急演练的所有人员应当遵守相关法律法规，服从执法人员的指令。控制人员应仅向参加应急演练人员提供与其所承担功能有关并由其负责发布的信息，应急演练人员必须通过现有紧急信息获取渠道了解必要的信息，应急演练过程中传递的所有信息都必须具有明显标志。

(8) 应急演练过程中不应妨碍发现真正的紧急情况，应同时制定发现真正紧急事件时可立即终止、取消应急演练的程序，迅速、明确地通知所有响应人员从应急演练到真正应急的转变。

(9) 应急演练人员没有启动演练方案中的关键行动时，控制人员可发布控制消息，指导演练人员采取相应行动，也可提供现场培训活动，帮助演练人员完成关键行动。

应急演练过程中，虽然遵守演练现场规则、留意不安全情况是每一名应急演练参与人员的职责，但为确保应急演练安全，策划小组应指定安全管理人员，他们唯一职责就是监督应急演练过程的安全。

6. 演练方案评审

对综合性较强、风险较大的应急演练，评估组要对文案组制订的演练方案进行评审，确保演练方案科学可行，以确保应急演练工作的顺利进行。

三、应急演练动员、确定评估人员、参加演练人员培训

1. 应急演练动员

在应急演练开始前要进行演练动员，确保所有应急演练参与人员掌握应急演练规则、应急演练情景和各自在应急演练中的任务。

2. 确定评估人员

策划小组在组织实施功能和全面应急演练前，应按要求确定应急演练所需评估人员数量和应具有的专业技能，分配评估人员所负责的应急组织和演练目标。

评估人员数量根据应急演练规模和类型而定，对于参演应急组织、演练地点和演练目标较多的演练，评估人员数量也会相应增加。

评估人员应来自应急职能管理部门或相关组织及单位，对应急演练和应急演练评估工作有一定的了解，并具备较好的语言和文字表达能力，必要的组织和分析能力，以及处理敏感事务的行政管理能力。此外，评估人员还应具备团队意识、客观、坚韧、思维敏捷和诚实等个人品质。

评估人员必须十分熟悉演练目标、评估准则、演练范围以及应急演练评估程序与评估方法。

3. 应急演练参与人员培训

所有应急演练参与人员都要经过应急基本知识、应急演练基本概念、应急演练现场规则等方面的培训。

(1) 控制人员。对控制人员要进行岗位职责、应急演练过程控制和管理等方面的培训。

(2) 评估人员。对应急演练评估人员要进行岗位职责、演练目标、评估准则、应急演练范围、应急演练现场评估方法、评估程序、工具使用等方面的培训。应急预案及其执行程序，主要介绍其中有较大修订的部分。各应急组织之间的差异，主要介绍各应急组织在职责、保护措施决策及其他有关应急准备和响应方面的差异。应急演练评估人员承担某项评估任务所要求的特殊约定。应急演练评估、总结阶段有关应急演练评估人员与应急演练人员访谈工作的具体要求。

(3) 参演人员。对参演人员要进行应急预案、应急技能及个体防护装备使用等方面的培训。

四、应急演练保障

1. 人员保障

应急演练参与人员一般包括应急演练领导小组、应急演练指挥长、总策划、文案人员、控制人员、评估人员、保障人员、参演人员、模拟人员、观摩人员等。在应急演练的准备过程中，应急演练组织单位和参与单位应合理安排工作，保证相关人员参与应急演练活动的时间，通过组织观摩学习和培训，提高参加应急演练人员素质和技能。

2. 经费保障

应急演练组织单位每年要根据应急演练规划编制应急演练经费预算，纳入该单位的年度财务预算，并按照应急演练需要及时拨付经费。对经费使用情况进行监督检查，确保应急演练经费专款专用、节约高效。

3. 场地保障

根据应急演练方式和内容，经现场勘察后选择合适的演练场地。桌面演练一般可选择会议室或应急指挥中心等。实战演练应选择与实际情况相似的地点，并根据需要设置指挥部、集结点、接待站、供应站、救护站、停车场等设施。应急演练场地应有足够的空间，良好的交通、生活、卫生和安全条件，尽量避免干扰公众生产生活。

4. 物资和器材保障

根据需要，准备必要的演练材料、物资和器材，制作必要的模型设施等，主要包括：

(1) 信息材料。主要包括应急预案和应急演练方案的纸质文本、演示文档、图表、地图、软件等。

(2) 物资设备。主要包括各种应急抢险物资、特种装备、办公设备、录音摄像设备、信息显示设备等。

(3) 通信器材。主要包括固定电话、移动电话、对讲机、海事电话、传真机、计算机、无线局域网、视频通信器材和其他配套器材，尽可能使用已有通信器材。

(4) 应急演练情景模型。搭建必要的模拟场景及装置设施。

5. 通信保障

应急演练过程中应急指挥机构、总策划、控制人员、参演人员、模拟人员之间要有及时可靠的信息传递渠道。根据演练需要，可以采用卫星电话、无线网络通信等多种公用或专用通信系统，必要时可组建演练专用通信与信息网络，确保演练控制信息的快速传递。

6. 安全保障

应急演练组织单位要高度重视应急演练组织与实施全过程的安全保障工作。大型或高风险应急演练活动要按规定制定专门应急预案，采取预防措施，并对关键部位和环节可能出现的突发事件进行针对性演练。根据需要为应急演练人员配备个体防护装备，购买商业保险。

对可能影响公众生活、易于引起公众误解和恐慌的应急演练，应提前向社会发布公告，告示演练内容、时间、地点和组织单位，并做好应对方案，避免造成负面影响。

应急演练现场要有必要的安保措施，必要时对应急演练现场进行封闭或管制，保证应急演练安全进行。应急演练出现意外情况时，应急演练指挥长与其他领导小组成员会商后可提前终止演练。

五、应急演练方案介绍会议

应急演练策划小组完成突发事件应急演练准备，以及对应急演练方案、应急演练场地、应急演练保障措施的最后调整后，立即分别组织召开控制人员、评估人员、演练人员的情况介绍会，确保所有参加应急演练人员了解应急演练现场规则、应急演练情景和应急演练计划中与各自工作相关部分的内容。

1. 控制人员、模拟人员情况介绍会议

控制人员、模拟人员情况介绍会议主要是根据应急演练方案讲解下述事项。

1）应急演练情景的所有内容，包括响应人员的预期行动。

2）各控制人员（含模拟人员）的工作岗位、任务及其详细要求。

3）控制人员之间的通信联系方式方法。

4）有关应急演练工作的行政与后勤管理措施。

5）应急演练现场规则及有关应急演练安全保证措施的详细要求。

6）有关情景事件中复杂和敏感部分的控制细节。

应急演练《情景说明书》基本结构见表7-2。

表7-2　应急演练《情景说明书》基本结构

序号	项　目	内容要素说明
1	突发事件情景的启动	突发事件情景被触发的方式（自然灾害、外力破坏、设备损坏、系统失去稳定、非正常运行方式单一或组合发生所引起）
2	突发事件情景的描述	场景发生的具体地理位置 场景发生时间前、后连续发生的事件 连续事件触发方式 当时气象条件 场景假设条件
3	突发事件可能造成的负面影响	次生、衍生灾害（事件、事故） 人员伤亡 财产损失 受突发事件影响的区域
4	任务描述	应急资源调动 紧急情况的评估、诊断 应急管理及响应现场处置措施 人员的控制与保护 受害人员的处置 事件调查与处理 现场恢复

注　该表为保密级别，密期三个月。

2. 应急演练评估人员情况介绍会议

应急演练评估人员情况介绍会主要是根据应急演练方案讲解下述事项。

1）应急演练情景的所有内容，包括响应人员的预期行动。

2）场外应急响应活动的指导思想与原则。

3）应急演练目标、评估准则、演练范围及应急演练协议。

4）应急演练现场规则及有关应急演练安全保证措施的详细要求。

5）评估组成员介绍，各评估人员的工作岗位、任务及其详细要求。

6）评估人员承担某项评估任务所要求的特殊约定。

7）评估方法、评估人员应提交的文字资料及提交时间要求。

8）应急演练总结阶段评估人员应参与的会议。

9）场外应急预案及执行程序的新规定或要求。

3. 应急演练人员情况介绍会议

应急演练人员情况介绍会不得讲解与演练情景相关的内容，而是根据演练方案讲解演练人员演练前应当知道的信息，一般包括下述事项。

1）应急演练现场规则及有关应急演练安全保证措施的详细要求。

2）应急演练目标和应急演练范围（策划小组应尽量使用通俗语言简要介绍演练目标与演练范围，以避免泄露演练情景）。

3）应急演练过程中设定可公布的模拟行动。

4）各类应急演练参与人员的识别方式。

5）应急演练开始的初始条件。

6）应急演练过程中有关行政事务、后勤或通信联系方式的特殊要求。

策划小组可向参加应急演练人员分发演练人员手册，说明演练适用范围、演练大致日期（不说明具体时间）、参与应急演练的应急组织、应急演练目标的大致情况、应急演练现场规则、采取模拟方式进行应急演练的行动等信息。

第四节　应急演练实施

应急演练实施阶段指从宣布初始突发事件起到演练结束的整个过程。虽然应急演练的类型、规模、持续时间、演练情景和演练目标等有所不同，但演练过程中均应包括演练启动、演练控制、演练实施和演练结束等阶段。

一、应急演练启动

应急演练正式启动前一般要举行简短仪式，由应急演练指挥长宣布演练开始并启动演练活动。

二、应急演练执行

1. 应急演练指挥与行动

（1）应急演练指挥长负责演练实施全过程的指挥控制。当应急演练指挥长不兼任总策划时，一般由指挥长授权总策划对应急演练过程进行控制。

（2）按照应急演练方案要求，应急指挥机构指挥各参演队伍和人员，开展对模拟突发事件的应急处置行动，完成各项演练活动。

(3) 应急演练控制人员应充分掌握应急演练方案，按总策划的要求，熟练发布控制信息，协调参演人员完成各项演练任务。

(4) 参演人员根据控制消息和指令，按照应急演练方案规定的程序开展应急处置行动，完成各项演练活动。

(5) 模拟人员按照应急演练方案要求，模拟未参加应急演练的单位或人员的行动，并做出信息反馈。

2. 应急演练过程控制

总策划负责按应急演练方案控制演练过程。

(1) 桌面演练过程控制。在讨论式桌面演练中，演练活动主要是围绕对所提出问题进行讨论。由总策划以口头或书面形式部署引入一个或若干个问题。参演人员根据应急预案及有关规定，讨论应采取的行动。

在角色扮演或推演式桌面演练中，由总策划按照应急演练方案发出控制消息，参演人员接收到事件信息后，通过角色扮演或模拟操作，完成应急处置活动。

(2) 实战演练过程控制。在实战演练中，要通过传递控制消息来控制演练进程。总策划按照应急演练方案发出控制消息，控制人员向参演人员和模拟人员传递控制消息。参演人员和模拟人员接收到信息后，按照发生真实事件时的应急处置程序或根据应急行动方案，采取相应的应急处置行动。

控制消息可由人工传递，也可以用对讲机、电话、手机、传真机、网络等方式传送或通过特定的声音、标志、视频等呈现。演练过程中，控制人员应随时掌握演练进展情况，并向总策划报告演练中出现的各种问题。

3. 演练解说

在应急演练实施过程中，应急演练组织单位可以安排专人对演练过程进行解说。解说内容一般包括演练背景描述、进程讲解、案例介绍、环境渲染等。对于有应急演练脚本的大型综合性示范演练，可按照脚本中的解说词进行讲解。

4. 演练记录

应急演练实施过程中，一般要安排专门人员，采用文字、照片和音像等手段记录应急演练过程。文字记录一般可由评估人员完成，主要包括应急演练实际开始与结束时间、应急演练过程控制情况、各项应急演练活动中参演人员的表现、意外情况及其处置等内容，尤其要详细记录可能出现的电网运行事件或人员“伤亡”（如进入“危险”场所而无安全防护，在规定的时间内不能完成疏散等）及电网、设备“损失”和重要用户供电中断等情况。

照片和音像记录可安排专业人员和宣传人员在不同现场、不同角度进行拍摄，尽可能全方位反映应急演练实施过程。

5. 演练宣传报道

应急演练宣传组按照演练宣传方案做好应急演练宣传报道工作。认真做好信息采集、媒体组织、广播电视节目现场采编和播报等工作，扩大应急演练的宣传教育效果。对涉密应急演练要做好相关保密工作。

三、演练结束与终止

应急演练完毕，由总策划发出结束信号，应急演练指挥长宣布演练结束。应急演练结束后所有人员停止演练活动，按预定方案集合进行现场总结讲评或组织疏散。保障部负责组织人员对演练场地进行清理和恢复。

应急演练实施过程中出现下列情况，经演练领导小组决定，由应急演练总指挥按照事先规定的程序和指令终止演练。

(1) 出现真实突发事件，需要参演人员参与应急处置时，要终止演练，使参演人员迅速回归其工作岗位，履行应急处置职责。

(2) 出现特殊或意外情况，短时间内不能妥善处理或解决时，可提前终止演练。

第五节 应急演练评估与总结

应急演练评估是通过观察、记录演练活动以及分析演练资料，对情景设计与准备、参演人员对情景事件响应的适宜程度、应急预案的执行及其有效性和适用性，以及应急救援设备、设施的利用及其适用性等内容进行客观评估的过程。由专业人员在全面分析应急演练记录及相关资料的基础上，对比参演人员表现与应急演练目标要求，对应急演练活动及其组织过程做出客观评估，并编写应急演练评估报告的过程。应急演练结束后可通过组织评估会议、填写应急演练评估表和对参演人员进行访谈等方式，也可要求参演单位提供自我评估总结材料，进一步收集应急演练组织实施的情况。所有应急演练活动都应进行应急演练评估。

应急演练评估报告的主要内容一般包括应急演练执行情况、预案的合理性与可操作性、应急指挥人员的指挥协调能力、参演人员的处置能力、应急演练所用设备装备的适用性、应急演练目标的实现情况、应急演练的成本效益分析、对完善预案的建议等。应急演练就是针对生产经营过程中存在的危险源或有害因素而预先设定的突发事件状况（包括突发事件发生的时间、地点、特征、波及范围以及变化趋势等）事故情景，依据应急预案而模拟开展的预警与报告、指挥与协调、应急通信、现场处置等活动。

一、应急演练评估前期

（一）应急演练评估的需求分析

制定应急演练评估计划之前，应做好应急演练评估的需求分析，初步确定评估工作的内容、程序以及拟采取的方法。应急演练评估需求分析应依据应急演练计划、演练方案等文件进行。

（二）应急演练评估的目的

1）发现应急管理单位应急体系建设是否完善，应急制度和标准是否健全、体系运转是否顺畅。

2）发现应急预案在应急状态下的执行情况及其有效性和适用性。

3）发现应急人员熟悉应急预案和掌握应急处置措施的程度并在各种紧急情况下妥善处置突发事件的能力。

4）发现应急管理相关部门、单位和人员是否能熟悉各自工作职责，并能够有效协调联动和相互配合。

5）发现应急物资、装备等方面的准备是否充分或满足应急工作需要，进而及时予以调整补充并提高其适用性和可靠性。

（三）应急演练评估依据

应急演练评估依据主要参考：①国家有关的法律、法规、标准及有关规定的要求；②应急演练部门或单位的应急预案；③应急演练部门或单位的相关技术标准、操作规程或管理制度；④相关事故应急救援或调查处理的材料；⑤其他相关材料。

（四）应急演练总体评估内容

（1）应急演练目标设置。目标是否明确，内容是否设置科学、合理。

（2）应急演练的突发事件情景设置。突发事件情景是否符合应急演练单位实际，是否有利于促进实现应急演练目标和提高应急演练单位应急能力。

（3）应急演练流程。应急演练设计的各个环节及整体流程是否科学和合理。

（4）参与人员表现。参与人员是否能够以认真态度融入到整体应急演练活动中，并能够及时、有效完成应急演练中设置的岗位角色工作内容。

（5）风险控制。对应急演练中风险是否进行全面分析，并针对这些风险制定和采取有效控制措施。

（五）选择应急演练评估的方式方法

应急演练评估主要是通过应急演练评估人员对演练活动或演练人员的表现进行观察、提问、听对方陈述、检查、比对、验证、实测等获取客观证据的方式进行。

根据应急演练目标的不同，可以用选择项、主观评分、定量测量等方法进行评估。一般采用检查记录表和评分表形式，对应急演练文件以及实施的全过程是否满足应急演练设定要求进行评估和打分，根据应急演练评估结果，确定应急演练中体现的优点和长处，以及应急演练发现的问题及不足。

（六）制定应急演练评估标准

应急演练评估组召集有关方面和人员，根据应急演练总体目标和各参与机构的目标以及演练的具体情景事件、应急演练流程和技术保障方案，商讨确定应急演练评估方法、标准。应急演练评估应以演练目标为基础。每项演练目标都要设计合理的评估项目方法、标准。

为便于演练评估操作，通常事先设计好评估表格，包括演练目标、评估方法、评估标准和相关记录项等。

（七）编写应急演练评估方案

（1）演练信息。应急演练目的和目标、情景描述，应急行动与应对措施简介等。

（2）评估内容。应急演练准备、应急演练流程、参与人员表现、协调联动等内容。

（3）评估标准。应急演练定性或定量化的评估内容及要求，应具有科学性和可操作性。

（4）评估程序。为保证评估结果的准确性，针对评估过程做出的程序性规定。

（5）附件。演练评估所需要用到的相关表格等。

（八）准备应急演练评估材料、器材

根据应急演练需要，准备应急演练评估工作所需的相关材料、器材，主要包括应急演练评估方案文本、评估表格、记录表、文具、通信设备、摄像或录音设备、计算机或相关评估软件等。

二、应急演练各阶段的指标评估

根据应急演练评估方案安排，应急演练评估人员在演练前进入相应的评估位置，做好开展观察和记录演练信息和数据的准备（如准备应急演练评估表格，以及计时、照相、录音和摄像等设备），通过仔细观察演练实施及进展情况，及时评判演练预定目标实现情况并记录演练过程中发现的各种突出问题、情况。

（一）应急演练准备阶段的指标评估

应急演练过程是按照应急演练方案的设计而逐步展开的，应急演练方案的设计要把各级应急预案的内容作为基础来进行应急演练设计并开展演练的各项准备工作。这样才能发现应急预案在应对突发事件时各个环节中存在的问题，才能及时地解决问题，应急演练评估才能更好地发挥作用。在应急演练的准备阶段主要考核：应急预案的编制、审核、批准，应急演练方案的确定，重点检查现场规则、现场安全措施及事件模拟的设置等。

（二）应急演练阶段的指标评估

1. 预警与信息报告

预警是对灾害事件发生的时间、规模、后果等做出的提前预测，预警发出的对象包括可能遭受灾害影响的公众和参加紧急事态应对的相关人员和组织。对于可能造成对客户供电产生影响的事件，如自然灾害、恶劣天气、非正常的电网运行方式、重要设备运行状态不良、爆发公共卫生事件等都会构成预警条件。

在预警及信息报告阶段主要考核以下内容。

1）参加应急演练单位根据监测监控系统数据变化状况、事故险情紧急程度和发展趋势、有关部门提供的信息进行及时预警。

2）应急演练单位内部信息通报系统快速建立，并及时通知到有关部门及人员。

3）在规定时间内完成向上级主管部门和地方政府报告事故信息程序。

4）能够快速向本单位以外的有关部门或单位通报事故信息。

5）当正常渠道或系统不能发挥作用时，参加应急演练单位应能及时采用备用方式和补救措施完成预警和通知的行动。

6）所有人员及部门联系方式均是最新的并联系有效。

供电企业向系统内部发出预警的主要内容应包括：关于事件的准确信息、受影响的区域、事件将会产生的主要影响、预先的准备性工作、应急基干队伍集结的地点、应急专业队伍的准备工作、应急装备的领用以及应急指挥中心的电话号码等。

供电企业向有可能受到突发事件影响的地区客户发布预警的主要内容应包括：关于事件的准确信息、受影响的区域、事件将会产生的主要影响、需要预先做的准备工作以及客户服务中心的电话号码。发布渠道包括：广播、电视、微信、微博等媒体和社区、物业喇叭广播及上门通知等手段等。

2. 指挥中心的启动

发生突发事件，按照应急响应要求启动应急指挥中心是指挥长的首要责任。应急指挥中心是指挥长组织应对突发事件的指挥中枢，由此沟通现场和各个部门，下达应对突发事件的各种指令。随着突发事件的发展和升级，应急指挥中心应能够与上级和政府部门的应急指挥中心相接驳，并且在必要时有增设现场指挥分中心的机制。应急指挥中心的启动考核应急指挥、协调应急响应活动的能力，主要包括：

1）应急指挥中心指挥长应负责指挥和控制其职责范围内所有的应急响应行动。

2）根据需要设立现场应急指挥部，选址合理、标志明显并及时开启运作。

3）建立层级应急指挥体系，各级响应迅速。

4）现场指挥部配备充足的管理人员和应急装备以支撑应急行动。

5）采取安全措施保证应急指挥部安全运转。

6）各级政府、供电企业应急指挥中心之间以及现场指挥部与指挥中心音频、视频、数据信息沟通畅通，并实现信息持续更新和共享。

7）应急演练单位的通信系统可正常运转，并能与相关岗位的关键人员建立通信联系，通信能力满足应急响应过程的需求。

8）应急队伍至少有一套独立于商业电信网络的通信系统，应急响应行动的执行不会因通信问题受阻。

3. 应对机构和人员的最初通知

应急指挥中心启动所有的指挥人员到位指挥，不能到位的按照序位递补。就绪后通知所需要的应对机构和人员。通知的应对机构和人员的类型越全面、通知的效率越高，他们到达现场的时间越快，就越有利于突发事件的应对。这个指标可以考核通知应急响应机构和组织、动员应急响应人员的能力。

4. 早期快速事态评估及先期处置

早期快速事态评估是指突发事件发生之后，电力调度控制中心人员根据遥信、遥测信息在最短的时间内科学、合理地判断电网运行现状及负荷损失情况，包括：哪些变电站全停、哪些变电站部分来源失电、哪些继电保护及自动装置动作、共计损失负荷数值等。

根据研判和应急预案进行先期处置的同时，向行政领导报告并通知相关职能部门。先期处置包括检查设备、判断故障点、隔离受损设备、恢复供电以减小受停电影响范围等。对于突发事件的研判及先期应急处置主要考察。

1）演练单位在接到突发事件初期报告后，能够及时开展事件早期评估，获取紧急事件的准确信息。

2）应急响应人员能够对突发事件状况做出正确判断，提出处置措施科学、合理。

3）应急响应人员处置操作程序规范，符合相关操作规程及应急预案要求。

4）应急响应人员之间能够有效联络和沟通，并能够有序配合，协同救援。

5）现场处置过程中能够对现场实施持续安全监测或监控突发事件的发展，科学评估其潜在危害。

6）向上级专业主管部门、行政主管部门及有关政府应急组织及时报告事态评估信息。

相关职能部门根据突发事件影响范围给应急指挥部提出启动应急预案相应级别响应的建议，并且按照各自的岗位职责采取相应的先期处置措施。按照各自的专业分工收集受到突发事件影响的各专业信息，包括并不限于电网受损情况、设备故障情况、受突发事件影响范围内用户数、重要用户数、大型社区数等。应急指挥部依据收集的信息完成快速评估。

5. 应急资源管理

应急资源管理是应急的物质保障。应急资源管理是指在突发事件中，对提供给管理者的适时和适当的应急资源的手段、程序和系统的应用进行协调和监控。应急资源管理包括四个方面，即应急物资调配系统、备品备件调用系统、物流管理系统、应急装备调用系统。

应急资源管理考核动员和管理应急响应行动所需资源的能力。要求应急组织具备根据事态评估结果识别应急资源需求的能力，以及动员和整合内外部应急资源的能力，主要包括：

1）演练单位应根据突发事件事态发展评估结果，识别和确定应急行动所需的各类资源，同时联系资源供应方。

2）应急人员能够快速使用外部提供的应急资源，融入本地应急响应行动。

3）应急设施、装备、设备、地图、显示器材和其他应急支持资料足够支持现场应急需要。

6. 现场应对人员

现场应对人员是整个应急过程的主力军，他们应对突发事件的能力将很大程度地影响整个应对过程的进度。现场应对人员包括应急各级领导、应急指挥长、应急专业管理人员、应急基干队伍、应急专业队伍、供电企业员工、应急联动单位人员、志愿者等。可以考核演练单位根据突发事件级别，综合考虑各种因素并协调有关方面，以选择适当的公众保护措施。采用有效的工作程序，警告、通知和动员相应范围内应急响应人员，尤其是应能适应突袭式或非上班时间以及至少有一名关键人物不在应急岗位情况下，应对突发事件情况下现场应对人员完成应对突发事件工作的能力以及监测、控制现场应对人员面临危险的能力。这个指标要求现场应对人员有正确的事件应对程序，以及正确使用应急装备。同时本目标也要求应急组织具备保护应急响应人员安全和健康的能力，应急响应人员配备适当的个体防护装备或采取了安全防护措施。针对事件影响范围内的特殊人群，采取适当方式发出警告和采取安全保护，主要强调应急专业划分、个体保护装备配备、通信器材的管理等。

7. 控制人员

控制人员是指根据应急演练情景控制应急演练进展的人员。控制人员的作用主要是向参加应急演练人员传递控制消息。如果应急演练偏离正确方向，控制人员可以采取行动纠正错误。采取的行动包括终止应急演练过程。这个指标主要考核控制人员采取有效措施控制事件发展的能力。

8. 应急指挥平台建设

在突发事件应急管理中，应急指挥平台建设起着决定性的作用，直接影响到应急指挥部命令的传达和现场状况的反馈，是影响应急指挥正确研判的基础，是应急指挥系统运转和各部分功能协调运作的关键条件。

本指标要求供电企业建立可靠的应急指挥主系统和备用系统，包括有线通信、无线通信、卫星通信、遥信、车载视频监控、单兵视频监控等多层级多梯队的应急指挥网络系统，以便与有关岗位的关键人员保持联系。应急指挥平台建设应与应急预案中的要求相一致。应急指挥平台建设主要体现在考核应急指挥系统及其执行程序的有效性和可操作性。

9. 志愿者管理

在突发事件应急管理中，因为志愿者的基层组织和成员遍布全国的每一个地区，在发生各种突发事件的时候，他们往往最先到达现场，甚至本身就是突发事件的当事人。所以，他们是突发事件的第一应对者，能够利用其组织的资源和成员们训练有素的技能迅速展开应急救援等应对工作，从而最大限度地减少受突发事件影响者的生命和财产的损失。因此，平时组织志愿者了解供电企业突发事件特点及应对措施，遇有突发事件时能够有效组织和合理调动志愿者组织，能够有效缩短查找故障过程，争取最宝贵的应急救援时间。这个指标主要考核供电企业有效利用社会应急资源能力。

10. 现场交通控制

有效的交通控制不仅能够使道路畅通，有利于各种应急工作的开展，而且能够保证人员的安全。这个指标主要考核警企联动机制建设能力。本指标要求供电企业具备警企应急协调联动协议及机制建设能力。现场交通控制主要包括：①关键应急场所的人员进出通道受到交通管制；②合理设置了交通管制点，划定管制区域；③有效控制出入口，清除道路上的障碍物。

11. 紧急医疗救护

紧急医疗服务是突发事件应对不可缺少的一部分，这在国家以及地方的各级预案中都有所体现。紧急医疗救护主要包括：①应急响应人员对受到伤害人员采取有效院前急救；②及时与场外医疗救护机构建立联系求得支援，并通知准确赶赴指定地点；③医疗人员应能够对伤病人员伤情做出正确的诊断，并按照既定的医疗程序对伤病人员进行处置。

紧急医疗救护主要考核有关转运伤员的工作程序、交通工具、设施和医疗卫生服务人员的准备情况，这个指标主要考核供电企业与公共事业单位应急协调联动机制建设以及开展院前现场医疗救护的人员、医疗技能培训、医疗器械的准备情况。

12. 公共信息

公共信息是指供电企业新闻管理（外联）部门提供给公众、媒体和事件管理者的有关突发事件的各种信息。公共信息管理是对公共信息的验证，对公众、媒体和有关方面的准确、及时发布，取得各相关方面对突发事件管理最大限度的配合，减少突发事件的不良影响。

突发事件出现后，由于公众对事件负面影响的担心，产生了对事件信息的强烈需求。鉴于现场与公众之间缺乏直接的沟通，如果没有公共信息的及时发布，就会出现一个时期的信息真空，各种消息和传言将会不胫而走，造成虚假信息流传，人心不稳、社会动荡。

现在是信息社会，每天24h运行的电视、广播和互联网，需要不间断的新闻信息，特别是在发生突发事件时对现场信息的需求。突发事件应对时的任何决定，都需要公共信息的正面理解和响应，并且必须考虑通过信息沟通获得社区、公众和媒体的配合。供电企业只有同新闻媒体携手合作、相互配合，才能保证突发事件应对的顺利进行。

这个指标主要考核及时向媒体和公众发布准确信息的能力，确保所有对外发布的信息均通过决策者授权或同意并能准确反映决策者意图。要求各级供电企业应具备协调其他应急组织，确定信息发布内容的能力，指定专门负责公共关系人员，主动协调媒体关系，具备对突发事件舆情持续监测和研判，及时通过媒体发布准确信息，确保公众能及时了解准确、完整和通俗易懂信息的能力。能对负面信息妥善处置，具备谣言控制、正确引导、澄清不实传言和妨碍保护措施顺利实施的虚假信息的能力等。

13. 后勤

后勤保障在突发事件管理中有不可或缺的重要作用，特别是在周期较长的应对突发事件中，后勤供给十分重要。负责后勤的人员应该充分估计到应急救援人员对食品、药品、住宿、办公的需求，这个指标主要考核供电企业不间断地为所有现场应对人员提供后勤保障的能力。

（三）演练后续阶段的指标评估

在演练的各项应对活动结束之后，演练阶段基本结束。这个部分的评估指标主要考核相关应急组织为突发事件及其应急响应过程提供文件资料的能力、演练后清理现场的能力、组织人员和资源重返的能力（包括紧急调用应急物资的管理流程补充闭环的能力）、制定短期的恢复计划的能力等。

从突发事件发生到应急响应过程基本结束，参与应急的各类应急组织应按有关法律法规和应急预案中的规定，执行记录保存、报告编写等工作程序和制度，保存与事件相关的记录、日志及报告等文件资料，供事件调查及应急响应分析使用。

三、应急演练结果的评估

应急演练结束后应对演练的效果做出评估，由演练评估组长召集评估人员召开会议，综合对应急演练的评估意见。在会议上，应急演练评估人员之间可对各自演练评估记录及发现内容进行交换意见，分析演练中的重大发现或突出问题，分析演练任务完成情况以及演练表现的优点和不足，针对本次应急演练提出相关整改建议或改进措施。由应急演练评估组长提交应急演练评估报告，详细说明应急演练过程中发现的问题。按照对应急救援工作及时有效性的影响程度，将应急演练过程中发现的问题分为不足项、整改项和改进项。

1. 不足项

不足项指应急演练过程中观察或识别出的应急准备缺陷，可能导致在突发事件发生时，不能确保应急组织或应急救援体系有能力采取合理应对措施，保护公众的安全与健康。不足项应在规定的时间内予以纠正。应急演练过程中发现的问题确定为不足项时，策划组负责人应对该不足项进行详细说明，并给出应采取的纠正措施和完成时限。最有可能导致不足项的应急预案编制要素包括：职责分配，应急资源，警报、通报方法与程序，通信，事态评估，公众教育与公共信息，保护措施，应急人员安全和紧急医疗服务等。

2. 整改项

整改项指应急演练过程中观察或识别出的，单独不可能在应急救援中对公众的安全与健康造成不良影响的应急准备缺陷。整改项应在下次演练前予以纠正。在以下两种情况下，整改项可列为不足项：①某个应急组织中存在两个以上整改项，共同作用可影响保护公众安全与健康能力的；②某个应急组织在多次演练过程中，反复出现前次应急演练发现的整改项问题的。

3. 改进项

改进项指应急准备过程中应予改善的问题。改进项不同于不足项和整改项，它不会对人员安全与健康产生严重的影响，视情况予以改进，不必一定要求予以纠正。

四、应急演练评估报告

应急演练评估人员针对演练中观察、记录以及收集的各种信息资料，依据评估标准对应急演练活动全过程进行科学分析和客观评估，并撰写书面评估报告。应急演练评估报告重点对演练活动的组织和实施、演练目标的实现、参演人员的表现以及演练中暴露出应急预案和应急管理工作中的问题等进行评估。应急演练评估报告应提出对存在问题的整改要求和意见。应急演练评估报告主要内容一般包括演练执行情况、预案的合理性与可操作性、应急指挥人员的指挥协调能力、参演人员的处置能力、演练所用设备装备的适用性、演练目标的实现情况、演练的成本效益分析、对完善预案的建议等。

五、应急演练总结

(1) 现场总结。在应急演练的一个或所有阶段结束后，由演练指挥长、总策划、专家评估组长等在演练现场有针对性地进行讲评和总结。内容主要包括本阶段的应急演练目标、参演队伍及人员的表现、演练中暴露的问题、不足、解决问题的办法及取得的成效等。

(2) 应急演练人员自我评估。在所有应急演练阶段结束后，由评估组组织所有参加演练人员对从准备工作开始每个阶段开展自我评估，开展批评和自我批评的同时也给自己认为表现有欠缺的部分有一个陈述的机会，以便评估组能够全面掌握应急演练当时的情况，同时，可以对参加演练人员能够充分利用应急演练经验和教训的亲身感受，更加细致地消化理解。

(3) 事后总结。在应急演练结束后，由文案组根据应急演练记录、应急演练评估报告、应急预案、现场总结等材料，对应急演练进行系统和全面的总结，并形成应急演练总结报告。应急演练参与单位也可对本单位的应急演练情况进行总结。

应急演练总结报告的内容包括：演练目的、时间和地点、参演单位和人员、演练方案概要、发现的问题与原因、经验和教训以及改进有关工作的建议等。

六、应急演练总结报告

应急演练结束后，由应急演练组织单位作出应急演练总结报告，应急演练总结报告中应包括如下内容：①本次应急演练的背景信息，含演练地点、时间、气象条件等；②参与演练的应急组织；③应急演练情景与应急演练方案；④应急演练目标、演练范围和签订的演练协议；⑤应急情况的全面评估，含对前次应急演练不足项在本次演练中表现的描述；⑥应急演练发现与纠正措施建议；⑦对应急预案和有关执行程序的改进建议；⑧对应急设施、设备维护与更新方面的建议；⑨对应急组织、应急响应人员能力与培训方面的建议。

七、成果运用

对应急演练中暴露出来的问题，演练单位应当及时采取措施予以改进，包括修改完善应急预案、有针对性地加强应急人员的教育和培训、对应急物资装备有计划地更新等，并建立改进任务表，按规定时间对应急演练过程中发现的不足项和整改项改进情况进行监督检查。

八、文件归档与备案

应急演练组织单位在演练结束后应将应急演练计划、应急演练方案、应急演练评估报告、应急演练总结报告等资料归档保存。

对于由上级有关部门布置或参与组织的应急演练，或法律、法规、规章要求备案的应急演练，演练组织单位应当将相关资料报有关部门备案。

九、考核与奖惩

应急演练组织单位要注重对演练参与单位及人员进行考核。对在应急演练中表现突出的单位及个人，可给予表彰和奖励；对不按要求参加应急演练，或影响应急演练正常开展的，可给予相应批评。

十、应急演练总结评估报告

一、概述

简要介绍演练时间、演练场所、演练题目、演练目的、参演单位及人员、车辆数量

二、联合演习整体过程

（一）演练准备

（二）演练场景

（三）应急指挥

（四）应急通信

（五）应急响应

（六）舆情控制

（七）协调联动

（八）其他

三、暴露出的问题或不足

（一）组织方面的问题

（二）现场暴露的问题

（三）应急预案的问题

（四）其他方面的问题

四、应急处置工作的改进措施及计划

（一）不足项

（二）整改项

（三）改进项

大型社区突发停电事件应急演练评估清单见表 7－3。

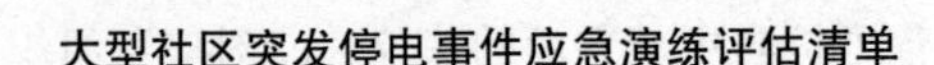

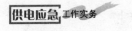

表 7-3　　大型社区突发停电事件应急演练评估清单

大型社区突发停电事件应急演练描述：

通过电力服务事件处置专项预案应急演练，考察供电企业应对超过千户居民的大型社区突发停电事件的处置能力。控制人员按事件发生、发展、结束的时间顺序，按事件发生（预警阶段）、事件发展（响应阶段）、局部事态恶化、局部事态缓解、总体事态平稳五个阶段的事件特征，依次给出事件信息，观察被演单位的反应情况。

建立演练信息库，每个阶段的信息难度由低至高分 A（低）、B（中）、C（高）三类。每次演练可选取事件信息 7～10 条，在保障事件发展合理的前提下选取 5～6 条 A 类信息，适当增加 3～5 条 B、C 类信息，提高应急处置难度。

重点考评内容：预测预警、先期处置、接处警、应急启动、指挥决策、资源调动、应急救援、现场抢修、损失统计及信息报送、信息采集交换、舆情引导、终止响应等行动

评估方法：

(1) 应急演练考评专家 5～7 人。评估专家组需提前 1 天制定演练题目，被评估单位配合制定演练方案，准备相关材料、资料，确保演练会场满足演练需要。

(2) 每位评估专家按给出信息的应对情况按考核要点逐项给予评估。

(3) 每位评估专家需对演练过程中所观察到的行动进行总结，找出优势和不足项以及整改项，提出改进建议和整改意见。经评估组组长确认后将考评分折算到评估总表中，满分 500 分

被评估单位：		演练时间：	评估员：		
演练阶段	考评内容	完成情况	考评分	实得分	备注
预警阶段			60		
事件发生	1. 是否启动预警，启动预警后的应对措施是否得当	时间： 全部完成□ 部分完成□ 未完成□	20		
	2. 是否有效进行可能造成的突发停电事件的监测预测	时间： 全部完成□ 部分完成□ 未完成□	20		
	3. 应急处置准备是否充分（如人员、预案、设备、装备等）	时间： 全部完成□ 部分完成□ 未完成□	20		
响应阶段			420		
事件发展：局部事态恶化、局部事态缓解	1. 处警		70		
	（1）接警。是否建立畅通的信息传递渠道，大型社区的物业公司（居民委员会、村民委员会）是否建立联系方式，相关人员了解报警方式和途径。	时间： 全部完成□ 部分完成□ 未完成□	50		查阅大型社区的物业公司（居民委员会、村民委员会）联系方式资料
	（2）处理信息。客服部门是否按照职责分工准确、迅速传递信息，信息传递汇总是否渠道畅通、程序规范。是否及时向相关上级部门报告	时间： 全部完成□ 部分完成□ 未完成□	20		

续表

演练阶段	考评内容	完成情况	考评分	实得分	备注
事件发展：局部事态恶化、局部事态缓解	2. 先期处置 电网调度及运行人员是否立即隔离故障点，调整运行方式，有序处置电网停电事件	时间： 全部完成□ 部分完成□ 未完成□	30		
	3. 应急启动		50		
	（1）专项应急处置指挥部办公室是否及时组织研判，是否向应急指挥部提出启动应急响应建议	时间： 全部完成□ 部分完成□ 未完成□	10		
	（2）启动应急响应是否及时，启动的应急预案、响应级别、应对措施是否适当	时间： 全部完成□ 部分完成□ 未完成□	20		
	（3）应急启动。应急指挥中心是否及时开通指挥应急处置，应急指挥人员是否到岗到位	时间： 全部完成□ 部分完成□ 未完成□	10		
	（4）应急启动备班。应急指挥人员是否有备班的序位	时间： 全部完成□ 部分完成□ 未完成□	10		
	4. 指挥协调—辅助决策		30		
	（1）相关专业应急专家是否到位且足额	时间： 全部完成□ 部分完成□ 未完成□	10		
	（2）现场应急指挥部是否成立并开展工作	时间： 全部完成□ 部分完成□ 未完成□	10		
	（3）与当地政府及相关专业部门联系是否及时，通信手段是否完备	时间： 全部完成□ 部分完成□ 未完成□	10		
	5. 指挥协调—资源调动		80		
	（1）各专业抢修队伍是否迅速集结到位	时间： 全部完成□ 部分完成□ 未完成□	5		
	（2）应急基干救援队伍是否集结并抵达现场，完成应急供电	时间： 全部完成□ 部分完成□ 未完成□	5		

续表

演练阶段	考评内容	完成情况	考评分	实得分	备注
事件发展：局部事态恶化、局部事态缓解	（3）现场是否根据应急联动协议落实各自的协议职责，立即组织利用应急救援措施、应急装备、快速接入设备等营救被困人员	时间： 全部完成□ 部分完成□ 未完成□	25		
	（4）营销服务队伍（用电检查员）及时到社区安抚受突发停电事件影响公众	时间： 全部完成□ 部分完成□ 未完成□	30		
	（5）新闻应急队伍监控舆情，及时应对发出新闻通稿给客户服务中心95598以及政府相关部门，并通过企业微博等手段安抚受突发停电事件影响公众	时间： 全部完成□ 部分完成□ 未完成□	10		
	（6）应急救援物资是否及时调配并供应。物资部门是否根据需要向协议部门和单位提出支援的需求，是否根据需要及时跨区调用或请求政府部门提供急需物资、设备、装备、设施、工具或人力支援	时间： 全部完成□ 部分完成□ 未完成□	5		
	6. 事件处置—应急救援		30		
	（1）应急基干救援队伍是否完成现场勘察、搭建现场指挥部，完成应急供电，回传现场视频、音频信息	时间： 全部完成□ 部分完成□ 未完成□	15		视频、音频回传共15分，其中视频回传10分，音频回传5分
	（2）应急基干救援队伍是否完成应急供电，回传现场视频、音频信息	时间： 全部完成□ 部分完成□ 未完成□	15		视频、音频回传共15分，其中视频回传10分，音频回传5分
	7. 事件处置—现场处置		30		
	（1）救援抢修人员是否迅速抵达事发现场，指挥部是否制定合理高效的抢修方案，经专家论证并按抢修方案进行处置	时间： 全部完成□ 部分完成□ 未完成□	10		

续表

演练阶段	考评内容	完成情况	考评分	实得分	备注
事件发展：局部事态恶化、局部事态缓解	（2）是否做好现场安全措施，保证抢修现场人员安全	时间： 全部完成□ 部分完成□ 未完成□	10		
	（3）是否采取防止发生次生、衍生事件的必要措施，是否标明危险区域，封锁危险场所，划定警戒区，实行交通管制及其他控制措施	时间： 全部完成□ 部分完成□ 未完成□	5		
	（4）针对不断恶化的事态变化，是否有效运用内外协调联运机制，与各级政府部门主动联系，在政府的组织下开展应急状态下的优质服务，必要时，寻求政府、相关专业部门和协调联动企业提供支援	时间： 全部完成□ 部分完成□ 未完成□	5		
	8. 事件处置—损失统计 事发单位是否明确事件信息统计部门和人员，明确事件统计信息报告的格式和内容	时间： 全部完成□ 部分完成□ 未完成□	10		
	9. 事件处置—信息报送 事发单位及相关管理部门是否明确信息报送责任。信息报送内容是否满足应急处置需求，是否及时准确分级、分专业向主管部门汇报信息	时间： 全部完成□ 部分完成□ 未完成□	10		
	10. 事件处置—信息采集交换		10		
	（1）是否迅速启动应急通信系统，完成与各级应急指挥中心通信联系，完成与救援抢修现场与政府等相关部门的通信联系	时间： 全部完成□ 部分完成□ 未完成□	5		
	（2）是否及时检查相关网络、通信系统的运行状态，及时维护和修复故障	时间： 全部完成□ 部分完成□ 未完成□	5		

续表

演练阶段	考评内容	完成情况	考评分	实得分	备注
事件发展：局部事态恶化、局部事态缓解	11. 舆情引导		30		
	（1）突发事件发生后专业部门是否监控媒体对事件的报道，及时发现负面信息并逐级汇报	时间： 全部完成□ 部分完成□ 未完成□	15		
	（2）突发事件发生后新闻应急负责人、新闻发言人以及相关人员是否及时到位，启动新闻应急响应	时间： 全部完成□ 部分完成□ 未完成□	15		
	12. 信息发布		40		
	（1）是否在事发 30min 内通过微博等形式向公众发布第一条应对信息。是否跟踪进行媒体接触和公众调查，并根据应急处置的过程不同分阶段进行信息发布，通知事件处置进展情况	时间： 全部完成□ 部分完成□ 未完成□	10		
	（2）信息报道及信息发布的执行途径和批准流程按供电企业统一规范	时间： 全部完成□ 部分完成□ 未完成□	10		
	（3）信息发布的内容是否基本满足公众对关注信息的知情权，是否及时准确地按照有关规定向社会发布可能受到的影响和危害，宣传避免、减轻危害的常识，公布咨询电话	时间： 全部完成□ 部分完成□ 未完成□	20		
响应结束			10		
总体事态平稳	（1）是否及时终止应急响应，是否及时发布解除应急响应通知，是否组织损失统计分析和总结评估，并及时向公众发布并上级主管部门及相关机构报告	时间： 全部完成□ 部分完成□ 未完成□	5		
	（2）是否制定转入正常生产抢修状态后的恢复工作方案及灾后重建计划。做好灾后恢复重建过程中的用户的安全供电及优质服务、员工的心理及生活救助等后续工作	时间： 全部完成□ 部分完成□ 未完成□	3		
	（3）是否组织保险理赔等工作，是否做好应急资金、物资使用等管理	时间： 全部完成□ 部分完成□ 未完成□	2		

用表7-4来记载演练过程中发现的优势、不足及问题。每个三级考评项分别最少归纳出三个经验及不足的观察项，没有最多限制。

表7-4　　评估观察表

(一) 好的经验	
项目名称：	行动内容：
1. 行动描述（行动的具体时间、地点、人物和内容，观察到的强项，所观察到的积极行动所导致的良好结果）	
2. 参考依据（参考预案、政策、程序等）	
3. 建议（提出强化优势固化成果的建议）	
(二) 存在的不足（不足项）	
项目名称：	行动内容：
1. 行动描述（行动的具体时间、地点、人物和内容，观察到的不足之处，所观察到的问题可能导致的不良后果）	
2. 参考依据（参考预案、政策、程序等）	
3. 建议（对主要问题给出改进建议）	
(三) 需要整改的问题（整改项）	
项目名称：	行动内容：
1. 行动描述（行动的具体时间、地点、人物和内容，观察到的不足之处，所观察到的问题可能导致的不良后果）	
2. 参考依据（参考预案、政策、程序等）	
3. 建议（对主要问题给出改进建议）	

演练观察总结格式如下。

1. 基本情况（演练时间、地点、参加人员）

2. 主要内容（依据演练方案）

3. 效果评估

(1) 将观察到的重点内容记录下来，对观察到的行动进行评估。

(2) 结合评估标准评估单项和综合能力水平。

4. 意见和建议

(1) 发现的优势，提出推广意见。

(2) 找出存在的不足，提出改进意见和建议。

第八章

应急平台建设

供电企业突发事件应急救援指挥中心应急平台体系建设要在国家安全生产应急救援体系构架下，以供电企业电力安全生产应急指挥系统为主体，贯穿电能调度控制、生产信息、电力用户管理、应急物资储备与配送、应急基干队伍调配、应急预案管理、应急专家管理、应急值守管理、突发事件信息管理等内部大数据集成。对外与政府及政府相关应急救援指挥中心应急平台衔接，形成上下贯通、左右衔接、互联互通、信息共享、互有侧重、互为支撑的供电企业突发事件应急救援指挥中心应急平台体系。

整合现有供电企业安全生产应急救援资源，依托各级供电企业安全生产现有通信资源及信息系统，以公共通信资源作为后备和补充，建设供电企业安全生产应急平台体系的基础支撑系统和综合应用系统，实现电力生产安全事件、自然灾害灾难及社会安全突发事件的监测监控、预测预警、信息报告、综合研判、辅助决策和总结评估等主要功能，满足国家安全生产应急救援指挥中心、政府应急办、安全生产监管机构、能源监管机构、供电企业总部对生产安全事故的应急救援协调指挥和应急管理的需要。

一、供电企业应急平台的总体目标

供电企业应急平台的总体目标是按照预防与应急并重、平战结合的要求，建成“技术先进、功能完善、信息共享、简洁高效”的应急指挥体系，实现供电企业应急管理的信息化、系统化、专业化、制度化，为供电企业的应急指挥提供有力的技术支撑，提高各级供电企业应急处置能力。

二、供电企业应急平台建设基本原则

(1) 统筹规划，分级实施。各级供电企业在突发事件应急平台体系建设涉及各级政府、各专业部门和各公用企业的突发事件应急管理和协调指挥机构，要按照条块结合、属地为主的原则进行统筹规划、总体设计、分步实施和分级管理，以大、中城市辐射带动周边地区，实现业务系统和技术支撑系统的有机结合。

(2) 因地制宜，整合资源。各地区、各有关部门的突发事件应急管理和协调指挥机构，要根据各地区的实际情况和部门职责，本着节约的原则，突出建设重点，注重高效实用，防止重复建设。整合自身应急平台所需资源，以供电企业电力安全生产应急指挥系统为主体进行建设，同时采用接口转换等技术手段，实现与政府安全生产应急救援指挥中心应急平台以及其他相关应急平台的互联互通、信息共享。

(3) 注重内容，讲求实效。既要重视应急平台硬件和软件建设，更要重视应用开发和信息源建设，保证应急平台的实用性；既要立足应急响应，又要满足平时应用，防止重建设、轻应用，重硬件、轻软件的倾向，充分发挥应急平台的作用。

(4) 技术先进，安全可靠。要依靠科技，注重系统设备的可靠性和先进性，采用符合当前发展趋势的先进技术，并充分考虑技术的成熟性。加强核心技术的自主研发和应用，建立安全防护和容灾备份机制，保障应急平台安全平稳运行。

（5）立足当前，着眼长远。安全生产应急平台建设工作要以需求为导向，把当前和长远结合起来，既要满足当前安全生产应急管理工作需要，又要适应技术和应用的发展，不断提升供电企业电力安全生产应急指挥系统应急平台技术应用水平。

三、供电企业应急平台应的基本功能

（1）日常应用功能。除突发事件应急处置外，可用于召开日常电视电话会议、开展应急培训学习、组织应急预案桌面推演、应急演练以及重要活动保电、迎峰度夏（冬）等特殊时段人员应急值班需要。

（2）信息汇集功能。汇集电网运行实时信息，变电站、调控中心、突发事件现场及现场指挥部的现场视频及通话信息，安全生产、营销管理、应急基干队伍、应急专业队伍、应急专家队伍、应急装备、应急物资调动及管理、综合服务管理、协同办公等业务应用系统应急相关信息，气象、交通、自然灾害、新闻等外部信息，各级政府及有关部门应急指挥信息，为供电企业应急指挥提供决策支持。

（3）视频会商功能。与各级供电企业应急指挥中心、移动指挥车、突发事件现场指挥部、具备传输条件的突发事件现场、应急基干队伍单兵实时交互声音、图像和相关数据，与各级政府及有关部门视频会商系统衔接，召开多方视频会议，实现多方会商。

（4）辅助决策功能。突发事件发生后，对照有关应急预案确定的启动条件，发布应急响应行动命令，通过汇总相关信息，对照各类应急数据库（如应急预案、相关法律法规、应急专家、应急基干队伍、应急专业队伍、应急物资、应急装备、重大危险源、应急避难场所、典型案例数据库等）为基础，基于包含丰富图层的地理信息系统的动态实时信息系统。它可为各级应急指挥人员在处置突发事件时提供丰富的信息资料，对事件影响范围、持续时间、发展趋势等进行研判预测，提出应急处置建议，供应急指挥决策参考。

（5）应急指挥功能。采用先进的通信、网络和信息技术手段，以声、光、电、视频等方式，实时监视突发事件现场和电网运行状况，及时准确展示现场情况、事件发展、设备损失及修复、应急资源分布及物流等信息，辅助供电企业应急指挥，发出命令指示，接收响应反馈，发挥集约化优势，统一组织应急处置，逐步实现预案决策、科学研判、规范处置的应急指挥模式，保证供电企业应急指挥系统顺畅、高效。

四、供电企业应急平台的运行管理

应急平台要充分利用生产安全事故预防监测、预测预警和应急处置等方面的科技成果，不断完善应急平台各项功能。

各级供电企业安全生产应急管理机构要承担并加强本单位应急平台日常管理工作，要做好应急平台的安全测评、系统验收和人员培训等工作，配备必要的技术管理人员，理顺工作流程，建立健全保密、运行维护等各项管理制度，加强通信平台、网络平台、计算机和服务器系统平台、应用平台、系统安全平台的日常运行维护，进行信息的及时更新，保障安全生产应急平台的高效安全运行。

第一节 应急指挥中心场所建设

为推进各级供电企业安全生产应急体系建设，整合应急资源，加强应急预测预警、信息报送、辅助决策、调度指挥和总结评估等应急管理工作，实现信息共享，建立“统一指挥、功能齐全、反应灵敏、运转高效”的应急机制。

一、基础支撑体系建设

(1) 完善各级供电企业突发事件应急救援指挥中心等应急指挥场所建设，完善各级供电企业的视频会议系统，并与政府安全生产应急救援指挥中心应急平台联通，能够实现召开供电企业的视频会议和接收全国安全生产视频会议信息；能够实现全天候、全方位接收和显示来自各类突发事件现场、应急救援基干队伍、应急救援专业队伍、社会公众各渠道的信息并对各种信息进行全面监控管理；能够实现对供电企业应急救援资源协调和管理；能够实现应急值守，在发生各类安全突发事件时进行应急救援资源调度、异地会商和决策指挥等，切实满足供电企业应急管理工作的需要。

供电企业突发事件应急救援指挥中心要配备大屏幕拼接显示系统、辅助显示系统、专业摄像系统、多媒体录音录像设备、多媒体接口设备、智能中央控制系统、视频会议系统、有线和无线通信系统、手机屏蔽设备、终端显示管理软件、UPS电源保障系统、专业操控台及桌面显示系统、多通道广播扩声系统和电控玻璃幕墙及常用办公设备等。

各级供电企业突发事件应急救援指挥中心应急平台要配备局域网交换机、视频会议终端、系统支撑平台软件、系统管理软件及其附属设备。关键设备要双机备份。各应急救援基地、应急基干队伍驻地、应急物资基地作为应急系统节点，设置局域网接入平台的局域网交换机、路由器及其附属和维护更新本节点信息所需的设备。

(2) 供电企业突发事件应急救援指挥中心应配备计算机专用网络，连接政府安全生产信息系统和应急救援指挥系统、安全生产监管机构、能源监管机构的计算机专网系统，并将各应急救援基地、应急基干队伍驻地、应急物资基地接入专网，并建设能保障实时应急处置指挥的电话通信、无线接入通信和应急指挥卫星通信的通信信息基础平台。各级供电企业要充分利用现有的网络基础和资源，配备专用的网络服务器、数据库服务器和应用服务器等必要设备，适当补充平台设备和租用线路，完善安全生产应急平台体系的通信网络环境，满足图像传输、视频会议和指挥调度等功能要求，通过数据交换平台，实现与政府安全生产应急救援指挥中心应急平台和其他相关应急平台、终端的互联互通和信息共享。

严格遵守国家保密规定，采用专用加密设备等技术手段，严格用户权限控制，确保涉密信息传输、交换、存储和处理安全。加强应急平台的供配电、空调、防火、防灾等安全防护，对计算机操作系统、数据库、网络、机房等进行安全检测和关键系统及数据的容灾备份，逐步完善安全生产应急平台安全管理机制，实现应用系统整合。

(3) 以有线通信系统作为应急值守的基本通信手段，配备专用保密通信设备，以及电话调度、多路传真和数字录音等系统，确保供电企业应急指挥中心系统与各专业、各系统之间安全生产应急管理与协调指挥数据实时更新、命令传达联络畅通。利用4G（3G）通信系统、卫星、蜂窝移动或集群等多种通信手段，实现突发事件事发现场单兵、应急指挥部、应急物资仓库与供电企业突发事件应急救援指挥中心应急平台间的视频、语音和数据等信息传输。

（4）租用卫星信道，建立固定与移动相结合的卫星综合通信系统。卫星主站设在供电企业总部主机房，供电企业总部应急指挥中心要建立固定卫星站，配备车载卫星应急救援通信指挥车，便携式移动卫星站以及相应的配套设备，建设移动应急平台，装备便携式信息采集和现场监测等设备，满足卫星通信、无线微波摄像、无线数据以及视频会议等功能要求，在实现现场各种通信系统之间互联互通的基础上，保证救援现场与异地应急平台间能够进行数据、语音和视频的实时、双向通信，除供现场应急指挥部和处置决策时使用外，实现与供电企业突发事件应急救援指挥中心应急平台的连接，实现并强化救援工作现场与应急平台的视频会商和协调指挥功能。

二、应急指挥中心布置

1. 功能区域的设置与划分

（1）应急指挥室是应急指挥、视频会商的场所。在应急指挥室中，应急指挥人员、专家和观摩人员、媒体人士，通过音视频，进行突发事件异地指挥和应急资源的紧急调度以及各相关管理人员对应急资料的收集和辅助应急指挥决策。

（2）控制室及机房是对整个应急指挥室设备进行控制的场所，同时兼具机房功能，用于存放应急指挥室中所需的各种硬件设备。专业技术人员可在控制室及机房对应急指挥场所中所有的音视频设备及网络、电话等设备进行控制。

（3）会商室是进行重要决议协商的场所。在会商室中，应急指挥人员和专家可对影响较大的重要决议进行协商，同时会商室也可兼做新闻发布区。

（4）应急值班休息室是应急指挥人员和专家休息的场所。在应急值守期间，应急指挥人员、应急专家和应急管理人员可在应急值班时轮流进行必要的休息。应急指挥中心布置图如图8-1所示。

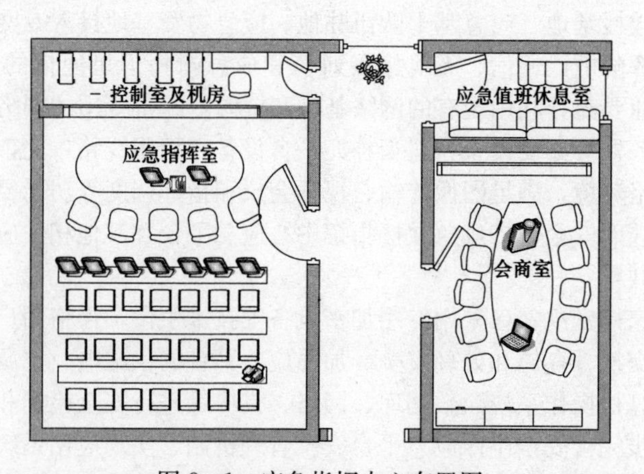

图8-1 应急指挥中心布置图

2. 应急指挥中心的装修

完整的视讯规划设计除了可提供舒适的应急指挥环境外，更重要的是逼真地反映现场（会场）的人物和景物，使与会者有一种临场感，以达到视觉与语言交换的良好效果，由指挥中心传送的图像（包括人物、景物、图表、文字等）应当清晰可辨。

应急指挥中心四周的景物和颜色以及桌椅的色调，忌用“白色”、“黑色”之类的色调，这两种颜色对人物摄像将产生“反光”及“夺光”的不良反应。宜采用浅色色调，四周墙壁不适挂有山水等景物画，否则将增加摄像对象的信息量，不利于图像质量的提高。

灯光照度是应急指挥中心的基本必要条件，摄像机均有自动彩色均衡电路，能够提供真正自然色彩。如果室内有自然光和人工光源，就会产生有蓝色投射和红色阴影区域的视频图像，因此避免使用自然光，而采用人工光源，所有窗户都应用深色窗帘遮挡。人工光源应选择冷光源—三基色灯（色温一般为5000～6400K）效果最佳。

应急指挥中心的温度、湿度应适宜，通常考虑为18～22℃的室温，60%～80%的温度较合理。应急指挥中心内可以安装空调系统，以达到加热、加湿、制冷、去湿、换气的功能。

应急指挥中心的环境噪声级要求为40dB（A），为保证音响效果，建议在会议室地面、天花板、四周墙壁上安装隔音毯，窗户采用双层玻璃，进出门安装隔音装置。

3. 应急指挥中心的装修及供电

为保证应急指挥中心供电系统的安全可靠，以减少经电源途径带来的电气串扰，应采用三套供电系统。一套供电系统作为会议室照明供电，第二套供电系统作为整个终端设备、控制设备的供电，采用不间断电源（UPS），第三套供电系统用于空调等设备的供电。在应急指挥中心设备间内安装一面配电盘，将三套电源配接在配电盘上，室内电源从配电盘上接入，接地是电源系统中比较重要的问题。会议室所需的地线，宜在设备的接地汇流排上引线。如果是单独设备接地体，接地电阻应小于4Ω；设置单独接地体有困难时，也可以与其他接地系统合用接地体，接地电阻应小于0.5Ω。必须强调的是：采用联合接地的方式，保护地线必须采用三相五线制中的第五线，与交流电流的零线必须严格分开，否则零线不平衡电流将会对图像产生严重的干扰。接地系统应采用单点接地的方式。信号地、机壳地、电源告警地、防静电地等均应分别用导线经接地排，一点接至接地体。接地系统应满足YD 5098—2005《通信局（站）防雷接地规范》的要求。

三、应急指挥系统

在每个省级供电企业中心节点配置一套MCU系统（会议多点控制单元），MCU支持多点分布式布局，单台MCU故障不会对会议有任何影响，保证系统的可靠性、安全性、完整性，具备多个会议同期进行的能力，在支持分屏、高清标清混网的前提下，可以提供不少于80个会场的会议接入能力。会议系统网管具备可视化管理功能，只要网络可达的地方都可以进行管理，不受空间及环境的限制。会议系统具备图像预览功能，在控制室能够观看参会节点中多个会场的独立图像。每个基层单位配置两台会议终端，两台终端分别经主备通道连接至MCU系统，由此在MCU系统、通道、终端三个层面都有热备用。应急指挥系统如图8-2所示。

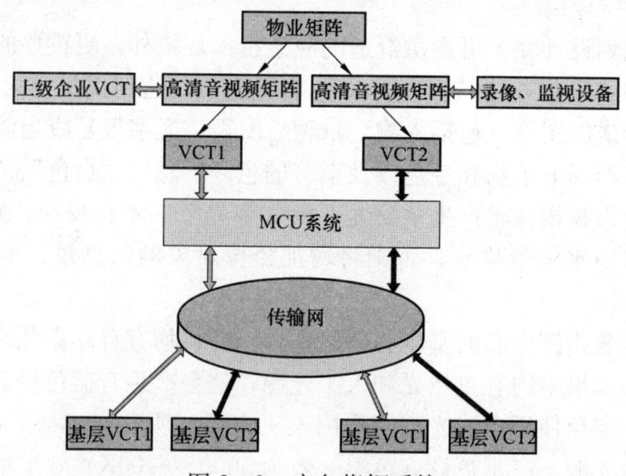

图 8-2 应急指挥系统

1. 会议电视系统组网方案

高清视频会议系统要求满足双向视音频通信，并具备良好的可靠性和稳定性，满足多种多点会议模式，并可满足会议、培训等需求。系统的建设必须保证稳定性和可靠性，必须保证系统的先进性，并考虑今后的扩容和扩展。

按照网络条件，视频会议系统中心建设主 MCU，并配套的主分会议管理平台；主会场、分会场终端可采用分体式 HD 高清终端建设。视频会议系统拓扑图如图 8-3 所示。

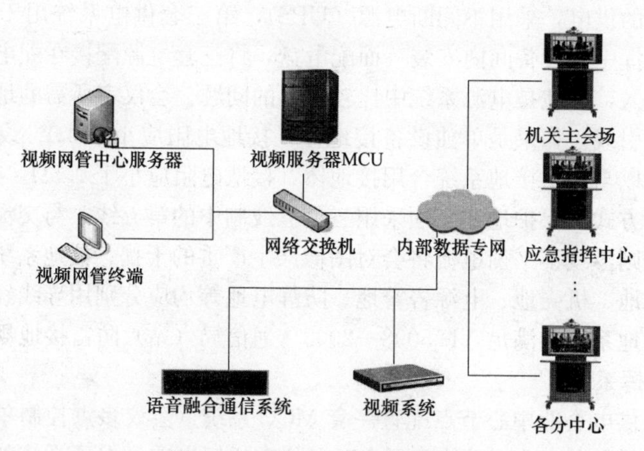

图 8-3 视频会议系统拓扑图

2. 应急指挥中心会场设备配置方案

配置视频服务器系统 MCU 设备 1 套（含高清速率匹配和多画面功能，含双流、会议横幅和 T.140 短消息，含 H.235 加密协议和 H.460 防火墙穿越等功能），下挂主会场以及各个 HD 高清终端。

主会场可实现应急指挥中心与各分中心之间建立双向连接，在中心会场配置 1 套高清会议电视终端设备：高清摄像机1台、话筒1套、高清投影仪1套、高清液晶电视两台、高清视频切换矩阵1套。应急指挥中心主会场MCU通过IP网络与各个分会场终端连接。会议管理服务器安装视频会议管理软件，实现对控制中心视频终端的管理。录播服务器存储视频媒体资料，供局域网上的用户点播视频文件。软件终端可以直接参与会议。主会场与分会场终端通过中心IP网与MCU连接。会议管理系统现对会议的后台维护、调度和管理。设备连接图如图8-4所示。

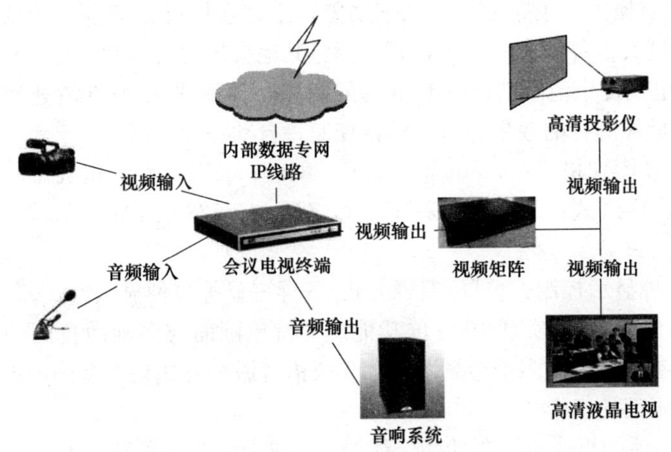

图8-4 应急指挥中心主会场设备连接图

3. 高清会议电视系统的功能要求

（1）多种不同会议召集方式。

1）严格定义与会者的会议。会议中确定与会者，非定义的与会者不允许加入会议。可以呼入或呼出连接与会者，可以立即召开会议可预约会议，到预约时间该预约会议可自动启动。

2）按会议名召开会议。会议中可以确定与会者，也可以不确定与会者，只要定义会议呼入的号码或别名和会议名。会议启动后，与会者呼入该会议的号码或别名和会议名，即可加入该会议。

3）终端发起会议。在终端上直接呼出与会终端或从地址簿中呼叫定义的多点会议，可以发起多点会议。

（2）支持多种会议控制方式。

1）导播方式。由MCU的管理员负责视频的切换，导播可严格控制会议中各会场的图像切换及发言秩序，并可预览会场图像，将准备好的画面广播出去，并可以完成广播任意一个会场，使所有的点观看其图像，并且可使两点之间互相观看。导播可以任意选看分会场的图像。

2）主席方式。会议中每个会场的管理员都可以通过密码等方式进入会议管理界面，成为会议主席。当获得主席权限后，该会场就可以控制MCU进行广播、观看、远端会场静音、邀请会场、剔除会场、延长会议时间以及调整分屏模式等操作。

3）声控会议模式。在多点会议中，每个会场的声音经视讯交换平台混音，即每个点能同时听到其他各点的声音。当设置声控会议模式后，视讯管理系统将根据会场发言音量的大小，自动的将声音最大的会场广播出去，会议中大家看到的将是声音最大会场的图像。

4）多画面会议模式：主席会场的增强功能，对主席允许在会议中选择多种不同的动态显示模式，且所显示的会场可在会议过程中随时更新，每个子画面都可以是固定会场或声音激励会场。

5）自动观看模式。主席方式的增强功能，主席会场可以把自己会场广播出去，本端进行自动浏览其他各分会场图像，而且浏览其他会场的时间间隔可以设置。

（3）会议电视提供清晰的语音和逼真的图像。内/外置回波抵消处理以校正会场的音响系统获得最佳的音响效果、自动增益控制、自动噪音控制。

1）支持活动图像格式：1080i/p、720P、4CIF、CIF、QCIF 格式。

2）支持音频格式：ITU 的 G. 711、G. 722、G. 728、AAC - LC/LD 宽带音频等算法。

3）支持多种显示控制：单屏/双屏方式/三屏三显等多种显示方式。

要求 MCU 必须能够实现 16 分屏功能。支持单画面与多画面自由的切换，与会人员能同时看到参加会议的多个会场图像。支持语音激励方式切换多画面或在会议过程当中任意调整多画面的组合。

（4）提供灵活的摄像机控制功能。能控制本端及远端摄像机左右、上下移动，自动聚焦、缩放，对本端及远端摄像机控制响应迅速。

镜头预置：开会前可预先调节与会者的最佳角度并自动存入终端中，开会时只需选择即可。

（5）MCU 会场功能及图像切换。会议过程中切换观看不同会场画面响应迅速，时间小于 1s。点对点召开会议时，无需 MCU 支持。

（6）音频控制功能。可以控制麦克风的开关、哑音、音量的大小，可以指定多个会场混音，自动唇音同步，混速/级连混速功能。

1）在混速/级连混速会议中，各种会议功能不因线路速率不同而受影响。

2）混速会议/级连混速会议中，低速率终端接收高速率终端视频图像时，接收码率不允许超过接入速率限制。

（7）方便的拨叫方式。

1）快速群呼功能保证会议能够在最短的时间内将大量会场迅速接入。

2）终端和 MCU 可直接用号码或名称呼叫接入到会议中，简化操作过程。

3）所有终端可以拨叫同一个会议号自动加入相应的会议，不需进行设置。

4）终端上可发起经过 MCU 的多点会议和基于 H. 323/ H. 320/SIP 协议的端到端会议。

（8）终端的管理功能。

1）终端可通过专用软件或 WEB 方式实现远程管理所有功能。

2）支持 SNMP 等远程操作控制；支持终端远程升级。

3）提供呼叫日志。

（9）多点控制器的管理功能。

1）支持图形化管理方式，由系统管理员对MCU进行系统的配置和管理。可以远程对MCU进行系统软件升级，可以对会议加锁、加口令，可以对与会者的协议速率进行控制。

2）提供对每个会场实时监控功能，包括线路丢包状况、所观看的会场等。

3）在会议中，可以任意修改此会议容量、图像参数、连接速率、并不需要重新启动和断开会议。

（10）MCU集中/分级管理功能。通过MCU管理系统，一级可以对应二级MCU和终端、三级终端进行集中管理，通过一级主MCU发起会议，可以同时呼叫所有终端加入会议。

1）在一级主MCU操作界面上，可以看到所有其下级终端，并可以对所有终端（包括级联终端）进行点名发言、图像广播等控制操作。

2）在集中管理的同时，各级管理员通过一级分配权限，可以对本地终端进行管理。

3）系统支持分级管理权限，如系统管理、会议管理、会议主持等。

4）在混速模式下支持集中/分级管理功能。

（11）网络管理功能。

1）线路故障出现时，短期（20s以内）的线路故障不会造成终端断线，线路恢复后自动恢复会议。

2）长时间（20s以上）的线路故障情况下，故障排除后，5s以内自动连接到会议中。

3）终端支持E1/IP双网络，并可以进行自动的相互备份。

4）系统具备实时网络检测功能，包括呼叫详细记录，如呼叫速率、连接时间、终端地址、中断原因、网络状况。

（12）标准H.239协议动态双视频流功能。

1）支持符合国际标准的H.239协议，会议中指定某终端可同时传送两路视频流。

2）除主画面外，支持PC画面的传送（静态双流）或另一路活动图像的传送（动态双流），两路视频可根据视频源特点分别选取不同传送模式，如CIF和4CIF、CIF、XGA和SXGA、双路720P等，而且无论采用任何分辨率双流的两路图像均为30帧/s。

3）两路视频流占用带宽应可自动调整，当停止双流传送时终端应能自动恢复最高传输速率。

4）具有双屏双显功能和单屏双显功能。

（13）会议安全管理。

1）会议的召开与结束。包括会议的时间，参加与会者的消息，以及会议中断原因等相关信息，都会在MCU中被自动记录，而不能被人为的修改与破坏，并可将其取出保存。

2）会议管理。除去MCU的系统管理有密码保护外，会议也可以设置密码，对于其安全控制给予以双重保障。

3）会议召开以后，可以对会议进行加锁，这样会议会保持当前的连接状态，同时保证了会议安全性。

4）与会者管理。可以调整为与会者预定义方式，仅在MCU上定义的用户才能够加入到会议当中来，未定义的不允许进入会议。

即使为已经加入会议的与会者，如有些内容的音/视频不希望传送到部分会场，仍然可以针对单独与会者在不断开连接的情况下，而将其音/视频的发送或接收关闭。

（14）红外线遥控。视频终端各功能的实现和操作均可在红外线遥控器上简单实现。

（15）设备安全管理。可以从系统管理中查看到所有当前登录MCU的用户名称和终端名称，有效的保障了系统的安全性。提供全中文操作界面，易学易懂。

终端和MCU的设置和操作采用中文图形界面，操作直观简便，功能完善。终端可通过专用软件或WEB方式实现远程管理所有功能。

视频会议管理系统必须使用中文图像化界面，易于管理维护。

（16）字幕功能。

1）可设置中文会场名，并将本会场的中文名称叠加到视频图像中一起送到远端，使其他会场明白所看到的图像是哪个分会场的。

2）可通过视讯遥控器输入中文字幕或计算机WEB方式登录终端输入中文，输入文字能够作为字幕传送到其他会场。

3）支持短消息、滚动字幕、全屏字幕方式，支持横幅功能。

（17）存储管理。MCU内置流媒体功能，将会议实时的图像作为资料存储保存，可方便数字有机体读取。会议录制不对会议本身产生任何影响，不占用MCU资源，支持终端的点播、回放。

（18）MCU组播功能。

1）支持全分布方式组播方式。终端发送视音频组播方式。

2）支持视频组播，音频单播方式。终端发送视频组播，MCU发送音频单播。

3）支持视频发送组播，音频单播方式。MCU发送视频组播，MCU发送音频单播。

4）支持IP QOS功能。

（19）系统扩展功能。系统采取冗余设计，应具有良好的开放性和兼容性，充分满足组网及容量的要求，能根据今后的需求进行平滑升级、扩容，可以进行多级级联，满足大规模视频会议的需要。

（20）备份机制。提供完善的备份机制。

1）支持MCU与终端的双网络连接（E1/IP）。当终端与MCU的E1线路中断的情况下，可自动切换到IP线路，无须手动切换。

2）支持MCU与MCU的双网络级联（E1/IP）。当MCU与MCU的E1级联线路中断的情况下，可自动切换到IP级联线路，无须手动切换。

3）MCU之间可以进行自动主备MCU热备份。当主MCU出现故障的情况下，主MCU所连接的所有终端和从MCU可自动倒换到备MCU，无须手动切换。

（21）融合功能和兼容性。

1）具有很好的兼容性，能够实现原有视频系统的接入和参加会议。

2）提供完善的融合功能，使之与现有的融合通信系统完美融合，并提供多媒体功能。

4. 高清会议电视系统标准技术参数（见表8-1）

表8-1　　高清会议电视系统标准技术系数

序号	名称	标准要求
一	大容量高清 MCU	
1	系统设计	基于嵌入式设计，冗余电源。全中文管理及配置界面，可以远程管理。系统能灵活扩容
2	系统处理能力	在开启混网混速、分屏功能的前提下，支持不少于40个高清终端以4Mbit/s速率接入参加会议
3	支持的标准	满足ITU-T H.323视频标准，满足30帧/s以上的720P高清视频标准，满足H.263、H.264等ITU-T视频标准，并向下兼容，满足G.711/G.722/G.719或MPEG-4 AAC/LC立体声音频标准，满足ITU-T H.239动态双流标准，满足HTTP、FTP、SNMP、PING等安全访问机制
4	基本功能	支持混速、混编码协议，即不同的终端可以不同的带宽、不同的视音频协议加入同一会议，由MCU来进行不同协议之间的翻译和转换。满足720P及以上，CIF、4CIF、VGA、XGA的图像分辨率，可以输出16∶9格式的单屏或多屏图像，满足IP地址、别名、号码等多种呼叫方式，满足3组以上不同会议同时召开，满足带宽动态协商（自动降速/自动升速）等网络优化功能，具有高清视频分屏功能，投标设备至少能够提供9分屏，支持穿越防火墙或NAT设备，完成公、专网之间的业务互通
5	应用功能	满足会场回环及观看发言会场等语音激励模式，满足支持单键全部静音、单键取消全部静音，单个会场静音功能，能按会场的排序进行点名，满足会议锁功能，满足会议预览功能，以便操作人员监视用
6	会议管理	中文图形化界面，良好的可操作性，简洁易用。满足终端状态数据显示（包括接入时间、音视频编码/丢包率、速率等）及综合统计数据功能，满足IP访问密码、身份认证、会议密码等功能。管理系统支持开放的接口，能够由第三方对MCU管理软件进行二次开发
二	中等容量高清 MCU	
1	系统设计	基于嵌入式设计，冗余电源。全中文管理及配置界面，可以远程管理。系统能灵活扩容
2	系统处理能力	在开启混网混速、分屏功能的前提下，支持不少于20个高清终端以4Mbit/s速率接入参加会议
3	支持的标准	满足ITU-T H.323视频标准，满足30帧/秒以上的720P高清视频标准。满足H.263、H.264等ITU-T视频标准，并向下兼容，满足G.711/G.722/G.719或MPEG-4 AAC/LC立体声音频标准，满足ITU-T H.239动态双流标准，满足HTTP、FTP、SNMP、PING等安全访问机制

续表

序号	名称	标准要求
4	基本功能	支持混速、混编码协议，即不同的终端可以以不同的带宽、不同的视音频协议加入同一会议，由 MCU 来进行不同协议之间的翻译和转换。满足 720P 及以上，CIF、4CIF、VGA、XGA 的图像分辨率，可以输出 16：9 格式的单屏或多屏图像，满足 IP 地址、别名、号码等多种呼叫方式，满足 3 组以上不同会议同时召开，满足带宽动态协商（自动降速/自动升速）等网络优化功能，具有高清视频分屏功能，投标设备至少能够提供 9 分屏，支持穿越防火墙或 NAT 设备，完成公、专网之间的业务互通
5	应用功能	满足会场回环及观看发言会场等语音激励模式，满足支持单键全部静音、单键取消全部静音，单个会场静音功能，能按会场的排序进行点名，满足会议锁功能，满足会议预览功能，以便操作人员监视用
6	会议管理	中文图形化界面，良好的可操作性，简洁易用。满足终端状态数据显示（包括接入时间、音视频编码/丢包率、速率等）及综合统计数据功能，满足 IP 访问密码、身份认证、会议密码等功能。管理系统支持开放的接口，能够由第三方对 MCU 管理软件作二次开发
三	小容量高清 MCU	
1	系统设计	基于嵌入式设计，冗余电源。全中文管理及配置界面，可以远程管理。系统能灵活扩容
2	系统处理能力	在开启混网混速、分屏功能的前提下，支持不少于 10 个高清终端以 4Mbit/s 速率接入参加会议
3	支持的标准	满足 ITU－T H. 323 视频标准，满足 30 帧/s 以上的 720P 高清视频标准，满足 H. 263、H. 264 等 ITU－T 视频标准，并向下兼容。满足 G. 711/G. 722/G. 719 或 MPEG－4 AAC/LC 立体声音频标准，满足 ITU－T H. 239 动态双流标准，满足 HTTP、FTP、SNMP、PING 等安全访问机制
4	基本功能	支持混速、混编码协议，即不同的终端可以以不同的带宽、不同的视音频协议加入同一会议，由 MCU 来进行不同协议之间的翻译和转换。满足 720P 及以上，CIF、4CIF、VGA、XGA 的图像分辨率，可以输出 16：9 格式的单屏或多屏图像，满足 IP 地址、别名、号码等多种呼叫方式，满足 3 组以上不同会议同时召开，满足带宽动态协商（自动降速/自动升速）等网络优化功能，具有高清视频分屏功能，投标设备至少能够提供 9 分屏，支持穿越防火墙或 NAT 设备，完成公、专网之间的业务互通
5	应用功能	满足会场回环及观看发言会场等语音激励模式，满足支持单键全部静音、单键取消全部静音，单个会场静音功能，能按会场的排序进行点名。满足会议锁功能，满足会议预览功能，以便操作人员监视用
6	会议管理	中文图形化界面，良好的可操作性，简洁易用，满足终端状态数据显示（包括接入时间、音视频编码/丢包率、速率等）及综合统计数据功能，满足 IP 访问密码、身份认证、会议密码等功能，管理系统支持开放的接口，能够由第三方对 MCU 管理软件作二次开发。投标人应详细说明 MCU 能够开放哪些管理功能

续表

序号	名称	标准要求
四	高清会议电视终端	
1	系统设计	终端要求采用嵌入式设计，能够支持7×24h开机运行，适合于各种类型会议室，摄像机与视频终端为分体式设计，便于安装。终端满足两路高清摄像机输入，两路高清视频信号同时输出（一路本地和一路远端）
2	支持的标准及功能	满足H.323协议标准。视频编解码算法应符合国际标准ITU-T H.263、H.264。图像格式应支持CIF、4CIF、720P、VGA、SVGA、XGA。音频编码支持ITU的G.711、G.722、G.722.1 、G.719或MPEG-4 AAC-LD。支持H.239协议，接受双流时能将两个视频流分别显示在两个显示器上。提供QoS保证，支持IP Precedence、TOS、Diffserv、RSVP
3	应用功能	满足密码管理功能，提供基于WEB的系统管理功能，可以通过电脑终端、中央控制系统进行控制，提供号码簿功能，支持中文地址簿和导入导出功能，满足NAT及防火墙穿越功能，IP自适应带宽管理（自动升速及自动降速），可以提供中文字幕及会场名功能
4	音频系统	具有噪声消除滤波、回声抑制、自动增益、智能混音等音频处理功能
五	移动式一体化会议电视终端	
1	系统设计	终端编解码器、摄像机、显示器、麦克风、音箱等为集成设计，全部设备安装在活动的一体化支架上，系统设计合理，样式美观，移动方便
2	支持的标准及功能	满足H.323协议标准，视频编解码算法应符合国际标准ITU-T H.263、H.264。图像格式应支持CIF、4CIF、720P、VGA、SVGA、XGA。音频编码支持ITU的G.711、G.722、G.722.1 、G.719或MPEG-4 AAC-LD。支持H.239协议，接受双流时能将两个视频流分别显示在两个显示器上。提供QoS保证，支持IP Precedence、TOS、Diffserv、RSVP
3	应用功能	满足密码管理功能，提供基于WEB的系统管理功能，可以通过电脑终端、中央控制系统进行控制，提供号码簿功能，支持中文地址簿和导入导出功能，满足NAT及防火墙穿越功能，IP自适应带宽管理（自动升速及自动降速），可以提供中文字幕及会场名功能
4	音频系统	具有噪声消除滤波、回声抑制、自动增益、智能混音等音频处理功能
六	高清录播服务器	
1	系统指标	系统采用编解码器与服务器的分体式设计，设备均采用嵌入式操作系统及专用硬件平台。支持系统冗余备份，具有日志及故障报警功能，系统支持7×24h不间断工作，支持冗余备份
2	录制功能	单会议至少支持一路HD720P/1080P高清图像、一路VGA信号、一路音频的同步录制，单会议中录制的所有信号存储在单一标准多媒体文件中，该文件可以被Windows Media Player、Real One等通用播放软件播放。系统支持384Kbps～4Mbit/s速率的会议录制，并可同步录制不少于两个会议

续表

序号	名称	标准要求
3	直播功能	单会议至少支持一路 HD720P/1080P 高清图像、一路 VGA 信号的同步实况直播，直播的媒体流可被通用播放软件接收并同步显示，直播延迟不超过 400ms，采用单播方式接收直播的用户数量不少于 24 个
4	点播功能	支持用户以 Web 方式访问服务器，用户在网页上即可进行点播下载操作，支持不少于 24 用户并发进行点播，具有用户统计和点播统计功能
5	管理功能	支持文件权限设定，可对文件进行权限设定，符合权限的用户才可进行点播、下载等操作；支持用户权限管理，可以对用户进行权限设定及分级管理
6	其他要求	会议录制应不占用 MCU 资源，可通过 U 盘、移动硬盘等存储介质对本地信号进行录制存储及拷贝
七	高清电视墙服务器	
1	系统设计	系统采用硬件结构，嵌入式操作系统，支持 7×24h 不间断工作，完全兼容国内外各主流品牌高清 MCU 及视频终端。电视墙服务器工作时不应占用额外的网络带宽资源，在网络中电视墙服务器故障时不应对视频会议系统产生影响。支持 WEB 管理，全中文界面
2	系统功能	支持不低于 40 个 4Mbit/s 速率的高清会议，支持 H.264 协议标准。支持多会议视频输出，即不同会议的会场可以同时显示在同一电视墙上。支持不少于 8 路 720P/ 30 帧及以上高清图像的输出，输出图像应能够接入高清视频矩阵。支持图像的分屏显示。支持会场名的显示
八	防火墙穿越服务器	
1	系统功能	连接所有 H.323 视频会议系统或设备，解决近端和远端防火墙问题
2	支持标准	支持标准的 H.323 终端，适用标准的网闸设备
3	其他	不需要对现有的防火墙、网闸、终端进行更换，支持 AES 加密，支持客户验证，可防止恶意攻击
九	会议管理系统	
	基本功能	采用 B/S 架构，通过 IE 浏览器操作。 可以对各个会议室进行预约预订，避免出现会议使用冲突。 可以对视频会议、本地会议分别进行预约。会议预约成功后，自动在 MCU 上召集会议。 提供即时会议功能，可立即召开相应的会议。可以选择需要会议提醒的人员，系统自动以邮件方式提醒相关人员参加会议。 在会议过程中，会议召开者可进行呼叫、挂断终端、静音、闭音等会议操作。 提供会议指标的统计功能，可以分时间、分类型、分机构进行统计

续表

序号	名称	标准要求
十	网闸（GK）	
	基本功能	支持多用户注册，支持多个用户数并发。 当节点之间呼叫时，主叫节点不需要输入被叫节点IP地址，只要输入被叫节点的号码或别名，GK应能够将其自动解析成被叫节点的IP地址并返回给主叫节点。 GK在收到节点的注册请求时，对节点的注册身份进行认证，认证方式包括：固定IP地址认证、密码认证、Radius认证等。 GK能对可处理对节点的呼叫接入请求进行管理，可根据节点的带宽、属性等条件，判断是否允许该节点进行呼叫。 GK支持邻居GK和顶级GK组网方式，支持路由配置，允许向邻居GK或顶级GK申请地址解析
十一	网管系统	
	基本功能	基于IP网络实现对系统设备的远程集中管理。 中文管理界面。 可以监视系统中配置的软件及硬件终端的开关机及呼叫状态。 可以对设备批处理统一进行参数配置。 可以对系统中的设备批处理进行软件升级。 可以集中对软件终端和硬件终端将行呼叫的管理和呼叫的带宽控制。 可以对传输通道的情况进行监测。 能够生成系统拓扑图便于直观对系统管理和监视
十二	专业枪式高清摄像机	
1	镜头	2/3in卡口型镜头
2	感光元件	不低于2/3in 3CCD感光部件
3	输出图像	包括1080 60i/50i、720 60P/50P
4	有效像素	有效像素1920（水平）×1080（垂直）
5	镜头变焦	不低于15倍光学变焦
6	视频接口	具备复合视频、分量/RGB、HD-SDI接口输出
7	控制	支持云台控制
十三	高档会议专用高清摄像机	
1	镜头	一体化镜头
2	感光元件	不低于1/3in CCD/CMOS感光部件
3	输出图像	包括1080 60i/50i、720 60P/50P
4	镜头变焦	不低于15倍光学变焦
5	视频接口	具备复合视频、高清RGB、HD-SDI接口输出
6	视频输出	支持高清和标清图像的同时输出
7	控制	支持云台控制，云台为超静音直流电机驱动

续表

序号	名称	标准要求
十四	标准会议专用高清摄像机	
1	镜头	一体化镜头
2	感光元件	不低于1/3in CCD/CMOS感光部件
3	输出图像	包括1080 60i、720 60P
4	镜头变焦	不低于10倍光学变焦
5	视频接口	具备复合视频、分量、HD-SDI接口输出
6	控制	支持云台控制及遥控器控制，云台为超静音直流电机驱动
十五	云台控制器	
	基本功能	兼容会场摄像机的控制协议，宜采用与摄像机同一品牌，能够同时控制6台以上摄像机，包括摄像机设置、摇拍、俯仰、缩放，可设置不少于10个预设位
十六	高清RGBHV矩阵	
1	信号类型	RGBHV、RGBS、分量
2	支持分辨率	720P、1080 60i/50i
3	接口类型	5*BNC
4	视频带宽	不低于400MHz（-3dB)
5	其他	机柜安装，支持电源冗余保护，支持第三方中控
十七	HD-SDI矩阵	
1	数据速率	19Mbit/s～2.97Gbit/s
2	输入信号	HD-SDI、SDI
3	信号标准	SMPTE259M、SMPTE292M、SMPTE372M、ITU-R BT.601、ITU-R BT.1120
4	输入电平	800×（1±10%）mV
5	接口类型	BNC
6	其他	机柜安装，支持第三方控制
十八	VGA矩阵	
1	支持分辨率	VGA、XGA
2	接口类型	15针
3	视频带宽	不低于250MHz（-3dB)
4	其他	机柜安装，支持第三方中控
十九	AV矩阵	
1	视频接口	BNC
2	切换响应	延时≤100ns
3	其他	机柜安装，支持第三方中控

续表

序号	名称	标准要求
二十	高清实物展台	
1	镜头	一体化镜头
2	感光元件	3CCD感光部件
3	输出图像	支持1920×1080分辨率图像
4	镜头变焦	16倍光学
5	其他	同步光源

5. 标清会议电视系统标准技术参数表（见表8-2）

表8-2　标清会议电视系统标准技术参数

序号	名称	标准要求
一	标清MCU	
1	系统设计	基于嵌入式设计，冗余电源。全中文管理及配置界面，可以远程管理。系统能灵活扩容
2	支持的标准	满足ITU-T H.323/H.320视频标准，满足30帧/s以上的4CIF标准清晰度视频标准，满足H.263、H.264等ITU-T视频标准，并向下兼容，满足G.711/G.722/G.719等立体声音频标准，满足ITU-T H.239动态双流标准，满足HTTP、FTP、SNMP、PING等安全访问机制
3	基本功能	满足CIF、4CIF、VGA等图像分辨率，可以输出4∶3格式的单屏或多屏图像，满足IP地址、别名、号码等多种呼叫方式，满足3组以上不同会议同时召开，满足带宽动态协商（自动降速/自动升速）等网络优化功能，具有分屏功能，投标设备至少能够提供9分屏，支持穿越防火墙或NAT设备，完成公、专网之间的业务互通
4	应用功能	满足会场回环及观看发言会场等语音激励模式，满足支持单键全部静音、单键取消全部静音，单个会场静音功能。能按会场的排序进行点名，满足会议锁功能。满足会议预览，以便操作人员监视用
5	会议管理	中文图形化界面，良好的可操作性，简洁易用。满足终端状态数据显示（包括接入时间、音视频编码/丢包率、速率等）及综合统计数据功能，满足IP访问密码、身份认证、会议密码等功能。管理系统支持开放的接口，能够由第三方对MCU管理软件作二次开发。投标人应详细说明MCU能够开放哪些管理功能
二	标清会议电视终端	
1	系统设计	终端要求采用嵌入式设计，能够支持7×24h开机运行，适合于各种类型会议室，摄像机与视频终端应便于安装。终端满足两路视频输入，两路视频信号同时输出（一路本地和一路远端）
2	支持的标准及功能	视频编解码算法应符合国际标准ITU-T H.263、H.264。图像格式应支持CIF、4CIF、VGA。音频编码支持ITU的G.711、G.722、G.722.1、G.719。支持H.239协议，接受双流时能将两个视频流分别显示在两个显示器上。提供QoS保证，支持IP Precedence、TOS、Diffserv、RSVP

续表

序号	名称	标准要求
3	应用功能	满足密码管理功能，提供基于WEB的系统管理功能，可以通过电脑终端、中央控制系统进行控制，提供号码簿功能，支持中文地址簿和导入导出功能，满足NAT及防火墙穿越功能，IP自适应带宽管理（自动升速及自动降速），可以提供中文字幕及会场名功能
4	音频系统	具有噪声消除滤波、回声抑制、自动增益、智能混音等音频处理功能
三	桌面会议电视终端	
1	系统设计	终端编解码器、摄像机、显示器、麦克风、音箱等为集成设计，可以安装在个人办公桌面上，系统设计合理，样式美观，操作方便，显示器既可以作为电视会议显示设备，也可以作为电脑显示器使用
2	支持的标准及功能	视频编解码算法应符合国际标准ITU－T H.263、H.264。图像格式应支持CIF、4CIF、VGA。音频编码支持ITU的G.711、G.722、G.722.1、G.719。支持H.239协议，接受双流时能将两个视频流分别显示在两个显示器上。提供QoS保证，支持IP Precedence、TOS、Diffserv、RSVP
3	应用功能	满足密码管理功能，提供基于WEB的系统管理功能，可以通过电脑终端、中央控制系统进行控制，提供号码簿功能，支持中文地址簿和导入导出功能，满足NAT及防火墙穿越功能，IP自适应带宽管理（自动升速及自动降速），可以提供中文字幕及会场名功能
4	音频系统	具有噪声消除滤波、回声抑制、自动增益、智能混音等音频处理功能
四	软件终端	
1	系统设计	基于Windows操作系统，PC架构，通过软件进行视频编解码，会议软件安装在个人计算机上
2	支持的标准及功能	视频编解码算法应符合国际标准ITU－T H.263、H.264。图像格式应支持CIF、4CIF、VGA。音频编码支持ITU的G.711、G.722、G.722.1、G.719。支持H.239协议
3	应用功能	支持中文操作界面。满足密码管理功能。提供号码簿功能，支持中文地址簿和导入导出功能。IP自适应带宽管理（自动升速及自动降速），可以提供中文字幕及会场名功能
4	音频系统	具有噪声消除滤波、回声抑制、自动增益、智能混音等音频处理功能
五	标清录播服务器	
1	系统指标	系统采用编解码器与服务器的分体式设计，设备均采用嵌入式操作系统及专用硬件平台。支持系统冗余备份，具有日志及故障报警功能，系统支持7×24h不间断工作，支持冗余备份
2	录制功能	单会议支持一路标清图像、一路VGA信号、一路音频的同步录制，单会议中录制的所有信号存储在单一标准多媒体文件中，该文件可以被Windows Media Player、Real One等通用播放软件播放。系统支持384K～2Mbit/s速率的会议录制，并可同步录制不少于两个会议

续表

序号	名称	标准要求
3	直播功能	支持单会议一路标清图像、一路 VGA 信号的同步实况直播，直播的媒体流可被通用播放软件接收并同步显示，直播延迟不超过 400ms，采用单播方式接收直播的用户数量不少于 50 个
4	点播功能	支持用户以 Web 方式访问服务器，用户在网页上即可进行点播下载操作，支持 50 用户并发进行点播，具有用户统计和点播统计功能
5	管理功能	支持文件权限设定，可对文件进行权限设定，符合权限的用户才可进行点播、下载等操作；支持用户权限管理，可以对用户进行权限设定，至少支持不少于 3 级用户权限分级
6	其他要求	会议录制应不占用 MCU 资源，可通过 U 盘、移动硬盘等存储介质对本地信号进行录制存储及拷贝
六	电视墙服务器	
1	系统设计	系统采用硬件结构，嵌入式操作系统，支持 7×24h 不间断工作。完全兼容国内外各主流品牌高清 MCU 及视频终端。电视墙服务器工作时不应占用额外的网络带宽资源，在网络中电视墙服务器故障时不应对视频会议系统产生影响。支持 WEB 管理，全中文界面
2	系统功能	支持不低于 40 个 2Mbit/s 速率的标清会议，支持 H. 264、H. 263 协议标准。支持不少于 8 路 4CIF/ 30 帧及以上图像的输出，输出图像应能够接入视频矩阵，支持图像的分屏显示，支持会场名的显示
七	防火墙穿越服务器	
1	系统功能	连接所有 H. 323 视频会议系统或设备，解决近端和远端防火墙问题
2	支持标准	支持标准的 H. 323 终端，适用标准的网闸设备
3	其他	不需要对现有的防火墙、网闸、终端进行更换。支持 AES 加密，支持客户验证，可防止恶意攻击
八	会议管理系统	
	基本功能	采用 B/S 架构，通过 IE 浏览器操作。 可以对各个会议室进行预约预订，避免出现会议使用冲突。 可以对视频会议、本地会议分别进行预约。会议预约成功后，自动在 MCU 上召集会议。 提供即时会议功能，可立即召开相应的会议。可以选择需要会议提醒的人员，系统自动以邮件方式提醒相关人员参加会议。 在会议过程中，会议召开者可进行呼叫、挂断终端、静音、闭音等会议操作。 提供会议指标的统计功能，可以分时间、分类型、分机构进行统计

续表

序号	名称	标准要求
九	网闸（GK）	
	基本功能	支持多用户注册，支持多个用户数并发。 当节点之间呼叫时，主叫节点不需要输入被叫节点 IP 地址，只要输入被叫节点的号码或别名，GK 应能够将其自动解析成被叫节点的 IP 地址并返回给主叫节点。 GK 在收到节点的注册请求时，对节点的注册身份进行认证，认证方式包括：固定 IP 地址认证、密码认证、Radius 认证等。 GK 能对可处理对节点的呼叫接入请求进行管理，可根据节点的带宽、属性等条件，判断是否允许该节点进行呼叫。 GK 支持邻居 GK 和顶级 GK 组网方式，支持路由配置，允许向邻居 GK 或顶级 GK 申请地址解析
十	网管系统	
	基本功能	基于 IP 网络实现对系统设备的远程集中管理。 中文管理界面。 可以监视系统中配置的软件及硬件终端的开关机及呼叫状态。 可以对设备批处理统一进行参数配置。 可以对系统中的设备批处理进行软件升级。 可以集中对软件终端和硬件终端将行呼叫的管理和呼叫的带宽控制。 可以对传输通道的情况进行监测。 能够生成系统拓扑图便于直观对系统管理和监视
十一	会议专用标清摄像机	
1	镜头	一体化镜头
2	感光元件	不低于 1/4in CCD/CMOS 感光部件
3	输出图像	输出图像最高支持不低于 460 线
4	镜头变焦	不低于 10 倍光学变焦
5	视频接口	支持 CV、分量/RGB 接口输出
6	控制	支持云台控制及遥控器控制
十二	云台控制器	
	基本功能	兼容会场摄像机的控制协议，能够同时控制 6 台以上摄像机，包括摄像机设置、摇拍、俯仰、缩放，可设置不少于 10 个预设位
十三	RGBHV 矩阵	
1	信号类型	RGBHV、RGBS、分量
2	支持分辨率	4CIF、XGA
3	接口类型	5×BNC
4	视频带宽	不低于 150MHz（−3dB）
5	其他	机柜安装，支持电源冗余保护，支持第三方中控
十四	VGA 矩阵	

续表

序号	名称	标准要求
1	支持分辨率	VGA、XGA
2	接口类型	15针
3	视频带宽	不低于200MHz（-3dB）
4	其他	机柜安装，支持第三方中控
十五	AV矩阵	
1	视频接口	BNC
2	切换响应	延时≤100ns
3	其他	机柜安装，支持第三方中控

6. 设备和附件需要满足的主要标准（见表8-3）

表8-3 设备和附件需要满足的主要标准

标准号	标准名称
YD/T 5032—2005	会议电视系统工程设计规范
ITU-T H.231	用于2Mbit/s以下数字信道的视听系统多点控制单元
ITU-T H.242	关于建立使用2Mbit/s以下数字信道的视听终端间的通信系统
ITU-T H.243	利用2Mbit/s信道在2～3个以上的视听终端建立通信的方法
ITU-T H.245	多媒体通信控制协议
ITU-T H.246	支持H系列协议的多媒体终端之间的交互
ITU-T H.261	关于P X 64Kbit/s视听业务的视频编解码
ITU-T H.263	关于低码率通信的视频编解码
ITU-T H.264	关于低码率通信的视频编解码
ITU-T H.283	多媒体应用的远端设备控制协议
ITU-T H.320	窄带电视电话系统和终端设备
ITU-T H.323	基于IP包交换网络中多媒体业务的框架协议
ITU-T G.703	数字系列接口的物理/电气特性
ITU-T G.704	用于一次群和二次群等级的同步帧结构
ITU-T G.711	话音频率的PCM脉冲编码调制
ITU-T G.722	自适应差分脉冲编码调制（APPCM）的语音编码标准
ITU-T G.722.1	用24kbit/s或32kbit/s传输7kHz的声音
ITU-T G.722.1 Annex C	用24kbit/s或48kbit/s传输14kHz的声音，宽带音频编码标准
IETF SIP	多媒体交互会话控制协议
ISO/IEC 13818 MPEG-2	视频编码标准
YD/T 5032—2005	会议电视系统工程设计规范
ITU-T H.231	用于2Mbit/s以下数字信道的视听系统多点控制单元
ITU-T H.242	关于建立使用2Mbit/s以下数字信道的视听终端间的通信系统
ITU-T H.243	利用2Mbit/s信道在2～3个以上的视听终端建立通信的方法

7. 环境条件

(1) 海拔高度：小于 3000m

(2) 环境温度 ：−5～40℃

(3) 抗地震能力：地面水平加速度 0.3g，垂直加速度 0.15g 同时作用。

(4) 相对湿度：5％～95％

(5) 气压：70～106kPa

(6) 工作电源：交流 220×（1±15％）V，50Hz。

8. 集中控制系统

集中控制系统是指对声、光、电等各种设备进行集中控制的设备，应用于多功能会议厅、应急指挥控制中心、智能化会商室等。用户可用按钮式控制面板、计算机显示器、触摸屏和 iPad 等控制设备，通过中央控制系统软件控制投影机、影碟机、话筒、计算机、笔记本、电动屏幕、电动窗帘、灯光等设备。

供电企业应急指挥中心通过集中控制系统可以直观地操作整个系统，包括系统开关、各设备开关、灯光明暗度调节、信号源的切换、播放和停止、各种组合模式的进入和切换、音量调节，以及用于扩声的会议音响系统，用于远程会议的视频会议系统，用于视频、VGA 信号显示的大屏幕投影系统，用于提供音视频信号的多媒体周边设备，用于全局环境设施、系统设备控制等系统的全自动综合控制等。

针对供电企业应急指挥场所的需求，建议通过中央集成控制系统实现如下功能：

1）对大屏幕控制器进行操作和控制，可控制投影机的打开、关闭、切换视频信号和 VGA 信号等功能。

2）对 RGB 矩阵进行操作和控制，可控制 RGB 矩阵信号任意切换等功能。

3）对 AV 矩阵进行操作和控制，可控制 AV 矩阵信号任意切换等功能。

4）对前摄像机、后摄像机进行操作和控制，可控制摄像机焦距、旋转等功能。

5）对音频媒体矩阵处理器进行操作和控制。

6）对音频、视频输入信号等进行控制。

7）可以控制应急指挥中心摄像机的开关、可以控制电动窗帘。

8）通过 iPad 或计算机实现编程控制和单项操作。

第二节　应急日常管理工作系统功能建设

应急日常管理工作主要包括：日常信息收发、工作计划、应急值班管理、应急组织、应急预案、应急文件资料、报表管理以及档案管理，如图 8－5 所示。

一、应急值班管理

应急值班管理运用计算机技术、网络技术和通讯技术、GIS、GPS 等高技术手段，对重大危险源进行监控，通过整合各级供电企业应急资源，实现生产安全事故的信息接收、屏幕显示、跟踪反馈、专家视频会商、图像传输控制、电子地图 GIS 管理和情况综合等应急值守业务管理。利用实时监测网络，掌握重大危险源空间分布和运行状况信息，进行动态监测，分析风险隐患，对可能发生的特别重大事故进

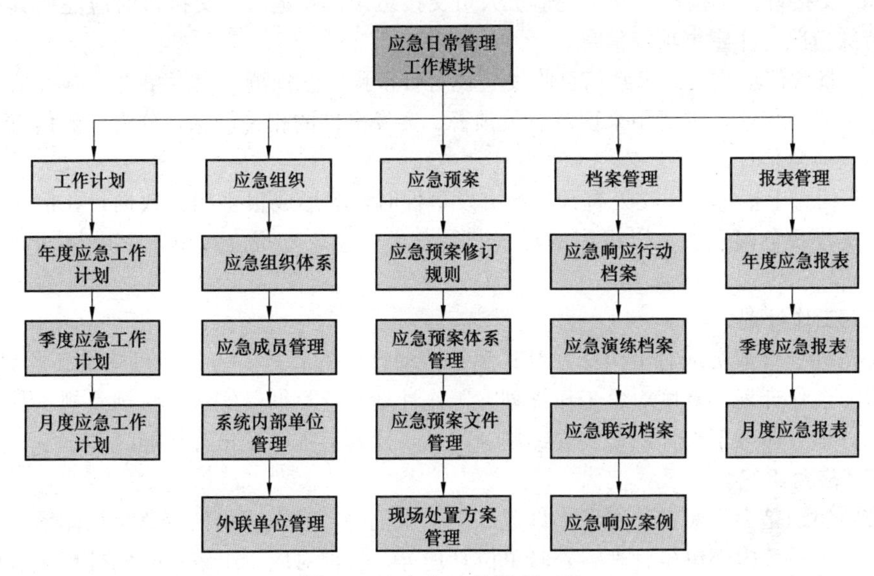

图 8－5 应急日常管理工作

行预测预警。

通过应急平台在事发 3h 内向上级供电企业应急领导小组及相关专业部室即时报送特别重大、重大生产安全事故信息及突发事件现场音视频信息。供电企业应急值班管理系统要增加辅助接警功能，与当地政府应急系统与形成的统一接警平台相连接，处理生产安全事故应急救援接报信息。

(1) 值班排班。值班排班是根据应急或预警事件实现值班排班的功能，主要包括值班信息及排班的功能，如图 8－6 所示。

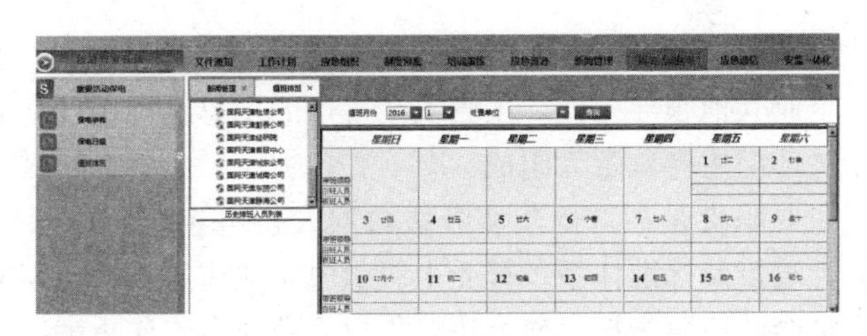

图 8－6 值班排班

(2) 值班日志。值班期间，值班人员要根据事件发展情况记录相关信息，有利于应急启动或预警发布的决策，如图 8－7 所示。

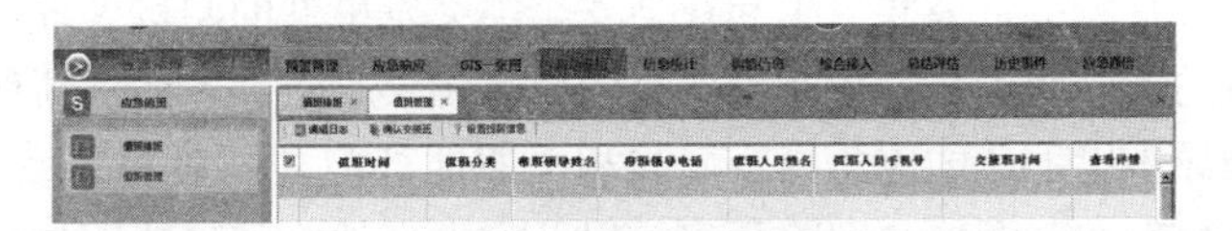

图 8－7 值班日志

(3) 交接班。交接班管理实现值班人员交接班操作及记录，交接班时应注明其值班期间特殊情况、注意事项等信息。

(4) 日常信息收发。日常信息收发实现对日常预警、预测、突发事件等各类信息的接收、记录与传递，主要用来记录有关预警、突发事件的相关信息，分为一般信息、预警信息、应急信息。

(5) 信息上报统计。在处置预警、突发事件时，会形成很多相关数据，在信息上报统计功能模块分门别类、以报表的形式归结各类信息，上报上级单位，进行辅助应急指挥。

二、工作计划

工作计划管理实现对工作计划及其多年滚动计划的管理，包括年度应急工作计划、季度应急工作计划、月度应急工作计划，工作计划及其贯彻落实法律法规及规章制度落实要求，形成应急工作计划，实现编制、审批，计划上报、发布等功能。

三、应急组织

应急组织是为应对各种突发事件成立的组织机构，该模块包括应急组织体系、应急成员管理、系统内部单位管理、外联单位管理等，实现对应急组织及其成员相关信息的管理，如图 8-8 所示。

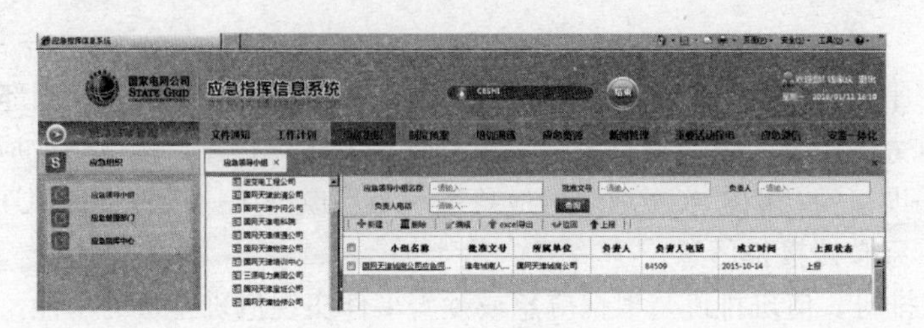

图 8-8　应急组织

各级供电企业常设应急领导小组，全面领导应急工作。组长由供电企业总经理担任，副组长由供电企业其他领导担任，主管安全生产的副总经理担任常务副组长，成员由副总工程师及相关部门主要负责人组成。

应急领导小组主要职责是：贯彻落实各级政府及供电企业应急管理的相关法律法规、规章制度和方针政策及标准体系，接受上级供电企业应急领导小组的工作领导，接受当地政府应急委员会的应急指挥，研究决定供电企业应急工作重大决策和部署，研究建立和完善供电企业应急体系，指挥供电企业重大突发事件应急处置工作。

供电企业应急领导小组下设安全应急办公室和稳定应急办公室。安全应急办公室设在供电企业安监部，负责自然灾害、事故灾难类突发事件的归口管理。稳定应急办公室设在供电企业办公室，负责公共卫生和社会安全类突发事件的归口管理。

应急办公室的主要职责是：落实供电企业应急领导小组部署的各项任务，监督执行供电企业应急领导小组下达的应急指令，与相关职能部门共同负责突发事件信息收集、分析和评估，提出发布、调整和解除预警，以及突发事件级别建议，与政府有关部门沟通联系，及时报告有关情况，经供电企业应急领导小组批准，发布、调整和解除突发事件预警和响应。

1. 相关事件应急处置指挥机构

(1) 根据突发事件类别和影响程度，成立相关事件应急处置指挥部（以下简称专项处置指挥部）及其办公室。

(2) 专项处置指挥部是供电企业处置具体突发事件的临时指挥机构。总指挥由供电企业分管该项工作的领导担任（或由供电企业总经理授权人员）担任，成员由相关部门负责人组成。

专项处置指挥部主要职责是：执行各级供电企业的决策部署，宣布供电企业进入和解除应急状态，决定启动和终止事件响应，指挥、协调相关突发事件的抢险救援、恢复重建及信息披露和舆情引导工作。

(3) 专项处置指挥部办公室（临时机构）设在事件处置牵头负责部门，专项处置指挥部办公室主任由该部门主要负责人担任，成员由相关部门人员组成。根据实际需要，成立专业工作组。

专项处置指挥部办公室主要职责是：落实专项处置指挥部部署的各项任务，收集并汇总专项突发事件相关信息，协调供电企业各部门开展应急处置工作，负责与上级供电企业、政府部门沟通，汇报相关信息，协助对外披露突发事件相关信息和引导舆情，按照专项处置指挥部决策，发布启动、调整和终止应急响应命令。

气象及地质（地震）灾害、设备事故、重要保电、生产设备区域火灾突发事件的处置由供电企业运检部牵头负责。

大面积停电、人身伤亡突发事件的处置由供电企业安监部牵头负责。

网络信息、通信系统、环境污染突发事件的处置由供电企业科技信息部牵头负责。

备用调度启动突发事件的处置由供电企业调控中心牵头负责。

公共卫生、办公区域火灾、交通类突发事件的处置由供电企业后勤部牵头负责。

电力服务类突发事件的处置由供电企业营销部牵头负责。

突发群体性、涉外、档案突发事件的处置由供电企业办公室牵头负责。

新闻突发事件的处置由供电企业外联部牵头负责。

(4) 各级供电企业及各部室按照“谁主管，谁负责”的原则负责职责范围内的应急处置工作。

(5) 突发事件所引发的次生、衍生事件处置，可启动次生、衍生事件相关预案应急响应措施，由起始突发事件专项处置指挥部指挥。

(6) 相互交叉和关联的突发事件应当综合考虑事件发生顺序、影响范围、严重程度等因素，原则上由起始突发事件专项处置的指挥机构领导。

2. 专家组

各级供电企业建立各专业应急人才库，根据实际需要组建应急专家组，为应急处置提供决策建议。

四、应急处置预案管理

遵循分级管理、属地为主的原则，根据有关应急预案，利用生产安全事故的研判结果，通过应急平台对有关法律法规、政策、安全规程规范、救援技术要求以及处理类似突发事件的案例等进行智能检索和分析，并咨询应急专家意见，提供应对生产安全突发事件的措施和应急救援方案。根据应急救援过程不同阶段处置效果的反馈，在应急平台上实现对应急救援方案的动态调整和优化。

应急预案管理的内容包括应急总体预案、应急专项预案、现场处置方案等应急预案的修订规则、应急预案体系管理、应急预案文件管理、现场处置方案管理。应急预案的修订规则包括：应急预案体系架构，应急预案的编制、审核、修改、发布、报备及修订的原则和程序等功能，如图 8-9 所示。

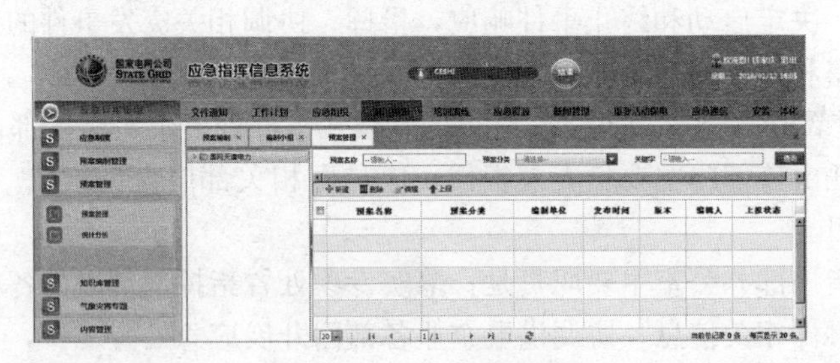

图 8-9　应急预案管理

1. 文件通知管理

点击应急日常平台→文件通知→文件通知管理，将上级单位制定文件通知，下发到下级单位，由下级单位执行通知内容，并上报到上级单位中去，由此来查看各单位执行通知的完成信息，如图 8-10 所示。

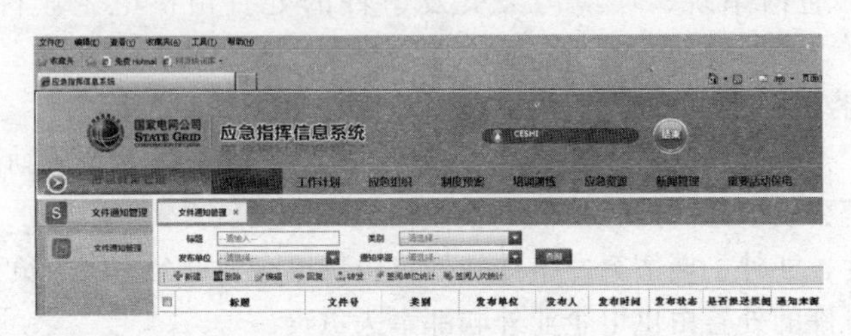

图 8-10　文件通知管理

2. 应急制度维护

按照类型分门别类对于新增的国家及政府部门颁布的法律法规及供电企业发布的规章制度，以及更新或废止的法律法规和企业规章制度通过系统及时维护，保持系统中被引用的法律法规和规章制度总保持是最新版的。

（1）新增。进入应急制度模块点击维护按钮，新增一条应急制度信息。点击新建按钮，弹出新建窗口。其中类别下拉框，总部用户可以新建全部七种制度，网省及地市用户只能新建行业标准，企业（总部、省、地方文件）、地方法规、其他电力企业四种，国家法律，各部委规章，国务院规定由总部维护并下发，如图 8-11 所示。

（2）删除。选择一条或多条记录点击删除按钮，弹出确认提示框，点击确定则删除选中条目，删除一条或多条应急制度信息。

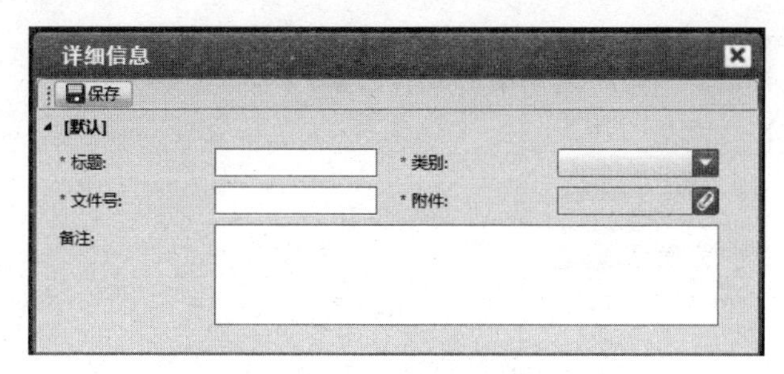

图 8-11 新增应急制度

（3）编辑。选择一条记录点击修改按钮，弹出修改窗口，修改一条应急制度信息，如图 8-12 所示。

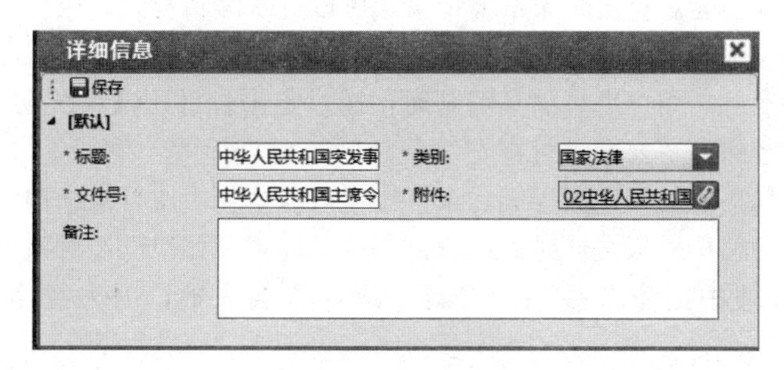

图 8-12 编辑应急制度

3. 应急预案编制

维护预案体系结构树，预案体系根据层次划分为“总部层面”、“省公司层面”和“地市公司层面”，分别对应供电企业总部、省级供电企业、地市级供电企业的应急预案编制，如图 8-13 所示。

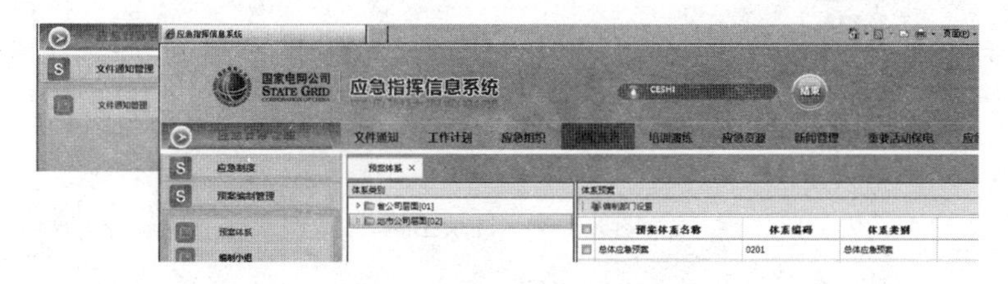

图 8-13 应急预案编制

（1）应急预案模板。择预案体系类别进行对应的预案模板文件上传，体系类别分为“总部层面”、“省公司层面”和“地市公司层面”3 个级别。一般在顶层的 3 个级别下上传“总体应急预案”模板，在各自的“专项应急预案”级别下上传具体分类下的预案模板。目前已有的 5 个应急预案模板，分别为：总体应急预案、自然灾害类专项应急预案、事故灾难类专项预案模板、社会安全事件类专项应急预案和公共卫生事件类专项预案模板。界面分为“预案模板管理”和“目录结构”两个区域，如图 8-14 所示。

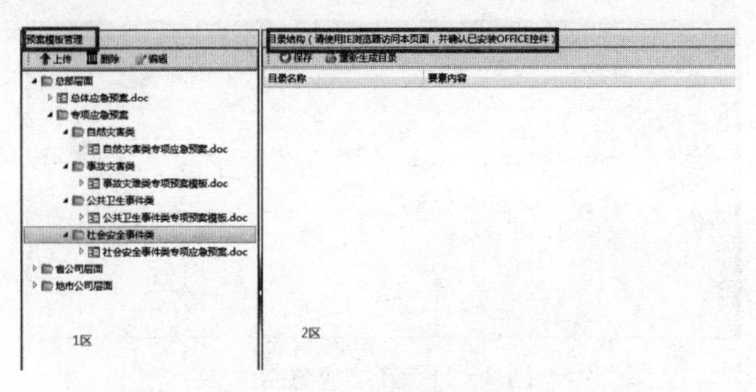

图 8-14　应急预案模板

目录结构：显示选中的模板文件的目录结构表格，提供章节要素内容的编制，同时提供重新生成目录功能。点击某条章节记录，可以进入编辑模式，用户可以在此进行编辑要素的内容编写工作，编写完成后点击上方工具栏中的“保存”按钮即可保存编辑要素信息。编辑要素可在用户进行预案编制时，通过点击控件中【系统功能→编辑要素】弹出当前编辑章节的编写要素进行查看。

点击上方工具栏中的“重新生成目录”按钮可以重新生成目录结构，方便用户上传模板文件时未成功解析模板文件时可以再试一次。注意，如果已经对该模板进行了“预案编制小组”模块中的章节授权，重新生成目录会失败，因为数据已被引用，如图 8-15所示。

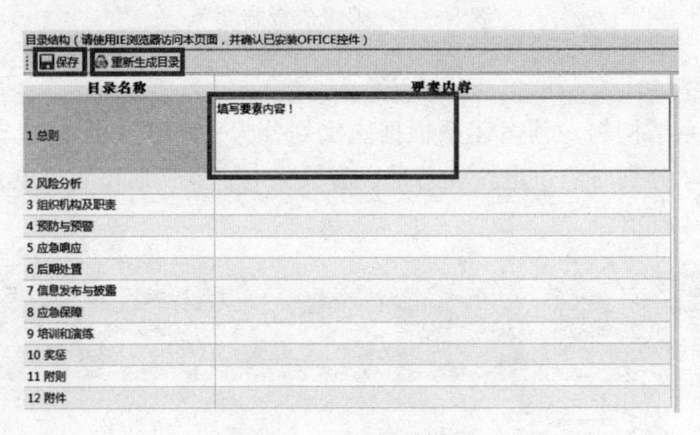

图 8-15　目录结构

(2) 应急预案操作步骤。

1) 编制部门单位。设置选中预案体系的编制部门。点击“编辑部门设置”按钮时会弹出窗口，用户可在弹出的窗口中去新增、删除和修改编制部门单位。在“编辑部门设置”窗口打开后，选择编辑部门下拉框会显示出组织结构树，选中一个单位（部门）后，点击“保存”按钮即可新增一条编制部门记录。

2) 成立编制小组。设置不同预案的编制小组成员，并控制各成员的章节编制权限。一个应急预案可设置多人参与编辑，每个成员完成自己负责章节的编写工作，最后，合并为一个整体预案文档。界面如图 8-16 所示。

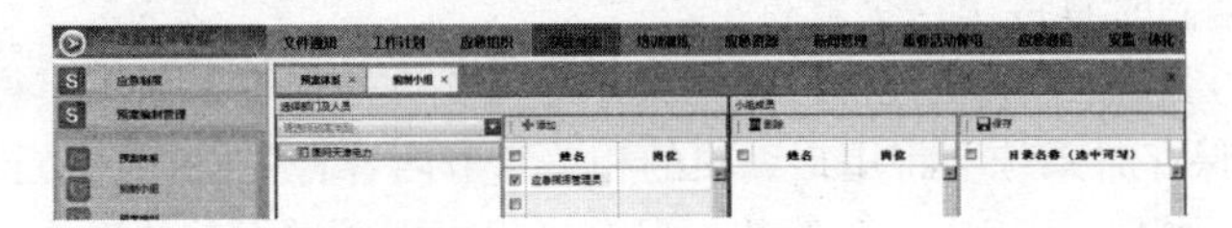

图 8－16　成立编制小组

选择部门及人员，选择一个预案类别（对应权限选择内容），“1 区”显示组织机构树，选中对应的单位（部门）后，“2 区”会显示该机构下属人员信息。选中要添加到编制小组的成员后，点击“2 区”中的添加按钮后，会将选中人员添加到小组人员“3 区”中。

“3 区”表格中显示的为当前选中的预案类别下，已经被加入到编制小组的成员记录。点击“删除”按钮，系统会将选中的成员移除出小组。

“4 区”表格中显示的为当前选中的预案类别对应的所有章节的标题，目录名称前的选择框表示当前“3 区”表格中选中的人员是否对该章节具有可编写权限。用户可以通过选中“目录名称”前的选择框来给选中的小组成员分配预案的章节编制权限，并且，点击“4 区”上部的“保存”按钮后才能真正保存了用户选择的章节可编写权限。

3）预案编制。选择可用编制的预案类别进行编制，可用选择使用预案模板或者最后编制的预案版本为编制基础。界面分为“文档目录结构”和“预案编制”两个区域。

文档目录结构：完成预案类型的筛选，对于“选择预案类型”下拉框，注意此处可选择的内容需要进行权限判断。

“目录结构”表格中显示的是用户选择的预案类型对应的所有章节标题，注意红色标记的是用户有权限编辑的章节，其他的章节为只读，用户可以去编辑，但是编辑后不会保存合并到完整预案版本中去。“打开文档”后，点击“目录结构”中不同的章节标题，会在打开文档内相关章节进行切换，方便用户迅速进入需要编辑的章节，如图 8－17所示。

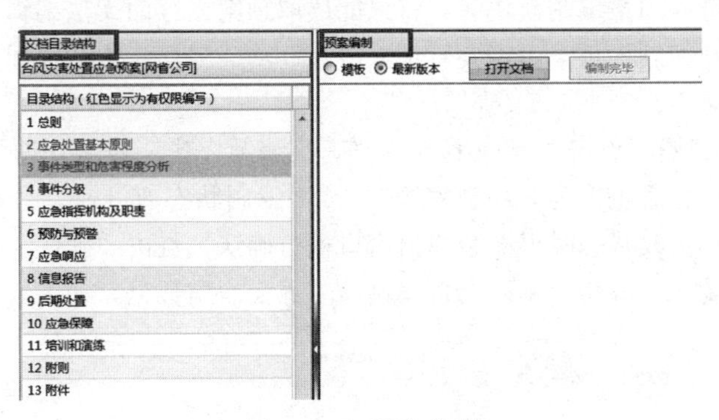

图 8－17　预案编制

点击“打开文档”按钮，可通过 office 控件打开用户选择的“预案类型”对应的预案文档，打开方式分为“模板”和“最新版本”两种方式；选择“模板”就直接打开所选预案对应的模板文件，选择“最新版本”则判断该预案有没有编辑过的版本，如果有则直接打开最后的版本，如果没有就打开所选预案对应的模板文件；系统默认选中“最新版本”，一般编制时直接用这个就行了。

编制完成后，点击 Office 控件内部的菜单项【文件→保存】后工具栏中的“保存按钮”进行保存，保存时系统会将用户编辑的相关章节内容合并保存到最新的预案版本中去，此过程会有些慢，请用户耐心等待，保存过程中不要进行其他操作，保存完成后系统会弹出提示，如图 8－18 所示。

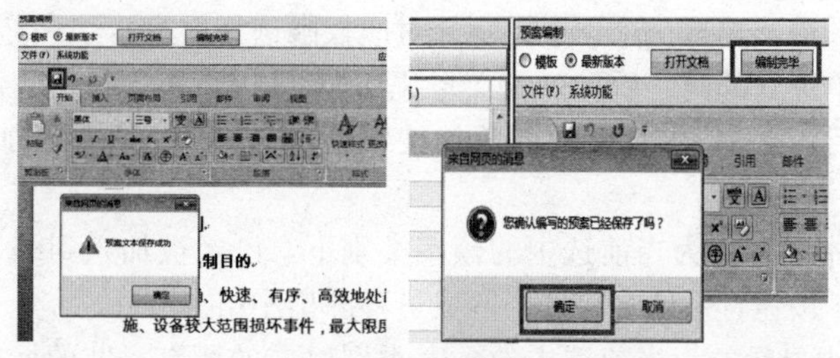

图 8－18　预案保存

4）预案编制完毕确认。正在编制中或已完成编制的预案查询功能，可用来查看预案的编制状态，查看预案文档内容，改变预案的编制状态，发布编制完成的预案等，如图 8－19 所示。

图 8－19　预案编制完毕确认

① 查看编制情况：点击主界面上方的“查看编制情况”按钮，即可在弹出的窗口中查看当前选中预案记录的编制小组成员的编制状态，编制状态有 3 种，分别为未开始编制、编制完毕、重新编制中。状态为“编制完毕”表示用户对该预案已完成编制工作，该用户再次进入预案编制模块时，将只能读取预案内容而无法编辑和保存结果。如果编制用户想重新编制该预案，需要管理人员在此功能界面点击“退回重编”按钮改变该用户的编制状态。

② 确认编制完毕：点击主界面上方的“确认编制完毕”按钮，即将选中的一条或多条预案编制记录状态重置为“编制完毕”；预案编制状态有 3 种，分别为编制中、编制完毕、已发布。更改状态时界面会弹出窗口进行确认，点击“确认”按钮及完成所选预案的状态变更功能，成功后系统会自动刷新主界面表格数据，如图 8－20 所示。

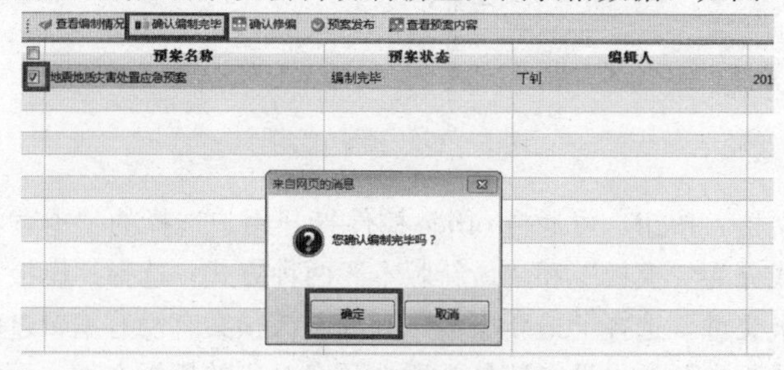

图 8－20　确认预案编制完毕

③ 确认修编：点击主界面上方的“确认修编”按钮，即将选中的一条或多条预案编制记录状态重置为“编制中”；预案编制状态有 3 种，分别为编制中、编制完毕、已发布。更改状态时界面会弹出窗口进行确认，点击“确认”按钮及完成所选预案的状态变更功能，成功后系统会自动刷新主界面表格数据。

5）预案发布。点击主界面上方的“预案发布”按钮，将会弹出窗口显示选中预案记录的文档内容。点击“确认发布”会出窗口进行确认，点击“确认”按钮，系统会发布该预案，如图 8－21 所示。

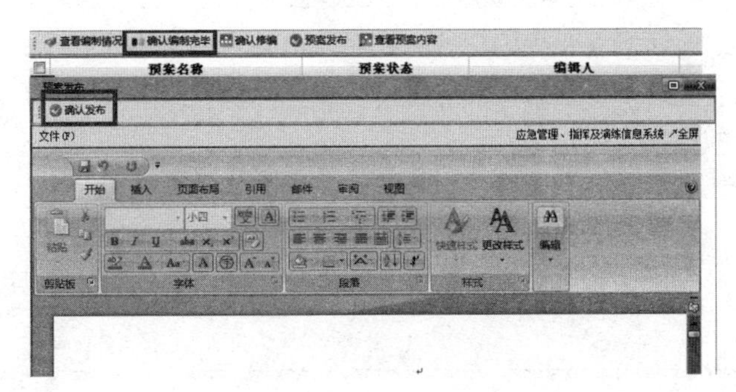

图 8－21　预案发布

（3）新建与删除。点击主界面上方工具栏中的“新建”按钮，弹出新增窗口，用来新增一条预案记录。“预案分类”为下拉树，显示“预案体系”的内容。“编制单位”和“备案单位”为下拉树，显示系统组织机构结构树。“预案内容”、“决策层处置卡”和“应急办处置卡”需要上传附件，一般为 word 文档。

点击主界面上方工具栏中的“删除”按钮，将删除选中的应急预案记录，删除时系统会弹出提示窗口进行确认，点击“确认”后才会完成删除操作。

4. 培训演练

（1）应急培训信息管理。

1）新增。新增一条应急培训信息，点击新建按钮，弹出新建窗口，如图 8－22 所示。

填写应急培训信息后点击保存按钮。

2）修改。修改一条应急培训信息，选择一条记录点击修改按钮，弹出修改窗口。

3）删除。删除一条或多条应急培训信息，选择一条或多条记录点击删除按钮，弹出确认提示框，点击确定则删除选中条目。

（2）应急培训信息统计上报。新增培训信息统计，选择一条或多条记录点击上报按钮，上报成功后会弹出成功提示框。

五、应急演练与技能培训

1. 应急演练管理

为了检验应急预案、完善应急准备工作、锻炼应急队伍、磨合应急管理机制等目的，应急预案的修订单位负责制定应急演练年度计划。通过开展应急演练能够查找应急预案中存在的问题，合理组织应急资源的调派（包括人力、应急装备和应急物资等），

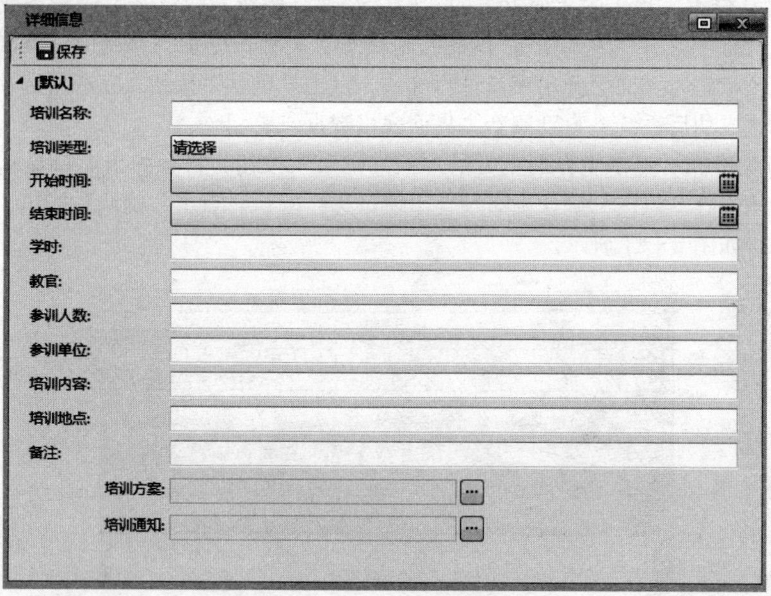

详细信息
保存
[默认]
培训名称:
培训类型:
请选择
开始时间:
结束时间:
学时:
教官:
参训人数:
参训单位:
培训内容:
培训地点:
备注:
培训方案:
培训通知:

图 8－22　新增应急培训信息填写

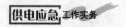

协调各应急部门、机构、人员之间的关系，提高公众应急意识，增强公众应对突发重大事件救援的信心，提高应急救援人员的救援能力，明确应急救援人员各自的岗位和职责，提高各预案之间的协调性和整体应急反应能力，从而完善应急预案，提高应急预案的实用性和可操作性。通过开展应急演练，检查应对突发事件所需应急队伍、应急装备、应急物资等方面的准备情况；找出不足项和整改项，完善应急准备工作；增强应急演练组织单位、参与单位和应急专业人员对应急预案和应急机制的熟悉程度，提高其应急处置能力；进一步明确相关单位和人员的职责任务，理顺应急工作关系，完善应急机制；向企业员工和公共普及应急科学知识，提高公众风险防范意识和自救呼救等灾害应对能力而开展应急演练，如图 8－23 所示。

应急演练管理工作模块
演练计划
演练方案
演练脚本
演练记录
应急演练图像记录
应急演练视频记录
应急演练文字记录

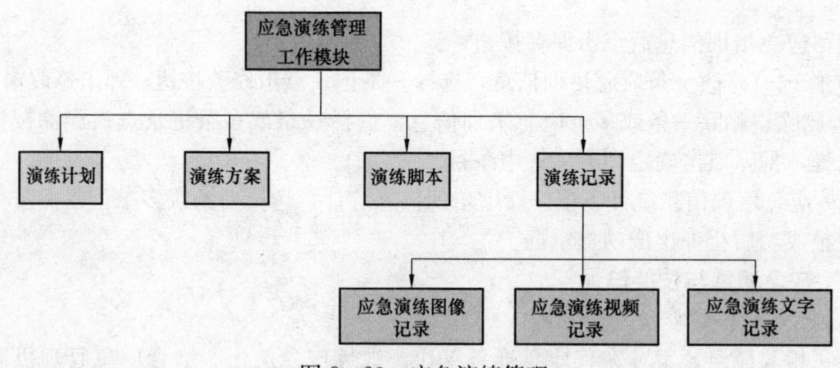

图 8－23　应急演练管理

(1) 应急演练计划。编制应急演练计划要按照演练单位的实际情况，并依据相关法律法规和应急预案的要求决定应急演练的频次和内容，按照“先桌面后现场”等原则，结合从单项、组合、综合循序渐进合理规划应急演练的规模、形式等编制年度应急演练计划，并根据季节特点分解、细化成为季度应急演练计划和月度应急演练计划。

(2) 应急演练方案。根据演练单位的演练需求分析确定演练内容，依据风险分析设置应急演练情景，明确参加演练人员规模及分工，设计主要演练步骤，聘请相关应急专家和单位观摩应急演练过程。

(3) 应急演练脚本。应急演练脚本包括应急演练目的、应急演练组织背景、观摩专家介绍、突发事件（时间、地点、规模）、可能发生的次生和衍生灾害情况、参加应急演练人员分工、演练安全注意事项及措施、应该启动的应急预案及响应行动、控制信息和应急响应行动步骤等。

随着企业应急能力和员工风险意识的提高可以逐步脱离应急演练脚本，不定期、不定演练题目，针对当时企业承担的风险，随时组织无脚本应急演练。

(4) 应急演练记录。应急演练记录组作为演练的组织者之一负责对应急演练的全过程进行全面客观地记录，记录内容包括应急演练的启动时间、内容及操作过程记录，评估应急演练等。

应急演练的记录方式包括：应急演练图像记录、应急演练视频记录及应急演练文字记录等形式。

2. 应急演练计划模块

应急预案发布完成后可以实时组织应急预案演练。应急预案演练先制定演练计划，然后根据演练计划实时演练，进行演练过程管理，演练完毕后进行演练评估。

应急预案演练操作步骤如下。

1) 新建演练计划。进入应急演练计划模块，点击新建按钮，选择计划名称、计划类别、责任单位、责任人、配合单位、配合人等内容后，点击保存按钮，新建应急演练计划成功。

2) 编辑。修改添加过的工作计划信息，选择一条待修改的计划信息，点击编辑按钮，弹出编辑计划信息页面，输入需要修改的属性值，点击保存按钮，修改成功。

3) 删除应急演练工作计划信息。选中一条或多条工作计划信息，点击删除按钮，在弹出的提示框中，选择确定，选中信息删除成功。

4) 下发。选择一条或多条计划信息，点击下发按钮，将本单位制定的工作计划，下发到新建计划时所选的下发单位中去。

5) 查询。输入和选择查询条件，点击查询按钮，根据条件显示出查得的符合条件工作计划信息，如图 8 - 24 所示。

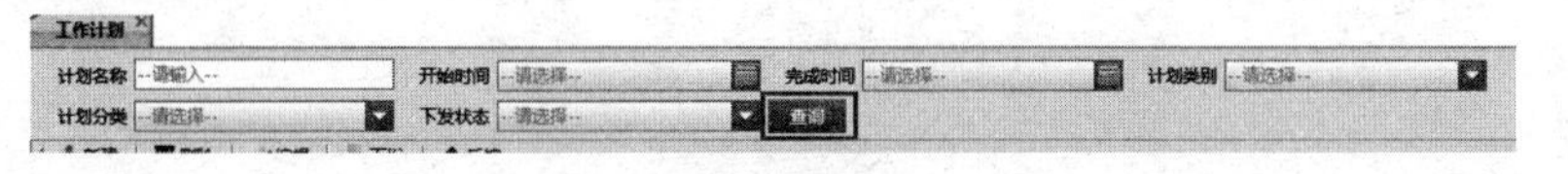

图 8 - 24 查询应急演练计划

6）查看下级单位上报情况。点击所要查看计划后面的“统计下级单位工作计划”。查看本单位所下发的计划各单位上报的完成情况。

7）反馈。在工作计划页面上，选中一条接收到上级单位下发的计划，查看下发的计划、填写计划进度信息，以及上报计划信息，点击反馈按钮。

点击上传附件，点击上传按钮，反馈到上级单位中去，如图 8-25 所示。

图 8-25　反馈意见和建议

3. 应急技能培训（见图 8-26）

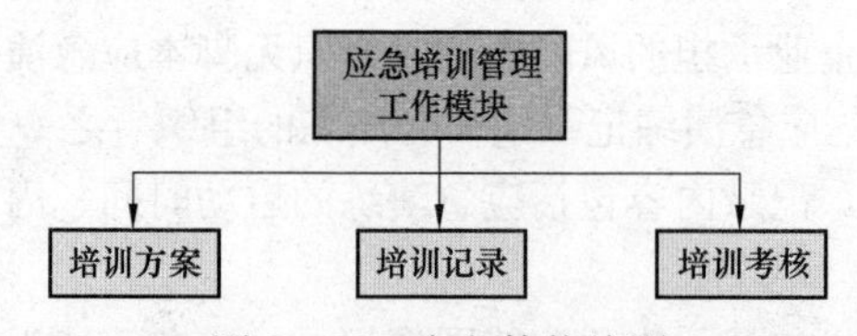

图 8-26　应急技能培训

（1）应急培训方案。应急培训方案是指针对某应急事件培训的指导性文件，应急培训方案管理实现对培训方案的管理，包括应急培训方案的培训需求调研分析结果、培训目的、培训内容、选用教材、课时安排、培训时间计划、培训标准、培训方法、培训场所要求及培训器材设备要求。

（2）应急培训记录。应急培训记录是指根据应急培训方案的实施记录，包括培训时间、培训地点、培训组织机构、培训师及培训签到等相关信息。

（3）应急培训考核。考核内容记录包括：考核模块分类、科目编码、等级、类别、考核方式、考核时限、任务描述、工作规范及要求等。

1）题库管理（见图 8-27）

试题标题 --请输入--　试题内容 --请输入--　所属模块 --请选择--　试题类型 --请选择--
难度 --请选择--　查询
新建　删除　编辑　Excel导出

试题标题	所属模块	试题类型	难度	试题分值	选项A	选项B	选项C	选项D	选项E	选项F	选择题或判断题
应急管理体系	应急救援	单选	中	2.00	办公厅	安质部	运检部	营销部			B
应急管理工作	应急救援	单选	中	2.00	总、分部一体...	区域管理	谁主管、谁负...	上下衔接			A
企业发展总体规划	应急救援	单选	中	2.00	月度计划	年度计划	三年规划	五年规划			D
评估	应急救援	单选	中	2.00	工作经验	评估标准	评估指南	主观评判			B
启动应急救援	应急救援	单选	难	2.00	会商	指挥	值守	协调联动			D
国家各类突发事件应急救援	应急救援	单选	中	2.00	政府	公安	医疗	消防			A
应急队伍	应急救援	多选	难	2.00	应急救援基干...	应急抢修队伍	应急专家队伍	应急管理队伍	无	无	A,B,C
系统建设	应急救援	多选	难	2.00	应急资源管理...	预防预测和监...	应急信息和指...	应急演练模拟...	无	无	B,C
应急救援	应急救援	多选	难	2.00	协同处置	联合演练	协调联动	资源共享	无	无	C,D
总体应急预案	应急救援	多选	中	2.00	编制目的	编制依据	应急预案体系	应急工作原则	无	无	A,B,C,D
组织机构及职责	应急救援	多选	中	2.00	应急领导小组	应急组织体系	应急管理部门	指挥机构及职...	无	无	B,D
lz测试判断题	应急救援	填空	易	1.00							错
lztest	应急救援	单选	易	1.00	1	2	3	4			B
多选1	应急救援	多选	中	4.00	1	2	3	4	5	6	A,B,C
单选-1-3分A	应急救援	单选	中	3.00	A	B	C	D			A
判断0821	应急救援	判断	易	5.00							对
填空0821	应急救援	填空	易	4.00							
11	应急救援	判断	易	2.00							对

20　1 / 4　当前总记录 61 条，每页显示 20 条。

图 8-27　题库管理

① 新增：新增一条题目，点击新建按钮，弹出新建窗口，如图 8－28 所示。

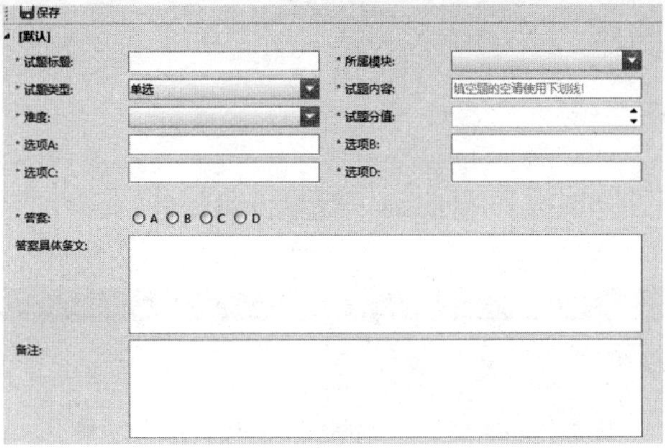

保存
[默认]
* 试题标题:
* 所属模块:
* 试题类型:
单选
* 试题内容:
填空题的空请使用下划线!
* 难度:
* 试题分值:
* 选项A:
* 选项B:
* 选项C:
* 选项D:
* 答案:
A B C D
答案具体条文:
备注:

图 8－28　新增题库

② 修改：修改一条题目，选择一条记录点击修改按钮，弹出修改窗口。

③ 删除：删除一条或多条题目，选择一条或多条记录点击删除按钮，弹出确认提示框，点击确定则删除选中条目。

2）考试管理。

① 新增：新增一条试卷信息，点击新建按钮，弹出新建窗口，如图 8－29 所示。

保存
[默认]
* 试卷名称:
* 考试开始时间:
* 考试结束时间:
* 试题模块:
单选题数量及难易比
多选题数量及难易比
判断题数量及难易比
填空题数量及难易比
简答题数量及难易比
备注:

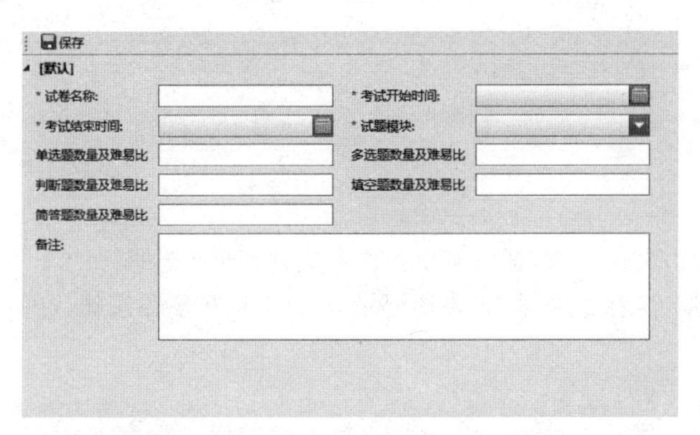

图 8－29　新增试卷信息

② 修改：修改一条试卷信息，选择一条记录点击修改按钮，弹出修改窗口。

③ 删除：删除一条或多条试卷信息，选择一条或多条记录点击删除按钮，弹出确认提示框，点击确定则删除选中条目。

④ 选题：对该试卷进行选题，选择一条记录点击修改按钮，弹出修改窗口，如图 8－30所示。

点击添加，弹出对应的单选题选择框，如图 8－31 所示。

选择一条或多条记录后点击选择按钮即可将题目添加到该试卷中。点击下一题型或者上一题型即可进行其他题型的选择。

图 8-30 选题修改窗口

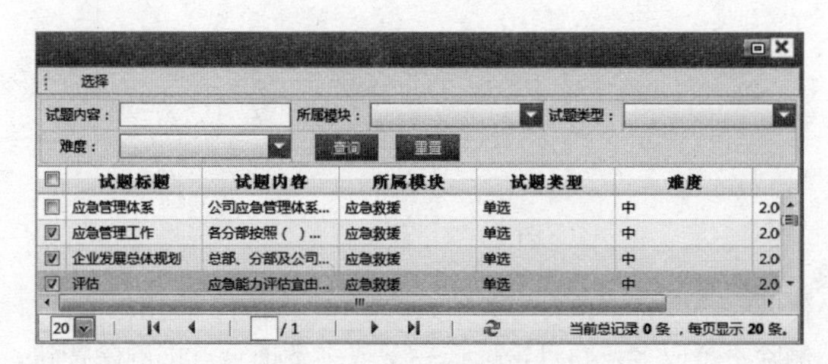

图 8-31 单选题选择框

⑤ 编辑考生：对该试卷进行考生的选择，选择一条记录点击编辑考生按钮，弹出修改窗口，如图 8-32 所示。

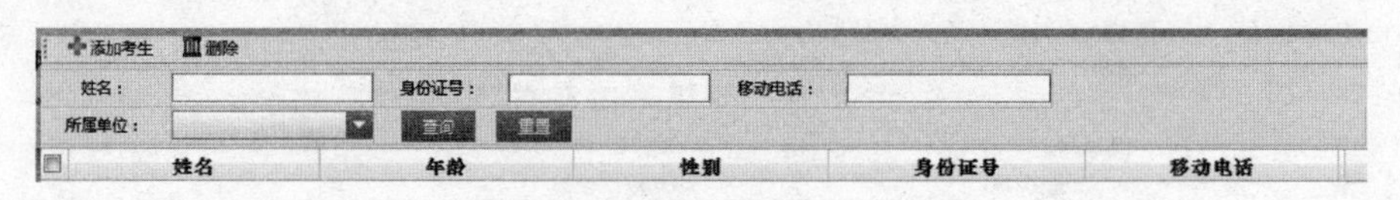

图 8-32 编辑考生

点击左上角的添加考生按钮就可以弹出考生列表进行选择。

⑥ 在线答题。考生选中一条试卷记录，点击上方答题按钮，弹出登录窗口，如图 8-33所示。

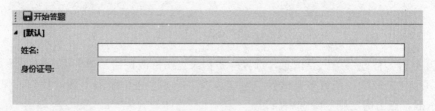

图 8-33 登录窗口

输入对应的姓名和身份证号后即可登录进行考试。

⑦ 成绩查询。考生进行成绩查询，选中一条试卷记录，点击上方成绩查询按钮，弹出查询窗口见表 8-4。

表 8-4　　　　应急技能考核评分档案

<table>
<tr><td rowspan="2">考生填写栏</td><td>姓名</td><td colspan="2"></td><td colspan="2">单位</td><td colspan="2"></td><td>部门</td><td></td></tr>
<tr><td>ID号</td><td colspan="2"></td><td colspan="2">身份证号码</td><td colspan="2"></td><td>岗位</td><td></td></tr>
<tr><td rowspan="2">考评员填写栏</td><td>成绩</td><td colspan="2"></td><td colspan="2">考评员</td><td colspan="2"></td><td>考评组长</td><td></td></tr>
<tr><td>时限</td><td colspan="2">时　分</td><td colspan="2">开始时间</td><td colspan="2">年　月　日　时　分</td><td>结束时间</td><td>时　分</td></tr>
<tr><td>考核模块</td><td></td><td>科目编码</td><td></td><td>等级</td><td></td><td>类别</td><td>基本技能（　）
应急技能（　）</td><td>考核方式</td><td>上机（　）实操（　）
笔试（　）口试（　）</td></tr>
<tr><td>任务描述</td><td colspan="9">1.
2.
3.
4.
5.</td></tr>
<tr><td>工作范围及要求</td><td colspan="9">1.
2.
3.
4.
5.</td></tr>
<tr><td>考核预设情景</td><td colspan="9">1.
2.
3.
4.
5.</td></tr>
<tr><td>备注</td><td colspan="9">1.
2.
3.
4.
5.</td></tr>
</table>

六、应急文件资料

文件资料管理实现对各种标准规范、规章制度、文件资料的管理，以便预警管理、辅助应急指挥时查阅相关法规、制度等文件资料。

七、档案管理

包括应急响应行动档案、应急演练档案、应急联动档案、应急响应案例。主要内容是突发事件应急响应行动记录、突发事件处置信息及突发事件典型案例信息等。

八、报表管理

按照应急管理工作规定编制、审核和上报年度应急报表、季度应急报表和月度应急报表，对应急工作计划完成情况进行总结。

第三节　应急辅助指挥功能建设

一、应急资源管理

1. 应急队伍

主要记录应急专家、应急基干队伍、应急管理人员等各类有资质人员的信息，并建立专业人力资源档案。对于应急基干队伍可细分为输电基干队伍、变电基干队伍、配电基干队伍、应急抢险基干队伍及专业应急队伍等各类应急队伍，以便突发事件发生后能够迅速查找到各类人力资源信息，进行辅助应急指挥。

2. 应急物资

记录针对供电企业应急事件相关物资资源信息，包括名称、规格型号、资源类型、储备场所等，以便发生突发事件时需要的各类物资的使用。

点击应急日常管理→应急资源→应急物资，提供应急物资信息的增加、删除、修改等管理功能，但在通常情况下，应急指挥信息系统不对应急物资进行管理，只是实现应急物资数据与物资相关系统的实时同步并在应急指挥信息系统中形成日志。实现对应急物资的查询功能，实现将应急物资信息导出的功能。

(1) 增加。点击增加按钮，弹出新建仓库窗口，添加一条物资记录，如图 8-34 所示。

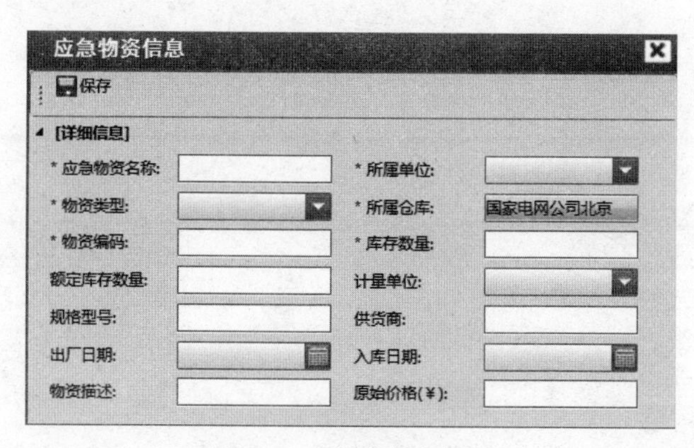

图 8-34　新建仓库窗口

(2) 编辑。选择一条待编辑的物资信息，点击编辑按钮，弹出编辑物资信息界面。编辑添加过的物资信息。

(3) 删除。选中一条或多条物资信息，点击删除按钮，删除添加的物资信息。

3. 应急装备

记录针对供电企业相关应急事件相关装备的信息，以便发生突发事件时所使用的应急救险装备、应急照明装备、应急抢修装备等各类装备。

4. 应急资源储备仓库

应急资源储备仓库是指用来存放应急物资、装备的地方，使得突发事件发生后应急人员能够迅速查询应急资源分布，辅助进行资源调配决策。

5. 后勤保障

对于长时间的应急响应行动就需要应急营地建设装备和炊事装备，应急人员需要单兵应急防护用品等必备装备，如图 8-35 所示。

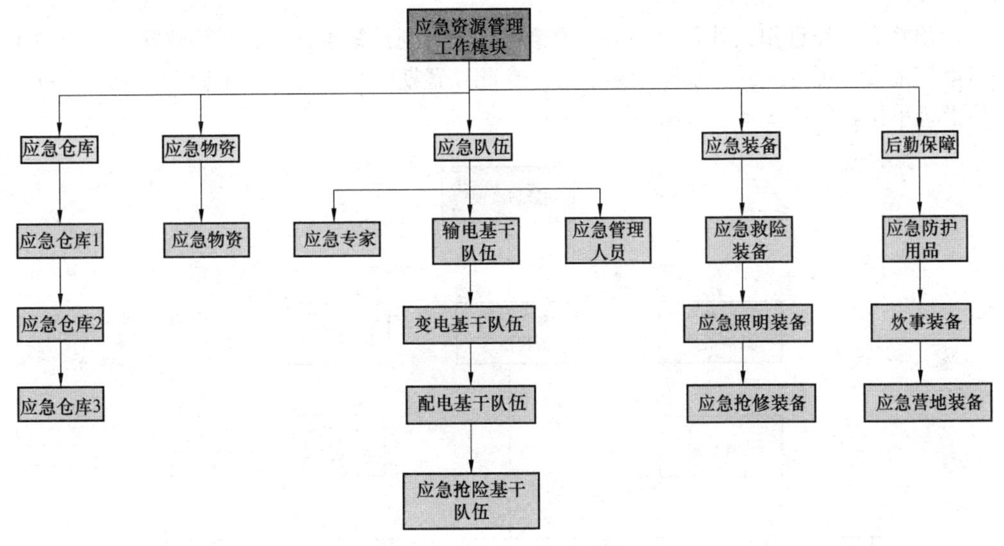

图 8-35　应急资源管理

二、预警管理

预警管理模块实现对预警监测信息的获取、预警监测信息的研判、预警信息的发布、预警级别的调整及结束，实现预警的启动、监测与结束，传递应急预警行动指令等功能。

1. 预警信息研判

接收到预警监测信息后，对照预警条件进行研判和审批，实现预警启动、预警状态监测和预警结束以及发展为应急事件等流程功能，其中预警状态监测包括预警级别调整、预警状态调整和调整状态后的信息传递。

1）预警状态的改变包括启动预警、启动相应预案、取消预警、处置记录等功能。在启动预警时要记录相应的预警信息，包括启动预警时间、启动相应预案、启动单位和启动人等，并修改预警状态。

2）预警级别的调整就是根据预警状态监测信息判断预警级别是否变动，并进行级别调整以及通知。涉及的信息有预警信息、调整前预警级别，调整后预警级别、修改日期、修改人、审批流程记录等。

3）实现预警状态按照预警审批流程进行改变的功能，并对审批过程记录和查询功能。

4）实现将预警信息通过短信、邮件或网页等方式通知供电企业内部相关人员等信息传递功能。通知内容主要包括预警名称、预警状态、预警级别、下达部室、接收部门、下达时间等。

2. 预警信息发布

预警信息发布和报送需要经过流程审批后才能正式发布，即需要经过流程审批批准后可以把此预警信息发布给执行部门，开展相应级别的应急响应行动。

3. 预警结束及上报

预警启动经过相关处置后，根据预警状态发展到预警事件消失时可解除，经领导小组审核批准后可进入预警解除结束状态。在此处置期间处置记录及预警事件信息可以上报上级单位，如图 8-36 所示。

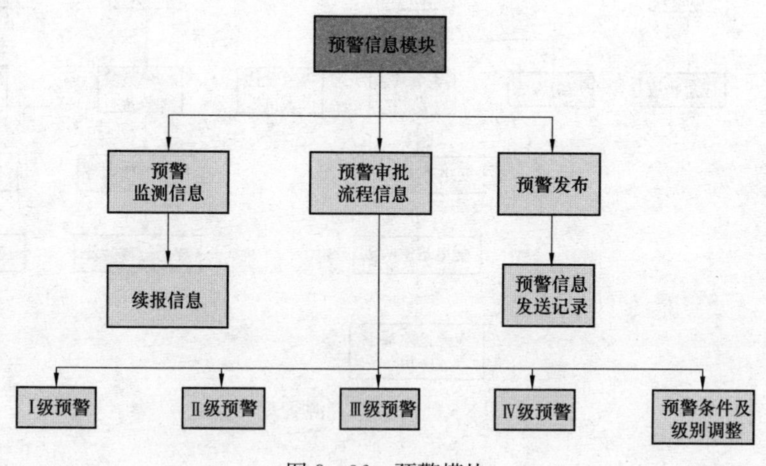

图 8-36　预警模块

三、应急决策指挥系统

各级供电企业在突发事件发生后，通过汇总分析相关地区和部门的预测结果，结合突发事件进展情况，对突发事件影响范围、影响方式、持续时间和危害程度等进行综合研判。在应急救援决策和行动中，能够针对当前灾害情况，采集相应的资源数据、地理信息、历史处置方案，通过调用专家知识库，对信息综合集成、分析、处理、评估，研究制定相应技术方案和措施，对应急救援过程中遇到的技术难题提出解决方案，实现应急救援的科学性和准确性。

供电企业的应急指挥系统是一个综合性的大数据集成应用系统，需集成供电系统内部各专业的信息，甚至包括供电系统外部的一些相关信息，直观、综合、迅速、有效地展示各种信息，为各级应急指挥人员提供决策参考。应急指挥系统设计基于可视化控制系统的多屏联动展示思路，建立突发事件、处置过程、处置现场间的动态关联，同时进行联动展示，有效提高应急处置的信息支撑能力。

系统能够采集、分析和处理应急救援信息，为应急救援指挥机构协调指挥事故救援工作提供参考依据。系统能够满足全天候、快速反应安全生产事故信息处理和抢险救灾调度指挥的需要，使其具备事故快报功能，并以地理信息系统和视频会议系统为平台，以数据库为核心，快速进行事故受理，与救灾资源和社会救助联动，及时、有效地进行抢险救灾调度指挥。

为确保各级供电企业应急救援指挥机构、应急救援基地和相关部门应急平台的指标体系、数据结构、业务流程、系统平台等技术基础和功能协调一致、互联互通、信息共享，利用现有资源进行统一规划、统一设计、分步实施，并与已有的安全生产信息系统的应用系统有机结合，如图 8-37 所示。

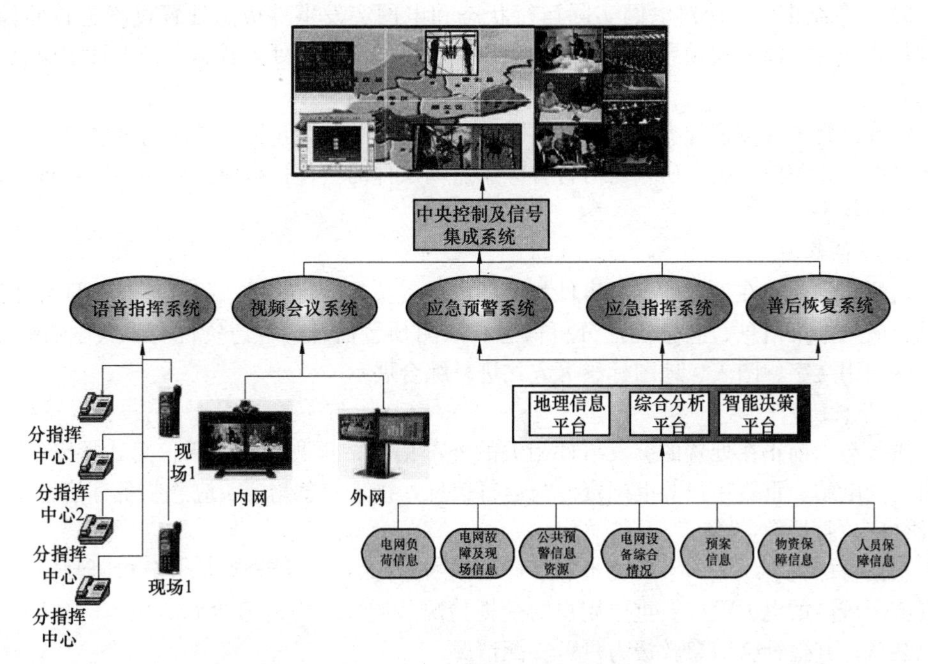

图 8-37 应急指挥决策系统

（一）辅助应急指挥

1. 应急启动

（1）业务流程。接收供电企业内部突发事件告警、报警信息，根据预案要求，按照事件类型和等级通知相关负责人，由负责人判断是否启动应急。

接收地方政府和政府其他部门抄送的社会公共事件信息和应急处置相关要求，按照事件类型和等级通知相关负责人，由负责人启动应急，配合地方政府和政府其他部门开展应急处置。

供电企业对电网实际运行状态和应急处置过程进行监控，在满足条件时，可解除供电企业的应急处置状态，进入日常应急管理状态。

（2）功能描述。

1）电网突发事件应急启动。供电企业内部发生突发事件告警、报警，按照事件类型、等级等，参照预案要求，结合值班排班情况将信息通过系统平台、短信平台等方式告知有关值班人员。值班人员接到通知后查看事件相关信息，对事件信息进行先期处理，报送有关领导，经领导批准后启动应急。应急启动命令通过电话、系统平台等方式通知供电企业应急组织机构各成员，各成员接到应急启动命令后进入应急处置状态。

2）社会突发公共事件应急启动。系统接收地方政府抄送的与电网业务相关的社会突发公共事件信息和应急处置的相关要求，通过系统平台、短信平台、声光告警等方式告知有关值班人员，值班人员查看事件相关信息，对事件信息进行先期处理，报送有关领导，经领导批准后启动应急，应急启动命令通过电话、系统平台等方式通知电网企业应急组织机构各成员，配合地方政府开展应急处置。

3）应急结束。系统对电网实际运行状态和电网突发事件应急处置过程进行监控，在满足条件时，经有关领导批准后可解除该突发事件的应急处置状态，进入日常应急管理状态。

实现接警事件按事件类型、事件名称、发生时间等查询，针对具体的事件对照相关预案并综合相关信息进行研判，对符合应急启动条件的事件执行应急启动操作，将事件置为启动状态。

2. 事件监测

监测与当前正在处置的突发事件相关的电网资源与运行信息、报送信息、日常外部信息、应急汇集信息、应急统计分析信息、预测预警信息、应急资源与调配监控信息等，并利用文字、图表、地图标绘等方式进行综合展示。

3. 分析研判

接入与当前正在处置的突发事件相关的外部信息、预测预警结果信息，接入线路、杆塔、变电站、重要用户等电网资源与运行信息，接入应急物资、应急装备等信息及其他社会应急救援力量等。

根据自然灾害、电网事故灾难等事件的预测分析结果，综合评估、分析研判突发事件影响区域内的电力设施、重要用户的受损情况，周边电力应急抢修队伍、应急物资、应急装备、其他社会应急救援力量可支配情况。

4. 态势标绘

具有灾害对电网造成损害或影响的可视化展示，应急决策和措施的标绘、电网突发事件发展趋势及应急处置态势标绘功能。

5. 方案生成

根据预先生成的辅助指挥方案模板生成应急处置方案，配置方案要素。

6. 过程跟踪

(1) 命令发布。将应急处置方案中的各项指挥命令和通知通过系统平台、电话、短信、微信等向供电企业各部门、应急抢险队伍等进行发布，调配各支应急队伍和有关应急资源，并要求各命令接收部门进行反馈。

(2) 救援跟踪。供电企业应急指挥中心接收事故现场救援图片、接收现场和下级单位随时发送的事故发展和处置情况以及下一步救援方案的文本信息，并与现场交流。

(3) 资源跟踪。供电企业应急指挥中心随时跟踪、查看所调集的应急抢险队伍、应急物资、应急装备等资源的到位情况。

(4) 应急处置过程记录与总结。供电企业应急指挥人员在事件处置过程中对事态进展和处置情况进行记录，包括指挥命令的发布与通知，社会应急救援力量的协调，指挥任务的跟踪、反馈和记录，应急处置过程的记录，可利用记录对突发事件的应急处置全过程或部分过程进行重现。

（二）应急救援资源和调度

在建立集通信、信息、指挥和调度于一体的应急资源和资产数据库的基础上，实施对专业队伍、救援专家、储备物资、救援装备、通信保障和医疗救护等应急资源的动态管理。在突发重大事件时，应急指挥人员通过应急平台，迅速调集救援资源进行有效救援，为应急指挥调度提供保障。与此同时，自动记录事故的救援过程，根据有关评估指标，对应急救援过程和能力进行综合评估。

1. 应急资源调配

应急资源调配包括应急队伍调配、应急物资调配、应急装备调配。

（1）汇集本单位提交的装备、物资、队伍需求或从上下级单位接收归整的需求单信息，可进行需求单明细查看、需求单的上报处理。

（2）以调配单为原始数据支撑，对装备、物资、队伍进行调配管理，包括：①本级调配，维护调配单位、供应单位、调配数量等信息；②上报或下发调配。

（3）结合 GIS 功能对装备、物资、队伍调配明细进行追踪，记录调配状态（在途、到达等），展现调配态势。

2. 信息汇集

接入安全生产管理、营销管理、ERP 管理等信息，辅助应急指挥。

（1）运行信息。

1）继电保护动作记录。接入安全生产继电保护信息，包括所属故障记录、记录行号、保护名称、原因及检查情况、断路器跳闸情况等信息。

2）故障记录。接入安全生产故障记录情况，主要包括故障记录编号、故障地点类型、所属设备、故障性质、故障情况、处理情况以及故障时间。

3）检修记录。是指安全生产检修记录，主要包括检修记录编号、所属设备类型、所属设备、工作内容、检修单位、检修性质、结论等信息。

4）缺陷信息。是指安全生产缺陷信息，主要包括缺陷记录编码、缺陷地点类型、所属设备类型、所属设备、电压等级、缺陷性质等信息。

5）变电站断路器跳闸记录。接入安全生产变电断路器跳闸信息，主要包括所属故障记录，记录行号、跳闸时间、跳闸次数、保护动作情况、断路器检查情况、动作评价，重合闸动作情况。

6）日常运行基本数据。是指调度日运行基本数据信息，主要包括所属单位、日期、日发电量、总发电量、统调用电量、最高负荷、检修容量、备用容量等信息。

7）电厂电煤信息。是指发电厂电煤供应信息，主要包括单位、日期、电厂名称、库存数量、可用天数、影响发电情况等信息。

（2）设备台账。

1）变电站台账。接入安全生产的变电站台账信息，主要包括变电站名称、电压等级、资产性质、资产单位、值班方式、布置方式、是否枢纽站、污秽等级等信息。

2）变电站设备明细。是指生产管理变电设备明细信息，主要包括设备名称、所属变电站、电压等级、设备类型、运行编号、设备型号、资产性质、出厂编号、运行状态等信息。

3）线路明细。接入生产管理线路明细信息，主要包括线路编号、线路名称、设备类型、架设方式、电压等级、调度级别、线路全长、是否支线、起始变电站、终点变电站、运行状态等信息。

4）杆塔信息。是指生产管理杆塔信息，主要包括所属线路、杆塔号、档距、杆塔类型、转角方向、转角度数、是否换相、是否终端、相序、运行状态等信息。

5）输电设备明细。是指生产管理输电设备明细信息，主要包括设备名称、所属线路、所属杆号、设备类型、电压等级、运行状态等信息。

（3）营销信息。

1）用电客户信息。接入营销系统的用电客户信息，主要包括用户名称、用户分类、用电类别、运行容量、供电电压、用户状态、重要等级等信息。

2）故障报修信息。是指营销系统的故障报修信息，主要包括线路名称、供电点、预约时间、故障初步判断、故障危害程度、紧急程度、故障地址等信息。

3）客户信息。接入营销系统客户信息，主要包括客户编号、客户名称、经济类型、信用等级、风险等级等信息。

（4）视频信息。

1）变电站视频。接入500kV（330kV）及以上、110kV及以上变电站和开关站、所属水电站视频监控信息。

2）电视。接入省市级电视台，关注电视媒体对应急事件的报道舆论。

（5）外部信息。

1）接入气象云图及气象信息。

2）接入气象灾害，包括火灾、水灾、冰灾、雪灾、台风等。

3）接入雷电定位、车载GPS信息。

四、基础数据库和专用数据库

要按照条块结合、属地为主的原则，充分利用各级供电企业基础数据库，建设满足供电企业应急救援和管理要求的安全生产综合共用基础数据库和安全生产应急救援指挥应用系统的专用数据库，配网智能抢修平台（见图8-38）收集存储和管理管辖范围内与安全生产应急救援有关的信息和静态、动态数据，可供各级供电企业应急指挥中心应急平台和其他相关应急平台远程运用。数据库建设要遵循组织合理、结构清晰、冗余度低、便于操作、易于维护、安全可靠、扩充性好的原则，并建立数据库系统实时更新以及各地区和各有关部门安全生产应急管理与协调指挥机构应急平台间的数据共享机制。

数据库包括存储安全生产事故接报信息、预测预警信息、监测监控信息以及应急指挥过程信息等内容的应急信息数据库，存储各类应急救援预案的预案数据库，存储应急资源信息（包括指挥机构及救援队伍的人员、设施、装备、物资以及专家等）、危险源、人口、自然资源等内容的应急资源和资产数据库。存储数字地图、遥感影像、变电站及输配电线路分布图、主要路网、避难场所分布图和救援资源分布图等内容的地理信息数据库，存储各类事故趋势预测与影响后果分析模型、衍生与次生灾害预警模型和人群疏散避难策略模型等内容的决策支持模型库，存储有关法律法规、应对各类安全生产事故

图 8－38　配网智能抢修指挥平台

的专业知识和技术规范、专家经验等内容的知识管理数据库，存储国内外特别是本地区或本行业有重大影响的、安全生产事故典型案例的事故救援案例数据库；存储应急救援人员或队伍评估情况的应急资质评估数据库，存储各类事故的应急救援演练情况和演练方案等信息的演练方案数据库，存储对各级各类应急救援数据统计分析信息的统计分析数据库。

通过图层管理框可以实现计划停电、故障停电、故障报修、危险源的地理图展示和查询，以计划停电为例，勾选计划停电、故障停电选项，地理图上显示出计划停电和故障停电地点，蓝色的闪电框为计划停电，红色闪电框为故障停电，停电分类示意图如图 8－39所示。

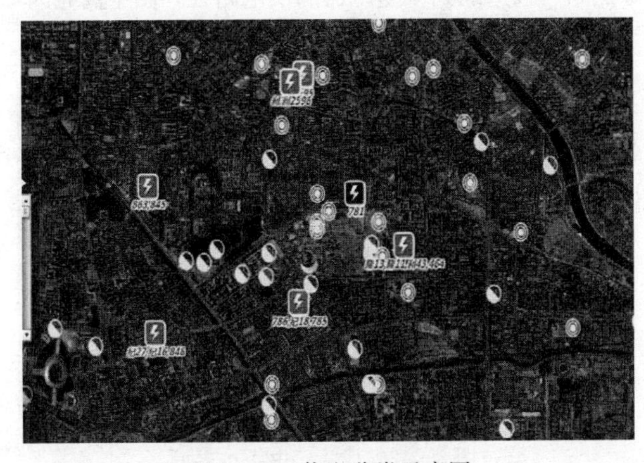

图 8－39　停电分类示意图

单击蓝色框，则地理图上显示该计划停电的停电区域，如图 8-40 所示高亮闪烁的区域为该计划停电的影响范围。

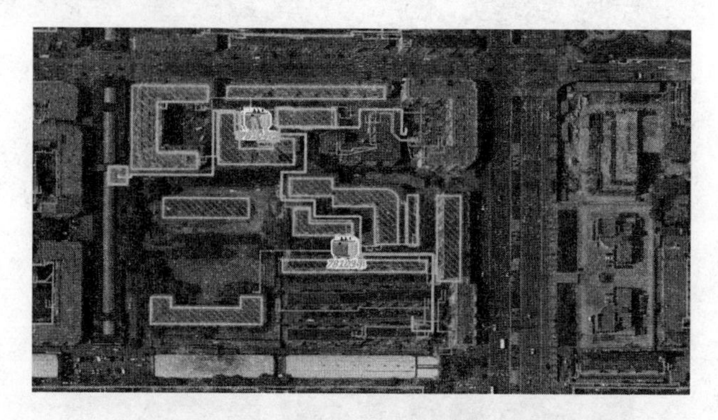

图 8-40　计划停电的影响范围

点击该闪烁区域，弹出计划停电事件信息框，如图 8-41 所示。

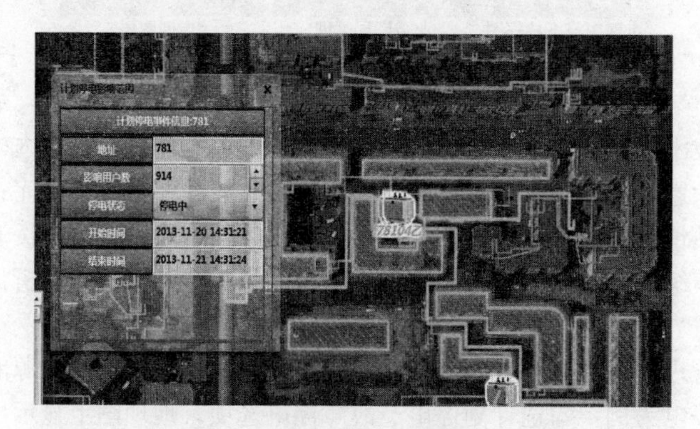

图 8-41　计划停电地理图信息展示框

点击追踪电源点，可以追踪到该变压器的供电路径，图中高亮闪烁的线路即为其供电路径（见图 8-42）。

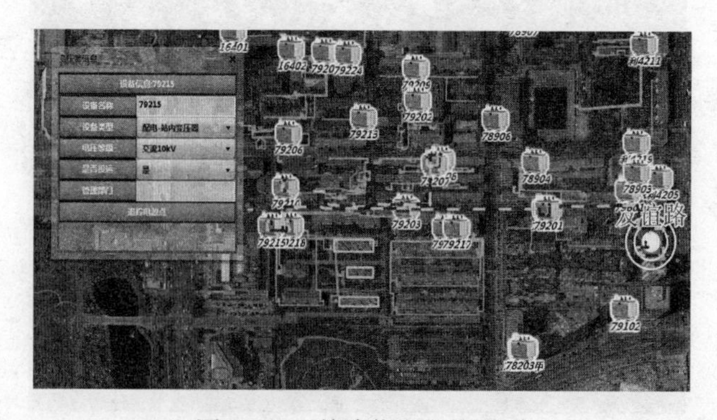

图 8-42　故障停电主控界面

如图 8-43 所示，最上部为工具条栏，可以对故障停电做基本维护。中部为故障停电列表，列出所有的故障停电信息。下部左部展示当前故障停电影响到的用户数，右部展示故障停电的停电设备详细信息。

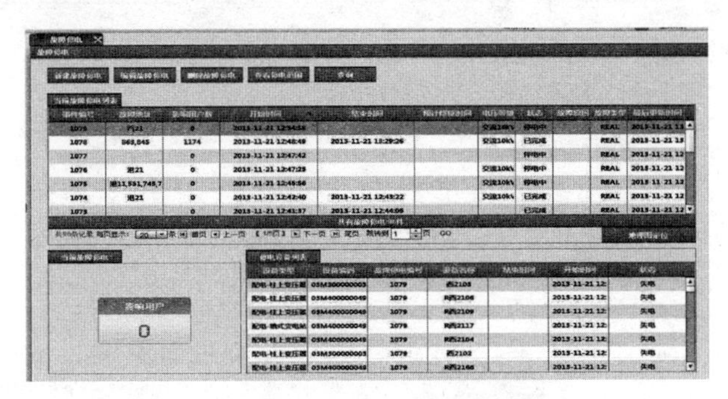

图 8-43　故障停电信息界面

在地理图界面，也可以看到该故障停电的影响范围及其详细信息，如图 8-44 所示。图中高亮显示的线路为失电线路，停电事件信息框中为该停电信息及影响到的中压用户和低压用户。

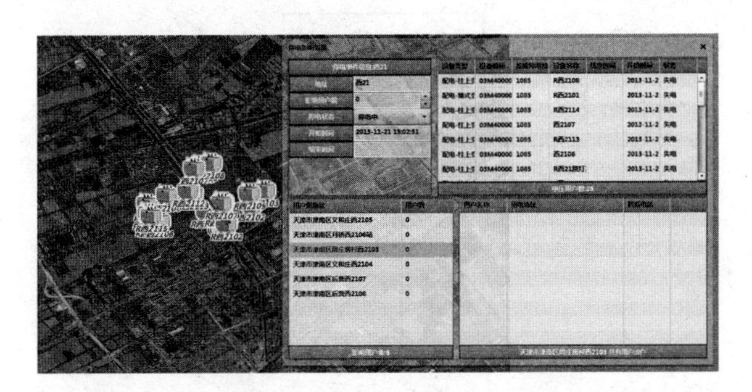

图 8-44　故障停电的影响范围及其详细信息界面

在抢修平台接收到故障信息的同时，系统后台自动将停电范围发送至营销管理系统中供客服人员查询参考。此时，若有报修来电，点击“故障报修定位及预判”按钮，可以看到报修用户的位置和已经停电的停电面和停电明细，以初步判断该用户是否属于故障停电，以免重复下单，如图 8-45 所示。

五、应急救援队伍资质评估

准确判断供电企业内，某一应急救援队伍的应急救援能力，了解供电企业内部各专业救援队伍的应急救援能力，为应急救援协调指挥、应急救援预案管理、应急救援培训演练以及应急救援资源调度提供准确、可靠依据。

六、应急救援统计与分析

对于开展的应急响应行动开展应急救援评估，实现快速完成复杂的报表设计和报表格式的调整，如图 8-46 所示。对数据库中的数据可任意查询、统计分析，如叠加汇总、选择汇总、分类汇总、多维分析、多年（月）数据对比分析、统计图展示等，可以

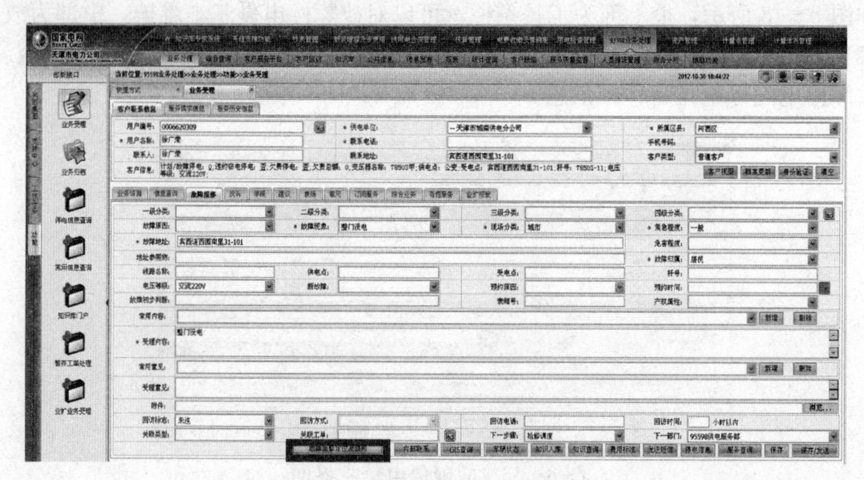

图 8－45　故障报修定位及预判界面

将各种分析结果打印输出，也可将分析结果发布到互联网上，为各级供电企业应急救援的管理者提供决策依据。

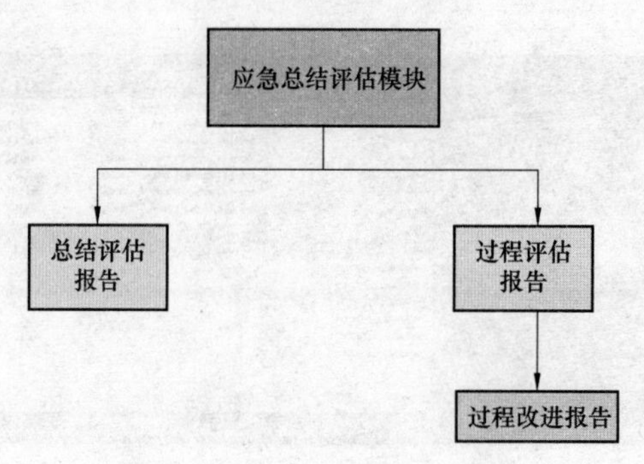

图 8－46　应急总结评估模块

第九章
应 急 保 障 工 作

供电企业的应急保障工作是一项综合性的工作，涉及供电企业车务管理、医疗卫生管理和后勤保障等服务类别，是供电企业管理中不可缺少且相当繁杂的一项工作，随着供电企业应急工作范围的不断扩大和企业的进步和发展，供电企业的应急工作像战争一样对应急装备、应急后勤保障的重要性越来越显现，同时，对后勤保障工作的要求也越来越高。应急后勤保障关系到供电企业应急工作流程的运转和相关决策的实施，不能忽视。

第一节 应 急 物 资 保 障

各级供电企业为加强供电企业应急物资管理工作，应对自然灾害或其他因素造成电网设施损坏，满足电网快速恢复供电的物资需要，最大程度地减少灾害造成的损失和影响，维护电网安全、社会稳定和人民生命财产安全，提高应急物资供应能力，用以规范供电企业的应急管理工作。

一、应急物资管理

应急物资管理包括日常管理和应急处置两部分，遵循“统筹管理，科学分布、合理储备、统一调配、实时信息”的原则。

(1) 统筹管理。建立健全供电企业应急物资储备管理的规章制度，实行应急物资储备体系的统筹规划、统一管理和资金的统一安排；实行集中采购、信息化管理，建立专业应急物资供应队伍。

(2) 科学分布。根据灾害特点和应急工作需要，遵循“规模适度、布局合理、功能齐全、交通便利”的原则，充分发挥集团化运作优势，因地制宜设立区域应急物资储备仓库，形成应急物资储备网络体系，使应急物资储备有效辐射整个供电企业运营区域。

(3) 合理储备。根据频发自然灾害对电力设施造成的影响和电网运行情况，合理确定应急物资储备的品种和数量。采用实物储备、协议储备和动态周转相结合的合理储备方式，充分利用各级供电企业现有资源，发挥各种物资储备方式的优势，保证应急物资的质量，有效降低应急物资储备资金占用量。

(4) 统一调配。建立“上下贯通、横向协作”的应急物资统一调配机制，发生重特大灾害时，供电企业总部对应急储备物资实行统一调拨，实现各级供电企业应急储备物资的跨区域调配。加强与政府部门沟通，建立完善的运输协调机制，形成反应迅速、运转高效的物流配送网络，保证应急物资及时到位。

(5) 实时信息。结合成熟套装软件和应急管理业务应用的建设，建立应急物资储备管理信息化模块，实现应急物资信息及时、准确的管理，提供强大的统计分析和互动功能，为合理高效调配应急物资提供支持，为建立快速反应的联动机制提供技术手段，为完善应急物资储备方案提供可靠支持。

应急物资是指为防范恶劣自然灾害造成电网停电、电站停运，满足短时间恢复供电需要的电网抢修设备、电网抢修材料、应急抢修工器具、应急救灾物资和应急救灾装备等。

应急物资管理是指为满足应急物资需求而进行的物资供应组织、计划、协调与控制。

（一）职责分工

(1) 供电企业总部物资部是应急物资工作的归口管理部门，在应急领导小组领导下开展工作，其主要职责是：

1）负责制定供电企业应急物资管理规章制度和办法。

2）负责制订供电企业应急物资储备方案，并组织实施。

3）负责监督、检查各级供电企业应急物资储备库管理工作。

4）负责组织协议储备应急物资采购并检查、评估协议储备供应商的应急物资储备情况。

5）负责制定供电企业库存物资、动态周转物资调拨方案，负责跨区域应急物资的统一调拨。

6）负责建立与交通运输部、中国铁路总公司等国家部委的沟通协调机制。

7）负责供电企业应急物资储备管理工作的指导、监督、检查和考核。

(2) 供电企业总部物资公司在物资部的业务管理下，承担供电企业应急物资管理的具体实施工作，其主要职责是：

1）负责指导与监督供电企业总部应急储备仓库日常仓储管理。

2）负责组织跨省（区、市）的应急物资调拨与配送实施。

3）负责实物储备应急物资库存信息管理，实时维护动态周转物资信息。

4）负责实施供电企业总部协议储备应急物资采购。

5）负责检查协议储备物资和收集协议供应商评估信息。

(3) 省级供电企业物资部是本单位应急物资工作的归口管理部门，其主要职责是：

1）负责省级供电企业应急物资储备体系的建立，负责供电企业总部应急物资储备仓库实物储备和日常管理。

2）负责省级供电企业协议储备物资管理，协助供电企业总部物资部检查所辖区域内协议储备物资和评估协议储备供应商。

3）负责本省供电企业应急储备物资的统一调拨，组织实施区域内的应急物资调配。

4）负责本省供电企业实物储备、协议储备、动态周转等应急物资信息的收集、汇总并建立应急储备物资信息台账。

5）负责与地方政府建立沟通协调机制。

6）负责本省供电企业应急物资储备工作的指导、监督、检查和考核。

(4) 省级供电企业物资公司、地市级供电企业物资公司是应急物资配送、储备的具体实施单位，其主要职责是：

1）负责应急物资储备仓库的建设和维护。

2）负责实物储备应急物资库存管理。

3）负责实时维护动态周转物资信息。

4）负责实物储备物资的催交催运、收货验收工作。

5）负责应急物资的配送。

6）配合物资部检查协议储备物资和收集协议供应商评估信息。

（5）各级安监、运检等部门负责组织制订各类应急物资的储备定额；负责组织收集、汇总并下达应急物资需求。

（6）应急物资需求单位负责报送应急物资需求，组织应急物资的接货、验收以及应急物资财务结算工作。

（7）各级计划管理部门负责应急储备物资年度采购投资计划管理。

（8）各级财务部门负责根据批准的应急物资储备方案筹措、管理应急物资采购资金。

（二）应急物资储备定额、采购、储备

各级安监、运检部门负责组织制订分管范围内的应急物资储备定额，会同各级物资部确定实物储备、协议储备应急物资的品种、数量和技术规范。各级物资部门根据应急物资储备定额组织制定年度应急物资储备方案，经批准后组织实施。

各级物资部门按照供电企业招标采购的有关规定，组织实施应急物资的采购工作。

应急物资采购包括招标和非招标两种采购方式。应急实物储备和协议储备物资原则上采取招标方式。应急救援抢险过程中，当物资不能满足抢险需要时，可以采取非招标的紧急采购方式。紧急采购由灾害地区所在地的省级供电企业组织开展。无法满足要求的，由供电企业总部组织采购或委托相关单位采购。

应急物资储备仓库遵循“规模适度、布局合理、功能齐全、交通便利”的原则，因地制宜设立储备仓库，形成应急物资储备网络。应急物资储备分为实物储备、协议储备和动态周转三种方式。

实物储备是指应急物资采购后存放在仓库内的一种储备方式。实物储备的应急物资纳入供电企业仓储物资统一管理，定期组织检验或轮换，保证应急物资质量完好，随时可用。协议储备是指应急物资存放在协议供应商处的一种储备方式。协议储备的应急物资由协议供应商负责日常维护，保证应急物资随时可调。动态周转是指在建项目工程物资、大修技改物资、生产备品备件和日常储备库存物资等作为应急物资使用的一种方式。动态周转物资信息应实时更新，保证信息准确。

为提高物资利用效率，电网抢修设备、电网抢修材料的储备可采用动态周转方式。应急抢修工器具、应急救灾物资、应急救灾装备的储备可采用实物储备与动态周转相结合的方式。应急储备物资耗用后，各级物资部门应及时组织补库。

各级供电企业应建立统一的应急物资储备信息台账，准确掌握实物储备、协议储备和动态周转物资信息。

（三）应急物资供应

发生区域性自然灾害造成电网事故时，各单位启动应急物资保障预案，开展应急物资供应保障工作。发生重特大自然灾害时，各单位启动应急物资保障预案。当受灾地单位应急物资储备资源无法满足应急救援需要时，供电企业总部启动跨区域的应急物资支援。由物资使用单位填写应急物资调用通知单（见表9-1），经应急程序审批后执行。

应急物资需求指令由各级应急管理部门向物资部门下达。各级物资部门根据指令，按照“先近后远、先利库后采购”的原则以及“先实物、再协议、后动态”的储备物资调用顺序，统一调配应急物资。在储备物资无法满足需求的情况下，可组织进行紧急采购。对于货源充足、易于采购的物资或未纳入应急物资储备管理的物资，采用紧急采购方式进行应急供应。

应急物资供应过程中，各级物资部门应与交通运输部、中国铁路总公司等政府部门及时沟通协调，迅速落实运输方案，确保物流配送网络运转高效，保证应急物资的及时供应。

应急物资储备库、协议储备供应商及动态周转物资所属企业在接到各级物资部门调拨指令后，迅速启动、及时配送，并对运输情况进行实时跟踪和信息反馈。各级应急物资需求单位负责对应急物资进行接收，并做好验收记录作为结算依据。各级物资部门应保证应急救援抢险过程中应急物资调配、采购、运输、交货等信息的准确，并及时向相关部门（单位）进行通报。

（四）跨区域调拨应急物资结算

供电企业总部应急物资储备资金由应急物资储备仓库所在地省级供电企业承担。总部应急物资储备相关费用列入相关省级供电企业年度预算。

供电企业总部应急物资储备仓库所在地省级供电企业和供电企业总部物资公司负责组织应急物资的核算管理。

供电企业总部实物储备物资采购结算，由应急物资储备仓库所在地省级供电企业应急物资核算单位与供应商签订供货合同并办理结算手续。实物储备物资在储备仓库所在地省级供电企业内部应急调拨或轮换调拨后，由该省级供电企业内部组织结算。

应急物资在不同省级供电企业应急调拨后，由请调单位与应急物资储备仓库所在地省级供电企业应急物资核算单位进行结算，被调单位向请调单位开具增值税专用发票，请调单位向被调单位支付款项并进行增值税抵扣。

协议储备物资调拨后，由应急物资需求单位和协议储备供应商签订采购合同并结算。

动态周转物资应急调拨后，根据调拨物资的不同属性（基建物资、生产物资、库存物资、捐赠物资等），由应急物资需求供电企业与调拨供电企业进行结算或办理捐赠手续。

（五）检查考核

供电企业总部物资部负责制定应急物资管理考核指标，定期对各级供电企业应急物资管理工作进行考核和评价。

供电企业总部物资公司负责应急物资管理考评数据的收集、整理和统计分析工作。

表 9-1 应急物资调用通知单

<table>
<tr><td>使用单位</td><td colspan="3"></td></tr>
<tr><td>使用申请人</td><td></td><td>联系电话</td><td></td></tr>
<tr><td>调用物资名称</td><td></td><td>调用数量</td><td></td></tr>
<tr><td>送货时间</td><td></td><td>送货地点</td><td></td></tr>
<tr><td>调用物资来源</td><td colspan="3">□实物应急储备 □协议应急储备 □动态物资</td></tr>
<tr><td colspan="4">调用原因说明：</td></tr>
<tr><td>项目单位意见：</td><td colspan="3">主管领导（签章）：
年 月 日</td></tr>
<tr><td>专业技术主管部室意见：</td><td colspan="3">主管领导（签章）：
年 月 日</td></tr>
<tr><td>物资所属项目主管部室意见：</td><td colspan="3">主管领导（签章）：
年 月 日</td></tr>
</table>

填报时间：

二、应急物资储备

应急物资储备管理中心建设是为了加快构建供电企业应急物资储备管理体系，确保供电企业应急物资储备和应急储备仓库改造、修缮工作的顺利开展，保障重特大自然灾害抢险救援的需要，全面提高供电企业应急物资供应保障能力。

（一）应急物资储备方式

根据应急物资储备种类、占用资金量、市场供应情况及减少维护等综合因素，充分调动物资供应链各个环节的积极作用，视不同情况可采取实物储备、协议储备、动态周转相结合的储备方式对应急物资进行储备。

1. 实物储备

实物储备是指将应急物资采购后存放在仓库内的一种储备方式，可适用于生产周期较长、标准化程度较高、便于长期储备、不易损坏、不易老化的物资。

2. 协议储备

协议储备是指将应急物资存放在协议储备供应商工厂内的一种储备方式，可适用于标准化程度较高、不便于长期储备、需要定期维护的物资。

3. 动态周转

动态周转是指将在建项目工程物资、大修技改物资、生产备品备件和应急设备等作为应急物资使用的一种方式，有利于节约资金和降低库存，可适用于生产周期长、资金占用量大、不便于储备的物资，以及在生产经营中具备应急调用条件的物资。

（二）组织机构和工作机制

在供电企业应急管理体系框架下，成立供电企业总部应急物资储备管理中心和各省级供电企业应急物资储备管理中心，实行供电企业总部和省级供电企业两级管理。应急物资储备管理工作主要分为日常管理和应急处置。

1. 日常管理

（1）供电企业总部各部门按职责进行日常管理。

（2）省级供电企业以现有备品备件物资储备为基础，建立应急物资储备体系，对应急储备物资进行日常管理。

（3）供电企业总部应急物资储备管理中心根据应急物资储备需求计划和省级供电企业编制的年度应急物资储备项目及资金计划制定年度应急物资储备方案报供电企业批准。

（4）供电企业总部物资部根据供电企业批准的方案通过招标确定协议储备供应商。协议储备物资视不同品种采取不同的付款比例，尽可能减少协议储备资金支付。供电企业总部应急物资储备管理中心与供应商签订应急物资储备框架战略协议，与优秀的供应商建立战略合作伙伴关系，形成战略应急物资储备合作机制。

（5）供电企业总部应急物资储备管理中心会同总部专业部门制定应急物资实物储备试验维护、周转轮换和报废管理规定，通过工程建设、生产维护等对实物储备物资进行定期更新替换，避免实物储备物资因长期存放性能质量下降。实物储备物资的轮换按照先储备后消纳的原则进行。

（6）应急物资储备仓库所在地省级供电企业对实物储备物资进行日常维护管理。每年根据实物储备的轮换计划、调拨或报废后的补充计划和仓储运行维护费用计划，编制年度应急物资储备项目和资金计划，并负责组织实施。根据集中招标结果与中标供应商签订供货合同并负责合同执行。负责实物储备物资的检查维护、定期试验，保证应急调拨时储备物资的合格与完备。组织实物储备物资的轮换更新和报废。

（7）协议储备供应商所在地省级供电企业对协议储备物资进行管理。每年根据供应商协议储备物资费用需求计划，编制年度应急物资储备项目和资金计划，负责组织实施。根据应急物资储备框架战略协议，与供应商签订应急物资储备协议并负责执行。定期检查协议储备供应商的日常储备和维护保养工作，保证协议储备物资随时可用。

（8）各省级供电企业对列入动态周转准备的物资进行管理，建立动态周转物资台账，保证动态周转信息准确。

（9）供电企业总部应急物资储备管理中心建立统一的应急物资储备信息台账，实时掌握实物储备、协议储备和动态周转物资信息。

（10）应急物资调用后，实物储备补充物资和动态周转调拨物资由被调单位根据集中采购结果与供应商签订供货合同，进行应急物资补充。

（11）供电企业总部应急物资储备管理中心定期组织应急物资供应演习，保证应急物资供应体系运转通畅、快速、准确。

2. 应急处置

发生突发事件时，按照灾害影响程度和对电网造成破坏程度启动相应的应急处置程序。

(1) 当发生区域性突发事件造成电网事故时，省级供电企业利用本单位的应急物资储备资源保障应急救援工作的开展。

(2) 当突发事件发生地省级供电企业应急物资储备资源无法满足应急救援需要时，供电企业启动跨区域的应急物资救援。

(3) 供电企业总部应急领导机构向供电企业总部应急物资储备管理中心下达应急物资需求指令。

(4) 供电企业总部应急物资储备管理中心根据指令，按照“先近后远、先利库后采购”的原则以及“先实物、再协议、后动态”的储备物资调用顺序，统一调配应急物资。在储备物资无法满足需求的情况下，进行紧急采购。

(5) 应急物资储备库、协议储备供应商和动态周转物资所在的省级供电企业在接到应急物资储备管理中心调拨指令后，负责应急物资的运输和配送，并对运输情况进行实时跟踪和信息反馈。

(6) 请调单位负责对应急物资进行接收，并做好验收记录作为结算依据。

(7) 供电企业总部应急物资储备管理中心负责对总部各类应急物资储备进行统一补充。

(8) 对于货源充足、易于采购的物资或未纳入应急物资储备管理的物资，采用紧急采购方式供应。紧急采购首先由突发事件发生地区所在地的省级供电企业进行，如无法满足要求，则由供电企业总部应急物资储备管理中心统一组织采购或委托相关省级供电企业进行采购。

(三) 应急物资储备范围

供电企业应急储备物资包括电网抢修设备、电网抢修材料应急抢修工器具和应急救灾物资四大类。

各省级供电企业应严格按照供电企业确定的应急物资储备定额、技术规范的要求，组织开展应急物资储备工作，确保应急救灾物资的技术标准规范统一。

(四) 应急物资采购方式

应急物资采购立足于供电企业实际，以省级供电企业现有备品备件物资储备为基础，考虑应急物资的特性、采购时间、地域差异等因素，凡是列入供电企业集中招标采购范围的“电网抢修设备”和“电网抢修材料”类应急物资，按照供电企业集中规模招标管理规定予以采购，“应急抢修工器具”和“应急救灾物资”类应急物资由各库所在地省级供电企业分别进行采购。

(五) 应急物资资金及结算

1. 应急物资储备资金

应急物资储备资金由应急物资储备仓库和协议储备物资供应商所在地省级供电企业承担。

2. 仓库建设资金和仓储运行维护费用

应急物资储备仓库建设资金由应急物资储备仓库所在地省级供电企业承担。仓储运行维护相关费用列入应急物资储备仓库所在地省级供电企业年度预算。

3. 应急储备物资结算

应急物资储备仓库和协议储备物资供应商所在地省级供电企业负责组织应急物资的核算管理。负责核算管理的单位应具备物资流通企业经营条件。

（1）实物储备物资结算。

1）物资采购结算。物资采购结算由省级供电企业应急物资采购主体与供电企业总部应急物资储备管理中心确定的供应商之间签订供货合同并办理结算手续。

2）物资出库结算。应急物资在储备仓库所在地省级供电企业内部应急调拨或轮换调拨后，由该省级供电企业在本单位内组织结算。

应急物资在不同省级供电企业应急调拨后，由请调省级供电企业与应急物资储备仓库所在地省级供电企业进行结算，被调省级供电企业向请调省级供电企业开具增值税专用发票，请调省级供电企业向被调省级供电企业支付款项并进行增值税抵扣。

（2）协议储备物资结算。

1）协议储备物资预付款。协议储备供应商所在地省级供电企业根据《应急物资储备协议》向协议储备供应商预付部分货款。

2）协议储备物资调拨结算。协议储备物资调拨后，先由协议储备供应商所在地省级供电企业负责与协议储备供应商进行购销结算，再由请调单位和协议储备供应商所在地省级供电企业进行结算，协议储备供应商所在地省级供电企业向请调省级供电企业开具增值税专用发票，请调省级供电企业向被调省级供电企业付款并进行增值税抵扣。

（3）动态周转物资结算。动态周转物资结算比照实物储备物资结算方式执行。

三、应急物资仓储配送管理

各级供电企业按照“反应灵敏，报告迅速，工作细致，保障有力”的原则，统一思想、提高认识、加强协调、形成合力，坚持物资供应保障情况实时跟踪、实时沟通，遇到突发事件及时上报。

（一）归口管理部门

供电企业总部物资部是供电企业物资仓储配送工作的归口管理部门，其主要职责是：

1）负责制定供电企业物资仓储配送管理的制度、标准和其他规范性文件。

2）负责规划供电企业仓储配送网络，整合仓储配送资源，研究和建设现代物流体系。

3）负责供电企业仓储配送资源的集中管控，仓储配送管理及信息统计分析工作。

4）负责组织建立供电企业物资储备定额体系，审核供电企业总部仓储定额配置计划。

5）负责审核供电企业直接管理仓库的运维计划、补库计划和库存物资报废申请。

6）负责组织跨省应急物资的统一调拨和配送。

7）负责组织供电企业配送承运商资质信息库的建立、管理并开展资质评价。

8）负责供电企业物资仓储配送的安全管理工作。

9）负责物资集约化信息系统仓储配送模块的应用管理。

10）负责供电企业仓储配送管理的指导、监督、检查和考核。

（二）日常工作

供电企业总部物资部储运处负责应急物资保障的日常工作，省级供电企业物资部要指定相关处室负责日常工作。两级物资部按各自管理范围做好以下工作。

1）及时受理应急物资需求申请。

2）研究应急物资采购、供应以及调拨等重大部署方案，组织完善供电企业应急物资保障工作体系的建设。

3）研究应急物资的储备方案，并组织实施。

4）建立并完善应急物资供应信息体系及物资仓储管理信息系统。

5）选取协议供应商，遵循“品质可靠、供应及时、距离就近”的原则，保证应急物资供应的及时、可靠。

6）定期开展仓储物资普查工作和更新动态周转物资信息。

7）定期函调供应商库存情况，更新应急供应商库存信息，检查、评估供应商的应急物资储备情况。

8）定期做好应急储备仓库物资的检查和保养工作。

9）建立与当地铁路、民航等部门的沟通联络机制。

（三）预防与预警响应

各级供电企业发布应急预警信息后，物资保障工作进入预警状态。

1. 预警响应

（1）供电企业总部。

1）密切关注事态发展，收集相关信息。

2）成立应急物资保障组，启动应急值班。

3）做好应急物资供应工作动员和准备。

4）开展仓储物资普查工作和更新动态周转物资信息。

5）函调供应商库存情况。

6）做好供电企业总部和区域应急储备仓库物资的检查和维护工作。

（2）省级供电企业。做好物资的仓储普查、动态周转物资信息更新以及应急储备物资的清点和维护工作。

2. 预警解除

各级供电企业解除预警，终止已经采取的有关措施。

（四）应急响应

1. 应急状态

各级供电企业宣布进入应急状态，物资保障工作进入应急状态。

2. 处置措施

供电企业总部和省级供电企业应急物资保障组全面负责组织、协调应急物资保障工作。

（1）供电企业总部。

1）供电企业总部应急物资保障组开展物资需求信息收集、汇总工作，及时向有关领导汇报。

2）及时响应供电企业总部应急指挥中心应急物资需求指令以及省级供电企业报送的应急物资需求。

3）视灾害影响的严重程度向灾区派遣应急物资保障工作人员，协助开展应急物资保障工作。

4）组织实施跨省、跨区域的应急物资调配。

5）组织应急物资采购和协调采购物资的生产。

6）组织、协调应急物资运输和配送。

（2）省级供电企业

1）省级供电企业应急物资保障组开展物资需求信息收集、汇总工作，及时向本单位领导及供电企业总部物资部汇报。

2）及时将无法自行供应的应急物资需求报送总部应急物资保障组。

3）组织实施区域内的应急物资调配。

4）实施区域内所需应急物资的采购和协调采购物资的生产。

5）组织区域内应急仓储物资、所需应急物资的运输和配送。

（3）处置程序。供电企业总部和省级供电企业、受灾地市级供电企业按照灾害影响程度和对电网造成破坏程度分别启动相应的应急处置程序。

1）受灾地市级供电企业。受灾地市级供电企业物流服务分中心组织实施地市级供电企业内部应急物资供应。按照“先近后远”的原则以及“先实物、后动态”的储备物资调用顺序，做出调拨决定，并将应急物资需求情况报送省级供电企业应急物资保障组。

① 应急物资需求：通过 ERP 物资管理信息系统接收经受突发事件影响需求部门审核后的应急物资需求计划。需求应明确规格型号、技术参数、原物资生产厂家、交货时间、交货地点和收货联系人及电话等信息。

② 平衡利库：通过 ERP 物资管理信息系统平衡利库。库存满足应急需要的，形成本地市实物库存/动态周转物资利库清单；库存未满足需要的，编制应急物资需求清单，报送省级供电企业应急物资保障组。

③ 制定供应方案：根据本地市利库物资清单制定供应方案。

④ 应急物资配送：组织做好应急物资仓储配送作业。与应急物资需求部门物资办理交接验收。需求单位组织做好接货准备。

2）受灾省级供电企业。受灾省级供电企业应急物资保障组通过 ERP 物资管理信息系统接收地市级供电企业申报的应急物资需求后，按照“先近后远、先利库后采购”的原则以及“先实物、再协议、后动态”的储备物资调用顺序，组织实施区域内应急物资的调拨及采购，并将应急物资保障工作情况实时报送总部应急物资保障组。省级供电企业应急物资保障组由省级供电企业物资部和省级供电企业物流服务中心有关人员承担。

① 应急物资需求：受突发事件影响省级供电企业应急物资保障组通过 ERP 物资管

理信息系统接收受灾地市级供电企业物流服务中心报送的应急物资需求计划。需求应明确规格型号、技术参数、原物资生产厂家、交货时间、交货地点和收货联系人及电话等信息。

② 平衡利库：通过ERP物资管理信息系统平衡利库。库存满足需要的，形成本省级供电企业实物库存/供电企业总部应急库物资/动态周转物资利库清单，并将供电企业应急库物资调用清单报送供电企业总部应急物资保障组。库存未满足需要的，编制应急物资采购清单。

③ 库存满足需要：制定供应方案，根据本省利库物资清单制定跨地市级供电企业供应方案并通知被调物流服务中心/分中心组织实施配送。应急物资配送，被调物流服务中心/分中心组织做好应急物资的仓储配送作业。与应急物资需求部门办理交接验收。应急物资需求部门做好接货准备。

④ 库存未满足需要：结合应急物资需求，通过物资信息系统查询省级供电企业协议储备物资。协议储备物资满足应急需要的或协议储备物资虽不满足应急需要但自行采购能满足应急需要的，组织紧急采购，形成采购结果。根据采购结果，签订采购合同并通知供应商发货。将省级供电企业自行采购的属于供电企业集中采购范围的物资清单报送总部应急物资保障组备案。协议储备和自行采购仍不能满足应急需要的，查询省级供电企业动态周转物资信息，如果库存不满足需要，形成应急物资需求清单报送供电企业总部应急物资保障组。供货商接收到受突发事件影响省级供电企业提供的供货通知单后，积极做好配送工作，并与应急物资采购单位办理交接验收手续。

3）供电企业总部。供电企业总部应急物资保障组接收供电企业总部应急指挥中心应急物资需求指令，以及省级供电企业申报的应急物资需求后，按照“先近后远”的原则以及“先实物、再协议、后动态”的储备物资调用顺序组织实施。

① 应急物资需求：应急物资保障组通过ERP物资管理信息系统接收受突发事件影响省级供电企业应急物资保障组报送的应急物资需求计划。需求应明确规格型号、技术参数、原物资生产厂家、交货时间、交货地点和收货联系人及电话等信息。

② 平衡利库：通过ERP物资管理信息系统平衡利库。库存满足需要的，形成供电企业实物库存/动态周转物资利库清单；库存不满足需要的，组织协调紧急采购。

③ 库存满足需要：制定跨网省供应方案，根据供电企业实物库存和动态周转物资情况，制定跨省级供电企业供应方案，并通知被调省级供电企业供应人员组织实施配送。被调省级供电企业接收到供电企业总部应急物资保障组供应人员调拨指令后，组织做好仓储配送作业，与应急物资需求单位做好交接验收。

④ 库存未满足需要：协调省级供电企业采购，应急物资保障组组织协调省级供电企业采购供电企业应急协议储备物资，并将协调结果通知受灾省级供电企业应急物资保障组。执行采购协调结果，受灾省级供电企业应急物资保障组根据采购协调结果，与有关供应商签订采购合同，组织配送。

4）应急物资值班人员。

在应急状态解除前，应保持手机24小时开机，方便紧急情况随时联系。

严格遵守值班制度，值班成员之间加强电话联系，确保通信网络高效运转。

重发事件要即时向物资部领导汇报，根据具体情况可采用电话、书面等形式汇报。

做好值班登记，值班人员认真填写情况汇报，重大问题即时上报。

值班期间，值班成员应保持工作状态，随时待命；需出差或请假的，需报储运处备案，并报领导批准。

首问负责制，紧急情况不论专业分工，做到即交即办。

完成领导交办的各项工作。

(4) 应急解除。各级供电企业物资部根据天气状况和电网实际情况做出解除应急状态的决定，发布相关信息并终止已经采取的有关措施，应急物资保障组自动解散。

(五) 信息报告

1. 报告内容

(1) 预警响应阶段。省级供电企业物资部向供电企业总部物资部报告仓储物资、协议储备和动态周转物资情况。

(2) 应急响应阶段。省级供电企业物资部向供电企业总部物资部报告物资需求情况以及应急物资调配、采购、运输，交货等信息。

2. 报告要求

(1) 报送信息必须做到数据源唯一、数据正确。

(2) 预警响应阶段执行每天定点零报告制度。

(3) 应急响应阶段执行每天两次定点零报告制度。

(4) 省级供电企业根据供电企业总部临时要求，完成相关信息报送。

供电企业建立总部应急储备仓库、省级供电企业区域库、周转库三级实体仓库网络。各级实体仓库名称、地址、面积及库存地点等仓库资源信息实施统一注册管理并统一在供电企业总部物资部备案。

供电企业总部应急储备仓库承担供电企业应急物资的集中储备任务，由供电企业总部物资公司负责日常管理，仓库所属省级供电企业物资公司、地市级供电企业物资供应中心负责仓储配送作业。

省级供电企业周转库承担日常消耗和应急作业的物资暂时储备任务，由地市级供电企业物资供应中心负责日常管理，仓库所属部门负责仓储配送作业。

供电企业建立逐级平衡利库及库存调拨工作机制。本地市级供电企业应急物资库存物资，由地市级供电企业物资供应中心实施调拨与配送；跨地市库存物资，由省级供电企业物资公司利库后报省级供电企业物资部审批，实施调拨与配送；跨省应急物资，由供电企业总部物资公司利库后报供电企业总部物资部审批，实施调拨与配送。

四、应急物流管理

应急物流是指按照应急预案要求，以提供人身事件、电网事件、设备事件、自然灾害、公共卫生事件等突发性事件所需应急物资为目的，以追求时间效益最大化和灾害损失最小化为目标的特种物流活动。

(一) 应急物流特点

(1) 突发性。由突发事件引起，最显著的特点是突然性和不可预测性。应急物流对时效性的要求非常高，必须在最短时间内，以最安全、最有效的方式把应急装备、应急设备送达突发事件发生地。

(2) 不确定性。由于无法准确预测突发事件的持续时间、影响范围等，使得应急物流也具有不确定性。

(3) 非常规性。本着特事特办的原则，省去正常审批环节，走应急流程特批通道先送货后办手续，具有很明显的非常规性。

(4) 弱经济性。一般只考虑物流的效率，甚至有时会不计成本。

(二) 应急物流构成

应急物流与普通物流一样，由流体、载体、流向、流量、流程、流速等要素构成，具有空间效用、时间效用和形质效用，见表 9-2。但是，有所区别的是普通物流强调物流的效率但更强调物流的效益，而应急物流在许多情况下是通过物流效率的实现来完成其物流效益的实现，其主要解决的问题包括：实现快速准时送达的措施、低成本准时的物资采购供应策略、物流信息的准确输送，信息反馈和共享、物流系统的敏捷性和灵活性、供需协调实现无缝供应链连接等。

表 9-2　　普通物流与应急物流对比表

构成要素	普通物流	应急物流
流体	一般物品，买家所购买的物品	主要集中在应急救援物资，第一类是救生类，第二类为设备类，第三类为生活类
载体	固定的设施与场所	固定的和机动的设施与场所共用
流向	按客户的需求，流向确定，可以充分安排	指向应急救援地，目的地事先很难确定
流速	完成物流的时间相对稳定	越快越好
流量	物流的数量稳定	平时没有，应急救援时流量激增
流程	基本上可按合理化的原则进行安排	通常会选择多级备用流程线路

(三) 应急物流的地位与作用

应急物流主体功能包括：快速将更换的输变配电设备、应急救援装备、应急物资配送到突发事件发生地，缩短应急抢修时间，减少停电影响时间。及时补充应急物资消耗，保持应急救灾有生力量，维系应急抢险救灾活动顺利进行。可见，良好的应急物流系统既是供电企业应急救援的重要组成部分，也是供电企业应急管理水平的重要标志，更是应急水平转化为应急能力的物质基础。为确保供电企业能够对突发事件应对自如，减少损失，应站在国民经济战略角度重视应急物流体系建设，充分发挥应急物流提供物资保障的作用。

其次，应急物流为应急管理提供强大的物资支撑。应急管理将突发事件分为预警期、发展期、暴发期和恢复期四个阶段。应急物流在突发事件预警期做好各种准备，发展期启动，在暴发期和恢复期真正运作，体现其价值。在应急响应行动中，大致可分为实施应急救险的现场救援活动和实施物资保障的物流活动。

应急物流系统集成、整体优化的理念，将有力地促进应急现场救援的物资保障要素高度集成、环节衔接流畅、集约性能显著。因此，应急物流是做好应对突发事件的重要组成部分。

应急物流能力是指特定的应急物流系统，从接受应急物资需求订单，应急物资采购、调拨、配送到交付给应急救援现场的全过程中，在响应时间、响应速度、物流成本、订单完成准时性和订单交付可靠性等方面的突出表现。

应急物流能力既包括应急物流系统中的仓储、调拨、配送物流设备和资源的处理能力（有形要素），也包括对应急物流活动的计划、组织与控制的能力（无形要素），是对整个应急物流过程中的有形要素和无形要素进行组织、控制和协调的综合反映。

应急物流能力由两部分构成并且具有两重性：①由应急物流系统的物质结构形成的客观能力，如应急交通运输网络的疏密与路况、应急救援物资储备库的大小与分布、应急救援人员的数量、应急设施和设备的工作能力等；②由应急物流系统的管理者对整个应急物流运作过程的协调与控制能力，特别是应急配送路线序位的选择和应急协调联动单位的沟通等。

（四）应急物流能力的特征

应急物流作为各类突发事件中对物资、人员、资金的需求进行紧急保障的特殊物流活动，具有突发性、不确定性、弱经济性和非常规性等特点。与之相对应，应急物流能力具备以下特征。

(1) 时效性。是应急物流区别于一般物流的最显著特征，这就要求在最短的时间内，以最快捷的流程和最安全的方式来进行应急物流保障。时效性至少包含三个方面的内容：①从应急需求确认到应急物流机制启动的响应时间要尽可能压缩；②应急物流系统必须具备能够将大量的应急救援物资在极短的时间内进行快速运送的能力；③快速运送的应急物资要在第一时间满足应急救援的需要。

(2) 不确定性。突发事件的持续时间、影响范围、强度大小等各种不可预期的因素，使应急物流的内容随之变得具有不确定性，这就要求应急物流系统具备很强的柔韧性，即需要满足应急物流实施的不同阶段的需要，例如：在突发事件发生的初期主要是提供更换损坏的设备、应急装备等。突发事件的后续阶段主要是提供应急救援装备的燃料补给、应急救援基干队伍和应急专业队伍的生活保障物资等。

(3) 独特性。应急物流能力是供电企业应急物流系统所特有的，不同的应急系统其应急物流能力在质与量上存在相当的差别。如突发性设备损坏事件，其主要能力是提供应急定制设备等。而对于地震、海啸等自然灾害，应急物流系统则应该提供充足的运输能力，尽可能安排输变配电设备。

(4) 扩展性。应急物流需求的随机性和不确定性决定了应急物流能力应具有可扩展性。应急物流需求和供给在突发事件发生前是不确定的，而必须在突发事件发生之后将其纳入应急物流系统中。在应急救援响应中，应急需要的物流量大量增加，往往超出原应急系统的能力范围，这就需要该系统能对供应该物资的其他系统进行扩展能力。

（五）应急物流的协同机制和运转

1. 应急物流系统的协同机制

应急物流是用于应对突发事件的物流活动，因此应急物流系统设计首先要考虑时间要素，要求应急物流系统应具有快速反应能力和临时性的特点。根据应急物流系统设计的要求，可认为应急物流系统由三个基本协同组成：应急物流组织协同、应急物流资源协同、应急物流任务协同。

（1）应急物流组织协同。其主要功能是决定应急物流组织体系的构成，实现应急物流系统实体要素与功能要素的调整。应急物流活动涉及各级政府、公安、交通等众多部门，因而建立有效的协调机制是保障应急救险工作高效进行的必要条件。应急物流组织协同实际对应于应急指挥中心及输电、变电、配电、救险等专业应急救援队伍等。

（2）应急物流资源协同。其主要功能是根据应急物流的需求计划，实现应急资源的优化整合。应急物流资源协同包括为完成应急物流任务而使用的设备、设施以及职能机构。应急物流资源协同有以下几类。

1）仓储类应急物流资源协同指用于应急物流业务中必要的存储、物资信息处理以及管理工作。这类协同对应于实际应急物资的库存管理部门，可以被实化为物资公司应急物资储备库。

2）基础设施类应急物流资源协同指用于应急活动中的运输设施，可以被实化为铁路、公路、机场等基础运输设施。

3）设备类应急物流资源协同用于物资的移动及其相关控制，对应于实际应急物流活动中的运输职能部门，可以被实化为配送中心、车队或独立的水运、航空、陆地运输工具，自动化装卸等设备。

（3）应急物流任务协同。通常的应急物流任务是指将特定的应急救援物品快速保质地移送到特定的地点。应急物流任务协同的主要功能是收集应急物流系统的物流任务，确定任务的属性（品名、类别、型号、参数、数量等），明确任务详情。结合应急物流系统和应急物流资源制定资源调度规划，并负责监控整个物流服务的执行过程，是短期物流执行调度的工具。

2. 应急物流的运转流程

运转流程是建立在快速决策理论分析的基础上，将快速决策理论的基本思路来简化问题、理性思维和快速决断。应急物流的操作力求简洁明快和实际管用。

（1）危机预警流程。危机预警是指供电企业为了能在突发事件来临时能从容应对，平时长期开展风险监测，当达到风险预警条件时，发出系统预警，采取相应级别的预警响应行动。

供电企业根据不同的预警项目将各类突发事件的预警级别依据危害程度、紧急程度和发展趋势，分为一般（Ⅳ级）、较重（Ⅲ级）、严重（Ⅱ级）和特别严重（Ⅰ级）四级预警，相对应的标识颜色依次为蓝色、黄色、橙色和红色。

（2）先期处置流程。突发事件发生后，事发地供电企业和有关单位要加强协调，切实履行工作职责，立即采取措施控制事态发展，要迅速启动应对突发事件的快速反应机制，统一领导、统一指挥，开展应急救援工作，及时向上级政府报告。报告内容包括：

时间、地点、信息来源、事件性质、影响范围、事件发展趋势和已经采取的措施等。应急处置过程中，要及时续报有关情况。

(3) 应急响应流程。对于先期处置未能有效控制事态，供电企业应急管理办公室提出处置建议，向分管领导报告，经领导批准后启动相关预案。

(4) 指挥协调流程。由相关应急领导小组或指挥中心开展处置工作，主要包括：组织协调有关专业部室和部门负责人、专家和应急队伍参与应急救援；制定并组织实施抢险救援方案，防止引发次生、衍生事件；协调有关供电企业和政府部门提供应急保障，供电企业负责成立现场应急指挥机构，负责现场的应急处置工作。

(六) 应急物流人员的协调和管理

由于应急物流救援工作涉及的人员非常多而且很分散，必须建立起合理的应急物流人员协调工作机制，才能实现最有效地利用现有的人力资源，建立纵向、横向与综合协调机制是最佳的选择。

由于应急物流管理的地域特点比较明显，必须强调应急物流人员的协调联动，在突发事件发生时，应无条件地提供支援。既能保证应急管理的效果达到“横向到边，纵向到底”，又能实现应急物流人员使用的最大效率化和效益化。

要实现纵向协调和横向协调的综合协调，则必须通过制定各类标准、规范来实现应急物流人员的共建和协作，充分调动各级供电企业应急力量的积极性，建立对应急物流工作的综合管理协调机制。

个人素质是提高应急物流体系整体绩效水平的基础。我们可以采用一些方法和手段，如自我评议、激励机制、考核评估等方式来改进应急物流人员的工作和思维方式，提高应急物流能力和个人基本素质。

1. 交流机制

相互沟通和交流是应急物流人员共享信息和提高能力的一种重要方法，也有助于应急物流人员更好地了解各自的职责和任务，增进不同成员之间的了解，增强团队协作，提高安全性和工作效率。

2. 激励机制

激励就是通过调整外部因素来调动内部因素从而使得被激励者（应急物流人员）向着提高应急物流管理绩效的方向发展。由于应急物流人员组成结构的复杂性，在调动他们的主动性和积极性时，要认清各类应急物流人员群体的差异和特殊性，采用不同的激励方法。激励措施要合理、透明，各种激励方法有机结合，有效把握激励时机，通过激励机制提高应急物流人员相应的技能和能力，增强应急物流组织的团队凝聚力和协作精神。

3. 责任机制

对于一个健全的应急物流管理体系来说，各方所扮演的角色和应履行的职责应该是很明确的，这对于增强应急物流人员的责任感，提高工作的积极性和主动性以及自我发展的愿望很有帮助。在制定应急物流预案时，应将各项工作逐步分解，并明确地划分落实到个人；同时，要使参与应急物流管理工作的人员都详细地了解整个应急物流过程，知道各自的角色、职责和其他人员的任务以及这些工作任务的结合方式。

第二节 应急综合服务保障

一、生产服务用车管理

为提高供电企业车辆管理集约化、标准化、规范化水平，依据国家、供电企业车辆管理有关规定和生产经营管理需求，加强供电企业生产服务用车管理。应急用车作为生产服务用车的一部分，按照生产服务用车管理。

生产服务用车是指除公务用车以外，用于安全生产、工程建设、营销服务、应急抢修以及为生产提供保障服务等工作所需要的各种车辆。生产服务用车包括：

（1）生产管理车辆。指在生产经营管理过程中，为满足组织、指挥、协调、检查、应急抢险等管理需求，供有关专业管理人员使用的乘用车辆，包括小型轿车、越野车、面包车、客车等。

（2）生产普通车辆。指为保障生产运维、营销服务、基建施工等业务正常开展，供工区、管理服务中心、项目部、乡镇供电所等基层单位作业人员使用的乘用车辆和生产装备运输车辆，包括轿货两用车（皮卡）、客货两用车（工程车）、越野车、面包车、货车等。

（3）生产特种车辆。指用于开展运维检修、营销服务、基建施工、应急抢修等现场工作使用的非乘用作业车辆，包括高空作业车、带电作业车、吊车、发电车、检修试验车等。

生产服务用车管理以全面保障生产经营业务需求为目标，并遵循以下原则：

1）坚持统一管理、分级负责，实现生产服务用车管理规范化。

2）坚持严格标准、优化结构，为生产经营业务开展提供有力支撑。

3）坚持统筹兼顾、科学配置，满足不同地区、不同业务开展差异化需求。

4）坚持集中管理、统一调配，提高生产服务用车使用效率。

（一）生产服务用车职责分工

（1）供电企业总部运检部为生产服务用车归口管理部门，主要职责为：

1）严格执行国家法律法规、行业规定和供电企业规章制度、技术标准。

2）建立完善供电企业生产服务用车管理制度，制定供电企业生产服务用车管理规定和配置标准。

3）统一组织编制、审核供电企业生产服务用车购置储备项目、年度计划和预算建议。

4）对供电企业生产服务用车管理工作进行检查、监督、指导及考核。

5）组织制定生产运维检修特种车辆技术标准。

（2）供电企业总部相关部门履行的职责为：

1）供电企业总部发展部负责将生产服务用车纳入综合计划（零购专项计划）统一管理。

2）供电企业总部财务部负责统筹安排供电企业年度生产服务用车购置、租赁及运维预算。

3）供电企业总部安监部负责生产服务用车安全监督管理。

4）供电企业总部信通部负责供电企业车辆统一管理平台建设和车载监控终端接入等技术支持，负责制定本专业生产特种车辆技术标准。

5）供电企业总部物资部负责供电企业生产服务用车集中采购、租赁及报废管理。

6）供电企业总部审计部负责对供电企业生产服务用车管理情况进行审计。

7）供电企业总部监察局负责对供电企业生产服务用车管理制度执行情况进行检查、监督。

8）供电企业总部营销部、农电部、基建部等部门按照职责分工，负责制定本专业生产特种车辆技术标准，参与本专业相关生产服务用车配置标准制订和计划审核工作。

9）供电企业总部运监中心负责车辆运行监测归口管理。

（3）各级供电企业运维检修部门为本单位生产服务用车归口管理部门，具体职责为：

1）严格执行国家法律法规、行业规定和供电企业规章制度、技术标准。

2）组织编制本单位生产服务用车项目储备库、年度计划和预算建议。

3）对本单位生产服务用车管理工作进行检查、监督、指导，组织对车辆配置及使用情况进行分析总结。

（4）各级供电企业生产服务用车运行管理由本单位综合服务中心负责，具体职责为：

1）负责生产服务用车运行等日常使用管理工作，建立和维护车辆台账，落实生产服务用车日常管理要求。

2）负责车辆购置申请、维护保养、调度使用、报废更新和费用管控等相关管理工作。

3）负责监督检查本单位生产服务用车使用管理，并定期对车辆配置及使用情况进行分析总结。

4）负责本单位生产服务用车车载监控终端安装运维，组织完善维护车辆信息化系统。

（二）车辆配置管理

生产服务用车配置严格执行供电企业相关配置标准，禁止超标和超范围配置。

生产服务用车配置优先保证生产经营一线车辆使用需求，车辆选型原则上使用国产汽车，高寒、沙漠、高海拔地区等特殊环境生产服务用车可适当提高配置标准。

生产服务用车购置项目为供电企业固定资产零星购置专项的组成部分，纳入供电企业综合计划和预算统一管理。各级供电企业根据供电企业生产服务用车配置标准，编制生产服务用车购置储备项目及计划、预算建议，结合经营效益情况统筹平衡车辆购置和租赁需求，并履行相应审批程序。不得擅自通过工程其他费用等购置车辆。

为降低生产服务用车运维成本，提高车辆使用效率和经济性，对于大吨位吊车、大型客车等使用频率较低、运维成本较高的生产服务用车，可通过协作区域配置或社会租赁方式解决。

（三）车辆使用管理

各级供电企业应按照集中管理、统一调配的要求，建立健全生产服务用车管理机制，禁止车辆配置到岗、配备到人。

生产服务用车实行用车申请和审批制度，严格按照批准的工作时间、地点、用途使用，禁止公车私用和擅自超范围用车，禁止生产服务用车挪作公务用车使用。

生产服务用车必须加装车载监控终端并纳入供电企业车辆统一管理平台管理，实现车辆购置、使用、报废全过程管（监）控。

各级供电企业应加强生产服务用车成本管理，按照单台车辆建立运行台账，切实降低车辆运维成本。

生产服务用车应按期进行车辆保养和年检工作，禁止使用检验不合格车辆和存在安全隐患车辆。

生产特种车辆应按照国家、行业有关规定，由具备资质的机构按期进行检验，禁止无资质人员驾驶、操作生产特种车辆。

生产服务用车应根据供电企业品牌标识管理有关要求设置车辆标识。车辆企业品牌标识的设置要符合地方政府的相关规定。

各级供电企业不得擅自对外出租、出借生产服务用车，不得违规借用、占用下属单位或其他相关单位生产服务用车。

各级供电企业应加强生产服务用车驾驶人员安全教育，严格遵守国家交通安全法规，杜绝重大交通责任事故。

（四）车辆更新管理

（1）生产服务用车达到以下条件之一可以申请更新。

1）使用年限超过 8 年或行驶里程超过 25 万公里。

2）因各种原因车辆严重损坏或技术状况低劣，经鉴定不具备修复价值。

3）尾气排放或安全性能检测无法满足地方政府规定要求。

4）车型淘汰且无配件来源。

（2）各级供电企业应强化生产服务用车信息化管理，实现车辆购置、使用、报废全过程管控。

（3）各级供电企业应对生产服务用车更新进行严格审核，车辆达到规定年限或里程、经车况鉴定仍能继续使用的应继续使用。

（4）车辆更新后，应严格按照供电企业固定资产管理和废旧物资管理的有关规定处置相应废旧车辆，其中车辆报废应符合国家有关部委规定的汽车报废标准要求，禁止继续使用已批准报废的车辆。

（五）检查考核

生产服务用车按照“谁使用，谁主管，谁负责”的原则，分级管理，逐级考核，责任到人。

生产服务用车管理应纳入各单位绩效管理考核体系严格管理，并根据供电企业相关规定进行考核和通报。

各级供电企业应定期组织生产服务用车购置项目执行情况和使用管理检查，并对各级车辆运行管理部门进行考核。各级纪检监察部门应加强对生产服务用车使用情况的监督，对存在违反规定行为的责任人依据党纪、政纪及供电企业有关规定严肃处理。

二、卫生应急服务

卫生应急是指在突发公共卫生事件发生前或出现后，采取相应的监测、预测、预警、储备等应急准备，以及现场处置等措施，及时对产生突发公共卫生事件的可能因素进行预防和对已出现的突发公共卫生事件进行控制；同时，对其他突发公共事件实施紧急的医疗卫生救援，以减少其对社会政治、经济、人民群众生命安全的危害。

各级供电企业有责任在发现有下列情形之一时，立即向当地卫生行政主管部门报告。

1）发生或者可能发生传染病暴发、流行的。

2）发生或者发现不明原因的群体性疾病的。

3）发生传染病菌种、毒种丢失的。

4）发生或者可能发生重大食物和职业中毒事件的。

（一）供电企业卫生应急工作主要特点

1）卫生应急工作的首要目标是预防突发公共卫生事件的发生，尽可能地将突发公共卫生事件控制在萌芽状态或事件发生的初期。当突发公共卫生事件出现后，供电企业启动卫生应急机制为各种公共卫生设施提供可靠供电，将突发公共卫生事件迅速控制在有限的范围内，减少对公众健康的影响。

2）卫生应急工作必须符合我国的基本卫生国情，在突发公共卫生事件发生时，能及时有效地调动相关卫生资源、整合各种社会资源、动员全社会参与，及时有效地做好突发公共卫生事件的应急工作。

3）在供电企业开展大规模的突发事件应急响应过程中，大量的应急基干队伍、应急专业队伍集中在应急响应的第一线，卫生应急作为综合服务的一个联动专业，其中就包括应急救援现场的医疗处置、卫生防疫等卫生应急工作。

（二）卫生应急工作的原则

（1）预防为主、常备不懈。要提高全员防范突发公共事件对健康造成影响的意识，落实各项防范措施，做好人员、技术、物资和设备的应急储备工作。对各类可能引发突发事件并需要卫生应急的情况，要及时进行分析、预警，做到早发现、早报告、早处理。

（2）统一领导、分级负责。根据突发公共事件的范围、性质和对公众健康危害程度，实行分级管理。各级供电企业按照预案规定，在各自的职责范围内做好卫生应急处理的有关工作。

（3）全面响应、保障健康。突发公共事件卫生应急工作的重要目标是为了避免或减少公众在事件中受到的伤害。突发公共事件，涉及人数众多，常常遇到的不单是某一类疾病，而是疾病和心理因素复合危害，而且还有迅速蔓延的特点，所以在突发公共事件处理中要协同开展工作。其目标是最大限度地减少事件带来的直接伤亡和对公众健康的其他影响。

（4）依法规范、措施果断。各级供电企业完善突发公共事件卫生应急体系，建立系统、规范的突发公共事件卫生应急处理工作制度，对突发公共卫生事件和需要开展卫生应急的其他突发公共事件做出快速反应，及时、有效开展监测、报告和处理工作。

（5）依靠科学、加强合作。突发公共事件卫生应急工作要充分尊重和依靠科学，要重视开展突发公共事件防范和卫生应急处理的科研和培训，为突发公共事件卫生应急处理提供先进、完备的科技保障。各级供电企业与相关机构要通力合作、资源共享，有效地开展突发公共事件卫生应急工作。要组织、动员公众广泛参与突发公共事件卫生应急处理工作。

（三）企业卫生服务中心

随着社会生产的发展、医学的进步，人们对防病治病的认识逐步深化，医疗保健从个体向群体转变，寻求群体防治疾病的措施和方法，企业卫生服务正是适应这种需要而产生的。企业卫生服务中心作为社会医疗卫生资源的有益补充，逐渐显现出其非常重要的作用。

1. 服务功能

1）具有公益性质，不以营利为目的。

2）提供公共卫生服务和基本医疗服务。

3）以供电企业员工为服务对象。

4）以主动服务、上门服务为主，建立供电企业员工健康档案。

5）开展健康教育、预防、保健、康复和一般常见病、多发病的诊疗服务。

2. 服务内容

（1）预防服务。包括传染病、非传染病和突发事件的防控。传染病的预防即企业员工一般病因预防。非传染病预防即一般危险因素预防。突发事件的预防，是指隐藏在“健康人群”内的且能突发严重卫生问题的监测预防。

（2）医疗服务。除在平时和发生突发事件时，为企业员工提供医疗服务。

（3）保健服务。对企业员工进行保健合同制的管理，并定期进行健康保健管理。

（4）健康教育。健康教育是实施预防传染病、非传染病和突发事件的重要手段，预防卫生突发事件的发生。

（5）急救培训。对企业员工中的卫生员和志愿者提供院前救治培训。

3. 服务特点

以员工的卫生服务需求为导向、以人的健康为目的、以企业为范围，合理使用医疗卫生设施资源和适宜技术。为员工提供有效、经济、方便、综合、连续的集医疗、预防、保健、康复、健康教育指导为一体的服务。

（1）为企业员工健康服务。企业拥有丰富的员工健康信息，以健康为中心对企业员工开展预防为主的健康全程管理。

（2）防治结合、多档合一。合理配置、充分利用现有信息资源融员工健康档案与临床信息于一体医务人员以全科医学思维服务企业员工。

（3）以企业员工需求为导向。突出重点服务对象针对供电企业常见病、多发病防治体现企业卫生服务特征。

三、应急后勤保障

1. 应急后勤保障的重要作用

后勤指后方对前方的一切供应工作，提高认识、重视后勤保障是搞好此项工作重要的思想基础。应急后勤保障工作的重要性，主要体现在以下三个方面。

(1) 是供电企业应急响应行动正常运转的前提与基础。后勤保障是企业实现预期目标所必不可少的条件之一，无论是战争年代还是和平建设时期，后勤管理工作在企业发展中具有基础性、保障性的重要作用。为供电企业的应急工作提供场地、设施、服务等方面的支持，只有企业后勤保障工作做好了，才能为正常生产生活提供必要的物质基础，才可以使企业的生产设施、设备和物资、员工生活设施等得以充分有效的利用，确保安全生产，从而逐步提高企业效益。

(2) 对企业有着重要的凝聚力作用。应急后勤保障工作是企业生产的一部分，它服务于应急各项工作，以大局为先，以服务为重。只有做好后勤保障工作，才可以为全体参加应急响应行动的员工提供一个良好的生活、工作条件，使他们解除后顾之忧，一心一意地搞好本职工作，才会使广大企业员工产生对企业的归属感和向心力，激发他们的工作热情，更充分地调动起他们的积极性。

(3) 最能展示企业风采的工作。供电企业应急后勤工作政策性强、涉及面广、任务繁重、内外联系复杂，任何部门都离不开后勤保障工作。后勤保障工作是企业管理中不可缺少的、十分重要的一部分，也是相当繁杂的一项工作，也担负着相应的政治、经济责任。

2. 供电企业应急后勤保障的特点

(1) 广泛性。供电企业的应急后勤保障工作涵盖面较广，主要有以下几项内容：车辆管理、维护维修、食堂管理、员工临时宿舍管理等。业务项目繁杂、涉及范围广，与供电企业员工的应急工作、生活时时刻刻都息息相关。

(2) 服务性。后勤保障是服务工作，从工作内容来看都是为企业生产服务的，为了保证供电企业的生产活动顺利进行，例如协调好应急基干队伍饮食、住宿等都需要服务。为此后勤保障人员都需要热情、主动、耐心，还需要有能力、有技能，把两者结合起来，才能做好服务工作。

(3) 复杂性。供电企业的后勤保障工作事无巨细、头绪繁多、纵横交错、涉及面广，既有人与人之间的关系，又有人与物之间的关系；既有本企业内部相互之间的关系，又有企业与外部诸多方面的关系。某个关系处理不当，就会影响生产活动的正常开展和员工工作的情绪。

(4) 时效性。应急后勤保障工作是动态的活动，任何的工作都要争取时间完成超出时效性都将变得毫无意义。应急后勤工作办事必须做到果断、及时、合理、科学。

3. 供电企业应急后勤保障的要求

(1) 规范化。应急后勤保障工作涉及供电企业各个部门及个人的切身利益，只有严格的按照标准制度来执行才能确保应急救险活动的顺利进行。当前随着供电企业的快速发展，企业制度逐渐标准化、规范化、严谨化，应急后勤保障制度作为企业制度的重要方面，自然也将不断完善和规范。

(2) 精细化。供电企业的后勤部门是保障企业生产活动正常运行的具体实施部门，其服务质量和管理水平成为了广大企业员工关注的焦点，而且将直接影响员工的工作效率和企业的整体效益，这从客观上要求企业后勤工作必须实施以精细化管理为主要内容的科学管理。

（3）创新化。供电企业的后勤保障随着应急工作的不断深入和拓展，其内容、形式和管理手段都在不断地创新，因此，应急后勤保障也要管理创新以适应企业整体管理的需要。

第十章
应急人员的管理

应急人员是安全生产应急管理和突发事件应急救援的基础力量，是安全生产应急体系的重要组成部分，同时也是生产事故、自然灾害及突发事件抢险救灾的重要力量。供电企业组建并拥有一支专业配备结构层次合理、应急技能熟练、应急装备配置足额的应急人员群体，将是企业安全生产应急能力的有力支撑和应急管理基础工作的一大亮点。应急人员按照岗位和职责分工分为：应急指挥人员、应急专家、应急管理人员、应急基干队伍、应急专业队伍。

为深入贯彻落实《中华人民共和国突发事件应对法》、《国务院关于全面加强应急管理工作的意见》（国发〔2006〕24号）、《关于加强企业应急管理工作的意见》（国办发〔2007〕13号）、《国务院办公厅关于加强基层应急管理工作的意见》（国办发〔2007〕52号）、《国务院办公厅关于加强基层应急队伍建设的意见》（国办发〔2009〕59号）、《国家安全监管总局关于加强基层安全生产应急队伍建设的意见》（安监总应急〔2010〕13号）等一系列法规制度，各级供电企业组织熟悉应急管理、掌握专业技能和有救援经验的员工，分别组建应急专家库、应急基干队伍和应急专业队伍，并积极参与到应急预案的修订与演练和突发事件的应急处置，使得供电企业基层应急队伍不断发展和锻炼，在应对突发事件工作中发挥着越来越重要的作用。

按照加强基层安全生产应急队伍建设，全面提高基层安全生产应急能力，完善基层专业应急救援队伍体系的要求，各级供电企业全面推进应急队伍建设。在应急演练和承担突发事件应急抢险救援任务过程中。供电企业组建的应急队伍充分发挥设计、施工和运行维护等专业人员在应急救援中的作用，逐步配备应急抢修的必要装备、运输车辆和抢险救灾物资，加强人员培训，提高安全防护、应急救援和交通运输保障能力。

第一节 应 急 专 家

应急专家是为安全生产应急管理重大决策和重要工作提供专业技术支持和咨询服务，为重特大生产安全事故、突发事件、自然灾害应急救援提供技术支撑的高级技术专家队伍。应急专家的主要任务是：根据有关工作安排，开展或参与调查研究，收集国内外应急管理资料和信息，参与供电企业安全生产应急管理方面的标准、规范、规划、预案等的编制、修订工作，参与安全生产应急管理重大问题的专题调研、技术咨询、学术交流和重要课题研究，受委托对突发事件进行分析、研判，参加重特大生产安全事故、突发事件、自然灾害的应急救援工作，参与安全生产应急管理和应急救援工作评估，参与应急管理宣传和培训，对供电企业应急工作提出意见和建议。

一、应急专家遴选

为保证应急专家相关研究和咨询工作的顺利开展，进一步完善应急管理决策机制，切实防范和有效处置对供电企业和社会有严重影响的安全生产事件与社会稳定事件，减少事故灾害和突发事件造成的影响与损失，提高企业应急管理水平，实现科学预防和处置突发事件，开展应急专家资格认定、遴选、聘任及日常工作和管理。

应急职能管理部门作为应急专家的管理机构，负责组织专家工作。负责研究提出专家组年度工作安排建议，经供电企业主管领导批准后应急职能管理部门组织实施。各相关部门、各有关单位根据要求推荐专业领域及相应专家人员的建议名单，并报应急职能管理部门。

遴选的应急专家库成员应有各专业的广泛代表性，具备以下条件。

1）具有良好的职业道德和敬业精神，坚持原则、作风正派、廉洁奉公、遵纪守法。

2）具有高级以上专业技术职称或职业资格，熟悉相关规程、规范、标准，从事专长专业 10 年以上，在其专长专业领域有较高的认可度和知名度，具有丰富的现场处置经验、较强的指挥协调与决策咨询能力。应急技能专家可由经过相关专业培训，持有国家或国际认可的相关证书的中级专业技术职称人员担任。

3）熟悉安全生产及应急管理相关规章制度、规程标准，熟悉相关突发事件应急管理工作及基本程序，遵纪守法，廉洁奉公，作风正派，办事公正。

4）能够认真履行职责，熟悉相关专业和技术发展状况，具有较丰富的安全生产应急管理和事故、突发事件、灾害等应急救援工作现场经验。

5）身体健康、精力充沛、年龄适宜，满足应急工作需要。

二、应急专家职责

应急专家的工作内容：为供电企业应急管理工作提供业务咨询、决策建议、技术支持以及参与应急处置等。主要包括：

1）受供电企业应急领导小组的委托，对加强应急管理工作的重大理论和实践问题开展调查研究，提出对策和建议。

2）对涉及供电企业突发事件进行分析、研判，必要时参加突发事件应对工作，提供决策建议。

3）参与突发事件事后评估工作，提供决策建议。

4）为供电企业应急管理平台建设和各类数据库的建设提供专业指导或技术支持。

5）参与或指导应急管理宣传、教育、培训工作，参与相关学术研究、交流与合作。

6）参加供电企业的总体应急预案、专项应急预案的评审，指导现场处置方案的审核工作。

7）办理供电企业应急领导小组或应急职能管理部门委托的其他工作。

三、应急专家专业分类

1. 自然灾害、事故灾难处置应对

(1) 气象（洪水、台风、雨雪冰冻等）、地震、地质、生物灾害和森林火灾等。

(2) 变电、输电、配电、调度运行、高压试验、继电保护、通信与自动化、低压照明、规划设计、网络信息、环境保护。

(3) 施工（土建、吊装、设备安装等）。

(4) 消防、交通（航空、水运、道路等）。

(5) 应急技能及装备使用（灾害救援、船艇驾驶、自救与互救、拓展训练与野外生存，以及发电、炊事、净水、探测、破拆等装备的使用）。

2. 公共卫生、社会安全事件处置应对

传染疫情、新闻、外事、安保、营销（检查、服务）、法律、信访维稳等。

四、应急专家聘任程序

应急专家组实行聘任制，由供电企业应急职能管理部门履行专家聘任手续，每届任期3年。

1. 推荐

各级供电企业、科研单位、高校等推荐专家人选，填写应急专家人选推荐表（见表10-1）。

表10-1　　应急专家人选推荐表

填表日期：　　年　月　日

<table>
<tr><td>姓名</td><td></td><td>性别</td><td></td><td>出生年月</td><td colspan="3"></td></tr>
<tr><td>籍贯</td><td></td><td>民族</td><td></td><td>健康状况</td><td colspan="3"></td></tr>
<tr><td colspan="2">何时何校何专业毕业</td><td colspan="6"></td></tr>
<tr><td>学历</td><td></td><td>学位</td><td></td><td>职称/技术等级</td><td></td><td>职务</td><td></td></tr>
<tr><td colspan="2">工作单位及部门</td><td colspan="6"></td></tr>
<tr><td>现从事专业</td><td></td><td>年限</td><td></td><td>专长专业</td><td></td><td>年限</td><td></td></tr>
<tr><td rowspan="3">专长专业</td><td colspan="3">获得专业资格证书</td><td colspan="2">颁发部门</td><td colspan="2">证书编号</td></tr>
<tr><td colspan="3"></td><td colspan="2"></td><td colspan="2"></td></tr>
<tr><td colspan="3"></td><td colspan="2"></td><td colspan="2"></td></tr>
<tr><td>推荐类别</td><td colspan="3"></td><td colspan="2">专业领域</td><td colspan="2"></td></tr>
<tr><td>通信地址/邮编</td><td colspan="7"></td></tr>
<tr><td>办公电话</td><td colspan="3"></td><td colspan="2">手机</td><td colspan="2"></td></tr>
<tr><td>传真</td><td colspan="3"></td><td colspan="2">E-mail</td><td colspan="2"></td></tr>
<tr><td>工作简历</td><td colspan="7">（起止时间、工作单位、职务职称等，300字以内）</td></tr>
<tr><td>主要业绩</td><td colspan="7">1. 从事专长专业主要工作经历及取得的成绩。
2. 专长专业领域主要的成果及贡献（论文、著作、奖励）。
3. 本人参加过的突发事件应急处置</td></tr>
<tr><td>个人意见</td><td colspan="7">1. 本人承诺遵守应急专家管理。
2. 积极履职尽责，参加公司举办的活动，完成公司交办的任务。

本人签字：
年　月　日</td></tr>
</table>

续表

推荐单位意见	公章 年 月 日
审核部门意见	公章 年 月 日

2. 审批

应急职能管理部门综合评审专家的资格条件、专业背景、履职能力，确定拟聘专家名单，并组织应急管理有关业务部门复核，按程序履行审批手续。

3. 公示

在供电企业网站公示拟聘专家名单及个人相关信息资料，时间为7个自然日。

4. 聘任

公示合格的专家由应急职能管理部门组织颁发专家聘任书和专家证，并报上级应急主管部门备案。

五、应急专家工作制度

1. 工作任务制度

专家接到应急指挥中心的任务通知后，应如期抵达执行任务。执行任务时，应当主动出示指派函件和专家证。专家有权了解与任务有关的情况，进入有关现场工作，调阅相关文件及技术资料。工作任务结束后两周内，应向应急指挥中心提交任务执行情况的书面报告。应急指挥中心商请专家执行任务时，一般应将有关情况提前通知其所在单位。

2. 决策咨询制度

专家应充分发挥专业优势，为全国安全生产应急管理工作提供重要的决策咨询服务。在参与重特大生产安全事故、自然灾害救援时，专家组应及时分析事故和灾害的特征、影响程度、发展趋势，从技术的角度向现场指挥机构提出处置要点及防护措施等意见建议。对专家组提出的有关应急管理的重要建议，应急指挥中心将及时组织研究并给予回复。

3. 专家会议制度

专家组每年召开一次由相关专家参加的工作会议，遇有重大问题和重要工作需要研究时可临时召开。专家组会议的主要任务是：总结工作，交流经验，部署任务，完善机制，表彰先进，研讨国内外重大应急实践、理论和技术课题等，相关专家应按照应急指挥中心通知的主要议题和议程认真做好参加会议准备。

专家组会议由应急指挥中心组织、专家组组长主持。

4. 解聘退出制度

专家聘任期满或退休，因身体健康、工作变动等原因不能继续履行职责时，由本人提出申请，经批准后退出专家组。专家连续1年无正当理由不参加专家组正常活动或无故不接受指派任务的，视为自动退出。对违反国家法律、法规有损于科学荣誉以及因工作失误出现重大责任事故或发生重大生产责任事故的直接负责人或主要负责人的专家将给予解聘。对退出和被解聘的专家，应急职能管理部门通报其所在单位，并在网站上予以公告。

5. 保密工作制度

专家（含退出或被解聘的专家）应严格遵守《中华人民共和国保守国家秘密法》规定的涉密事项及国家保密制度，保守有关单位的商业和技术秘密，未经授权不得向任何人发布所承担任务的相关信息。

对于违反保密规定的人员，一经查实，即取消应急专家成员资格并将酌情给予批评、通报等处理，直至追究法律责任。未经应急职能管理部门批准，专家不得擅自以专家组名义组织或参加各类活动。

六、应急专家日常工作

应急职能管理部门负责召集、组织应急专家开展如下日常工作：

1）每年不定期召开应急专家会议，研讨、安排和总结应急专家工作。

2）根据工作需要，不定期组织应急专家成员座谈或会商，研究应急管理专项工作。

3）较大以上级别突发事件发生后，启动应急专家的决策咨询、技术支持和专业指导程序。

4）每年研究、确定若干应急管理重点课题，组织应急专家成员开展专题调查研究。

5）召开应急管理工作会议或重要专题会议，邀请应急专家成员参加。

6）委托应急专家开展其他专项工作。

七、应急专家的日常管理

1. 任期

应急专家每届一般任期三年。根据工作需要，应急职能管理部门可向分管领导提出建议适时调整的专家组成员。

2. 经费

应急职能管理部门负责研究提出专家组工作经费预算，并负责经费的管理。

应急专家工作所需的经费由应急职能管理部门列入年度业务专项预算予以保障，主要用于专家组召开相关会议、评审科技项目、开展专题调研、研究重大课题、组织事故救援与评估工作等。

专家参与应急职能管理部门指派的工作和专家组工作所发生的差旅、食宿等相关费用由应急职能管理部门承担。

八、应急专家的培训

1. 培训的目的和时机

为提高应急专家的专业技术水平，熟悉应急技术和方法，促进专家将专业技术与应急管理相结合的能力，聘用机构有必要组织供电企业应急专家进行专业知识和应急能力评估理论知识的培训和教育，下列情况应考虑对应急专家进行必要的培训和教育。

（1）新聘任的专家首次参加供电企业应急管理和评估工作。

（2）国家相关法律法规、国家或行业标准规范及供电企业应急管理和评估标准等更新时。

(3) 首次开展的应急管理和评估项目。

(4) 聘任机构或专家认为有必要时。

2. 培训的方式

供电企业对应急专家的培训可以根据专家的实际情况及项目特点来选择培训的方式。培训的方式可以分为如下几类。

(1) 按培训的时间分为定期培训、不定期培训。

(2) 按培训的阶段分为日常培训和项目开展前培训。

(3) 按培训的内容分为法律法规知识培训、专业技术培训、应急理论及管理和评估技术培训、管理和评估技巧培训。

(4) 按培训组织部门分为内部培训、外部培训。

(5) 按培训的形式分为聘请专家授课、集体讨论的形式。

3. 培训内容

培训内容可根据培训方式、专家的情况、项目的特点等进行确定。供电企业应急管理和评估工作培训的内容主要包括：

(1) 法规标准培训。国家相关法律、法规、规章制度，国家或行业标准规范，供电企业应急管理和评估工作标准规定等。

(2) 应急理论知识及管理和评估技术培训。应急系统工程、应急原理、应急管理和评估技术、方法等。

(3) 专业技术培训。新技术、新管理以及新的应急经验和突发事件案例等。

(4) 供电企业应急管理评估技术方法培训。国家、行业及供电企业对应急管理及评估工作的程序、方法和要求。

第二节　应急职能管理人员

供电企业将应急管理相关岗位要求纳入绩效考核系统统一管理，并将工作内容分解为工作要求、工作条件、工作强度、工作难度、工作影响、工作责任 6 类 12 项要素，建立基于流程的岗位价值评估模型，将岗位节点在业务流程中承担的角色和责任、制度标准、岗位贡献度、绩效指标和风险因素进行分解、要素对应和赋值，实现量化建模运算，客观体现各岗位在供电企业整体架构中的相对价值。

一、主管应急专业领导

依据《中华人民共和国安全生产法》(中华人民共和国主席令第十三号)，生产经营单位的主要负责人对本单位的安全生产工作全面负责。

(1) 各级供电企业的主要负责人对本单位安全生产工作负有下列职责。

1) 建立、健全本单位安全生产责任制。

2) 组织制定本单位安全生产规章制度和操作规程。

3) 组织制订并实施本单位安全生产教育和培训计划。

4) 保证本单位安全生产投入的有效实施。

5）督促、检查本单位的安全生产工作，及时消除生产安全事故隐患。

6）组织制订并实施本单位的生产安全事故应急救援预案。

7）及时、如实报告生产安全事故。

（2）通过安全生产责任制明确各岗位的责任人员、责任范围和考核标准等内容，并建立相应的机制，加强对安全生产责任制落实情况的监督考核，保证安全生产责任制的落实。

（3）各级供电企业应当具备的安全生产条件所必需的资金投入，由安全生产委员会、主要负责人予以保证，并对由于安全生产所必需的资金投入不足导致的后果承担责任。

（4）各级供电企业发生突发事件时，单位的主要负责人应当立即组织抢救，并不得在突发事件处置及调查处理期间擅离职守。

（5）各级供电企业的领导干部应急管理培训的重点是增强应急管理意识，掌握相关应急预案，提高安全生产事故应急管理和应急处置能力。各级供电企业组织主要负责人定期到当地安全生产监督管理部门参加领导干部安全生产培训课程，有计划地开展安全生产应急管理内容安全培训计划，并由主管的负有安全生产监督管理职责的部门对其安全生产知识和管理能力考核合格。鼓励聘用注册安全工程师从事安全生产管理工作。

二、应急指挥长认证与培养

（一）应急指挥长应具备的条件

具有安全生产协调管理经验和组织能力，熟练掌握本单位电网及设备运行情况，熟悉安全生产流程及过程控制原则，了解应急资源包括：应急基干队伍、应急专业队伍、应急装备、应急物资等情况，全面掌握相应级别单位的总体应急预案、专项应急预案，经过应急管理专业技术培训，取得上级应急职能管理部门或专业应急培训机构颁发的应急指挥长资质证书（分级管理）。

（二）应急指挥长职责

应急指挥长在应急指挥中心启动后需要依据应急指挥平台收集的信息迅速开展研判，并指挥职能管理部门收集相关专业事件信息，科学合理地调配应急基干队伍、应急专业队伍、应急装备、应急物资等人力物力资源，迅速组织开展应急处置，掌控应急处置进度，协调上级应急指挥中心和现场应急指挥部，以及应急协调联动单位参与应急救援行动。组织应急救援大型救援行动结束后的善后，以及应急指挥中心结束应急值班前，转入正常设备检修的交接班等。

（三）应急指挥长的培养

由于突发事件的长期性和事件的不确定性，造成具有指挥长职责的主管生产副总经理不可能每次突发事件发生时都能够及时赶到应急指挥中心进行指挥，所以，必须安排替补应急指挥长的序位，其中，不仅可以包括组织能力和管理能力基本能够胜任的电力调控中心主任、运维检修部主任等人员，还应有意识、目标明确地定向培养应急指挥长人才，使其通过平时的专业知识积累、应急培训基地应急专业理论学习获得应急指挥长的岗位资质，并通过突发事件应急演练、编制和修订突发事件应急预案等方式提高实践能力，为供电企业培养一批适合应急指挥长岗位要求的专门人才。

三、应急管理人员

依据《中华人民共和国安全生产法》（中华人民共和国主席令第十三号），生产经营单位的安全生产管理机构以及安全生产管理人员履行下列职责。

1）组织或参与拟订本单位安全生产规章制度、操作规程和生产安全事故应急救援预案。

2）组织或参与本单位安全生产教育和培训，如实记录安全生产教育和培训情况。

3）督促落实本单位重大危险源的安全管理措施。

4）组织或参与本单位应急救援演练。

5）检查本单位的安全生产状况，及时排查生产安全事故隐患，提出改进安全生产管理的建议。

6）制止和纠正违章指挥、强令冒险作业、违反操作规程的行为。

7）督促落实本单位安全生产整改措施。

应急管理人员除按照《中华人民共和国安全生产法》要求履行上述职责外，还要在日常工作中开展如下工作。

1）开展对从业人员进行安全生产教育和培训，保证从业人员具备必要的安全生产知识，熟悉有关的安全生产规章制度和安全操作规程，掌握本岗位的安全操作技能，了解事故应急处理措施，知悉自身在安全生产方面的权利和义务。未经安全生产教育和培训合格的从业人员，不得上岗作业。

2）组织建立安全生产教育和培训档案，如实记录安全生产教育和培训的时间、内容、参加人员以及考核结果等情况。

3）组织教育和督促从业人员严格执行本单位的安全生产规章制度和安全操作规程，并且，向从业人员如实告知作业场所和工作岗位存在的危险因素、防范措施以及事故应急措施。

4）根据本单位的生产经营特点，对安全生产状况进行经常性检查。对检查中发现的安全问题应立即处理；不能处理的，应当及时报告本单位有关负责人，有关负责人应当及时处理。检查及处理情况应当如实记录在案。

5）组织制订本单位生产安全事故应急救援预案，与所在地县级以上地方人民政府组织制订的生产安全事故应急救援预案相衔接，并定期组织演练。

6）对安全生产应急管理人员进行系统培训。安全生产应急管理人员培训的重点是掌握各类安全生产应急预案和相关法律法规及应急救援相关知识和技能，提高应急管理工作水平。各级安全生产应急管理机构要制订培训计划，合理安排时间，利用不同方式开展安全生产应急管理培训。要有计划地开展对工作人员综合业务的培训，提高应急值守、信息报告、组织协调、预案管理和应急处置等方面的工作能力，力争受训率达到100％。

7）加强对生产经营单位管理人员的培训。生产经营单位管理人员培训的重点是增强事故防范意识，掌握事故隐患辨识和应急预案编制方法，提高安全生产应急管理和重大事故应急处置能力。在生产经营单位负责人和安全管理人员安全资格培训课程中增加应急管理的内容。

第三节 应急救援基干队伍

为了全面规范和加强供电企业应急队伍建设与管理，建设“平战结合、一专多能、装备精良、训练有素、快速反应、战斗力强”的应急救援基干队伍，切实防范和有效应对重特大电力设施安全事故及对供电企业和社会有重大影响的各类突发事件，更好地发挥专业优势，及时修复损毁设施，快速恢复电网稳定运行，减少事故灾害造成的损失，维护供电企业正常生产经营秩序，保障国家安全、社会稳定和人民生命财产安全，依据《中华人民共和国安全生产法》、《国家突发公共事件总体应急预案》、《国务院关于全面加强应急管理工作的意见》、《生产经营单位安全生产事故应急预案编制导则》等法律法规和规章制度，并结合电力生产特点和供电企业应急管理工作实际组建应急基干队伍。

一、应急基干队伍的组建原则

区域供电企业应急队伍以220kV及以上输变电设备，地市供电企业应急队伍以220kV及以下输、变、配电设备的安装和检修为主要专业，同时兼顾社会应急救援需要。

应急队伍数量根据管理模式和地域分布特点确定。应急队伍人员数量根据各单位设备运行维护管理模式、电网规模、区域大小和出现大面积电网设施损毁的几率等因素综合确定。区域供电企业应急队伍中输、变电专业人员数量原则上按3∶1配备。

区域供电企业应急队伍以所辖输变电工程施工或超高压运行检修单位现有人员为基础组建，地市供电企业以输、变、配电工程施工或运行检修单位现有人员为基础组建。

应急队伍的人员构成和装备配置应符合专业搭配合理、内外协调并重、技能和体能兼顾、气候和地理环境适应性强等要求。

应急队伍由所在单位负责日常管理，加强专业化、规范化、标准化建设，做到专业齐全、人员精干、装备精良、管理严格、反应快速、作风顽强，不断提高电网设施应急处置的综合能力。

二、应急基干队伍职责

1）经营区域内发生重特大灾害时，以最快速度到达灾区，抢救员工生命，协助政府开展救援，提供应急供电保障，履行供电企业的社会责任。

2）及时掌握并反馈受灾地区电网受损情况及社会损失、地理环境、道路交通、天气气候、灾害预报等信息，提出应急抢险救援建议，为各级应急指挥组织提供可靠决策依据。

3）开展突发事件先期处置，搭建前方现场应急指挥部，确保应急通信畅通，为企业后续应急队伍的进驻做好前期准备。

4）在培训、演练等活动中，发挥骨干作用，配合做好相关工作。

三、应急基干队伍的调配原则

（1）供电企业系统内跨省救援。发生以下情况时，由供电企业总部应急指挥中心根据应急处置需要和应急队伍分布情况，统一调配应急队伍，实施应急处置。

1）发生地震、洪灾、台风、飓风、冰冻、暴雪等特大自然灾害或其他原因引起的大范围电网设施受损，区域供电企业内部应急队伍无法满足应急处置需要时。

2）出现特大事故，区域供电企业应急队伍单独无法满足应急处置需要或其他原因无法及时到达事故现场时。

3）根据国家有关部门要求参加社会应急救援等活动。

（2）区域供电企业内跨地市救援。发生以下情况时，由区域供电企业应急指挥中心根据应急处置需要和应急队伍分布情况，在其管辖范围内统一调配应急队伍，实施应急处置。

1）出现大面积电网设施受损，地市供电企业现有应急队伍无法满足应急处置需要时。

2）出现重大事故，地市供电企业现有应急队伍无法满足需求或其他原因无法及时到达现场时。

3）根据上级要求参加社会应急救援等活动。

（3）地市供电企业内部救援。各地市管辖范围内出现大量电网设施受损、事故抢险时，由地市供电企业应急指挥中心负责统一调配本单位资源，实施应急处置。

四、应急基干队伍管理规定

1）应急基干队伍设队长一名，由所在单位安全第一责任人担任，全面负责应急队伍日常管理、组织训练和领导现场应急处置；设副队长两名，分别由分管领导担任，协助队长开展工作。其中一名负责技能培训、预案演练和现场应急处置，一名负责装备保养、后勤保障和外部协调。应急基干队伍内部一般分为综合救援、应急供电、信息通信、后勤保障（含新闻宣传）等四组，各组根据人员数量设组长1～2人。

2）应急基干队伍成员在履行岗位职责、参加本企业正常生产经营活动的同时，应按照应急基干队伍工作计划安排，参加技能培训、装备保养和预案演练等活动。应急事件发生后，由应急队伍统一集中管理直至应急处置结束。

3）应急基干队伍应建立健全以下管理制度。日常管理、安全管理、质量管理、培训管理、预案演练、装备保养、信息报送、业绩考核等管理制度，并建立和不断完善应急工作联系手册、现场救援工作程序、现场基本处置方案等。

4）应急基干队伍人员技能培训应充分利用供电企业应急培训基地资源进行。初次技能培训每人每年不少于50个工作日，以后每年轮训应不少于20个工作日。基干分队人员科目培训合格由培训单位颁发证书，无合格证书者不能参加应急救援行动。每年除应按供电企业有关要求进行专业生产技能培训外，还应安排登山、游泳等专项训练和触电、溺水等紧急救护训练；掌握发电机、应急照明、应急通信、消防、灾害灾难救援、卫生急救、营地搭建、现场测绘、高处作业、野外生存等专业技能；熟练掌握所配车辆、舟艇、机具、绳索等的正确使用方法。技能培训应充分利用现有资源进行，各区域供电企业技能培训实训基地应配备应急队伍各种技能培训所需的训练和演习设施。

5）应急基干队伍人员每年进行一次测评，评估队员的年龄、体能、技能、专业分布等是否符合队伍结构的要求，并根据结果进行调整。每个队员服役时间不应少于3年。

6）为确保应急基干队伍“招之即来，来之能战，战之能胜”，应急基干队伍应按照上级应急办公室有关要求制定年度工作计划，重点做好技能培训、装备保养、预案编制和演练等工作。应急基干队伍应按可能承担的应急处置任务进行编制应急预案，贴近实战，滚动修编。预案内容应包括组织机构、技术方案、安全质量监督、后勤保障、信息报送等各个环节。根据现场救援工作程序和救援处置方案内容，每年至少组织两次演练或拉练，并组织评估、修订完善救援现场处置方案。

7）应急基干队伍日常值班可与本单位安全生产值班合并进行。应急事件发生后，应单独设立24h应急值班。

8）应急基干队伍参加培训、演练、拉练及应急救援等工作时，应着统一应急服装和标识，并随身携带个人身份信息卡。基干分队人员服装主色调为黄色，个人身份信息卡应记录姓名、年龄、单位、职务、过往病史、过敏药物、血型、单位联系方式等。应急基干队伍按季向上级应急管理部门报告队员动态，其中若有超过三分之一以上人员在外省或本单位设备管辖区域外进行施工作业时，应向区域供电企业安全应急办公室报告。

9）应急基干队伍负责人出本省或本单位设备管辖区域外工作的，应向区域供电企业安全应急办公室报告。

10）应急基干队伍接到应急处置命令，即应立即启动应急预案，并在2h内做好应急准备。应急准备包括：应急基干队伍成员集结待命、保持通信畅通、检查器材装备和后勤保障物资、做好应急处置前的一切准备工作。原则上，应急队伍从接到应急处置命令开始至首批人员到达应急处置现场的时间应不超过：200km以内，4h；200～500km，12h；500～1000km，24h。

11）应急基干队伍执行应急处置任务期间，按供电企业应急管理有关规定接受受援单位应急指挥机构领导和监督管理。实施应急处置任务时，应根据承担任务性质和现场外部环境特点，设立工程技术、安全质量监督、物资供应、信息报送、医疗卫生和后勤保障等机构，确保指挥畅通、运转有序、作业安全。

12）应急处置期间应始终保持通信畅通，为应急处置决策快速、准确地提供信息。常规通信无法覆盖的地区应开通步话机、小功率电台及卫星通信。

13）完成应急处置任务后，应急队伍应及时对应急处置工作进行全面总结和评估，并在15天内向上级有关部门报送工作总结。

14）各级供电企业安全应急办公室应定期对所辖应急基干队伍进行检查和考核，并召开队伍负责人会议，通报情况、布置工作、交流经验。

15）各单位应加大应急基干队伍建设资金投入，专款专用，及时添置和更新应急装备设施，确保技能培训、设备保养等工作的正常开展。

五、应急基干队伍人员职业能力要求

应急基干队伍职业能力要求是遵循“知识够用、能力必备”原则，结合应急救援实际工作需要，从工作域及工作要项分析入手，提炼形成的各相关专业职业行为能力标准，是供电企业开展应急基干队伍人员选拔和生产技能培训的企业工作标准，也是开发模块化培训教材和建立标准化培训课程体系的依据，同时，也可作为应急基干队伍人员资质考核的标准。

（一）输电线路检修专业

1. 基础知识

(1) 数学。熟悉集合与函数的概念，掌握三角函数与反三角函数的计算；掌握复数的基本概念及其计算；掌握幂函数、指数函数与对数函数的计算。

(2) 机械制图。熟悉与掌握制图基本知识与基本技能，掌握投影作图的方法；掌握常用机件的表示方法，能够对机械图样进行正确表达，具备机械图样识读的能力。

(3) 工程力学。熟悉静力学的基本概念，掌握力矩与平面力偶的基本概念，具备平面力系的计算能力；熟悉空间力系的基本概念，掌握平面任意力系的基本概念与计算，掌握拉伸和压缩、剪切和挤压，梁弯曲、组合变形、压杆稳定的基本概念及简单计算；掌握桁架力学的基本概念及其简单计算。

(4) 电工基础。了解电场的基本概念，掌握电路的基本概念和基本定律，能够进行一般直流电路计算；了解电容器的基本概念，了解磁场和电磁感应的基本概念，熟悉单相正弦交流电路的概念及计算，熟悉三相交流电路的概念及计算；熟悉非正弦周期交流电路的概念及简单计算，熟悉电路的过渡过程，熟悉磁路与交流铁芯线圈的概念。

(5) 电力安全工作规程。熟悉和掌握《电力安全工作规程（线路部分）》的全部内容。

2. 专业知识

(1) 电力网的基本构成及简单计算。熟悉电力系统和电力网的基本构成，能进行电力网的参数计算及电力网等值电路的表示。会进行电力网功率和电能损耗、电力网功率分布与电压的计算，会进行导线截面选择，熟悉电力系统过电压及其预防的知识。

(2) 输电线路导线受力分析与计算。熟悉架空输电线路的基本知识，了解和掌握气象条件对线路的影响；掌握导线（地线）弧垂、应力及线长计算，掌握导线振动与防振基本知识；熟悉地线最大使用应力的确定方法与过程，掌握地线支持力的概念与计算，掌握导线断线张力的概念与计算。

(3) 输电线路杆塔的结构型式与受力分析。熟悉输电线路杆塔的结构型式，熟悉输电线路杆塔几何尺寸的确定，能够进行杆塔的荷载分析与计算，能够进行杆塔受力分析与计算，能够进行杆塔基础受力分析与计算，能够进行输电线路的杆塔定位与校验。

(4) 特高压输电技术。了解电网从高压到特高压的发展过程，熟悉中国特高压骨干网架；了解电力系统基本概念和基本分析方法，熟悉特高压输电线路的参数及其输电特性，了解特高压直流输电的系统特性；了解特高压电网内部过电压及其限制措施、雷电过电压与保护、绝缘与绝缘配合概况。了解特高压架空输电线路的电晕及其对环境的影响、特高压输电工程的工频电场和磁场基本概念、特高压架空输电线路导线、金具与杆塔构成情况。

(5) 规程规范。掌握DL/T 741—2010《架空送电线路运行规程》，熟悉GB 50233—2005《110kV～500kV架空送电线路施工及验收规范》；熟悉DL/T 5092—1999《110kV～500kV架空送电线路设计技术规程》，掌握《架空输电线路管理规范》。

3. 相关知识

(1) 工程概预算基础。

1）了解工程概预算的基本概念，能够编制 10kV 及以下电气设备安装工程施工图预算。

2）了解现行电力工程概预算定额概念，熟悉输电线路安装工程预算编制要点，熟悉工程建设费用的构成，掌握输电线路工程建设预算费用的计算方法，能够参与编制和审核一般输电线路工程的概预算书。

（2）地理信息系统及雷电定位系统在线路中的应用。了解地理信息系统基本概念与作用，熟悉地理信息系统组成、主要功能及在线路中应用情况，熟悉雷电定位系统的组成、工作原理、检测站的选择及布置、使用方法，能够进行雷电定位系统的简单维护。

（3）带电作业基础。了解带电作业特点及发展史，掌握带电作业的原理和基本方法；熟悉带电作业安全技术，能进行带电作业工具材料的选用、试验、使用和保管。

4. 基本技能

（1）计算机应用基础。能够进行计算机一般应用操作，能进行简单文字处理；能够进行各类电子文档的处理，能够借助计算机上网查阅资料，能够进行文件、电子邮件的收发处理；能够进行一般线路工程 AutoCAD 作图，能够进行 PowerPoint 文件的编写。

（2）钳工基础。熟悉钳工基本知识，能够进行划线、锯削、錾削、锉削等简单的钳工操作；能够进行矫正和弯形，典型机构的装配与调整，钻削、铰削，攻螺纹与套螺纹等钳工的一般操作和工件加工的能力，掌握常用量具、工具的使用方法。

（3）起重搬运作业及起重工具。熟悉起重基础知识，熟悉起重索具与吊具，熟悉常用起重机械，掌握起重作业的基本操作方法，能够进行起重绳索的系结与插接；掌握起重与搬运工艺，掌握现场安全管理与起重安全技术；能够进行绳索的选择和安全使用，能够进行桩锚、滑车的应用计算，能够进行抱杆承载力验算，掌握使用中的安全技术，能够进行绞磨的强度验算，具备起重搬运作业的组织能力。

（4）工程图纸的识读与审核。具备工程图纸的识读能力，能够进行工程图纸审查、审核和技术交底。

（5）输电线路的测量。熟悉测量基本知识，能正确使用经纬仪，能够利用经纬仪进行距离、高度的测量，能够利用经纬仪进行杆塔基础操平找正和杆塔检查；能熟练地利用经纬仪进行输电线路的复测和基础分坑，能熟练地利用经纬仪进行导地线弧垂的观测和交叉跨越垂距的测量，熟悉全站仪及全球定位系统在线路测量中的应用。

（6）工作票的填写和使用。熟悉工作票制度要求，能够正确填写和使用工作票。

（7）安全工器具的使用及触电急救。能正确使用安全工器具，了解电气安全方面的基本知识；熟悉触电伤害的原理，能够正确进行现场急救。

5. 专业技能——线路施工

（1）基础施工。了解土壤的分类及性质，掌握开挖型基础施工方法，熟悉灌注桩基础施工方法，了解掏挖型基础施工方法；熟悉桩基础施工质量及检测、施工记录及资料移交，熟悉岩石基础施工方法、掌握岩石基础强度试验方法，了解岩石爆破法；掌握基础混凝土检验方法及标准。

（2）杆塔组立。了解杆塔常用组立方法，能够进行钢筋混凝土电杆整体组立，能够进行钢管杆的组立，能熟练地运用各种方法进行铁塔的组立，掌握杆塔验收项目及检查方法。

(3) 架线施工。熟悉导、地线压接前的准备工作，能够进行附件安装；能够正确展放导、地线和进行各种导、地线连接，能够进行一般紧线工作，能够进行光纤电缆的架设，掌握架线施工要求及工程验收方法；掌握张力架线施工技术，会进行弧垂观测、调整及挂线。

(4) 接地工程施工。了解接地装置的基本知识。能够进行接地装置布置敷设。熟悉降阻剂应用原理。能够正确进行接地电阻测量。

(5) 特殊施工方法及新工艺。能够进行带电跨越及大跨越导地线展放。熟悉倒装分解组塔施工工艺。了解直升机在架空输电线路施工中的应用。

6. 专业技能二——线路检修

(1) 输电线路检修及抢修。熟悉线路检修分类与检修周期，能够熟练进行线路各类检修工作；能够组织线路抢修，能够正确编写输电线路检修标准化作业指导书。

(2) 输电线路状态检修。熟悉和掌握线路运行检修的基本概念和专业术语，掌握线路设备状态检测的项目、周期；能够对线路巡视、检测、维护、检修的现状分析，掌握状态运行、检修的基本要求，正确地进行状态检测工作，掌握设备状态检修原则及部分项目状态检修方法。

7. 专业技能三——线路工程竣工检查与验收

(1) 杆塔工程的检查验收。熟悉和掌握线路杆塔工程的验收项目、标准及方法。能正确进行线路杆塔工程竣工验收检查工作。

(2) 导地线检查验收。熟悉和掌握线路导地线的验收项目、标准及方法，能正确进行线路导地线竣工验收检查工作。

(3) 基础及接地工程检查验收。熟悉和掌握线路基础和接地工程的验收项目、标准及方法，能正确进行线路基础和接地工程验收检查工作。

(4) 线路防护区检查验收。熟悉和掌握线路运行对防护区的要求，能正确进行线路防护区的验收检查工作。

(5) 工程验收评级方法及图纸资料交接。能够参与和组织线路工启动验收工作，掌握线路工评级的标准，对线路工程进行评级。

8. 相关技能

(1) 实用电工技术。熟悉常用低压电器的结构原理及作用，能够进行常用电气测量，熟悉常用高压电器的结构原理及作用。

(2) 班组管理。熟悉班组基础管理工作，熟悉班组安全管理工作，熟悉班组生产管理工作，熟悉班组质量管理工作熟悉班组技术管理工作，熟悉组织培训管理工作。

(3) 输电线路生产管理及信息系统应用。熟悉输电线路生产管理及信息系统基本构成，能够进行输电线路生产管理及信息系统中的基础台账、线路综合管理、测试记录基本操作；能够进行输电线路生产地理及信息系统中的缺陷管运行管理、检修管理、安全管理、参数维护、统计报表的操作。

(4) 新知识、新工艺、新技术的应用。能够正确应用新知识、新技术、新工艺；能够对技术革新、新工艺应用进行总结概括，具备一定的创新能力。

9. 职业素养

(1) 法律法规。熟悉《中华人民共和国安全生产法》相关内容。熟悉《中华人民共和国电力法》相关内容。熟悉《中华人民共和国劳动法》相关内容，熟悉《中华人民共和国环境保护法》相关内容，熟悉《电力设施保护条例》内容；掌握《电力生产事故调查规程》、《十八项电网重大反事故措施》的相关内容。

(2) 职业道德。掌握职业道德、职业道德基础行为规范、职业道德外在形象规范的内容，掌握供电企业职业道德相关岗位行为规范的内容，掌握供电员工职业道德规范的内容。

(3) 企业文化。掌握企业文化的一般概念、内容和功能，准确把握供电企业文化的内涵。

(4) 沟通协调与团队建设。掌握沟通的概念、常用沟通方法及如何进行有效的沟通。掌握团队的定义、种类、作用和团队建设的原则，了解团队的各类角色及团队发展的各个阶段；了解团队合作及彼此信任对团队建设的意义，掌握协调解决冲突的方法、步骤和技巧；具备较高的沟通与协调能力，掌握解决团队建设中出现的矛盾及冲突的方法、能根据团队的特点创建高绩效团队。

(5) 电力应用文。了解电力应用文写作基本概念，能够进行一般行政公文的写作；能够进行规章制度类应用文写作，能够进行事务文书写作，能够进行宣传报道应用文写作；能够撰写一般电力专业技术论文，能够撰写一般经济活动应用文。

(6) 技能培训和传授技艺。能对其他应急基干队伍人员进行现场培训、指导，具有较强的传授技艺技能和能力，能组织开展本专业人员技能培训、岗位练兵。

(二) 输电电缆专业

1. 基础知识

(1) 电工基础。掌握直流电路、交流电路、电磁场及电压、电流概念；掌握电阻串联、并联、混联电路的计算，熟悉单项正弦交流电路、三相正弦交流电路；了解电场和磁场的原理分析及基本计算，了解非正弦交流电路。

(2) 电子技术。掌握二极管整流电路及整流的滤波电路基础知识，了解脉冲电路和数字电路的基本概念。

(3) 电力系统。了解电力系统的基本概念，了解电力线路一般参数要求，了解电力系统无功补偿、功率因数等相关基础知识。

(4) 电力工程力学。熟悉简单的力系理论，掌握简单的力系分析和计算。

(5) 机械制图。掌握机械制图的基本知识，能绘制简单的平面图；能够绘制简单零件的三视图、能够识读机械装配图。

(6) 电力安全工作规程。熟悉和掌握《电力安全工作规程（线路部分）》的全部内容。

2. 专业知识

(1) 电力电缆。了解电力电缆的种类、结构和特点；熟悉电力电缆的绝缘特性，电缆线路的输送容量等影响因素；掌握电缆线路主要电气参数理论知识、主要电气参数的理论计算、护层过电压理论及保护措施。

(2) 电力电缆附件。掌握110kV及以上电缆附件的基本特性、种类及其安装工艺。

(3) 电缆的运行维护。掌握电缆运行维护的基本知识。

(4) 高电压技术。了解电波的基础知识，避雷设备的基本原理，了解过电压的种类和基本原理；了解电介质相关知识，气体放电的过程和原理，了解电介质击穿原理和特性。

(5) 电气设备及运行维护。掌握电力系统电气设备概述和保护接地的概念，掌握电力系统中性点运行方式，掌握电气主接线接线方式和特点。

3. 相关知识

(1) 电气试验能够使用常用试验装置。能够进行直流及交流耐压试验、避雷器试验；能够分析各种试验数据，判断设备状况。

(2) 电缆构筑物。掌握电缆构筑物的基础知识，能够熟练地读取图纸，了解混凝土配比和配筋的知识、构筑物验收的知识和电缆使用管材的知识。

4. 基本技能

(1) 识、绘图能够读懂电缆结构图。能够读懂较简单的电气图、电缆附件安装图，能够绘制电缆竣工图。

(2) 电工仪表与测量。能够正确使用一般电气仪表，掌握电气仪表的工作原理和保养方法。

(3) 电缆附件安装的基本操作。掌握电缆安装基本操作及杆塔上作业相关工作。

(4) 钳工基础。掌握钳工一般操作方法，能进行锯、锉、錾削等工作，能够使用常用的电动工具。

(5) 施工方案及标准化作业指导书编制。能够编制标准化作业指导书，能根据工程项目准确编写施工方案。

(6) 安全用具的使用及触电急救。熟练掌握触电急救的方法和组织抢救的实施步骤，能够正确选用各种安全工器具，熟知其试验周期。

5. 专业技能一——电缆敷设前期准备及施工

(1) 电缆及附件的运输和储存。掌握电缆的运输及储存的要求和方法。

(2) 电缆及附件的验收。掌握不同类型电缆及附件验收的要求。

(3) 电缆敷设方式及要求。掌握电缆的敷设方式及要求，掌握电缆敷设后的试验及端头处理；掌握电力电缆各种敷设方式的固定、电缆热机械应力效应原理；熟悉水底电缆和特殊环境、特殊要求敷设的规定和技术要求，并能结合现场实际情况选择适当的电缆敷设方法。

(4) 敷设工机具和设备的使用。能够正确使用机械及人力敷设的各类施工工具，掌握其保养维修要求。

6. 专业技能二——电力电缆终端制作

(1) 110kV (66kV) 电缆各种类型终端制作。能够完成110kV (66kV) 电力电缆各种类型终端制作。

(2) 220kV及以上电缆各种类型终端制作。掌握220kV及以上电缆各种类型终端制作程序及工艺。

7. 专业技能三——电力电缆中间接头制作

(1) 110kV (66kV) 电缆各种类型接头制作。能够完成110kV (66kV) 电力电缆各种类型中间接头制作。

(2) 220kV及以上电缆各种类型接头制作。掌握220kV及以上电缆各种类型接头制作程序及工艺。

8. 专业技能四——电缆辅助系统制作

(1) 接地系统安装。掌握接地箱及换位系统的安装。

(2) 充油电缆供油系统安装及测试。掌握供油系统的安装掌握真空注油工艺掌握漏油点测寻。

9. 专业技能五——电缆试验及故障处理

(1) 电缆交接、预防性试验。了解电缆交接、预防性试验的内容，掌握试验方法。

(2) 电缆故障测寻及处理。了解故障电缆检修方法和要求，了解电缆线路常见故障及特点，掌握电缆故障的测寻方法。

(3) 接地系统试验。接地电阻和金属护层环流、感应电压的测试。

(4) 电缆线路参数试验。掌握电缆线路参数试验的方法和要求。

(5) 油务试验掌握现场取样的方法。掌握油品试验方法及标准。

(6) 电缆护层试验。掌握电缆护层试验的标准和方法。

10. 专业技能六——电缆设备运行维护

(1) 工程竣工验收及资料管理。能够根据图纸要求，对电缆工程进行质量监督与现场验收；能够组织对电缆构筑物、施工和电气安装工程的验收，并能对存在的问题提出整改意见。

(2) 电缆设备巡视。熟悉运行设备，能发现较明显的设备缺陷，掌握和运用红外测温设备。

(3) 设备运行分析及缺陷管理。了解缺陷管理相关制度，能够对缺陷正确分类，组织一般缺陷处理。

11. 相关技能

(1) 班组管理。能做好班组的基础管理与安全管理工作，能做好班组的质量管理和技术管理工作，能组织班组开展生产管理和培训管理工作。

(2) 起重搬运。了解起重搬运一般知识，能掌握绳结的操作方法；掌握一定的起重知识和组织，具备指挥起重搬运的能力。

(3) 计算机基础。能够进行Windows系统、Office系列中Word、Excel办公软件的基本操作；能够进行多媒体应用、办公自动化软件的操作。

(4) 避雷器安装。掌握避雷器的安装方法和要求。

(5) 电缆与相关设备的连接。掌握电缆与相关电气设备的连接方法和要求。

12. 职业素养

(1) 法律法规。了解和遵守相关法律、法规。

(2) 职业道德。熟悉职业道德的基本要求，掌握企业员工的职业道德和岗位行为规范，具备良好的职业道德形象，树立爱岗敬业的思想，注重维护企业形象。

（3）企业文化。掌握企业文化的一般概念、内容和功能，准确把握供电企业文化的内涵。

（4）沟通协调与团队建设。熟悉沟通的概念及技巧，掌握团队的定义、种类、作用和团队建设的原则，了解团队的各类角色及团队发展的各个阶段；熟悉协调的概念及技巧，了解团队合作及彼此信任对团队建设的意义，了解团队建设常见的四类问题，掌握有效合作的前提、彼此信任的内涵和团队内部协调；掌握冲突的概念及解决技巧，掌握团队的特点、建立高绩效团队的条件和企业领导应采取的正确做法，建设高绩效的团队。

（5）电力应用文。能编写工作计划和工作总结。

（6）技能培训和传授技艺。能对其他应急基干队伍人员进行现场培训、指导，具有较强的传授技艺的技能和能力，能组织开展本专业人员技能培训、岗位练兵。

（三）输电线路带电作业

1. 基础知识

（1）数学。掌握函数与反函数的概念，掌握任意角三角函数的计算；掌握直线方程的应用，了解曲线方程的概念。

（2）机械制图。掌握机械制图基本知识与基本技能，掌握三视图的应用；掌握零件图的识读，掌握标准件和常用件的识读。

（3）电工基础。掌握直流电路的基本计算，掌握正弦交流电路的基本概念，熟悉电磁感应的基本知识，掌握三相交流电路的基本计算。

（4）工程力学。掌握静力学的基本知识，熟悉平面汇交力系的概念；掌握力矩与力偶的概念与计算，熟悉平面任意力系的概念；熟悉平面桁架力学，熟悉材料力学的基本知识。

（5）电力安全工作规程及防护。掌握《电力安全工作规程（线路部分）》的规定。

2. 专业知识

（1）绝缘材料及金属材料基础。掌握绝缘材料的要求、分类及性能，掌握金属材料分类及性能。

（2）电力系统。掌握电力系统的基本知识，掌握中性点接地方式的种类和应用。

（3）高电压技术。熟悉过电压分类及其原理，熟悉介质的击穿特性；掌握绝缘配合原理。熟悉线路防雷保护原理；掌握内过电压特性。

（4）线路组成及受力分析计算。熟悉输电线路基本知识，掌握导、地线弧垂计算，掌握导线振动与防振基本知识，掌握杆塔荷载分析与计算，熟悉杆塔基础受力分析与计算，掌握导地线荷载分析与计算。

（5）带电作业基础。熟悉带电作业的基本原理及其分类，掌握带电作业安全常识；掌握带电作业安全技术，掌握带电作业安全防护知识。

（6）特高压输电。了解特高压输电知识。

3. 相关知识

（1）钳工基础。掌握锯削、锉削的钳工基本操作；掌握矫正、弯形的钳工基本操作；了解螺纹联接、键联接、销联接的拆装。

(2) 继电保护了解自动重合闸基本知识。

(3) 计算机应用掌握计算机简单操作。熟练各类计算机软件的使用，熟练使用计算机上网查阅资料。

(4) 带电作业技术标准。熟悉带电作业技术标准。

(5) 带电作业工器具试验。了解带电作业工器具的试验方法。

4. 基本技能

(1) 施工、安装图识读。能识读线路路径图和杆型图，能识读线路平、断面图、相序图、系统图，能识读线路杆塔结构和金具安装图。

(2) 测量仪器仪表的使用、维护。能正确使用和保管电气测量仪器仪表。

(3) 起重搬运。能熟练使用各种绳结，能熟练使用滑轮与滑轮组等常用起重工具；掌握抱杆等常用起重机械的使用，能正确选择起重机械、起重方法并组织指挥起重搬运工作。

(4) 带电作业工器具的使用、运输和保管。能正确使用、运输和保管各类带电作业工器具，能正确进行带电工器具的库房管理。

(5) 现场标准化作业流程。能正确进行作业前的各种例行检查。

5. 专业技能一——基础带电作业

(1) 绝缘子带电检测。能进行带电检测绝缘子作业，能组织指挥带电检测绝缘子作业，能编写带电检测绝缘子标准化作业指导书。

(2) 110kV 直线绝缘子更换。能进行更换 110kV 直线绝缘子作业，能组织指挥更换 110kV 直线绝缘子作业，能编写更换 110kV 直线绝缘子标准化作业指导书。

(3) 110kV 整串耐张绝缘子更换。能进行更换 110kV 耐张绝缘子作业，能组织指挥 110kV 耐张绝缘子作业，能编写更换 110kV 整串耐张绝缘子标准化作业指导书。

(4) 进出电场操作方法。能进行等电位工具的选择验算、冲击试验、安装及进出电场各种方法的操作。

6. 专业技能二——常规带电作业

(1) 导线带电修补。能进行带电修补导线作业，能编写带电修补导线标准化作业指导书，能组织指挥带电修补导线作业。

(2) 防护金具带电更换。能进行带电更换防护金具作业，能编写带电更换防护金具标准化作业指导书，能组织指挥带电更换防护金具作业。

(3) 导线连接点过热带电处理。能进行导线连接点过热的带电处理，能编写导线连接点过热的带电处理标准化作业指导书，能组织指挥导线连接点过热的带电处理作业。

(4) 220kV 直线绝缘子更换。能进行更换 220kV 直线绝缘子作业，能编写更换 220kV 直线绝缘子标准化作业指导书，能组织指挥更换 220kV 直线绝缘子作业。

(5) 330kV 及以上直线绝缘子更换。能进行更换 330kV 及以上直线绝缘子作业，能编写更换 330kV 及以上直线绝缘子标准化作业指导书，能组织指挥更换 330kV 及以上直线绝缘子作业。

(6) 220kV 整串耐张绝缘子更换。能进行更换 220kV 整串耐张绝缘子作业，能编写更换 220kV 整串耐张绝缘子标准化作业指导书，能组织指挥更换 220kV 整串耐张绝缘子作业。

(7) 330kV 及以上单片耐张绝缘子更换。能进行更换 330kV 及以上单片耐张绝缘子作业，能编写更换 330kV 及以上单片耐张绝缘子标准化作业指导书，能组织指挥更换 330kV 及以上单片耐张绝缘子作业。

(8) 110kV 空载线路引线带电断、接。能进行断、接 110kV 空载线路引线作业，能编写断、接 110kV 空载线路引线标准化作业指导书，能组织指挥断、接 110kV 空载线路引线作业。

(9) 组织指挥带电作业。能组织指挥基础带电作业项目，能组织、指挥、分析复杂或特殊带电作业项目，编写各种带电作业项目指导书。

(10) 特殊带电作业项目。能掌握带电调弧垂、杆塔升迁换等特殊项目作业的方法。

7. 相关技能

(1) 输电线路元件的运行、检修要求。能掌握输电线路运行、检修标准，判别各元件的运行状况。

(2) 班组管理。能结合带电生产需要进行班组基础、安全、技术、生产、质量管理。

(3) 新技术、新工艺、新知识的应用。能应用新技术、新工艺；能组织开发、总结和培训新技术、新工艺。

(4) 电力安全生产及防护。能正确使用安全工器具，掌握触电伤害与现场急救，能正确填写电力线路带电作业工作票。

8. 职业素养

(1) 法律法规了解相关法律法规。

(2) 职业道德。熟悉职业道德的基本要求，掌握供电企业员工的职业道德和岗位行为规范；具备良好的职业道德形象，树立爱岗敬业的思想，注重维护企业形象。

(3) 企业文化。掌握企业文化的一般概念、内容和功能，准确把握供电企业文化的内涵。

(4) 沟通协调与团队建设。掌握团队合作与信任的意义，掌握团队建设的方法，掌握沟通协调能力，掌握协调解决冲突的能力。

(5) 电力应用文熟悉应用文写作。熟悉规章制度和工作计划、总结的编写；掌握有关技术专题、论文编写。

(6) 技能培训和传授技艺。能对其他应急基干队伍人员进行现场培训、指导，具有较强的传授技艺的技能和能力，能组织开展本专业人员技能培训、岗位练兵。

(四) 变电检修专业

1. 基础知识

(1) 电工基础。掌握电场、电路的基本概念和基本定律；能进行直流电路、磁场与电磁感应、交流电路的简单运算；能进行直流复杂电路的计算、正弦交流电路计算及谐振电路分析；能进行非正弦电流电路、磁路定律、电路的过渡过程分析计算。

(2) 电子技术。了解常用半导体器件、交流和直流放大电路、整流电路知识；了解运算放大器的原理与应用知识、正弦波振荡器的基本原理和数字电路基础知识。

(3) 电力工程力学。掌握静力学基础、力矩与平面力偶知识；掌握平面力系、空间力系、重心的受力分析及计算；掌握拉伸、压缩、圆轴扭转、弯曲、组合变形、压杆稳定等理论及其强度计算，能分析较复杂电气设备受力图并计算其大小。

(4) 机械制图。掌握机械制图的基本知识，能绘制简单机械零件的平面图和三视图；能绘制组合体的三视图、轴测图和剖视图，能识读机械装配图并能绘制常用零件图。

(5) 机械基础。熟悉机械基础知识，能识别公差与配合的标注、形位公差的标注、表面粗糙度的标注，会使用机械常用量具；熟悉常用金属材料的牌号、性能和选用原则。了解钢铁的热处理知识和机械传动的基本原理。

(6) 电工常用材料。掌握电工常用材料的性能和用途。

(7) 电力安全工作规程。熟悉和掌握《电力安全工作规程（线路部分）》的全部内容。

2. 专业知识

(1) 电机学。掌握变压器的结构、基本工作原理和铭牌数据；掌握电力变压器的参数、接线组别，了解异步电动机的结构原理及一般故障处理的知识；掌握变压器的并列运行条件、使用维护及一般故障处理，了解同步发电机的基本工作原理、结构以及电枢反应等知识。

(2) 电力系统分析。掌握电力网、电力系统的基本概念；能进行发电机、变压器、线路和负荷的参数求取，能绘制等值电路，了解标么制，能进行电力系统等值电路计算；了解电力网电压、功率分布的计算方法，了解电力系统的无功功率与电压、有功功率与频率的调整，以及电力系统的经济运行。

(3) 高电压技术。了解电介质、气体放电与击穿特性，了解雷电放电过程和防雷知识；掌握固体、液体介质和组合绝缘的击穿特性，掌握电波过程及防雷措施原理，了解常用绝缘材料的规格与性能，掌握电力系统过电压和绝缘配合的原理。

(4) 电气设备及运行维护。了解电气设备的主要参数，熟悉开关电器中电弧的产生和熄灭的方法，掌握高压配电设备的结构及工作原理；掌握电力系统中性点的运行方式，掌握电气主接线的基本形式，掌握户内、外配电装置的结构原理和接地装置的要求；了解电力系统短路计算的基本概念，掌握电气设备选择的基本方法和要求，掌握变压器的运行、维护知识。

(5) 高压断路器设备原理。了解断路器基本知识，掌握真空断路器和隔离开关及其操动机构的基本原理；掌握高压 SF_6 断路器的结构原理，掌握各种断路器操动机构的基本原理；掌握高压断路器的基础理论，掌握 SF_6 组合电器的结构原理和运行维护要求。

(6) 二次回路。掌握变电站二次回路的基本原理和二次回路图的识读方法，了解变电站操作电源回路的原理；掌握高压断路器和高压断路器柜二次回路的工作原理，熟悉各种高压变配电装置二次回路的工作原理。

(7) 特高压电网。了解我国发展特高压电网的意义、主要特性和关键技术问题。

(8) 变电设备的状态检修。熟悉变电设备状态检修的模式，能从事变电设备的状态检修管理工作。

3. 相关知识

(1) 电力系统继电保护。了解电网电流保护的基本原理，了解电力变压器继电保护的基本原理，了解重合闸装置和备用电源自动投入装置的原理。

(2) 电气设备倒闸操作。熟悉电气设备倒闸操作的内容、一般程序以及设备倒闸操作的安全技术要求。

(3) 电气试验。掌握电气试验的项目、意义和基本方法，熟悉绝缘油的试验项目和分析判断方法，会测量相位、相序、接地电阻和土壤电阻率，了解绝缘安全用具、母线、消谐器的试验项目和要求；掌握变压器绝缘常规试验、断路器回路直流电阻和机械特性试验、GIS试验及其他电气设备试验的项目、标准和方法，熟悉局部放电的特性、原理和试验方法，掌握电气设备在线监测的重要性和基本原理，会分析电气试验记录和报告。

4. 基本技能

(1) 钳工工艺及变电设备附件制作技能。了解钳工基础知识，具备一般操作技能，会使用常用量具和工机具，能够进行简单零部件的加工；熟练掌握钳工基本操作技能，能够加工变电检修专用工具。

(2) 常用测量仪器、仪表使用与维护。掌握电工仪表知识，能正确使用、维护常用电气仪表；掌握绝缘电阻表、接地电阻测量仪、电桥的原理和使用方法，能正确使用和维护变电检修试验仪器、仪表。

(3) 工程起重、搬运技能。了解起重搬运工具和绳扣、绳索的常识，能够正确使用一般的起重设备和工具；能按负载正确选用各种起重、搬运专用工具和设备，能胜任起重搬运的指挥工作。

(4) 电气识、绘图。掌握基本的电气识图和绘图能力，熟悉各种电气设备、元器件的图形符号，能识读设备的原理图、展开图、安装图、接线图与接线表、功能标图以及系统图和主接线图等。

(5) 电气施工安装图的识绘。能识读一般变电设备的施工安装图，能识读开关电器及其操动机构的施工安装图，能绘制一般变电设备机械零件的加工草图和检修施工草图；熟练掌握操动机构的机械图、油路图、电路图，能识绘较复杂变电设备的施工安装图。

(6) 施工方案及标准化作业指导书的编制。能根据工程项目准确编写施工方案，能根据工程施工方案准确编写标准化作业指导书。

(7) 检修、调试报告编制。能规范填写检修报告，能正确分析检修报告并做出正确结论，能编制检修报告，能审核试验、检修报告并做出正确的分析结论。

(8) 工作票的正确填写和使用。了解工作票的相关要求，了解工作票上的安全技术措施要求；能审核工作票，并能按照工作票上的安全技术措施要求正确组织实施电气作业。

(9) 安全用具的使用及紧急救护。掌握触电急救方法和实施抢救的步骤，能正确使用安全用具。

(10) 计算机操作。能进行 Windows 系统、Office 系列办公软件的基本操作；熟悉计算机信息安全的概念和应用技术，能进行多媒体应用和办公自动化管理软件的操作。

5. 专业技能一——变电设备更新

(1) 断路器更新。能进行断路器的更新安装工作并进行机械特性测试、调整合格，满足验收规范要求。

(2) 隔离开关更新。能进行35kV及以下隔离开关的更新安装工作并整体调试合格，满足验收规范要求；能进行66kV及以上隔离开关的更新安装工作并整体调试合格，满足验收规范要求。

(3) 其他高压电器更新。能进行互感器、电抗器、避雷器、电力电容器、耦合电容器的更新安装工作并试验合格，满足验收规范要求。

(4) 母线、接地装置更新。能进行母线、接地装置的更新安装工作并符合工艺要求，满足验收规范要求。

(5) 高压断路器柜更新。能进行高压断路器柜的更新安装工作并整体调试合格，满足验收规范要求。

6. 专业技能二——变电设备检修

(1) 断路器检修。能从事35kV及以下断路器灭弧室及其传动系统的拆装、修理工作，能拆装其操动机构并能对断路器进行调试；能检修110kV及以上油断路器和SF_6断路器及其操动机构，熟悉其检修项目和工艺要求。能调试断路器的机械特性。能进行SF_6气体充装和回收，更换吸附剂，能解决断路器及其操动机构检修中的疑难问题。

(2) 高压断路器柜、组合电器检修。能进行高压断路器柜的检修、调整和试验，能根据图纸检查断路器柜的控制回路。

能组织进行组合电器的检修，能解决高压断路器柜和组合电器的检修工作中出现的疑难问题。

(3) 隔离开关检修。能进行35kV及以下隔离开关及其操动机构的检修工作，能进行拆卸、修理、组装和调试工作；能进行66kV及以上隔离开关及操动机构的检修工作，能进行拆卸、修理、组装、调整和测试；能组织对进口隔离开关及操动机构的检修、调试，能解决隔离开关的疑难问题。

(4) 其他高压电器的检修。能进行互感器、电抗器、避雷器、电力电容器、耦合电容器的一般检修工作。

(5) 母线、接地装置检修。能掌握母线、接地装置的检修工艺要求，能熟练进行母线及金具、接地装置等选型以及防腐、防蚀工作。

7. 专业技能三——变电设备维护

(1) 断路器的日常运行维护。能进行35kV及以下断路器及其操动机构的日常运行维护工作，能进行SF_6断路器及操动机构的周期性维护工作并符合技术要求。

(2) 高压断路器柜、组合电器的日常运行维护。能参与高压断路器柜、组合电器日常运行维护工作；能对高压断路器柜、组合电器进行日常维护工作，能处理防误闭锁装置的缺陷。

(3) 隔离开关的日常运行维护。能对隔离开关及其操动机构进行日常运行维护。

(4) 其他高压电器的日常维护。能进行互感器、电抗器、避雷器、电力电容器、耦合电容器的日常维护工作。

(5) 母线、接地装置日常运行维护。能进行母线、接地装置的日常运行维护。

8. 专业技能四——变电设备故障处理

(1) 断路器故障处理。能进行真空断路器及其操动机构的故障处理，能进行 SF_6 断路器的检漏，分析漏点情况并加以处理，能从事 SF_6 断路器微量超标的处理，能正确处理 SF_6 断路器及其操动机构复杂故障。

(2) 高压断路器柜、组合电器故障处理。能进行高压断路器柜的故障处理，能进行组合电器的故障处理。

(3) 隔离开关故障处理。能熟练处理隔离开关及操动机构和闭锁装置的故障。

(4) 其他变电设备故障处理。能进行“五小器”的常见故障处理，能对变压器的一般故障进行处理。

(5) 变电设备事故处理的防护措施。掌握变电设备事故处理的防护措施和要求。

9. 相关技能

(1) 班组管理。能做好班组基础管理、安全管理工作，能组织做好班组技术管理、质量管理工作，能组织班组开展生产管理和培训管理工作。

(2) 电气设备质量管理。能做好电气设备质量管理工作，能进行设备的修前和修后的质量评估工作，能对运行设备状态进行动态管理。

(3) 生产管理及信息系统应用。能建立班组生产、工作计划，建立技术台账，能进行班组技术监督工作，能将生产管理信息系统应用到电力检修工作中。

(4) 新知识、新技术、新工艺的应用。能正确推广应用新知识、新技术、新工艺，具有创新能力。

10. 职业素养

(1) 法律法规。掌握《中华人民共和国电力法》、《中华人民共和国安全生产法》和《中华人民共和国劳动法》等常用法律法规，能促进电力安全生产，维护企业和劳动者自身的利益。

(2) 职业道德。熟悉职业道德的基本要求，掌握供电企业员工的职业道德和岗位行为规范，具备良好的职业道德形象，树立爱岗敬业的思想，注重维护企业形象。

(3) 企业文化。掌握企业文化的一般概念、内容和功能，准确把握供电企业文化的内涵。

(4) 沟通协调与团队建设。熟悉沟通的概念及技巧，掌握团队的定义、种类、作用和团队建设的原则，了解团队的各类角色及团队发展的各个阶段；熟悉协调的概念及技巧，了解团队合作及彼此信任对团队建设的意义，了解团队建设常见的四类问题，掌握有效合作的前提、彼此信任的内涵和团队内部协调；掌握冲突的概念及解决技巧，掌握团队的特点、建立高绩效团队的条件和企业领导应采取的正确做法，建设高绩效的团队。

(5) 电力应用文写作。掌握常见报告、请示、会议记录的编写技能，掌握计划、总结等的写作基本知识；熟悉宣传报道应用文的写作方法掌握电力生产管理应用文的写作方法，掌握规章制度类应用文的写作方法，能撰写电力专业技术论文。

（6）技能培训和传授技艺。能对其他应急基干队伍人员进行现场培训、指导，具有较强的传授技艺的技能和能力，能组织开展本专业人员技能培训、岗位练兵。

（五）变压器检修专业

1. 基础知识

（1）电工基础。熟悉电路模型和电路定律，掌握直流电路串、并、混联计算，掌握简单磁路的分析方法，掌握单相交流电路、三相交流电路基本概念和简单计算；掌握直流、交流电路的复杂计算，了解非正弦周期信号的概念和产生的原因，了解线性电路的过渡过程，会应用磁路定律分析复杂磁路。

（2）机械制图。掌握制图基本知识，掌握投影作图，掌握机件的常用表达方法，掌握零件图的识读；熟悉装配图的基本概念、尺寸标注及其基本画法，熟悉装配体部件的测绘方法，掌握装配图的识、绘。

（3）电力工程力学。掌握力的概念，了解物体的受力分析，熟悉重心的概念，能够分析变电设备在安装和使用过程中的受力情况；了解力矩和力偶的概念以及平面力偶系的合成与平衡的条件，熟悉力的合成、分解、力系平衡等概念，能使用受力分析及其平衡计算解决生产实际中的问题；了解物体受力特点和变形特点，了解弯曲变形的受力特点，熟悉提高梁强度的措施。

（4）电力安全工作相关规程。熟悉和掌握《电力安全工作规程（线路部分）》的全部内容。

2. 专业知识

（1）电气设备及运行维护。了解电力系统中性点运行方式，掌握短路的一般概念，掌握电弧的基本知识，熟悉变电站中接地装置的敷设和要求；了解电力系统短路电流的计算及危害，掌握电力系统标么值的概念，正确理解短路电流的各种分量，了解合理选择电气设备的一般原则，掌握变压器异常运行与分析；熟悉组合电器的基本知识，了解组合电器的运行及常见异常与故障的处理。

（2）电力系统。熟悉电力系统接线方式，掌握电力系统电压等级分类，了解电力生产特点和对电力系统运行的基本要求；了解变压器参数及其参数求取，掌握等值电路及其绘制方法，了解限制短路电流的措施；了解无功补偿设备，掌握选择使用补偿设备的方法，了解电力系统的稳定分析，了解无功补偿设备，熟悉常用提高电力系统稳定性的措施。

（3）高电压技术。了解电介质理论知识，了解常用介质的总体绝缘性能；了解雷电放电过程，熟悉变压器的防雷措施，了解变电站过电压保护基本概况；了解电波的理论及波在绕组中的传播，掌握变压器绕组绝缘的内部保护措施，掌握绝缘配合的概念，了解绝缘配合的基本原则，了解电气设备试验电压的确定。

（4）电机学。掌握变压器的工作原理、结构，掌握变压器的基本理论与运行，了解异步电动机原理、结构、运行状态，掌握单相变压器的负载运行；掌握变压器并列运行条件，掌握三相变压器的不对称运行，了解特种变压器种类；掌握变压器的运行分析，掌握异步电动机的常见故障及处理方法。

（5）特高压输电。懂得我国发展特高压电网的意义，了解特高压电网的主要特性和关键技术问题。

(6) 变压器检修基础知识。熟悉和掌握变压器及其部件的作用和基本构造，掌握变压器的基本参数，掌握变压器主要标志的意义和判断方法，掌握配电变压器绕组修复的计算方法。

3. 相关知识

(1) 继电保护及自动装置。了解继电保护的基本知识，掌握风冷系统的控制原理，了解变压器瓦斯保护的动作原理、熟悉非电量保护在主变保护中的作用；了解差动、接地和过电流保护原理以及变压器故障时继电保护的动作情况，熟悉变压器类设备的控制信号装置及操作回路；能识读变压器保护图，了解变压器保护配置的整体概念。

(2) 变压器油知识。掌握变压器油的性能及技术要求，掌握变压器油的老化及防治措施。掌握变压器油的处理，掌握变压器油性能超标的处理方法，掌握变压器油的色谱分析。

(3) 变压器类电气试验基本知识。了解变压器类设备试验的基本知识，掌握变压器类设备常规试验的项目和判断标准，掌握变压器类设备交接试验的项目和判断标准。

4. 基本技能

(1) 起重搬运。掌握起重搬运的一般技能，会选择使用绳索绑扎、起吊各种设备和部件，会使用一般起重专用工具和设备。熟悉起重搬运工作的安全要求；能排除使用中的一般故障，能担任起重和搬运的指挥工作，能及时掌握起重和搬运的新技术、新方法。

(2) 电工仪表与测量。了解电工测量的基本知识，掌握常用电工仪表分类、原理与正确使用。

(3) 电气识、绘图。掌握电气设备有关图纸的标注方法，正确识读电路图和简化电路图，熟悉各种电气设备的代表符号和继电器的符号，掌握一次电气主接线图。

(4) 钳工基础。熟练操作钳工常用设备，掌握划线、锯割、錾削、挫削、钻孔、攻丝和套丝、铆接、刮削的工具和方法；掌握常用量具和量仪、手动工器具、电动工器具使用和维护技能，能指导本专业初、中级工操作。

(5) 工程概预算基本知识。掌握建设项目投资与建设预算的一般定义、概念和作用，了解变压器工程部分费用的组成及其工程概算编制的原则和工作步骤，了解现行电力工程概预算的定额体系及其取费标准。

(6) 安全用具的使用和触电急救。掌握常用防护用具的性能及适用范围和试验周期，掌握触电急救的方法和实施组织抢救的步骤，正确选用各种安全用具，熟知其试验周期及试验要求。

(7) 工作票的正确填写和使用。掌握工作票的相关要求，熟练填写工作票，能够审核工作票。

(8) 计算机基础。了解计算机基本知识，了解计算机硬件系统、软件系统基本组成，掌握计算机的基本操作技巧，掌握收发邮件的方法；了解计算机网络各部分组成，掌握构成计算机网络的各种硬件连接形式，了解 Internet 的接入方式和获取信息方法，掌握 IE 浏览器的参数设定和使用；掌握计算机信息安全，了解信息安全面临威胁，熟悉防火墙技术的应用，熟悉计算机病毒防范的方法。

5. 专业技能一——变压器维护、检修、安装技能

(1) 变压器的检查及维护。掌握变压器检修维护周期、项目及内容和质量标准。掌握变压器例行检查与处理项目，掌握变压器定期检查与处理项目，掌握变压器异常检查与处理项目。

(2) 变压器的小修。掌握变压器小修周期、项目及内容和质量标准，掌握各组件的检查及更换工艺，掌握解决小修工艺中的疑难问题的方法。

(3) 变压器的大修。掌握变压器大修周期、内容和质量要求，掌握变压器大修现场滤油的方法，掌握变压器真空处理的过程控制和真空注油的要求；掌握变压器现场大修的工艺流程及要求，掌握变压器油箱及各组部件的检修。

(4) 变压器的现场安装。掌握变压器安装前的检查项目，掌握变压器的现场安装工作内容和质量标准，掌握变压器现场安装真空注油的要求。

(5) 无励磁分接开关的检修。掌握无励磁分接开关的类型、调压方式；掌握常用无励磁分接开关的结构、技术要求、检修项目和质量标准；掌握无励磁分接开关的故障处理方法，掌握配电变压器无励磁分接开关的更换。

(6) 有载分接开关的检修。掌握常见有载分接开关的类型、有载开关的工作原理、有载开关的控制原理及检修的周期和项目；掌握常用有载开关的检修项目和检修质量标准，熟悉有载分接开关的试验项目和技术质量要求，了解有载分接开关在线滤油原理和装置；掌握有载开关的过渡电路分析，掌握正确处理有载开关的各种故障，编制开关解体检查、故障处理、更换的标准化作业指导书，正确提出有载开关的反事故措施。

(7) 变压器的现场干燥。正确判断干燥程度、选择干燥方法，掌握真空条件下干燥程度的判断标准；能根据检修工作的需要制作和装配干燥设备，正确编写变压器干燥标准化作业指导书。

(8) 变压器检修管理。会制定检修计划及检修前设备评估、准备，会填写变压器的检修记录，填写检修报告，全面参与检修、安装后验收；掌握制定大修、安装后的质量验收方案，掌握变压器制造过程监造内容，掌握编制检修方案，正确指挥变压器现场检修、安装工作，编制变压器大修标准化作业指导书。

6. 专业技能二——互感器维护、检修、改造、更换技能

(1) 常用互感器维护、检修、改造、更换技能。掌握互感器的结构、工作原理。掌握互感器检修检查项目、周期。掌握互感器检修、更换工艺及质量标准；掌握互感器常见故障缺陷的判断及处理。

(2) 油浸式互感器用金属膨胀器检修。掌握金属膨胀器的用途和结构。掌握金属膨胀器补油方法，了解金属膨胀器油位计算方法。

(3) SF_6气体绝缘互感器维护及其检修。掌握 SF_6互感器外观检查及清扫注意事项，掌握 SF_6气体压力表、密度继电器的检查方法，掌握检漏和补气的方法；熟悉 SF_6气体回收装置的功能及结构，掌握回收 SF_6气体的方法。

(4) 互感器的现场干燥。掌握互感器干燥的常用方法及基本要求。

(5) 互感器的检修管理。正确填写互感器检修、更换记录；会填写互感器的检修记

录，填写检修报告；全面参与检修、改造、更换后验收。

7. 专业技能三——电抗器、消弧线圈和接地变压器的检查、维护技能

(1) 电抗器检查、维护技能。掌握电抗器的结构、工作原理；掌握电抗器检修、更换项目、周期及质量标准。

(2) 消弧线圈和接地变压器的检查、维护技能。掌握消弧线圈和接地变压器的结构、工作原理；掌握消弧线圈和接地变压器的检修、更换项目、周期及质量标准。

(3) 电抗器、消弧线圈和接地变的检修管理。熟悉电抗器、消弧线圈和接地变的检修记录及报告的填写；掌握编制电抗器、消弧线圈和接地变压器检修方案。

8. 相关技能

(1) 变压器类设备试验。能配合变压器类设备小修维护后的电气试验工作，掌握变压器类设备能配合变压器类设备配合大修和安装后的电气试验工作，参与变压器类设备检修后的试验报告的编写。

(2) 变压器油试验。掌握变压器油验收标准，能配合变压器油试验工作，掌握油中溶解气体的气相色谱分析方法和判断标准。

(3) 班组管理。了解班组管理的内容和工作要求，能组织做好班组管理工作，能组织班组开展基础管理、安全管理、技术管理、培训管理等工作。

9. 职业素养

(1) 法律法规。了解《中华人民共和国电力法》、《中华人民共和国劳动法》等有关法律和法规，能促进电力安全生产，维护企业和劳动者自身的利益。

(2) 职业道德。熟悉职业道德的基本要求，掌握供电企业员工的职业道德和岗位行为规范。

(3) 企业文化。掌握企业文化的一般概念、内容和功能，准确把握供电企业文化的内涵。

(4) 沟通协调与团队建设。掌握沟通与协调的概念、常用沟通与协调的方法以及如何进行人际关系有效沟通的基本及专业技巧，掌握团队及团队建设的基本概念；掌握协调的形式、原则、工作方法和艺术，了解团队合作及彼此信任对团队建设的意义，了解团队建设常见的四类问题，掌握有效合作的前提、彼此信任的内涵和团队矛盾及冲突的解决方法；具备较高的沟通与协调能力，掌握解决团队建设中出现的矛盾及冲突的方法，能根据团队的特点创建高绩效团队。

(5) 电力应用文。掌握电力应用文的写作方法和计划、总结的写作。掌握宣传报道的写作内容，掌握电力专业技术论文的写作方法。

(6) 技能培训与传授技艺。能对其他应急基干队伍人员进行现场培训、指导，具有较强的传授技艺的技能和能力，能组织开展本专业人员技能培训、岗位练兵。

(六) 继电保护专业

1. 基础知识

(1) 电工基础。掌握直流电路的分析与计算，简单磁路分析与计算，单、三相正弦交流电路分析与计算；掌握三相非正弦周期分量的特点，掌握过渡过程的概念，换路定律，*RC*、*RL* 串联电路的过渡过程，掌握一阶电路的三要素法。

(2) 电力电子。掌握模拟电子电路常用半导体器件原理，放大、振荡电路原理，直流电源原理，掌握基本门电路的逻辑功能，掌握数模转换、模数转换原理；掌握电力电子器件的串并联回路，可控整流电路，逆变电源的基本原理。

(3) 电机学。掌握铁磁材料基本特性，电磁感应定律，变压器、异步电动机基本工作原理；掌握变压器的基本参数及特性，连接组别及极性测定，并联运行条件，空载合闸时的励磁过电流的特征，异步电动机的起动要求；掌握三相变压器的磁路系统，连接组别、连接方法和铁心结构形式对电势波形的影响，变压器突然短路时短路电流，同步电机的基本工作原理及基本结构。

(4) 计算机基础。掌握计算机的系统配置，操作系统的基本概念及功能；掌握计算机网络基础知识；了解网络结构及通信协议。

(5) 电力安全工作规程。熟悉和掌握《电力安全工作规程（变电部分）》的全部内容。

2. 专业知识

(1) 电力系统故障分析。掌握电力系统的基本概念，掌握电力系统各元件的等值电路及参数计算；掌握对称分量及序网分析方法，掌握三相短路故障的分析计算；掌握电力系统有功平衡，无功平衡的调整原理，掌握电力系统不对称故障及复杂故障的分析方法，掌握电力系统静态稳定，暂态稳定的概念及简单分析方法。

(2) 继电保护原理及构成。掌握线路电流、电压、距离保护的原理，微机保护基础；掌握线路差动保护、高频保护，变压器保护、母线保护的原理；掌握线路纵联保护通道的原理，断路器保护的原理。

(3) 自动装置原理及构成。掌握自动重合闸的作用及分类，单侧电源线路的三相一次重合闸原理；掌握双侧电源线路三相自动重合闸原理，综合重合闸的原理，备自投、低频低压减载、电压并列、故障录波装置的原理，了解故障录波信息处理系统的构成。

(4) 二次回路原理及构成。掌握电流回路、电压回路、断路器控制回路、信号回路的基本原理；掌握 220kV 开关二次回路接线，保护、自动装置的二次回路；掌握二次回路干扰的类型、产生原因、抗干扰的措施。

(5) 继电保护专业规程。掌握继电保护装置安装、检验规程，掌握继电保护装置运行管理规程；掌握继电保护和安全自动装置技术规程，了解保护与控制系统技术监督规定，了解电力系统继电保护及安全自动装置运行评价规程。

(6) 整定计算基础。了解 3～110kV 电网继电保护装置运行装置整定规程，了解元件保护，线路保护整定计算方法，了解 220～500kV 电网继电保护装置运行装置整定规程。

(7) 反事故措施。掌握《十八项电网重大反事故措施》继电保护重点实施要求重点措施及释义。

3. 相关知识

(1) 电气设备。掌握发电厂、变电站电气设备的分类、作用及主要参数；了解电弧产生及灭弧方法，高压断路器，隔离开关、互感器、重合器、分段器的基本知识。

(2) 电气运行。掌握电力系统中性点运行方式。

(3) 高电压技术。了解避雷器的作用及工作原理，变压器的防雷保护及中性点保护。

(4) 变电站综合自动化系统。掌握变电站综合自动化基本概念，了解变电站综合自动化监控系统的基本功能和结构，了解变电站综合自动化信息的测量和采集的原理变电站实时时钟的基本原理。

(5) 通信基础。了解通用的规约报文格式，数字通道、模拟通道及网络通道原理，信息采集及通信传输原理。

(6) 特高压电网。了解特高压电网技术的发展及应用前景。

4. 基本技能

(1) 计算机操作。掌握 Word、Excel、PowerPoint、LotusNotes 办公应用软件的使用，掌握 AutoCAD 应用软件。

(2) 仪器仪表及工器具的使用。掌握继电保护试验仪、万用表、绝缘电阻表、钳形电流表、电流表、电压表、电阻表、相位表、电流互感器伏安特性测试仪、通用电子计数器、自动测试系统、示波器、功率计的使用方法。

(3) 电气识、绘图。掌握电气基本图形的识别掌握常用电气图的识读。

(4) 安全用具的使用及触电急救。掌握安全工器具的使用和维护，电气设备的安全技术，触电急救的方法。

(5) 工作票的正确填写和使用。掌握工作票的正确填写和使用。

5. 专业技能一——保护、安自装置的调试及维护

(1) 线路保护装置的调试及维护。掌握 110kV 及以下微机型线路保护装置的原理及调试方法，能够对简单的装置异常进行判断及处理；掌握 220kV 微机型线路保护装置的原理及调试方法，能够对简单的装置异常进行判断及处理；掌握 500kV 微机型线路保护装置的原理及调试方法，能够对简单的装置异常进行判断及处理。

(2) 变压器保护装置的调试及维护。掌握 110kV 及以下微机型变压器保护装置的原理及调试方法；能够对简单的装置异常进行判断及处理；掌握 220kV 微机型变压器保护装置的原理及调试方法，能够对简单的装置异常进行判断及处理；掌握 500kV 微机型变压器保护装置原理及调试方法，能够对简单的装置异常进行判断及处理。

(3) 母线保护装置的调试及维护。掌握微机型母线保护装置原理及调试方法，能够对简单的装置异常进行判断及处理。

(4) 其他保护装置的调试及维护。掌握 110kV 以下微机型电容器、电抗器保护测控装置的原理及调试方法，能够对简单的装置异常进行判断及处理；掌握断路器保护装置原理及调试方法，能够对简单的装置异常进行判断及处理；掌握短引线、高抗保护装置原理及调试方法；能够对简单的装置异常进行判断及处理。

(5) 安全自动装置的调试及维护。掌握低频低压减载装置，电压并列、切换及操作装置的原理及调试方法，能够对简单的装置异常进行判断及处理；掌握备自投装置、故障录波器装置、故障信息系统的原理及调试方法，能够对简单的装置异常进行判断及处理；掌握安全稳定控制装置的原理及调试方法，能够对简单的装置异常进行判断及处理。

6. 专业技能二——二次回路工作

(1) 二次回路的设计与审核。能根据现场实际设计部分二次回路。

(2) 二次回路的施工。能正确识别二次回路材料，能够按图正确进行二次回路的施工，能够正确使用施工工器具。

(3) 二次回路的检查及验收。掌握二次回路的检验方法。

(4) 二次回路的改进。能发现并改正二次回路的错误，能制定解决方案。

(5) 二次回路的异常及故障处理。能查找二次回路故障点并排除，能处理二次回路与装置的综合异常情况。

7. 专业技能三——事故预防及处理

(1) 继电保护事故的预防。掌握组织预防、技术预防、人员预防的要点。

(2) 继电保护事故处理的方法。掌握继电保护事故处理的基本方法。

(3) 继电保护事故分析。掌握继电保护简单和复杂事故分析。

8. 相关技能

(1) 钳工基本技能。会使用钳工常用工器具，掌握钳工工艺，熟悉基本操作。

(2) 起重搬运基本技能。掌握起重搬运的要点能够组织指挥屏柜安装。

(3) 变电站综合自动化系统简单维护。了解站内通信及网络设备的连接，了解 RS-232、RS-485 及网口的维护方法。

(4) 班组管理。掌握班组基础管理及安全管理，掌握班组技术管理，能组织做好班组管理工作，掌握班组培训、生产及质量管理。

(5) 新知识、新技术、新工艺的应用。能正确应用新知识、新技术、新工艺；能够对技术革新、新工艺的应用进行总结概括，具有创新能力。

9. 职业素养

(1) 法律法规。了解《中华人民共和国电力法》、《中华人民共和国劳动法》、《电力设施保护条例》及供电企业安全生产规程规定。

(2) 职业道德。熟悉职业道德的基本要求，掌握供电企业员工的职业道德和岗位行为规范。具备良好的职业道德形象，树立爱岗敬业的思想，注重维护企业形象。

(3) 企业文化。掌握企业文化的一般概念、内容和功能，准确把握供电企业文化的内涵。

(4) 沟通协调与团队建设。掌握沟通的概念及常用的沟通方法，掌握团队的定义、种类、作用和团队建设的原则；掌握人际关系及有效沟通的专业技巧，掌握协调解决冲突的方法、步骤和技巧，掌握团队合作的重要性，有效合作的前提，彼此信任的内涵以及团队矛盾冲突的解决方法；具备较高的沟通与协调能力，掌握解决团队建设中出现的矛盾及冲突的方法，能根据团队的特点创建高绩效团队。

(5) 电力应用文。掌握常用电力应用文的基本写作方法，了解行政性公文的书写方法，规章制度类应用文及事务公文的写法，掌握电力专业技术论文的写作要点，了解经济活动应用文的写法。

(6) 技能培训和传授技艺。能对其他应急基干队伍人员进行现场培训、指导，具有较强的传授技艺的技能和能力，能组织开展本专业人员技能培训、岗位练兵。

（七）直流设备检修专业

1. 基础知识

（1）电工基础。熟悉电场、电路的基本概念和基本定律，掌握交、直流电路基本概念和简单计算，了解磁场与电磁感应的基础知识；了解弥尔曼定律、节点电压法、叠加定理、戴维南定理、诺顿定理，掌握直流复杂计算；熟悉正弦交流电路计算及谐振电路分析，掌握三相交流电路计算。

（2）机械制图。掌握机械制图的基础知识，能绘制机械零件的平面图；掌握机械制图的知识，能识读和绘制零件的三视图；能绘制机械装配图，能绘制变电设备的机械图。

（3）电子技术基础。掌握常用半导体、放大电路、正弦振荡电路、直流稳压电源的基本知识；掌握放大电路的动、静态分析，掌握触发器基本知识。

（4）电力安全工作规程。掌握电力安全工作规程要求。

2. 专业知识

（1）电工仪表与测量。掌握电工测量的基本知识，掌握直流电压和电流、交流电压和电流、电阻、电能和功率测量方法，掌握磁电系、电磁系、电动系仪表原理；掌握常用数字式仪表、电子测量仪、交直流电桥、绝缘电阻表、接地电阻测试仪、电测量变送器等仪器仪表的使用方法。

（2）二次回路原理。了解二次回路基本知识，熟悉变电站操作电源回路，掌握二次回路安全防护知识及信号回路作用、类型及设置；掌握变电站二次回路接线检验方法，掌握二次回路异常及处理、二次回路干扰及处理。

（3）电力电子技术。熟悉常规电力电子器件的功能及用途，掌握晶闸管可控硅电路的原理和使用，掌握DC/DC、DC/AC、AC/AC变换电路的原理、功能及应用。

（4）直流系统知识。了解直流系统组成及使用条件，了解直流系统各组成设备的基本原理。

（5）直流系统运行检修规范。了解直流系统运行、检修规范，熟悉检修前各项准备工作，掌握检测项目、周期及要求、实验项目及要求。

3. 相关知识

变电站综合自动化。了解变电站综合自动化的基础知识。

4. 基本技能

（1）钳工基础。掌握钳工的各种量具和工具的种类及用途，掌握较复杂的钳工技术，掌握锯削、锉削、钻削、铰削及攻螺纹与套螺纹的方法。

（2）电气识、绘图。掌握基本绘图知识，能识读电气回路图；掌握电气图绘图知识，能绘制基本电气接线图、设备原理图、二次回路图。

（3）计算机基础。掌握计算机基础知识及Word、Excel、PowerPoint常用软件使用方法，了解计算机网络知识，掌握AutoCAD制图软件的使用方法。

（4）测量工器具的使用。了解蓄电池容量测量仪、充电装置综合测试仪、直流接地故障定位仪、蓄电池内阻测试仪的基本原理及其使用方法。

（5）直流设备选型与验收。了解直流系统通用技术，熟悉直流系统使用条件与型号，在他人指导下进行一般的设备验收工作；掌握直流系统的几种接线方式。了解直流系统检验与试验方法。能够进行直流设备的验收与交接工作。

(6) 标准化作业指导书的编制。了解标准化作业流程及工作要求，能编制标准化作业指导书。

(7) 工作票的填写和使用。了解工作票的相关要求，能按照工作票上的安全技术措施进行工作。

(8) 紧急救护及安全工器具的使用。掌握触电急救方法和实施抢救的步骤，能正确使用安全用具。

5. 专业技能一——系统设备的安装与调试

(1) 蓄电池组的安装与调试。熟悉蓄电池组部件检查和验收内容和对通风、采暖、照明的要求。掌握站内蓄电池组的安装、调试技术要求。

(2) 相控电源设备的安装与调试。了解设备安装与调试前的准备工作，掌握手动功能调试、自动功能调试（稳压、稳流）、信号及保护功能调试方法。

(3) 高频开关电源设备的安装与调试。掌握高频开关模块的安装要求及安装前的准备工作，了解其基本功能，能够完成调试工作。

(4) 逆变器（UPS）电源的安装与调试。了解安装与调试注意事项，掌握1K－3KUPS、5K－10KUPS技术参数以及逆变器的技术指标。

6. 专业技能二——系统设备的运行与维护

(1) 蓄电池组的运行与维护。了解蓄电池的运行方式及各类蓄电池基本维护要求，了解蓄电池电解液的调整及注意事项，掌握蓄电池的均衡充电法，掌握蓄电池初充电、核对性充放电方法及周期，熟悉工作中的注意事项和危险点。

(2) 相控电源设备的运行与维护。能够熟练启用和关停充电设备，能够进行设备的调试和投运及与系统的配合。

(3) 高频开关电源设备的运行与维护。掌握高频开关各部件的工作原理及基本维护要求和检修周期。

(4) 逆变器（UPS）电源的运行与维护。掌握逆变器（UPS）电源的操作程序及其运行与维护方法。

7. 专业技能三——系统设备的故障处理

(1) 蓄电池组的故障处理。能分析蓄电池故障原因，能组织对蓄电池故障进行处理。

(2) 相控电源设备的故障处理。能分析相控电源设备的故障原因，能组织对相控电源设备的故障进行处理。

(3) 高频开关电源设备的故障处理。能分析高频开关电源故障原因，能组织对高频开关电源的故障进行处理。

(4) 逆变器（UPS）电源的故障处理。能分析逆变器（UPS）电源故障原因，能组织对逆变器（UPS）电源故障进行处理。

(5) 直流系统故障处理。掌握变电站直流全停的处理方法。掌握变电站直流接地的处理方法。掌握直流母线异常的处理方法。

8. 相关技能

能做好班组基础管理、安全管理工作；能组织做好班组技术管理、质量管理工作；能组织班组开展生产管理、培训管理工作。

9. 职业素养

(1) 法律法规。了解《中华人民共和国电力法》、《中华人民共和国安全生产法》等常用法律法规。

(2) 职业道德。熟悉职业道德的基本要求，具备良好的职业道德形象，掌握供电企业员工的职业道德和岗位行为规范。

(3) 企业文化。掌握企业文化的一般概念、内容和功能，准确把握供电企业文化的内涵。

(4) 沟通协调与团队建设。掌握沟通的概念、方法及有效沟通的技巧。掌握团队的定义、种类、作用和团队建设的原则、基本概念；掌握协调的概念、常用协调的方法，了解团队合作及彼此信任对团队建设的意义，掌握协调解决团队冲突的方法、步骤和技巧；具备较高的沟通与协调能力，掌握解决团队建设中出现的矛盾及冲突的方法，能根据团队的特点创建高绩效团队。

(5) 电力应用文。掌握常用电力应用文的基本写作方法，了解行政性公文的书写方法，规章制度类应用文及事务公文的写法，掌握电力专业技术论文的写作要点，了解经济活动应用文的写法。

(6) 技能培训和传授技艺。能对其他应急基干队伍人员进行现场培训、指导，具有较强的传授技艺的技能和能力，能组织开展本专业人员技能培训、岗位练兵。

(八) 电气试验专业

1. 基础知识

(1) 电工基础。掌握电路组成及其简单电路的计算，掌握电磁感应的基本原理，熟悉磁路与磁路定律，了解串、并联谐振电路的分析基本理论；熟悉复杂直流电路的分析计算，熟悉复杂的正弦交流电路分析计算，了解非正弦交流电路的基本概念，了解线性电路过渡过程的基本概念；了解非正弦交流电路的分析，了解线性电路过渡过程分析。

(2) 电子技术。了解半导体、半导体二极管、三极管的型号和主要参数；了解常用整流、滤波电路；熟悉晶体管放大电路、晶闸管整流电路及正弦波振荡电路、硅稳压管稳压电路。

了解数字电路基础，了解模拟量和数字量的转换。

(3) 电力安全生产规程及安全防护技术。熟悉《电力安全工作规程（变电部分）》的全部内容，掌握《电力安全工作规程》中电气试验相关部分，掌握安全防护的相关知识。

2. 专业知识

(1) 电气试验相关规程规范。熟悉《电气装置安装工程电气设备交接试验标准》和《电力设备预防性试验规程》的规定，熟悉《现场绝缘试验实施导则》的规定；了解《高压电气设备绝缘配合规定》和《高电压试验技术》中与本专业有关条文的规定。熟悉《十八项电网重大反事故措施》。

(2) 高电压技术。了解电介质的一般物理概念，了解气体放电，熟悉电介质击穿原理和老化机理，了解 SF_6 气体的性能及微水量标准，了解防雷器具；了解变电站的防雷保护，了解电力系统绝缘配合；气体放电过程及其击穿特性，熟悉大气过电压，了解内部过电压，了解线路和绕组中的波过程，掌握输电线路防雷保护。

(3) 电气设备及运行维护。了解主要电气设备的结构和原理，了解电力系统中性点运行方式，了解变压器、断路器、互感器等高压电气设备的运行与维护知识，了解短路电流的计算。

(4) 高电压试验设备。熟悉常用的高电压试验设备的一般原理及结构。

(5) 特高压电网。了解特高压电网发展的背景、趋势及其经济型；了解特高压直流输电的基本原理；了解特高压交、直流输电方式的主要技术特点、系统特性比较；了解工频过电压、潜供电流、操作过电压等特高压直流输电的系统特性。

(6) 电气试验（理论）。掌握电气设备的绝缘电阻、吸收比测量，直流泄漏及直流耐压试验、介质损失角正切值 $\tan\delta$、工频交流耐压试验的试验方法、注意事项及影响因素；掌握串联谐振试验方法、注意事项及对测试数据的分析判断；掌握局部放电试验方法、注意事项及对测试数据的分析判断。

3. 相关知识

(1) 钳工基础。熟悉钳工划线，掌握划线工具的使用方法。

(2) 继电保护。了解变压器继电保护的一般知识，了解变压器瓦斯保护。

(3) 电力用油、气。了解绝缘油试验及验收标准，了解 SF_6 气体基本知识。

(4) 电力工程常用材料。了解电力工程常用材料。

(5) 电机学。了解同步发电机、异步电动机的基本结构、工作原理，了解直流电机的基本知识。

4. 基本技能

(1) 试验数据整理及编写报告。能够用专业术语汇报试验情况和测试结果，并能够正确、规范地填写一般测试的试验记录和报告。

(2) 仪器仪表、工具的使用及维护。熟悉常用仪表仪器的型号、量程、使用条件、使用方法及注意事项，掌握常用电工工具名称、规格和用途；了解示波器的一般原理、使用方法及注意事项。

(3) 安全用具的使用及紧急救护。掌握常用电气安全用具的名称、规格、用途、使用和维护知识，能进行触电、外伤等紧急救护。

(4) 工作票的正确填写和使用。能够正确填写第一、二种工作票。

(5) 试验方案及标准化作业指导书编写。能够正确编写试验方案及试验标准化作业指导书。

(6) 电气识、绘图。熟悉常用的电气图形符号，熟悉变电站一次系统主接线配置图。

(7) 计算机基础。熟悉计算机的基本操作方法及应用软件的使用方法。

5. 专业技能——线圈类设备的绝缘试验

(1) 绝缘电阻、吸收比（极化指数）测试。熟悉绝缘电阻、吸收比（极化指数）测试原理，掌握其测试方法及试验结果分析判断的方法。

（2）泄漏电流测试。熟悉泄漏电流测试原理，掌握其测试方法及试验结果分析判断的方法。

（3）介质损耗角正切值 tanδ 测试。熟悉变压器、电流互感器介质损耗角正切值 tanδ 测试原理，掌握其测试方法及试验结果分析判断的方法；掌握电压互感器介质损耗角正切值 tanδ 测试方法、试验结果分析判断的方法。

（4）外施工频耐压试验。熟悉互感器外施工频耐压试验基本原理，掌握其测试方法及试验结果分析判断的方法；熟悉变压器外施工频耐压试验基本原理，掌握其测试方法及试验结果分析判断的方法。

（5）感应耐压试验。熟悉电压互感器感应耐压试验基本原理，掌握其测试方法及测试结果分析判断的方法；熟悉变压器感应耐压试验基本原理，掌握其测试方法及试验结果分析判断的方法。

（6）局部放电试验。掌握变压器、互感器局部放电测试原理，掌握其测试方法及测试结果分析判断的方法。

6. 专业技能二——线圈类设备的特性试验

（1）变比、极性和接线组别试验。熟悉变比、接线组别测试的原理，掌握其测试的方法及技术要求，掌握测试数据分析判断方法。

（2）直流电阻测试。熟悉变压器直流电阻测试原理，掌握其测试方法及测试结果分析判断的方法。

（3）空载、短路特性试验。熟悉变压器空载、短路特性试验的测试原理，掌握其试验方法；能够组织变压器空载、短路特性试验。能够进行试验数据的分析判断。

（4）零序阻抗测试。熟悉变压器零序阻抗测试原理。掌握其测试方法及试验结果分析判断的方法。

（5）分接开关试验。掌握变压器分接开关各类试验的试验方法及试验结果的分析判断方法。

（6）绕组变形测试。熟悉变压器绕组变形测试原理及意义，掌握其测试方法及测试注意事项；能够组织进行变压器绕组变形测试；能够综合分析判断测试结果。

（7）励磁特性试验。熟悉互感器的励磁特性试验原理，掌握其测试方法及电压互感器励磁曲线的测试方法，掌握测试数据分析判断方法。

7. 专业技能三——开关类设备试验

（1）绝缘电阻测试。熟悉各种断路器绝缘拉杆、GIS 绝缘电阻的测试原理，掌握其测试方法及测试数据分析判断的方法。

（2）泄漏电流测试。了解少油断路器的泄漏电流测试基本原理，掌握其测试方法及测试结果分析处理的方法。

（3）介质损耗角正切值 tanδ 测试。掌握非纯瓷套管和多油断路器的介质损耗角正切值 tanδ 的测试方法，掌握其测试结果分析判断的方法。

（4）断路器、GIS 回路电阻测试。熟悉断路器、GIS 回路电阻测试原理，掌握其测试方法及测试数据分析判断的方法。

（5）断路器、GIS 耐压试验。掌握断路器对地、断口及相间交流耐压试验的方法，掌握其测试结果的分析判断的方法；掌握 GIS 交流耐压试验的方法，掌握其测试结果的分析判断方法。

（6）GIS 局部放电试验。掌握 GIS 局部放电试验的方法，掌握其测试结果分析判断的方法。

8. 专业技能四——绝缘子、套管试验

（1）绝缘电阻测试。熟悉绝缘子、套管绝缘电阻测试原理，掌握其测试方法及测试数据分析判断的方法。

（2）套管介质损耗角正切值 $\tan\delta$ 及电容量测试。熟悉套管介质损耗角正切值 $\tan\delta$ 和电容量的测试原理，掌握其测试方法及测试结果分析判断的方法。

（3）交流耐压试验。掌握绝缘子、套管交流耐压试验方法及试验结果分析判断的方法。

（4）套管局部放电试验。掌握 110kV 及以上电容型套管的局部放电测试方法及试验结果分析判断的方法。

9. 专业技能五——架空线、电缆试验

（1）绝缘电阻测试、核对相位。掌握架空线路、电力电缆绝缘电阻测试及核对相位的方法、技术要求及注意事项，掌握其测试数据分析判断的方法。

（2）电缆交流（直流）耐压和直流泄漏电流试验。掌握油纸绝缘电力电缆直流泄漏和直流耐压试验方法、测试结果的分析判断方法及分析处理试验中出现异常情况的方法；掌握超低频耐压试验方法、测试结果的分析判断方法及处理耐压试验中出现异常情况的方法；掌握橡塑绝缘电力电缆串联谐振试验方法、测试结果的分析判断方法及处理耐压试验中出现异常情况的方法。

（3）架空线路、电缆线路工频参数测试。掌握架空线工频参数测试的方法及测试结果综合分析判断的方法，掌握电缆线路工频参数测试的方法及测试结果综合分析判断的方法。

（4）电容电流测试。掌握系统电容电流的测试方法及试验结果分析判断的方法。

10. 专业技能六——电容器试验

（1）绝缘电阻测试。掌握电容器绝缘电阻测试方法及试验结果分析判断的方法。

（2）电容量测试。能够正确完成测试电容器电容量的接线，掌握电容器电容量的测试方法及技术要求，掌握其测试数据分析判断的方法。

（3）介质损耗角正切值 $\tan\delta$ 测试。熟悉介质损耗角正切值 $\tan\delta$ 的测试原理，掌握其测试方法及试验结果分析判断的方法。

（4）交流耐压试验。掌握交流耐压试验的试验方法及试验结果分析判断的方法。

11. 专业技能七——避雷器试验

（1）绝缘电阻测试。熟悉绝缘电阻测试原理，掌握其测试方法及测试数据分析判断的方法。

（2）电导电流测试。熟悉电导电流的测试原理，掌握电导电流的测试方法试验结果分析判断的方法。

（3）工频放电电压测试。掌握避雷器工频放电电压的试验方法、查找影响因素的方法，掌握对其结果进行分析判断的方法。

（4）放电计数器试验。熟悉各种避雷器放电计数器的测试原理，掌握其测试方法及测试数据分析判断的方法。

（5）直流的泄漏电流测试。熟悉测试无间隙金属氧化物避雷器直流泄漏电流的测试原理，掌握其测试方法及测试数据分析判断的方法。

（6）运行电压下的交流泄漏电流测试。熟悉无间隙金属氧化物避雷器运行电压下的交流泄漏电流的测试原理，掌握其测试方法及测试数据分析判断的方法。

（7）工频参考电流下的工频参考电压测试。掌握无间隙金属氧化物避雷器工频参考电流下的工频参考电压的测试方法及判断标准，掌握查找和排除测试出现的异常情况的方法。

12. 专业技能八——接地装置试验

（1）接地电阻测试。掌握接地电阻的测试方法，掌握查找和排除接地电阻测试中的干扰因素和异常现象的方法；掌握接地网接地电阻测试，掌握查找和排除接地网接地电阻测试中的干扰因素和异常现象的方法。

（2）接地引下线与接地网的导通试验。掌握地网的导通试验的试验方法，掌握查找和排除测试出现的异常现象的方法，能正确完成试验中所布置的安全措施。

（3）土壤电阻率测试。掌握测试土壤电阻率的方法，能熟练进行土壤电阻率测试。

（4）接触电压、跨步电压及电位分布测试。掌握接触电压、跨步电压及电位分布的测试方法及技术要求，能熟练进行接触电压、跨步电压及电位分布测试。

13. 专业技能九——常用电气绝缘工器具试验

（1）绝缘工具试验。掌握绝缘工具的试验方法，能够进行绝缘工具试验。

（2）防护用具试验。掌握防护用具的试验方法，能够进行防护用具试验。

（3）装置及设备试验。掌握装置及设备的试验方法，能够进行装置及设备的试验。

14. 相关技能

（1）起重搬运。能进行一般设备的搬运和装卸工作。

（2）钳工操作。掌握锯削、錾削、锉削、钻孔等钳工的基本操作方法，掌握量器具的使用。

（3）班组管理。了解班组基础管理的各项内容，掌握班组技术管理、生产管理的有关知识，掌握班组质量管理的内容、要求和意义。

（4）断路器机械特性测试。掌握断路器机械特性测试的项目、方法、注意事项及测试结果分析判断方法。

（5）悬式绝缘子零值检测。熟悉绝缘子串电压分布规律，熟悉绝缘子电压分布测试方法。

（6）电缆故障探测。掌握各种电缆故障探测方法，能够使用仪器测试电缆故障点的距离，并能够对电缆故障点进行准确定位。

（7）电气设备的故障分析。熟悉电气设备的故障分析判断方法。

（8）红外检测。了解红外成像原理，掌握红外测试的基本方法及测试结果综合分析判断的方法。

15. 职业素养

(1) 法律法规。了解与电力有关的法律法规，熟悉电力安全生产事故调查规程。

(2) 职业道德。了解职业道德的有关概念，掌握供电企业员工的职业道德规范。

(3) 企业文化。了解企业文化的一般概念和内容。

(4) 沟通协调与团队建设。掌握常用沟通与协调的方法以及如何进行人际关系有效沟通的基本及专业技巧，掌握团队及团队建设的基本概念；了解团队合作的意义，熟悉冲突的处理方式；掌握解决团队建设中出现的矛盾及冲突的方法，能根据团队的特点创建高绩效团队。

(5) 电力应用文。能够正确写行政公文、宣传报道应用文；能够正确写规章制度类应用文及事务文书；能够正确写电力专业技术论文。

(6) 技能培训和传授技艺。能对其他应急基干队伍人员进行现场培训、指导，具有较强的传授技艺的技能和能力，能组织开展本专业人员技能培训、岗位练兵。

（九）配电线路检修专业

1. 基础知识

(1) 电工基础。掌握直流电路的简单计算，了解电磁与磁路的概念，了解正弦交流电路概述；掌握直流电路的计算方法，掌握单相交流电路的计算，掌握三相交流电路的简单计算。

(2) 机械制图。掌握机械制图基本知识与基本技能，了解投影作图。

(3) 工程力学。掌握力和物体受力分析，掌握力矩与力偶知识；掌握平面汇交力系分析，掌握平面任意力系知识。

(4) 电力安全工作规程。掌握《电力安全工作规程（线路部分）》的有关内容，掌握《电力安全工作规程（变电部分）》的有关内容，掌握《电力安全工作规程（配电部分）》的有关内容。

2. 专业知识

(1) 配电线路基础。熟悉配电线路基础知识，熟悉配电线路的设计基本知识，掌握架空线路弧垂、应力及线长计算，能选择导线截面。

(2) 配电设备。熟悉变压器的基本原理及分类，熟悉电弧的原理及开关电器中的熄灭电弧的方法，熟悉断路器、负荷开关、隔离开关、跌开式熔断器的结构及作用，熟悉常用低压电器；掌握配电站、箱式变电站、开关站、变台的结构及作用，熟悉新型变压器的原理。

(3) 电力电缆。熟悉电力电缆基本知识，了解电力电缆的结构；掌握电缆敷设方式及要求，掌握电缆敷设的常用机具及使用方法。

(4) 配电网络及运行。掌握配电网的基本知识，熟悉配电网的结构，熟悉配电网中性点接地方式。

(5) 功率因数补偿及线损。熟悉电容器的原理，了解电容器的结构，掌握低压补偿电容器的接线方式；熟悉功率因数基本知识，掌握功率因数的提高方法，熟悉配电网电压调整的方法；熟悉线损概述，掌握线损的分析、计算，熟悉降低线损的方法。

(6) 配电线路过电压。熟悉过电压的基本知识，掌握接地装置布置敷设的技术要求，熟悉接地电阻的要求；掌握过电压预防措施，熟悉绝缘导线的防雷知识，熟悉配电线路污秽及防护知识。

(7) 配电线路相关标准。熟悉配电线路设备试验项目及技术标准并参与验收。

3. 相关知识

(1) 带电作业基础理论。掌握带电作业的基本理论，熟悉带电作业的基本方法，熟悉带电作业应注意的问题；了解带电作业常用材料，熟悉带电作业常用工具保管要求，掌握带电作业工器具的试验标准、要求；熟悉带电作业的方法，熟悉绝缘材料的分类、性能、要求。

(2) 配网自动化。了解配网自动化基本知识，了解配网自动化终端设备运行要求，了解配网自动化终端设备安装的技术要求。

(3) 电能质量及可靠性。掌握电能质量的基本知识，熟悉电能质量的调控措施，熟悉配电网的可靠性知识。

4. 基本技能

(1) 电气、施工、安装图识绘。熟悉常用电气图中的元器件的图形标记，识读电路图和简化电路图，掌握电路图布局的基本规则；熟悉图形符号旁标注的相应文字符号的含义，识别开关、控制、保护器件、测量仪表、灯、信号器件图形符号；掌握配电线路接线图的识读，掌握配电网络图的识读。

(2) 常用仪器、仪表使用、维护。掌握常用电气测量仪器、仪表的使用，掌握单臂电桥使用掌握双臂电桥使用。

(3) 配电线路杆上作业。掌握横担、金具、绝缘子及拉线安装，掌握更换拉线及绝缘子的操作。

(4) 起重搬运。掌握系绳扣和制作绳套的方法，掌握插接钢丝绳绳扣和组装滑轮组的方法，掌握配电设备的搬运；能选择起重搬运设备、材料，能组织、指挥较复杂的起重搬运。

(5) 配电设备试验。了解安全用具试验项目和试验周期，掌握配电开关设备、避雷器的试验，掌握配电变压器的预防性试验。

(6) 工作票的正确填写和使用。掌握电力线路工作票的填写，掌握变电站工作票的填写。

(7) 安全用具使用及紧急救护。掌握安全工器具的使用和维护，掌握触电急救法，掌握创伤急救基本方法。

(8) 计算机应用。熟悉计算机的组成，掌握 Word 的基本操作，掌握 Excel 的基本操作，掌握一种汉字输入法；掌握 Internet 接入方法，掌握 Word 文档的排版与打印，掌握 Excel 的常用功能，能借助计算机上网查阅资料。

5. 专业技能一——配电架空线路运行维护

(1) 配电架空线路的运行维护。能发现配电架空线路的常见缺陷，能对配电架空线路的缺陷进行分类和提出处理措施。

(2) 配电开关设备运行维护。能发现配电开关设备的常见缺陷，能对配电开关设备的缺陷进行分类和提出处理措施。

(3) 配电变压器及附件运行维护。能发现配电变压器及附件常见的缺陷，掌握配电变压器及附件常见异常及故障的处理，掌握配电变压器的调压方法。

6. 专业技能二——配电架空线路检修与事故抢修

(1) 配电线路检修。掌握线路元件的更换操作技能，掌握导线的修补方法，掌握直线杆正杆的操作；掌握转角杆正杆的操作，掌握绝缘线的损伤处理，掌握绝缘线的连接，掌握更换杆塔的操作。

(2) 配电设备检修。掌握跌落式熔断器、隔离开关检修、更换的操作；掌握断路器的更换，掌握避雷器的更换；掌握配电变压器的更换，掌握环网柜的更换。

(3) 配电抢修。熟悉抢修工作流程，具有组织指挥抢修工作的能力；制定抢修的组织措施和技术措施，能制定抢修的施工方案。

7. 专业技能三——配电架空线路施工

(1) 配电线路的定位、复测。掌握经纬仪的基本操作方法，掌握使用经纬仪进行线路杆位复测的方法，掌握矩形铁塔基础的分坑。

(2) 杆塔基础施工和杆塔组立。掌握电杆三盘基础施工，掌握三脚架组立电杆技能；掌握混凝土配制技能，掌握独脚抱杆立杆技能，掌握人字抱杆立杆技能，掌握吊车立杆技能；掌握倒落式人字抱杆立杆技能，掌握钢管塔的施工方法。

(3) 导线架设。掌握放紧线操作及技术要求，掌握钳接、叉接导线技能；能进行导线弛度的异长法观测、调整，掌握液压连接导线技能，掌握绝缘导线、集束电缆的施工；掌握用经纬仪进行线路导线交叉、跨越测量。

8. 专业技能四——配电设备施工

(1) 电力电缆头制作。掌握1kV及以下各类电力电缆终端头制作程序、工艺要求及安装；掌握10kV电力电缆终端头制作程序、工艺要求及安装；掌握1kV及以下、10kV电力电缆中间接头制作程序、工艺要求及安装。

(2) 配电开关设备安装、调试。掌握柱上开关的安装调试方法，掌握避雷器的安装调试方法，熟悉配电网络的保护回路。

(3) 配电变压器及附件安装。掌握配电变压器及附件设备的安装技能及技术要求，掌握配电变压器及附件投运前的检查的内容和要求。

(4) 配电施工竣工验收。能参加配电线路设备验收，掌握配电线路施工的隐蔽工程验收、中间验收、竣工验收。

9. 相关技能

(1) 班组管理。了解班组安全管理的内容、要求、作用；熟悉安全生产考核和奖惩，了解班组长、安全员、工作负责人、工作许可人的安全生产职责；熟悉班组生产管理的任务、日常工作，熟悉班组生产管理制度，熟悉班组生产技术管理的任务，熟悉班组质量管理的内容及要求。

(2) 新知识、新技术、新工艺的应用。掌握新知识、新技术、新工艺的应用。

10. 职业素养

(1) 法律法规。掌握《中华人民共和国电力法》、《电力设施保护条例》及《电力供应与使用》中的有关内容。

（2）职业道德。熟悉职业道德的基本要求，掌握供电企业员工的职业道德和岗位行为规范，具备良好的职业道德形象，树立爱岗敬业的思想，注重维护企业形象。

（3）企业文化。掌握企业文化的一般概念、内容和功能，准确把握供电企业文化的内涵。

（4）沟通协调与团队建设。掌握沟通与协调的概念、常用沟通与协调的方法，以及如何进行人际关系有效沟通的基本及专业技巧，掌握团队及团队建设的基本概念；掌握冲突的概念及管理方式，掌握协调解决冲突的方法、步骤和技巧；掌握解决团队建设中出现的矛盾及冲突的方法，能根据团队的特点创建高绩效团队。

（5）电力应用文。熟悉应用文的结构及表达方式，掌握规章制度类应用文的写作，掌握电力专业技术论文的写作。

（6）技能培训和传授技艺。能对其他应急基干队伍人员进行现场培训、指导，具有较强的传授技艺的技能和能力，能组织开展本专业人员技能培训、岗位练兵。

（十）配电电缆专业

1. 基础知识

（1）电工基础。掌握直流电路、交流电路、电磁场及电压、电流概念；掌握电阻串联、并联、混联电路的计算，熟悉单项正弦交流电路、三相正弦交流电路；了解电场和磁场的原理分析及基本计算，了解非正弦交流电路。

（2）电子技术。掌握二极管整流电路及整流的滤波电路基础知识，了解脉冲电路和数字电路的基本概念。

（3）电力系统。了解电力系统的基本概念，了解电力线路一般参数要求，了解电力系统无功补偿、功率因数等相关基础知识。

（4）电力工程力学。熟悉简单的力系理论，掌握简单的力系分析和计算。

（5）机械制图。掌握机械制图的基本知识，能绘制简单的平面图；能够绘制简单零件的三视图、能够识读机械装配图。

（6）电力安全工作规程。掌握《电力安全工作规程（线路部分）》的有关内容，掌握《电力安全工作规程（变电部分）》的有关内容，掌握《电力安全工作规程（配电部分）》的有关内容。

2. 专业知识

（1）电力电缆。了解电力电缆的种类、结构和特点；熟悉电力电缆的绝缘特性，电缆线路的输送容量等影响因素；掌握电缆线路主要电气参数理论知识、主要电气参数的理论计算、护层过电压理论及保护措施。

（2）电力电缆附件。掌握配电电缆附件的基本特性、种类及其安装工艺。

（3）电缆的运行维护。掌握电缆运行维护的基本知识。

（4）高电压技术。了解电波的基础知识，避雷设备的基本原理，了解过电压的种类和基本原理；了解电介质相关知识，气体放电的过程和原理，了解电介质击穿原理和特性。

（5）电气设备及运行维护。掌握电力系统电气设备概述和保护接地的概念，掌握电力系统中性点运行方式，掌握电气主接线接线方式和特点。

3. 相关知识

(1) 电气试验。能够使用常用试验装置，能够进行直流及交流耐压试验、避雷器试验，能够分析各种试验数据，判断设备状况。

(2) 电缆构筑物。掌握电缆构筑物的基础知识、能够熟练地读取图纸，了解混凝土配比、配筋的知识、构筑物验收的知识和电缆使用管材的知识。

4. 基本技能

(1) 电气识、绘图。能够读懂电缆结构图，能够读懂较简单的电气图、电缆附件安装图，能够绘制电缆竣工图。

(2) 电工仪表与测量。能够正确使用一般电气仪表，掌握电气仪表的工作原理和保养方法。

(3) 电缆附件安装的基本操作。掌握电缆安装基本操作及杆塔上作业相关工作。

(4) 钳工基础。掌握钳工一般操作方法，能进行锯、锉、錾削等工作，能够使用常用的电动工具。

(5) 施工方案及标准化作业指导书编制。能够编制标准化作业指导书，能根据工程项目准确编写施工方案。

(6) 安全用具的使用及触电急救。熟练掌握触电急救的方法和组织抢救的实施步骤，能够正确选用各种安全工器具，熟知其试验周期。

5. 专业技能一——电缆敷设前期准备及施工

(1) 电缆及附件的运输和储存。掌握电缆的运输及储存的要求和方法。

(2) 电缆及附件的验收。掌握不同类型电缆及附件验收的要求。

(3) 电缆敷设方式及要求。了解电缆敷设方式及要求，掌握电缆敷设后的试验及端头处理，掌握电力电缆各种敷设方式的规定及技术要求，熟悉水底电缆和特殊环境、特殊要求敷设的规定和技术要求，并能结合现场实际情况选择适当的电缆敷设方法。

(4) 敷设工机具和设备的使用。能够正确使用机械及人力敷设的各类施工工具，掌握其保养维修要求。

6. 专业技能二——电力电缆终端制作

(1) 1kV及以下电力电缆终端制作。能够完成1kV及以下电力电缆终端制作。

(2) 10kV电力电缆各种类型终端制作。能够完成10kV及以下电力电缆各种类型终端制作。

(3) 35kV电力电缆各种类型终端制作。能够完成35kV及以下电力电缆各种类型终端制作。

7. 专业技能三——电力电缆中间接头制作

(1) 1kV及以下电力电缆中间接头制作。能够完成1kV及以下电力电缆中间接头制作。

(2) 10kV电力电缆各种类型中间接头制作。能够完成10kV及以下电力电缆各种类型中间接头制作。

(3) 35kV电力电缆各种类型中间接头制作。能够完成35kV及以下电力电缆各种类型中间接头制作。

8. 专业技能四——电缆试验及故障处理

(1) 电缆交接、预防性试验。了解电缆交接、预防性试验的内容，掌握试验方法。

(2) 电缆故障测寻及处理。了解电缆线路常见故障及特点，掌握电缆故障的测寻方法。

9. 专业技能五——电缆设备运行维护

(1) 工程竣工验收及资料管理。能够根据图纸要求对电缆工程进行质量监督与现场验收，能够组织对电缆构筑物施工和电气安装工程的验收，并能对存在的问题提出整改意见。

(2) 电缆设备巡视。熟悉管辖设备，能发现较明显的设备缺陷，掌握和运用红外测温设备。

(3) 设备运行分析及缺陷管理。了解缺陷管理相关制度，能够对缺陷正确分类，组织一般缺陷处理。

10. 相关技能

(1) 班组管理。能做好班组的基础管理与安全管理工作，能组织做好班组的质量管理和技术管理工作，能组织班组开展生产管理和培训管理工作。

(2) 起重搬运。了解起重搬运一般知识，能掌握绳结的操作方法；掌握一定的起重知识和组织、具备指挥起重搬运的能力。

(3) 计算机基础。能够进行Windows系统、Office系列中Word、Excel办公软件的基本操作，能够进行多媒体应用和办公自动化软件的操作。

(4) 避雷器安装。掌握各类避雷器的安装要求和方法。

11. 职业素养

(1) 法律法规。了解和遵守相关法律、法规。

(2) 职业道德。熟悉职业道德的基本要求，掌握供电企业员工的职业道德和岗位行为规范，具备良好的职业道德形象，树立爱岗敬业的思想，注重维护企业形象。

(3) 企业文化。掌握企业文化的一般概念、内容和功能，准确把握供电企业文化的内涵。

(4) 沟通协调与团队建设。熟悉沟通的概念及技巧，掌握团队的定义、种类、作用和团队建设的原则，了解团队的各类角色及团队发展的各个阶段；熟悉协调的概念及技巧，了解团队合作及彼此信任对团队建设的意义，了解团队建设常见的四类问题，掌握有效合作的前提、彼此信任的内涵和团队内部协调；掌握冲突的概念及解决技巧，掌握团队的特点、建立高绩效团队的条件和企业领导应采取的正确做法，建设高绩效的团队。

(5) 电力应用文。能编写工作计划和工作总结。

(6) 技能培训和传授技艺。能对其他应急基干队伍人员进行现场培训、指导，具有较强的传授技艺的技能和能力，能组织开展本专业人员技能培训、岗位练兵。

（十一）配电线路带电作业专业

1. 基础知识

（1）数学。掌握函数与反函数的概念，掌握任意角三角函数的计算，掌握直线方程的应用。

（2）机械制图。掌握机械制图基本知识与基本技能，掌握三视图的应用；掌握零件图的识读；掌握标准件和常用件的识读。

（3）电工基础。掌握直流电路的基本计算，掌握正弦交流电路的基本计算，熟悉电磁感应的基本知识，掌握三相交流电路的基本计算。

（4）工程力学。掌握静力学的基本知识，熟悉平面汇交力系的概念，掌握力矩与力偶的概念与计算。

（5）电力安全工作规程。掌握《电力安全工作规程（线路部分）》的有关内容，掌握《电力安全工作规程（变电部分）》的有关内容，掌握《电力安全工作规程（配电部分）》的有关内容，掌握相关规程标准。

2. 专业知识

（1）绝缘材料及金属材料基础。掌握绝缘材料的要求、分类及性能，掌握金属材料分类及性能。

（2）电力系统。掌握电力系统的基本知识，熟悉电力网参数和等值电路，掌握中性点接地方式的种类和应用，熟悉变压器基本原理与结构。

（3）高电压技术。熟悉过电压分类及其原理，熟悉介质的击穿特性；掌握绝缘配合原理，了解线路防雷保护原理，掌握内过电压特性。

（4）线路结构型式及受力分析计算。熟悉配电线路基本知识掌握导线弧垂计算，掌握杆塔荷载分析与计算，熟悉杆塔基础受力分析与计算，了解导线荷载分析与计算。

（5）带电作业基础。熟悉带电作业的基本原理及其分类，掌握带电作业安全常识；掌握带电作业安全技术，掌握带电作业安全防护知识。

3. 相关知识

（1）钳工基础。掌握锯削、锉削的钳工基本操作；掌握矫正、弯形的钳工基本操作，了解螺纹联接、键联接、销联接的拆装。

（2）继电保护。熟悉继电保护装置基本常识，了解自动重合闸基本知识。

（3）计算机应用。掌握计算机简单操作，熟练应用各类计算机软件，熟练使用计算机上网查阅资料，掌握计算机辅助制图。

4. 基本技能

（1）施工、安装图读识。能识读线路平面图和杆型图，能识读带电工器具零件图和装配图；能识读线路系统图，能绘制带电工器具零件图和装配图；能识读线路杆塔结构和金具安装图，能绘制线路系统图，能绘制与审核带电工器具加工图。

（2）测量仪器仪表的使用、维护。能正确使用和保管电气测量仪器仪表。

（3）起重搬运。能熟练使用各种绳结，能熟练使用滑轮与滑轮组等常用起重工具；掌握抱杆等常用起重机械的使用。能正确选择起重机械、起重方法并组织指挥起重搬运工作。

（4）带电作业工器具的试验和新工具验收。能协助进行带电作业工器具的试验，能独立进行带电作业工器具的试验，能对试验结果进行分析判断。

（5）带电作业工器具的使用、运输和保管。能正确使用、运输和保管各类带电作业工器具，能正确选择和匹配满足工作需要的工器具。

（6）带电作业用绝缘斗臂车的使用、维护及试验。能正确使用带电作业绝缘斗臂车，能正确进行带电作业绝缘斗臂车的维护及试验。

5. 专业技能——10kV 配电线路带电作业

（1）绝缘杆作业法断接引线。能使用绝缘杆作业法（间接）进行地电位断接引线，能组织指挥绝缘杆作业法断接引线，能编写绝缘杆作业法断接引线标准化作业指导书。

（2）绝缘手套作业法断接引线。能使用绝缘平台（绝缘斗臂车）进行绝缘手套作业法断接引线，能组织指挥绝缘手套作业法断接引线，能编写绝缘手套作业法断接引线标准化作业指导书。

（3）带电修补导线。能进行带电修补导线，能组织指挥带电修补导线，能编写带电修补导线标准化作业指导书。

（4）直线绝缘子更换。能进行直线绝缘子更换，能组织指挥直线绝缘子更换，能编写更换直线绝缘子标准化作业指导书。

（5）直线横担更换。能进行直线横担更换，能组织指挥直线横担更换，能编写更换直线横担标准化作业指导书。

（6）带电立、撤杆。能进行带电立、撤杆；能组织指挥带电立、撤杆，能编写带电立、撤杆标准化作业指导书。

（7）耐张绝缘子更换。能更换耐张绝缘子，能组织指挥更换耐张绝缘子，编写标准化作业指导书。

（8）旁路作业法应用。能进行旁路法作业更换跌落式熔断器、柱上负荷开关；能编写旁路法标准化作业指导书，能进行直线装置改耐张装置作业，能组织指挥旁路法作业。

6. 相关技能

（1）配电线路元件的运行、检修要求。能掌握配电线路运行标准，能判别各元件的运行状况；能掌握配电线路安装、检修的工艺及标准。

（2）班组管理。能结合带电生产需要进行班组基础、安全、技术、生产、质量管理。

（3）班组生产、技术协调。能查勘带电作业现场，制定安全技术措施，正确填写工作票，能正确实施标准化作业指导书，分析带电作业中出现的危险点并制订预控措施；能根据带电作业现场情况和气象条件的变化组织实施带电工作，能分析判断线路故障、事故并组织带电抢修，能根据复杂的带电作业现场情况和气象条件编写安全措施和技术措施。

（4）新技术、新工艺、新知识的应用。能应用新技术、新工艺；能组织开发、总结和培训新技术、新工艺。

（5）电力安全生产及防护。能正确使用安全工器具，掌握触电伤害与现场急救，能正确填写电力线路带电作业工作票。

7. 职业素养

(1) 法律法规。了解相关法律法规。

(2) 职业道德。熟悉职业道德的基本要求，掌握供电企业员工的职业道德和岗位行为规范，具备良好的职业道德形象，树立爱岗敬业的思想，注重维护企业形象。

(3) 企业文化。掌握企业文化的一般概念、内容和功能，准确把握供电企业文化的内涵。

(4) 沟通协调与团队建设。掌握团队合作与信任的意义，掌握团队建设的方法，掌握沟通协调能力，掌握协调解决冲突的能力。

(5) 电力应用文。熟悉应用文写作，熟悉规章制度和工作计划、总结的编写，掌握有关技术专题、论文编写。

(6) 技能培训和传授技艺。能对其他应急基干队伍人员进行现场培训、指导，具有较强的传授技艺的技能和能力，能组织开展本专业人员技能培训、岗位练兵。

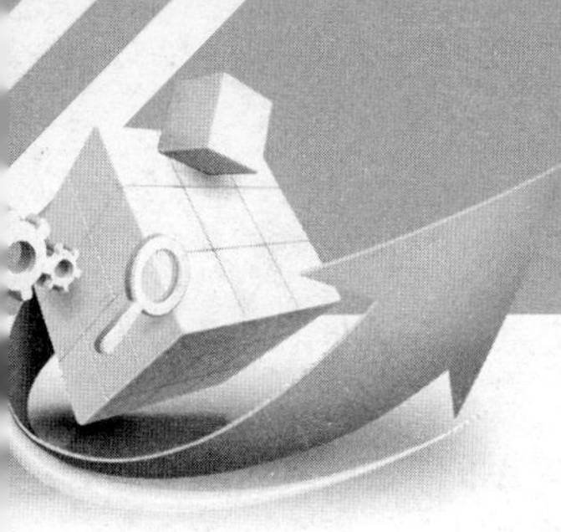

第十一章
提升企业应急管理综合素质

近些年来，雨、雪、冰冻、台风、雾霾、泥石流等恶劣天气和自然灾害频发，严重威胁电网安全运行。供电企业所辖供电范围内各类威胁公共安全的生产事故、公共突发事件及安全生产隐患给电网安全运行和可靠供电带来了很多不稳定因素，严重影响到各级企业的生产经营。并且，生产事故、突发公共事件呈现高度复合化的趋势，各级供电企业在经历了多年的应对自然灾害、生产类突发事件和社会公共安全类突发事件过程中，认真贯彻落实国家法律法规和企业规章制度，以不断地健全和完善“一案三制”为重点，持续提升各级供电企业的应急管理综合素质，但是，按照实用、实际、实效要求，应急管理在现有基础上还要做大量深入、细致的工作。

应对复合型突发事件，必须具有高度组织化、集约化、系统化的应急管理体系形态高效运转，集中各方面的资源，从应急管理体制、机制和法制等各个领域予以加强，才能奏效。如果没有比较完整的应急管理体系，则在应对突发事件时应急管理的广度、深度和力度方面都会出现力不从心的现象。现代城市对电能的依赖越来越严重，发生供电中断的现代城市将陷入瘫痪，然而，与现代城市建设配套的基础设施建设尤其是超级高层（建筑高度 100m 以上）应对突发供电中断事件的人员和设施准备远远不足等现象暴露出应急管理在预警、决策、处置、善后等各个环节都面临着巨大的新挑战。进一步细化专项应急预案衔接与联动、加强应急队伍建设、优化应急处置和抢修资源配置、常态化开展无脚本演练、全面提升应急基干队伍综合能力，各级供电企业只有全面提升应急管理综合素质，才有可能做好预防和应对工作，发挥应急管理的作用。其中提升各级供电企业的应急管理综合素质主要包括：提升应对突发事件的能力、规范应急处置管理流程和提高全体员工应急意识。

第一节　提升应对突发事件能力

供电作为国家重要的基础设施之一，供电的安全可靠供应关乎国家安全，关系国计民生。供电企业履行社会责任和维护企业形象对电力企业应急综合能力提出更高的要求，电力企业承担的重要社会责任要求企业必须加强电力应急管理研究，提高应急处置能力，减少电力突发事件对社会的影响。

分析供电企业存在的安全风险，以电网安全运行、应急队伍建设、保电、供电应急救援为主线，开展应急演练，提升应急实战能力。落实应急信息系统推广工作部署，强化电网运营、物资供应、后勤保障、舆情响应信息快速汇集能力，优化应急处置流程和职责，提升突发事件应急处置科学决策、协调联动指挥能力。完善应急队伍建设，健全电网应急抢修中心，补充应急装备，丰富应急通信手段，实行应急队伍标准化，提高队伍素质，提升应急救援能力。

供电企业开展应对突发事件的应急救援就是要在发生突发停电事件之后，以最短的时间开展应急处置响应，避免或降低危及人身的伤害发生。为了达到应急救援目标，各级供电企业正在从应急指挥能力、应急救援能力、应急联动能力、应急实战能力四个方面提升应对突发事件能力。

一、应急指挥能力

在供电企业总部关于应急组织机构的建设框架下，各级供电企业逐步将应急组织体系规范为常设组织机构和临时成立组织机构两部分。其中，常设组织机构包括：供电企业应急领导小组和两个应急办公室——安全生产应急办公室、安全稳定应急办公室。根据应急工作实际需要再临时成立机构包括：专项应急指挥部、专项应急指挥部办公室以及现场应急指挥部。应急指挥中心作为应急体系建设的重要基础工程，保障应急信息的全面性、可靠性、实时性，是确保高效应急指挥体系的基础。所以，各级供电企业建立了从供电企业总部应急指挥中心、省级供电企业应急指挥中心、地市级供电企业应急指挥中心直到县级供电企业应急指挥中心的纵向应急指挥中心体系。

各级供电企业按照《安全生产应急平台数据共享与交换标准规范》，指导各级安全生产应急平台体系建设，完善电网应急指挥中心功能，确保实现与国家应急平台，与省级、地市级以及各级供电企业和救援基地应急平台的互联互通，实现对电网运营信息和突发事件信息及时获取，以及设备、环境、舆情等关联数据分析。加紧安全生产应急平台体系建设交流、指导、督促，逐渐完善安全生产应急平台体系建设工作的开展。

加强供电企业的大数据集成工作，将电网、输变配电设备运行状态及供电范围、保电线路、保电（抢修）人员、应急装备动态、一二级重要用户、大型社区、超高层建筑、抢修车辆行驶线路以及抢修现场实时音视频信号等海量信息反映到应急指挥中心。

定期更新补充完善一二级重要用户和大型社区的供电信息，保持数据的准确性；强化地区负荷平衡措施管理与落实，完善地区电网拉路批处理卡片及专项拉路批处理卡片，及时更新调控主站批处理模块，确保突发事件情况下应急拉路工作准确实施到位；实现各专业、各层级监测预警和应急资源信息和数据的及时采集、全面共享和统计分析，以可视化、交互化方式实现应急指挥多方远程协同会商，以大数据、云计算技术支撑应急指挥辅助决策，为应急工作开展提供技术支撑，提升供电企业应急指挥处置效能。

(1) 提升指挥辅助决策能力。理顺应急指挥相关各专业应急协调联动流程，包括：应急指挥中心设备管理、应急装备维护保养经费保障、应急基干队伍的调动审批制度等。

(2) 构建专家辅助决策机制。发生特大型突发事件时，供电企业启动专家辅助决策机制，从专家储备库中调取事件相对应的专业人员，辅助决策制定。

二、应急救援能力

随着与应急产业联盟企业的深度合作，加强大型、特种救援装备及应急装备管理和新技术研发。各级供电企业对安全生产应急救援体系建设投入力度随着对应急管理工作的重视程度不断增大。专业破拆工具、快装塔、水陆两栖交通工具、应急照明灯塔车等一大批功能完善的应急装备逐步武装到应急基干队伍，助推各专业应急基干队伍的应急保障能力建设。尤其，无人机等应急装备不仅在勘察受突发事件影响现场、收集突发事件设备情况参数中发挥作用，同时，在无人机放线等施工作业中提升了应急救援工作效率，缩短了应急救险时间。

学习借鉴部队后勤保障部的装备管理经验，完善应急装备管理办法和标准，提升装备管理的规范化、信息化水平。制定应急装备发展中长期规划，做好应急通信、应急供电、应急发电、应急照明、应急处置、应急运输、应急排水、高空作业、配餐车、无人机等功能齐全、先进的应急抢修新装备的技术开发和应用工作，保持供电企业能够持续提升履行社会责任的应急保障装备自动化、集成化程度高，具备全天候、全地形出动能力。

三、应急联动能力

各级供电企业积极完善应急协调机制，包括①积极参与主动汇报安全生产应急救援部际协调机制，充分利用安全生产应急救援联络员制度，通过相关部委参与到交流安全生产应急管理工作、协商安全生产应急救援重大事项、研究部门应急协调联动机制的平台交流；②积极主动参与有关行业（领域）重特大事故的应急救援指导工作，积极配合政府应急指挥中心为各类事故处置协调资源，进一步与交通和公安等部门建立协调、配合、参与和服务机制；③继续探索和完善应急救援队伍联动的内容和模式，实现救援资源（队伍、装备）共享，自主开展应急救援协调配合，更加有效地开展各项工作。

各级供电企业与属地地方政府、政府相关部门和相关公共事业单位及企业建立横向联合应急协调联动协议，逐步完善“统一领导、综合协调、分类管理、分级负责、属地管理为主”的应急管理体制，和政企互动、军企协同、部门联席的突发事件应急救援协调联动指挥体系框架。

(1) 深化与政府部门在应急管理各领域的合作交流，促进与政府应急体系有效衔接。与辖区政府总值班室、应急办、经信委、发改委、安监局、能源局等有关部门建立有效衔接途径；建立完善供电企业专项应急指挥部与突发事件发生地政府或政府部门应急指挥部之间的联系机制流程。

(2) 加强与气象、地震、防汛等部门合作，及时获取自然灾害预警信息。与辖区气象局、地震局、防汛抗旱指挥部、防雷办等有关预警监测部门建立应对突发事件信息传递途径。

(3) 完善与消防、反恐、交通等各类专业应急指挥中心沟通机制建设，实现资源共享。完善与公安治安、公安反恐、武警消防、公安交警等专业应急指挥中心建立信息传递途径。

四、应急实战能力

1) 建设应急技能实训基地，强化各级管理人员、一线员工应急意识，提升应急队伍应急处置实战能力。

2) 围绕大面积停电、地震火灾、人身伤害等重大突发事件，常态化开展无脚本应急演练，确保持续提升应急处置实战能力。

3）全面提升应急基干队伍综合能力。

聘请外部应急专家对供电企业的应急工作进行评估，并且开展现代应急管理知识讲座，普及应急管理科学知识，提升全员应急意识。

以供电网应急抢修中心为载体，从教学场地、师资（内训师）、教材、技能要求、技能考核标准到年度技能、安全培训合格证颁证，逐步规范量化考核，争取早日实现应急基干队员的资质审查制度化。

（1）场地。利用现有条件，拓展省级供电企业应急培训基地功能，作为省级电力培训中心技能培训的补充，弥补应急培训基地资源分配的不足，开展各项应急技能培训。

（2）师资。省级供电企业现有各级别管理、技能专家人才以及各专业高级技师、技师、内训师，这是一笔非常丰厚的师资财富，可以作为应急技能培训专业部分的主力。另外，签约社会力量培训机构聘请应急技能培训救援、户外等其他专业的师资力量。

（3）教材。由于目前应急培训基地编制的应急基干队伍培训教材和应急技能考核标准不能完全满足应急技能培训基地的要求。供电企业着手组织有经验的师资编制完善应急技能培训教材。

（4）队员。逐步探讨应急基干队员的组建机制，如：新员工在应急技能培训基地工作一段时间（一年或以上）之后再分配到班组。生产班组人员每年参加一期（一个月）的应急技能轮训。

增加配备调控、自动化、输电运检、变电运检、电缆运检、营销等专业的应急基干队员，以及后勤保障（医疗、餐饮、驾驶）等专业队员。

（5）资质。应急基干队员侧重本专业兼顾其他专业，先期开展相近专业互学，如检修、试验专业，输电、配电、电缆专业，营销各专业等。

要求应急基干队伍在参加应急响应行动时，必须佩戴年度安全培训合格证进入应急救援现场，并在此基础上逐步向应急基干队员正规化的应急基干队员资质乃至应急救援机构资质方向推进。

第二节　提高应急管理水平

各级供电企业必须加强应急管理，保证应急资金投入；深化实战演练，实现应急预案体系结构、编制流程、评审发布、上报备案、培训演练、修订更新等各项工作的规范管理；充分发挥应急指挥中心的功能，提高应对突发事件的指挥协调能力及快速反应能力；抓好应急物资与装备建设，定期清理补充应急所需的设备、备品备件，完善抢险装备；强化应急队伍的常态管理，形成反应迅速、善于攻坚、果断处置的机制全面提高供电企业的应急管理水平。

一、应急预案体系建设

依据相关法律、法规和规章制度，各级供电企业按照供电企业总部要求的应急预案框架逐步修订完善了从突发事件总体预案、专项应急预案到现场处置方案的应急预案体系建设；同时，不断完善关键岗位应急处置卡等作为应急预案体系的有益补充和完善措施，基本实现了“横向到边、纵向到底”的全覆盖。但是，在应对突发事件和开展应急演练规程中应急预案的不完善性逐渐会暴露出来，因此，不断地补充完善新的专项应急预案使之能够更加科学地指导应对突发事件就尤为重要了。

供电企业作为应急处置的主体责任方，通过应急预案的编制、评审、报备、演练和应用等多种途径发行并修订补充完善应急预案，以提高各类应急预案的有效性，进一步细化各专项应急预案与相关单位（用户）应急预案的衔接与联动。通过将高层建筑的供电线路电源、供电设备容量、物业联系电话、联系人等信息补充入《电力服务事件处置应急预案》，并实地勘查配电站的地理、布置情况，预先制定紧急供电和抢险救援的预案等大量深入细致的工作持续完善应急预案体系建设。

在当地政府及安全生产监督管理局、能源局等监管部门的监管下，通过应急预案的评审和报备逐步改善企业内部上下级预案不相衔接，企业预案与地方政府及部门预案不相衔接的现象。加大对下级供电企业预案的督查督办力度，增强应急预案的针对性和实用性，提高应急预案的编制质量。定期对应急预案进行评估，对突发事件的处置过程进行研究，对相关应急处置人员进行落实，落实针对性、可操作和企业特殊性等要求。

加强应急预案管理，建立应急预案数据库，动态掌握预案编制情况，及时发现问题并按照监督指导意见，使企业预案、政府预案、社区预案、上下级预案之间相互衔接，成为有机的整体，真正发挥应急预案整体效用，提高应急救援的效率和水平。

二、应急专项资金体系建设

为保证电力系统应急管理及实施，应急管理专项资金必不可少。另外，供电企业应对突发公共事件存在应急资金大和技术密集这种特殊性，还应落实供电企业应急救灾专项资金，确保突发公共事件时能够准时发挥作用。

供电企业财务部通过系统构建面向突发事件处置的财务应急管理模式，促进对应急资源的有效配置、突发事件损失的科学评估、处置恢复的有力支撑。

积极探索强化与保险公司的沟通对接方式，建立事故定损先期理赔通道。协同保险公司与相关专业、基层单位，在充分评估事故损失的基础上，迅速推进理赔程序，保证受伤人员第一时间得到保险理赔服务，增强员工归属感，稳定受伤人员情绪。跟踪统计受损电网资产，为决策层迅速了解资产损失情况提供有力支撑。根据理赔程序及原则，及时与保险公司沟通确定事故理赔方案，快速推进核查及理赔进度，保证修复资金及时到位，恢复生产工作顺利进行。

三、应急队伍体系建设

各级供电企业应急管理人员编制普遍较少，熟悉安全生产和应急管理工作的人员更少，应急管理力量薄弱，不能适应工作需要。安全生产应急管理工作责任不落实，无人管、不会管的问题十分突出。一些单位把事故救援等同于应急管理，出了事故抓救援，而平时不重视应急管理基础工作，造成预案缺乏针对性和可操作性，不掌握应急资源，应急程序和职责不清，应对事故难以做到科学有效，甚至出现盲目施救扩大事故的情况。

按照区域经济建设的总体规划，供电企业的应急救援队伍，按照“统一规划、合理布局”原则，主动承担社会责任，作为骨干专业救援队伍，充分发挥供电企业应急救援队伍的作用，参与到各级地方政府所主导的覆盖重特大事故多发领域和地区、重点和一般相结合、专业配套、技术先进的应急救援队伍体系中来。

各级供电企业在省级供电企业范围内以地市级供电企业为单位逐步建立输电应急基干队伍、变电应急基干队伍、配电应急基干队伍以及应急救援基干队伍和各供电企业专业应急队伍，同时，省级、地市级、县级供电企业应急救援队伍之间建立应急联动协议，三级供电企业的应急救援队伍体系得到不断完善，逐步推动将应急基干队伍作为员工培训基地，经过应急基干队伍的锻炼将成为新员工升职班组长任职资格的条件之一。

此外，按照“预防与应急并重，常态与非常态相结合”和“险时搞救援，平时搞防范”的原则，组织、指导、规范应急救援基干队伍和专业队伍发挥专长开展预防性安全检查和隐患排查治理，加强事故预防工作。

四、应急后勤体系建设

各级供电企业着力建立统筹规划、统一指挥、快速响应、内外协同、全面覆盖的应急后勤保障体系。生活保障应贴心、卫生、全面；车辆应安全、及时、方便；医疗保障应高质量、高标准、全覆盖；物资保障应及时、顺畅、规范。

(1) 加强后勤应急资源储备，保障应急物资快速调配。各级供电企业结合实际，合理储备后勤应急物资装备，并通过集约化管理，多维度加强了资源统筹力度，提高了资源使用效率，实现后勤应急设施统筹建设、应急物资及装备统筹配置、分级管理、统一调配和使用。

(2) 合理储备物资，实现快速调配。根据辖区内自然灾害分布情况、突发事件类型等因素，合理储备消防、反恐、健康防护、应急食品、医疗、安保等各类后勤资源，并充分结合地域特点，因地制宜、分散储备各类后勤资源，避免资源过分集中，缓解基层供电企业压力。在供电企业处于应急状态时由后勤部按照“属地—就近—特色”的原则统筹调配使用，实现资源使用快速响应。

(3) 深化“五位一体”协同机制，规范应急保障过程管控。确保后勤应急保障管理制度、流程、标准、职责、考核落实到位。按照“五位一体”工作要求，完善制度建设、梳理管理流程、制定工作标准、完善岗位职责、落实评价考核，不断加强后勤应急保障体系建设。依据“五位一体”协同机制工作方案，实现后勤应急保障工作岗位职责与制度、标准、流程匹配对应，做到凡事有人负责、凡事有章可循、凡事有据可查。强化监督考核，制定风险控制措施，加强过程管控，并依据相关绩效考核办法进行定期考核。

五、应急知识体系建设

理论来源于实践，同时指导实践，科学的应急管理必须依靠科学的应急管理理论指导。各级供电企业运用科学的研究方法和手段探索突发事件和应急处置的客观规律，不断完善应急管理的知识体系，从而提高应急管理、救援、培训体系的业务水平。

面向安全管理高要求的需要，指挥高层快速反应与及时决策是应急处置进行的前提，构建科学决策、高效执行的应急指挥体系是应急救援工作的关键核心。专家队伍配合组织机构中的指挥小组开展分析决策工作，完善专家参与预警、指挥、救援、救治和恢复重建等应急决策咨询机制，开展专家会商、研判、培训和演练等活动。供电企业通过引进专家辅助，组建经验丰富的应急指挥领导班子，科学决策，实现应急信息准确快速提取，在正确决策的前提下提高快速反应能力。

六、应急基础数据体系建设

加强应急资源调查、管理等基础工作，按照分级管理的原则，指导各级安全生产应急管理机构加强应急资源管理、开展典型案例分析等基础工作，建立应急资源数据库、典型案例数据库、预案数据库等，动态掌握社会应急资源，包括专业救援队伍、兼职救援队伍、专家队伍、特种救援装备和可用于救援的大型运输、起重、排水等生产设备，为科学决策、快速反应、有效应对提供支撑和保障。

第三节 增强全体员工应急意识

各级供电企业在全体员工中通过开展应急培训、应急演练和宣传教育增强应急意识。努力做好应急救援技术推广应用、典型案例分析、经验教训总结、年度应急工作评估、资源调查、资源信息数据库建设、应急基干队资质认定等工作，为安全生产应急管理和应急救援体系建设提供支持，定向培养应急指挥长等专项专家人才，并深入研究应急预案体系、应急预案理论及技术，准确把握应急预案的目标、原则、关键要素、重要环节。在此基础上树立预防和控制突发事件或危害意识，重视对电力系统突发公共事件的预防，消除麻痹和侥幸心理，提高预案可操纵性和实战性，并且不断完善和健全。

一、建立应急管理培训体系

按类别分层次开展安全生产应急管理培训工作。将全体员工分为管理人员、应急基干队伍和应急专业队伍三个层次，开展应急管理知识、应急技术和应急技能三个类别的培训。

有针对性地对供电企业各级应急管理人员中存在的对于电力应急管理的内涵和外延认识模糊，电力应急管理职责不清进行系统培训，克服对电力应急管理目标认识不到位，实际工作中片面强调电力设施抢修的重要性，不能意识到及时消除突发事件对社会、企业、群众的影响，要重新确定保障人民的生命财产安全才是突发事件应急处置的目标。

应急基干队员肩负着日常的设备运维检修工作，同时，在事故应急抢险救援过程中需要的专业技能和应急技能水平不但要求高而且要求全。然而，初期的应急基干队伍技术力量、技能水平和应急能力无论基础专业还是技能水平都存在差异，逐渐会显现出不能满足应急抢险救援工作对专业应急基干队伍的全面需求。各级供电企业要加强应急抢修基干分队应急专业知识和技能培训，不断提升基干队伍的“战斗力”，增强供电企业应对突发事件的处置能力，并将应急管理知识、安全技能、应急救援技能、医疗救护技能、应急装备及应激心理学等专业的操作技能等列为应急基干队员的公共课。

作为基本素质要求，全体应急基干队员都要掌握应急装备的正确使用、定期保养技能。对现有应急基干队员提升应急专业技能要求，组织学习并取得配电、电缆、带电作业等专业至少中级职业技能证书，更好地适应应急抢险救援工作。

对于应急专业队伍和普通员工开展仿真演练，组织员工定期参加应急培训基地的演练和培训，重点开展电网抢修救援和危化品事故处置等专项培训。重视灾难逃生和生命救援，重点围绕突发大面积停电、重要客户供电安全、地震火灾逃生、人身伤害救援等突发事件，开展无脚本应急演练，养成供电企业员工应急意识。

二、建立应急演练常态机制

在《安全生产应急演练指南》指导下，加强应急演练，提高针对性、实效性，并针对演练暴露的问题及时对应急预案进行修订。同时，组织有关部门积极参与供电企业与地方政府协同演练，及时总结好的做法和经验，以点带面、交流推广。制定完善有关规章、标准，促进应急演练工作制度化、经常化。通过演练，发现问题、积累经验、锻炼队伍、磨合机制，使预案随时能够经得起突发事件的检验，达到关键时刻能够用得上、起作用的要求。

针对电网薄弱环节，围绕大面积停电、地震火灾、人身伤害等重大突发事件，常态化开展综合应急预案、专项应急预案和现场处置方案的无脚本演练。供电企业要制订各专项应急预案和现场处置方案3～5年滚动演练计划，实现全部应急预案和现场处置方案演练。梳理应急预案，优化应急处置流程，按照流程环节责任到岗原则编制应急处置指导卡，提高应急预案的操作性。确保持续提升应急处置实战能力和部门间协同应对突发事件能力。

三、建立应急宣教多媒体模式

供电企业协调技术力量拍摄并分类整理自然灾害、突发事件、生产事故、突发社会公众事件的应急处置实战全过程和应急演练全过程视频资料，组织建设应急资料视频库，并且有计划地组织全体员工对视频资料进行分析、讨论，聘请应急专家针对突发事件的处置过程进行评估和讲解，共同就应急处置流程、研判条件、策略应用、协调配合、指挥调动等过程进行互动式、开放式地辩论，以期碰撞出最趋于完善的处置方案，借此提高全员主动学习应急相关知识热情，增强全员应急意识，引导应急多维度思维，达到培养应急高水准专家人才的目的。

第十二章

大应急大救援应急联动机制

无论是在重特大事故的抢险救援工作中或是在抗震救灾工作中，现有的各类应急资源尚未得到充分整合，安全生产应急救援体系尚未完全发挥出应有的作用，各类应急救援队伍的协调作战能力仍有待进一步提高。因此，按照“统一指挥、分级响应、属地为主、公众参与”的原则、建立健全“大应急、大救援”工作机制，加强各部门、各地区的应急联动机制建设、充分整合各类应急资源；完善国家、省级相关部门安全生产应急救援联动机制和联络员制度，健全各级应急管理机构之间、应急管理机构与救援队伍之间的工作机制和应急值守、信息报告制度，建立健全区域间协同应对重特大生产安全事故的应急联动机制，建立完善事故现场救援队伍协调指挥制度，理顺和完善应急管理与指挥协调机制。真正形成统一指挥、反应灵敏、协调有序、运转高效的应急管理工作机制是当务之急。

本章就政府机关的应急救援机制、城市应急联动系统、供电企业之间的应急救援联动、与用户应急预案的衔接、社区应急动员的重要性予以论述。

第一节　政府机构的应急救援体制

国务院是突发公共事件应急管理工作的最高行政领导机构。在国务院总理领导下，通过国务院常务会议和国家相关突发公共事件应急指挥机构，负责突发公共事件的应急管理工作。必要时，派出国务院工作组指导有关工作。国务院办公厅设国务院应急管理办公室，履行应急值守、信息汇总和综合协调职责，发挥运转枢纽作用。国务院有关部门依据有关法律、行政法规和各自职责，负责相关类别突发公共事件的应急管理工作，具体负责相关类别的突发公共事件专项和部门应急预案的起草与实施，贯彻落实国务院有关决定事项。

地方机构地方各级人民政府是本行政区域突发公共事件应急管理工作的行政领导机构，负责本行政区域各类突发公共事件的应对工作。

各级政府在应对灾难的过程中，承担组织、协调、指挥等方面的重要职能。各级政府及其部门之间通过权力、职责的合理划分，组织形式的选择，部门、机构之间的协调配合等方式，履行社会管理职能，积极应对突发事件。

一、健全国家安全生产应急救援联络员会议制度

根据《国家安全生产事故灾难应急预案》、《国务院安委会各成员单位与国务院安委会办公室建立应急联系工作机制》等有关规定，由工业和信息化部、公安部（治安管理局、消防局、交通管理局）、环境保护部、住房和城乡建设部、交通运输部、农业部、

卫生部、国资委、质检总局、安全监管总局、旅游局、地震局、气象局、国家能源局、国防科工局、海洋局、民航局、总参作战部（应急办）、武警司令部（作战勤务部）组成联络员会议。联络员由联络员会议各成员单位指定的负责安全生产应急管理和应急救援工作的司局级部门负责人担任，同时确定一名处级干部为联系人，协助联络员开展工作。联络员会议按照国务院安全生产委员会办公室和国务院应急管理办公室的要求开展以下工作：交流安全生产应急管理工作情况，研究提出安全生产应急管理工作意见和建议，研究建立利用各部门现有应急资源，参加应急救援协调联动机制和信息沟通机制，根据事故抢险救援工作需要协调相关事宜。

（一）联络员会议的组织工作由应急指挥中心承担其主要职责

1）承担联络员会议的组织、协调及日常事务性工作。

2）汇总、分析全国安全生产应急救援工作信息以及各成员单位应急工作情况，提出相关工作建议，及时报告国务院安全生产委员会办公室和国务院应急管理办公室，并通报联络员会议各成员单位。

3）承担联络员会议议定事项的组织协调工作。

4）根据联络员会议各成员单位要求，协调生产安全事故灾难应急救援有关工作。

（二）联络员例会制度

1）联络员例会为联络员会议基本形式，原则上每半年召开一次，会议的主要任务是：学习贯彻落实党中央、国务院关于安全生产及突发公共事件应急管理方面的指示和工作部署；分析全国安全生产应急管理和事故灾难应急救援工作形势，针对安全生产应急管理工作的重大问题研究提出意见和建议；研究、提出完善应急协调机制的建议；分析评估生产安全事故灾难应急管理工作；通报、交流各部门安全生产应急管理工作；研究、改进联络员工作的重大事项。

发生特别重大事故灾难或有重要工作需要部署、协调和沟通时，根据联络员会议成员单位要求，可召开由全体或部分联络员参加的临时会议。

2）联络员例会和临时会议后形成会议纪要，报国务院安全生产委员会办公室、国务院应急管理办公室，印发联络员会议各成员单位，抄送各联络员。

3）联络员因故不能参加例会和临时会议，应告知应急指挥中心并委派联系人参加。

4）安全监管总局、煤矿安监局有关司局负责人，应急指挥中心负责人及其部门负责人参加例会和临时会议。

（三）联络员工作职责

1）参加联络员例会和临时会议，通报本部门、行业或领域安全生产应急管理和应急救援工作情况，提出相关意见和建议。

2）向所在部门或单位领导汇报联络员会议精神，提出工作建议、措施，并抓好落实。

3）承担本部门有关安全生产应急管理和事故灾难抢险救援工作情况、信息和总结报告的交流与传送。

4）协调办理涉及本部门或本单位生产安全事故灾难应急救援有关事宜。

5）参加按照联络员会议要求组织的安全生产应急工作研讨、演练、调研、考察、评估等工作。

6）负责本部门（单位）与应急指挥中心的联系。

二、发挥国家安全生产应急救援指挥中心作用

1. 全面加强部门间的应急救援协调联动机制建设

随着各级政府和企业对应急救援工作的重视，我国安全生产应急救援工作已经打下了一定的基础，在应对事故灾难中发挥了重要作用，但存在的问题仍然十分突出。各级政府应急指挥中心履行以下应急指挥职责：

（1）要找准定位、认真履职。国家安全生产应急救援指挥中心为国家安全生产委员会办公室领导，国家安全生产监督管理总局管理的事业单位，履行全国安全生产应急救援综合监督管理的行政职能，按照国务院安全生产突发事件应急预案的规定，协调、指挥安全生产事故灾难应急救援工作。主要职责包括：必要时，协调总参谋部、公安部和武警总部调集军队和武警参加特大生产安全事故应急救援工作。安委会办公室主要职责包括：组织协调特别重大事故应急救援工作。这些明文规定，为应急指挥中心建立部门协调联动机制，协调指挥各类重特大安全生产事故提供了法理和政策上的依据。

（2）积极参与，做好表率。国家安全生产应急救援指挥中心以服务为切入点，牵头建立部门协调联动机制，积极参与各类事故的抢险救援工作，包括陆地（水上）交通事故、渔业船舶事故、铁路事故、民航事故、火灾事故等生产安全事故；同时，积极参与滑坡、泥石流等自然灾害的抢险救援工作。就像在抗击自然灾害工作中一样，充分发挥安全生产应急救援队伍的专业技术优势，取得各部门的充分认可；其次，在参与海上、铁路、民航等事故灾难的抢险救援工作中，做好服务、毫无保留地贡献出掌握的全部应急资源、包括遍布全国的队伍、专家、大型装备和医疗卫生体系等，发挥综合救援优势和准军事化管理体制的优势。

（3）逐步推进，制度保障。部门应急联动机制的建立，还需要有切实可行的制度作为保障。制度建设要逐步推进，在现有的安全生产应急救援联络员会议制度框架下，逐步推动建立国务院领导下的应急救援部际联席会议制度，以替代各部门现有的各种应急救援会议制度。从制度上突破海上、消防、民航等行业领域应急救援的界限，从制度上打破应急资源的部门分割，大力推行“大应急、大救援”概念，在此基础上建立国家安全生产应急救援指挥中心的协调、指挥机制。

2. 健全、深化区域应急救援联动机制建设

成立跨区域的应急救援联动机制，充分发挥各大区应急救援力量的人员、装备和地域优势，形成合力，对于重特大事故和复杂事故的抢险救援工作会发挥事半功倍的作用。建立区域应急救援联动机制，一是通过开展区域应急救援联动机制建设，可以根据就近原则，高效处置大量危险化学品交通运输等边界事故，最大限度地减少事故造成的损失和危害；二是推动跨区域救援，可以集数省之力，快速高效处置复杂的特别重大事故，提高救援效果；三是通过开展跨区域、跨行业联合协作机制的研讨，能有效提高应急机构和救援队伍应对复杂事故灾难的能力；四是通过开展典型救援案例分析和救援技术的交流，提高应急机构的指挥协调能力和救援队伍的技战术水平；五是区域内通过开展应急救援队伍的日常管理、训练及装备配备和使用保养情况进行互检，可以促进救援

队伍的自身建设。

应急指挥中心决定建立区域应急救援联动机制，在与各省有关部门、救援机构、救援队伍进行充分沟通，调研的基础上，积极推动建立矿山、危险化学品区域应急救援联动机制，建立区域内监管监察部门和救援队伍之间事故抢险、救援经验教训交流、案例分析、相互检查等协作机制，有力地推动了地区救援协作工作的开展，还需要从以下几方面着手加以推动和完善。

(1) 推动各省主管部门大力支持区域应急救援联动机制建设。主管部门以促进队伍建设、提高救援能力和救援效果为根本目标，为区域应急救援联动机制建设提供各方面的支持和帮助，为救援队伍创造各种有利条件，帮助他们走出去互相交流、学习、提高。主管部门的支持对于成功开展这项工作至关重要。

(2) 加大指导和扶持力度。国家安全生产监督管理总局和国家应急指挥中心要加大对区域应急联动机制建设的指导，指导和帮助各大区在机制建立、活动方式、活动内容等方面开展好工作，做好区域应急联动机制建设的先期培育工作，为其健康发展打好基础。

(3) 提要求、定标准，促进各区域应急联动机制建设走上正轨。各区域应急联动机制建设既要保持其独立性，使之能够独立组织联合作战；又要在活动内容和方式、目的和效果及应急资源整合利用等方面加以统一的引导和指导。

(4) 加强各区域间的交流与合作，促进区域应急联动机制向成熟化、深层次发展。通过组织开展座谈会、研讨会及跨区域交流学习、互检等工作，促进各区城应急机构和救援队伍查找差距、互相学习、互相促进，在组织、协调跨区域联合作战行动中更加默契、成熟、完善。

3. 建立完善省内应急救援联动机制建设

省内应急资源的有效整合利用，是建立健全部门、地区应急联动机制的基础。随着省、市、县三级应急指挥机构的逐步建立，加快省内应急资源整合、建生健全省内应急救援联动机制的时机已经逐步成熟。建立完善省内应急救援联动机制，必须要做好以下几方面工作。

(1) 必须建立一个懂业务、有权威、凝聚力强的应急指挥机构统筹应急管理工作。在现有安全监管体制下建立统一、高效的应急救援工作机制，明确负责的应急管理机构，赋予足够的权力、权威和其他资源，使其能够积极有效地开展工作。

(2) 进一步完善矿山、危险化学品应急救援队伍的管理体制、机制。包括应急指挥机构调动，指挥应急救援队伍的规定、规范，应急救援队伍质量建设标准和规范，建立、发放安全生产许可证挂钩的企业与救援队伍签订救护协议的保障机制，调动企业队伍参与社会救援的补偿机制、救护队员的退休、转岗、培训、抚恤、表彰机制，应急救援工作的荣誉制度等。通过建章立制，规范应急救援队伍建设，明确指挥、调动程序，树立荣誉观念，进而提高应急救援队伍的战斗力、凝聚力和向心力。

(3) 掌握应急资源底数，加强救援队伍间的交流与合作。各级应急指挥机构必须摸清、掌握各类应急资源底数，做到情况明、底数清，熟悉本地区应急救援的优势、特长，做到了然于胸、运用得当。同时。要通过定期组织开展联合演练、大比武等活动磨合、锻炼队伍。建设组织文化，增进相互间的感情，提高队伍间的协调配合能力，进而提高联合作战能力。

(4) 推动经济政策保障，建立应急救援基金。从高危行业企业缴纳的安全生产费用中提取一定比例的资金。建立应急救援基金，在省（区、市）安全生产委员会的领导下由省级应急指挥机构统一管理，用于应急救援先期费用的垫付、应急装备的配备及应急救援先进表彰等方面。通过制定完善相应的经济政策，提高应急救援队伍的装备水平，增强应急救援人员的荣誉感和使命感并进而提高应急指挥机构的凝聚力和领导力，促进全省（区、市）应急救援工作的全面进步。

全面推进应急救援协调联动机制建设，不仅有利于整合资源，提高救援能力和效果，对于加强我们自身建设，探索未来应急工作机制，体制建设也有很好的促进作用。

第二节　城市应急联动系统

加强各部门、各地区的应急联动机制建设，充分整合各类应急资源，真正形成统一指挥、反应灵敏、协调有序、运转高效的应急管理工作机制是当务之急。实现针对各类突发事件的应急联动和协调指挥、提高应急救援能力、最大限度地理顺和完善应急管理与指挥协调机制，以减少伤亡和损失。

一、完善安全生产应急救援工作机制

1) 各级安全监管部门要在同级政府安全生产委员会框架内建立安全生产应急救援联络员会议制度，明确各成员单位安全生产应急救援工作职责分工，完善生产安全事故信息沟通机制和应急救援快速协调机制。要建立和完善区域间协同应对重特大生产安全事故的应急联动机制，安全生产应急工作机构与有关应急救援队伍之间的工作机制，并严格执行安全生产应急值守和信息报告制度，充分发挥应急平台的作用，提高应急工作效率，建立完善事故现场救援队伍协调指挥制度。

2) 各级安全监管部门和有关企业要与地震、气象、海洋、国土资源等部门密切配合，建立并完善预报、预警、预防机制，加强协作，有效防范和有力应对自然灾害引发的事故灾难。

二、加强各级安全生产应急管理（救援指挥）机构建设

1) 各省、地市都要按照有关规定和要求，建立健全安全生产应急管理（救援指挥）机构，发挥其综合监管和事故救援指挥、指导、协调作用。

2) 高危企业较集中的县要设立或明确负责安全生产应急管理（救援指挥）机构，其他县要落实专人负责安全生产应急工作，并逐步延伸到街道、乡镇等基层政府和组织。

3) 其他各级负有安全监管职责的有关行业主管部门也要建立专门的安全生产应急管理（救援指挥）机构，或明确相关部门、设立专人专门负责此项工作。

三、城市应急联动系统建设

城市应急联动系统就是将公安、消防、交通、通信、医疗急救、电力、水利、气象、地质，市政管理等政府部门纳入一个统一的指挥调度系统，处理城市特殊、突发、

紧急事件和向公众提供社会紧急救助服务的信息系统，综合各种城市应急服务资源，统一指挥、联合行动，为市民提供相应的紧急救援服务，实现跨区域、跨部门、跨警种之间的统一指挥、快速反应、统一应急、联合行动，为城市的公共安全提供强有力的保障。

城市应急服务联合行动，就是一个音频、视频，大数据集成为一体，基于应急响应相关业务系统建设的需要，以信息网络为基础的，各分系统有机互动为特点的整体解决方案，用于公众报告紧急事件和紧急求助。城市应急联动工程需要建立一个统一的城市应急指挥中心，克服指挥关系与权责的冲突。由于政府管理体系是树形的垂直管理（对上级负责型），而应急联动的快速反应机制需要的是以指挥中心为核心的扁平结构管理（对事件负责型），单一部门难以独立处置城市中的自然灾害及突发事件。实现联动后大大加强了不同应急基干队伍及联动单位之间的配合和协调，从而对一些特殊、突发、应急和重要事件能做出有序、快速而高效的反应，协同应急处置和提升综合抗风险能力的需要。在为市民提供更加快捷的紧急救助服务同时，也方便应急指挥决策者在发生这些事件的时候，能及时获取第一手资料，以便快速做出正确的决策。

四、加快社会应急救援力量建设步伐

各级地方政府要高度重视社会安全生产或综合应急救援组织和志愿者组织建设工作，把具有相关专业知识、技能和装备的社会救援组织、志愿者组织纳入安全生产应急救援体系建设之中，加强引导、推动、扶持和管理，充分利用各种资源，调动各方面的积极性，组织和鼓励社会力量参与安全生产应急救援工作。

五、供电企业主动承担社会责任

供电企业充分利用当地政府的安全生产应急救援联络员会议机制，在联络员会议上主动汇报电力行业安全生产应急管理工作情况，提出安全生产应急管理工作研究成果建议和充分利用现有应急资源建议，参加应急救援协调联动机制和信息沟通机制研究，根据突发事件抢险救援工作需要协调相关事宜。

第三节　供电企业间应急救援联动

供电企业作为支撑国计民生的支柱产业之一，在不断夯实安全生产基础，提高自身安全生产能力和安全管理水平的同时主动承担企业的社会责任，在发生安全事件或自然灾害等突发事件时，不仅要组织好本企业的应急救援工作，还要主动发挥本企业的组织、技术、人才、物资等优势，服务于社会大局。

各级供电企业依据《中华人民共和国安全生产法》、《中华人民共和国突发事件应对法》、《电力安全事故应急处置和调查处理条例》、《中华人民共和国突发公共事件应急预案》等法律法规以及供电企业应急管理规章制度，按照应急救援协调联动机制建设的原则与内容、管理与要求为进一步整合各级供电企业现有应急资源，充分发挥其作用，优势互补、相互支援、科学高效处置突发事件，按照“大应急、大救援”工作机制，在相邻区域供电企业签订应急救援联动协议。

一、应急救援协调联动的基本原则

相关供电企业按照“信息互通、资源共享、快速响应、协同应对”原则，建立应急救援协调联动机制，通过加强在预防准备、监测预警、响应处置、恢复重建等阶段的沟通协作、相互支援，提高突发事件处置能力，最大限度地减少突发事件造成的损失和影响。

二、应急救援协调联动机制的建立

1. 应急救援协调联动供电企业的确定

综合考虑“地域相邻、环境相近、交通便利、灾害相似、优势互补”等因素，相关供电企业自主选择建立协作关系，应急协调联动成员供电企业一般不超过4个。

2. 应急救援协调联动协议的签订

应急协调联动成员供电企业通过签订应急协调联动协议确定协作关系。协议由成员供电企业共同协商起草，各成员供电企业应急领导小组会议通过、法人代表签署后生效，协议有效期限一般为4年。

3. 应急救援协调联动协议主要内容

应急救援协调联动机制建设协议应明确工作机构、职责，以及各方在应急准备、预警、处置、恢复等阶段应急协调联动工作内容，安全责任和应急保障等事项。

三、应急救援协调联动工作机构

1）各成员供电企业应急领导小组领导本供电企业应急救援协调联动机制建设与管理工作，审批相关计划、方案，批准开展联合救援行动。

2）各成员供电企业应急管理职能部门负责本企业应急救援协调联动机制的建设与管理。

3）各成员供电企业共同组建“应急救援协调联动工作组”（简称“工作组”），工作组人员包括各成员供电企业应急管理部门负责人、应急处处长、应急专职、应急救援基干分队队长等。组长由各成员供电企业应急管理部门负责人轮流担任，任期1年。

工作组的主要职责有：负责应急救援协调联动机制日常运行管理工作，制定联合培训、演练、交流等工作计划并组织实施，建立信息沟通制度，确保信息共享，在事发地所在供电企业统一领导下组织开展突发事件联合救援行动，完成联动工作总结评估。

四、应急救援协调联动机制的实施

1. 准备阶段

1）各成员供电企业按照已批准的联合培训、演练计划，组织开展培训、演练，确保每年至少开展1次联合应急培训、1次联合应急演练、1次工作交流活动。

2）建立信息通报工作网络，明确各供电企业日常信息联络人员、联系方式，及时通报应急救援基干分队状况。

3）组长供电企业牵头组织，成员供电企业配合，开展总结评估工作，对日常管理、协调联动等进行全面分析总结。

2. 预警阶段

1）成员供电企业分析突发事件发生可能性、影响范围和严重程度，研判可能需要应急救援协调联动供电企业参与处置时，及时将灾害评估信息、电网信息、地域特征等通报给应急救援协调联动支援供电企业。

2）支援供电企业根据事发地所在供电企业的通报，关注事态发展，做好应急救援基干分队人员、物资、装备准备，开展应急值班，参与事发地所在供电企业应急会商会。

3．处置阶段

1）事发地所在供电企业统一领导指挥应急救援行动。

2）事发地所在供电企业将受灾情况及社会损失、地理环境、道路交通、天气气候、灾害预报等信息及时通报给支援供电企业；向支援供电企业应急救援基干分队交代工作任务、交代安全措施、告知作业风险、明确现场联系人。

3）事发地所在供电企业负责联系协调支援供电企业人员住所，为支援供电企业提供抢险救援所需的材料物资和配合人员。

4）支援供电企业应急救援基干分队迅速赶赴事发地区，接受事发地所在供电企业指挥，开展救援工作，支援供电企业自行负责后勤保障的物资及人员的食宿费用。

5）根据事态发展变化和救援进展情况，在确保现场情况得到控制，后续应急队伍力量充足的情况下，经事发地所在供电企业同意后，支援供电企业组织应急救援基干分队有序撤离。

4．恢复阶段

支援供电企业应急救援基干分队一般不参与灾后重建工作。事件处置结束后，工作组负责评估联动工作，支援供电企业配合事发地所在供电企业做好联动评估。

五、应急救援协调联动工作保障

1）应急救援协调联动供电企业应规范应急队伍管理，做到专业齐全、人员精干、训练有素、反应快速。

2）应急救援协调联动供电企业应配备应急处置所需的通信、交通、救援等各类装备，建立台账，规范管理。

六、安全责任

事发地供电企业应做好事件处置现场安全督查工作，查禁包括支援供电企业人员在内的所有人员的违章行为。

支援供电企业应急救援基干分队成建制独立开展工作，承担自身的安全责任。到达现场后应主动了解当地情况，分析危险点，自觉遵守事发地所在供电企业相关安全规章制度，服从事发地供电企业安全监督人员监督，确保人身、电网和设备安全。

七、其他

应急救援协调联动成员供电企业救援分队日常开支由各自负责，应急救援协调联动演练费用由牵头供电企业负责，应急救援行动所需材料物资由事发地所在供电企业提供。

八、省级电力公司应急救援联动合作协议

见附录。

第四节　与用户应急预案的衔接

各级供电企业为供电服务质量有效应对和妥善处置电力服务事件，切实维护广大电力客户利益和各级供电企业的良好社会形象，建立统一指挥、协调有序、运转高效的多种途径与形式的电力用户与各级供电企业的应急联动管理工作机制，提升供电服务工作水平。

由于能源供应紧张、发电能力下降、电网供电能力、用电客户群体的复杂程度及其他不可控因素等多方面的原因，任何电力服务问题都有可能转化为具有广泛影响的电力服务事件，在破坏企业正常生产经营秩序和社会形象的同时，对关系国计民生的重要基础设施以及经济建设、人民生活，甚至社会稳定和国家安全等方面都将造成严重影响。供电企业作为涉及国家能源安全和国民经济命脉的国有重要骨干企业，经营区域广、覆盖面积大、供电人口多、电力服务体系庞大、人员众多、情况复杂，存在发生各种电力服务事件的可能性和不确定因素。为了减少电力服务事件对广大用户特别是重要用户的影响，需要供电企业与电力用户建立广泛的应急联动机制，共同实现从容应对超前控制。

各级供电企业基于对各类电力服务事件超前控制的考虑，与电力用户携手应对安全风险，供电企业各相关专业部室主动为用户提供应急服务，指导用户编制停电应急预案并将应急预案的内容与供电企业的电力服务事件应急预案进行有效的衔接，通过开展服务上门的应急培训，帮助广大电力用户不断提高应对突发事件的处置能力和指挥协调能力，每年组织开展应急联合演练，检验应急联动机制，不断增强预案的有效性和操作性，同时加强与当地政府部门联系，不断提高应对电力突发事件的能力。

一、确定重要电力用户

重要电力用户是指在国家或某个地区（城市）的社会、政治、经济生活中占有重要地位，对其中断供电将可能造成人身伤亡、较大环境污染、较大政治影响、较大经济损失、社会公共秩序严重混乱的用电单位或对供电可靠性有特殊要求的用电场所。由于其自身特殊的用电特点，重要电力用户对供电可靠性有特殊需求，所关注的是供电连续性，停电将可能造成巨大损失和严重的经济和社会影响，对单次允许的停电时间有严格要求。

1. 重要电力用户的分级原则

在开展重要电力用户分级认定工作时，政府、供电企业和重要电力用户可依据以下一个或结合实际情况依据多个原则来共同确定：

（1）整体性原则。大型重要电力用户各个用电负荷等级通常不完全相同，既有一级负荷，又有二级负荷。故其重要性级别应根据其中的主要负荷或关键负荷的等级及停电损失和影响来确定。

（2）停电成本原则。由于不同电力用户停电后对社会所造成的政治影响或经济损失并不相同，影响面较广或者付出代价较大的用户通常对供电可靠性要求较高，其相应的重要性级别也较高。

(3) 供电质量原则。包括供电可靠性和电能质量两方面。在供电可靠性方面，为保持正常工作的连续性，允许供电中断的时间越短，用户的重要程度就越高。在电能质量方面，对电能质量越敏感的用户，它们的重要程度相对更高。

(4) 政策性原则。一些特殊电力用户鉴于其在社会中的重要地位和影响，国家政策或地方性法规对其在电能质量、供电可靠性等方面需要达到的安全标准有相关要求，这类电力用户的重要级别一般相对较高。

(5) 时效性原则。由于国家宏观环境的变化和经济社会发展目标的调整，重要用户的级别并不是一成不变的，需要定期或不定期的进行重新评估并合理归类划分。

重要电力用户分类按照供电可靠性的要求以及中断供电的危害程度，重要电力用户分类如下。

(1) 特级重要电力客户。指在管理国家事务中具有特别重要作用，中断供电将可能危害国家安全的电力客户。

(2) 一级重要电力客户。指中断供电将可能产生下列后果之一的电力客户：①直接引发人身伤亡的；②造成严重环境污染的；③发生中毒、爆炸或火灾的；④造成重大政治影响的；⑤造成重大经济损失的；⑥造成较大范围社会公共秩序严重混乱的。

(3) 二级重要电力客户。指中断供电将可能产生下列后果之一的电力客户：①造成较大环境污染的；②造成较大政治影响的；③造成较大经济损失的；④造成一定范围社会公共秩序严重混乱的。

(4) 临时性重要电力客户。指需要临时特殊供电保障的电力客户。

2. 有特殊服务要求的电力用户

超过千户的大型社区、超过9层的高层用户、人员稠密的大型商业中心等在重要用户范围之外，但是，如果发生电力服务事件会造成一定范围的社会公共秩序混乱或用户的生命财产安全构成一定的威胁。

二、为电力用户提供保电服务

(1) 重要保电事件分级。重要活动指政府党、政、军机关及各企、事业单位举办的重要会议、重要接待任务、联欢活动、大型演出、商务活动、体育赛事、各种重要考试（高考、中考、高自考、成人高考、研究生考试、计算机及外语等级考试）等。

1) 保电工作等级。重要活动按照其组织单位的规格、重要性、规模及涉及范围划分为一级重要活动和二级重要活动，保电工作也相应地划分为一级保电工作和二级保电工作。

2) 重要活动等级。由政府党、政、军、市级机关组织的重要活动或由省级各委、办、局组织的，涉及多个供电单位的大型活动均属于一级重要活动。由省政府各委、办、局、各区县政府及各企、事业单位组织的，仅直接涉及一个供电单位的重要活动属于二级重要活动。

3) 一级常规保电。供电企业所属特级重要用户、一级重要用户客户二级重要用户、高危用户、特殊要求的公共事业单位为一级永久性保电工作，纳入供电企业一级常规保电。

(2) 保电服务机构的职责。保电领导小组负责在供电企业的统一领导下组织、领导、协调完成供电企业所管辖供电区域内的一级保电工作，并独立负责本供电营业区内的二级保电工作。保电办公室负责一、二级保电工作的具体安排、检查督办和工作协调。

办公室负责对口受理各级政府、各委办局及其他单位的重要活动保电任务，向各相关部门下达保电任务；负责认真贯彻落实保电领导小组制定的关于保电工作的各项决议、措施；负责与上级供电企业、各级政府机关及有关单位紧密联系，做好保电信息的沟通和反馈；负责接待上级领导保电检查。

党群工作部负责宣传有关一、二级保电工作的指示精神，及时宣传报道在保电工作中涌现出来的先进事迹。

运维检修部负责编制、修订供电企业保电工作管理办法，监督各部门落实供电企业关于保电工作的各项管理制度；负责根据保电领导小组的要求对特级、一级重要活动制定有针对性地保电工作方案并检查、指导、督促各相关部门落实各项保电措施；负责按照供电企业的统一要求调配、使用应急装备；负责依靠政府和有关部门加强保电线路电力设施的保护，防止保电线路发生外力破坏、设备被盗情况；负责制定网络和信息安全专项方案，落实网络和信息安全防控措施，做好信息保密工作。

电力调度控制中心负责按照供电企业保电工作安排，提前制定保电应急预案；负责安排保电期间相关变电站、线路的运行方式，制定调度范围内输变配电设备的事故处理预案；负责监控保电期间所涉及的输变配电设备负荷情况，提供准确、可靠的电网运行数据，对保电期间调度运行方式、自动化工作负责。

安监部负责制定供电企业保电工作的安全、保卫措施；负责监督、检查各部室在保电工作中执行各项安全管理制度的情况；负责办公大楼、电力调度控制中心、重要变电站等部位的消防、保卫措施的落实，做好防盗、防爆炸、防破坏等工作，对保电期间的安全、保卫工作负责。

营销部负责重要活动期间的用电安全管理。全面掌握重要用户内部供电设备的基本情况，根据供电企业下达的保电任务，对重要活动所涉及的场所、客户的供电线路号进行认真核对，对其内部供电设备进行专项检查，督促用户进行隐患整改，协助客户制定电网事故情况下的自保自救应急处置预案，指导配电专业进行应急发电车的接入，并确保在紧急情况下能够切带用户的重要负荷。对保电期间的用户内部设备的安全可靠运行负责。

运维检修部输电运检室负责对辖区内保电客户外网电源的输电线路号进行认真核对；负责按照供电企业保电工作安排做好辖区内输电架空线路的安全可靠供电，对保电线路加强特巡，及时发现并处理各类缺陷。加强抢修力量，做好备品备件，确保故障抢修及时到位，无违诺事件的发生，对保电期间辖区内输电线路设备安全可靠运行负责。

运维检修部变电运检室负责按照供电企业保电工作安排做好变电站的安全可靠供电，对保电变电站及信息通信设备加强特巡，及时发现并处理各类缺陷，加强抢修力量，做好备品备件，确保故障抢修及时到位，对保电期间辖区内的变电及信息通信设备的安全可靠运行负责。

运维检修部配电运检室负责对辖区内保电客户外网配电电源进行线路号、配电站号的认真核对；负责按照供电企业保电工作安排做好配电线路的安全可靠供电，对保电线路加强特巡，及时发现并处理各类缺陷，加强抢修力量，做好备品备件，确保故障抢修及时到位无违诺事件的发生；负责应急发电车的维护保养和使用工作，保证应急发电车全天候随时可调用，落实责任，按特种车实行专人管理，做好操作人员的培训工作，对保电期间配电设备及应急发电车的安全可靠运行负责。

运维检修部电缆运检室负责对辖区内保电客户外网电源的电缆线路号，进行认真核对；负责按照供电企业保电工作安排做好辖区内电缆线路的安全可靠供电，对保电线路及开关站加强特巡，及时发现并处理各类缺陷；加强抢修力量，做好备品备件，确保故障抢修及时到位，无违诺事件的发生，对保电期间辖区内电缆线路设备安全可靠运行负责。

工程部负责供电企业保电期间工程抢修力量的合理配置，保证保电应急抢修及时，对保电期间工程抢修负责。

发展策划部负责物资管理工作，负责按照保电工作要求，编制保电物资保障应急工作预案，组织保电物资储备与及时供给工作，提高保电物资保障能力和紧急运输能力，确保物资保障体系保障有力、及时到位。

(3) 保电事件危险源监控。供电企业保电服务有关部门密切关注特殊时期保电任务中可能出现的电网事故、自然灾害以及人为破坏等能够造成事故的因素，加强监控手段和保卫力量，密切联系政府相关部门与公安、消防部门。

(4) 保电事件预警行动。对一、二级保电工作，供电企业主管领导要亲自组织，明确任务，落实责任，组织制定完善、可靠的保电措施。各部室主要领导对本部门负责的保电工作落实情况负总责，要做到亲自部署、亲自检查，并根据职责分工逐级签订保电责任保证书。应逐项落实好制定的保电方案或工作安排，并根据供电企业工作要求，制定本部门的保电措施，确保完成保电任务。

建立保电工作三级检查制度。各部门工作人员首先按照供电企业保电工作安排和本部门保电措施进行自查并做好记录。各部门保电二级机构根据工作人员自查情况，按照供电企业保电工作安排和本部门保电措施进行部门内部自查并做好相应记录。供电企业特殊时期保电办公室根据各部门二级机构自查情况，组织对各部门保电落实情况进行检查，对保电措施落实情况进行全程检查并做好相应的记录，并及时向供电企业特殊时期保电领导小组进行汇报。

对保电工作所涉及的客户，供电企业特殊时期保电办公室要组织相关部门逐户核对确认其外部供电线路编号、站号及上级电源线路、变电站。

相关专业室在保电任务下达后要对保电工作所涉及的供电线路、变电站提前安排一次特巡，对发现的缺陷及时进行处理。

电力调度控制中心要提前核对调度运行方式，确保保电线路、变电站在正常方式下运行。做好事故处理预案，并进行模拟演练。

营销部负责组织用电检查人员督促保电客户提前对保电工作所涉及的用电场所及变电站进行一次彻底地检查，对发现的问题立即书面督促客户进行处理。

一级保电期间，供电企业保电领导小组、保电办公室成员根据上级供电企业要求上岗值班。运行人员加强线路巡视，严防外力破坏事故的发生；事件（事故）抢修人员按提前制定的事件（事故）处理预案现场待命，用电检查人员进驻客户变电站现场保电。二级保电期间，供电企业主管安全生产副总经理、各相关保电部门主要领导上岗，运行人员、事件（事故）抢修人员、用电监察人员待命，根据保电重要性确定是否现场保电。

保电期间，电力调度控制中心原则上不对保电线路和变电站安排计划检修停电。

保电期间遇电网重大事故和存在重大负荷缺口情况下，电力调度控制中心应立即启动电网事故处理预案或拉闸限电预案，保证一级保电客户和一、二级重要用户正常供电。

对单电源保电用户，有条件的应尽可能再提供一路临时电源。如现场确不能实现双电源供电，用电检查人员必须要求用户自备发电机作为应急电源，保证外部供电电源事故时用户内部重要负荷的正常供电。

(5) 信息报告程序。实行重大情况逐级汇报制度。发生保电线路及变电站故障，电力调度控制中心主任负责立即通知主管安全生产副总经理及相关部室、部门负责人，由主管安全生产副总经理通知供电企业总经理。调度人员根据故障性质立即通知事件（事故）抢修人员保电客户及应急指挥分中心，并启动保电应急预案。

(6) 应急处置。响应分级：按照上级指令分为一级保电和二级保电。

1) 一级保电工作响应程序。办公室接到《重要活动电力保障通知单》，立即转交供电企业总经理、主管生产副总经理进行批示，并及时将保电批示复印转交涉及保电部门。

供电企业特殊时期保电办公室负责按照上级供电企业的总体要求，根据任务性质、重要程度、涉及范围，制定具体的保电方案或工作安排，明确保电任务，落实相关部门、人员的责任和工作要求，以文件形式或召开专门会议进行部署，组织各部门认真落实保电措施，同时负责将具体保电方案或工作安排按要求上报上级供电企业保电办公室。

供电企业各生产部门按照特殊时期保电办公室要求立即认真核对高、低压线站号并根据各自承担的保电任务，开展其职责范围内的相应工作。包括站号、线号核对工作，客户站址、联系方式、在装容量、设备运行情况、内部负荷分配情况等用电基本信息的掌握工作。

电力调度控制中心根据保电线、站号提前制定保电应急预案，并安排合理供电方式，保电期间不安排检修、不拉路限电，同时将保电应急预案附客户保电线站号明细提前转发供电企业特殊时期保电领导小组及特殊时期保电办公室成员，各部门根据各自保电职责分别组织人员对保电线路、公用变电站、配电站、客户专用站设备进行特巡，发现缺陷及时组织进行处理。

营销部重点安排好客户用电设备检查和客户自查工作，针对发现的问题要下达书面整改通知书要求客户限期整改，如有单电源客户保电，应要求客户自备发电机，并提前向上级供电企业汇报。

重要活动保电当日供电企业特殊时期保电领导小组、办公室成员全部上岗，现场安排抢修人员待命（人员数量、组次根据保电工作量确定），用电监察人员入户协助客户现场保电。

保电设备如发生故障，电力调度控制中心立即启动保电应急预案，各相关生产部门立即执行应急预案抓紧安排抢修。

一级保电工作结束后，特殊时期保电办公室组织各相关部门进行认真总结，查找问题和不足，以利更好地改进工作，不断提高保电工作管理水平。

2）二级保电工作响应程序。供电企业管辖供电区域内二级保电工作由供电企业直接受理，并独立负责组织实施。

二级保电工作由供电企业行政办公室负责受理，要求客户提供详细的保电资料（客户名称、联系人、联系电话、电源情况、活动地点及时间安排等）。

办公室负责填写《保电承办单》，转交供电企业主管安全生产副总经理进行批示，并及时将保电批示复印转交涉及保电部门。

供电企业各部门按照《保电承办单》中主管安全生产副总经理批示的要求，根据各自承担的保电任务，立即开展其职责范围内的相应工作。

电力调度控制中心根据保电线号、站号提前制定保电应急预案，并安排合理供电方式，保电期间不安排检修、不拉路限电，同时将保电应急预案附客户保电线站号明细提前转发供电企业特殊时期保电领导小组及特殊时期保电办公室成员，各部门根据各自保电职责分别组织人员对保电线路、公用变电站、配电站、客户专用站设备进行特巡，发现缺陷及时组织进行处理。

营销部重点安排好客户用电设备检查和客户自查工作，针对发现的问题要下达书面整改通知书要求客户限期整改，如有单电源客户保电，应要求客户自备发电机，并提前向上级供电企业汇报。

重要活动保电当日供电企业特殊时期保电领导小组、办公室成员全部上岗，现场安排抢修人员待命（人员数量、组次根据保电工作量确定），用电监察人员入户协助客户现场保电。

保电设备如发生故障，电力调度控制中心立即启动保电应急预案，各相关专业室立即执行应急预案抓紧安排抢修。

(7) 通信与信息保障。供电企业加强通信保护通道设备的巡视和维护，确保通信保护安全稳定运行、信息准确可靠、通信畅通完好。

各部门做好值班人员安排、联系方式等的备案及上报工作，保证联络畅通。

保电期间，供电企业实行部门值班报供电企业值班室、供电企业值班室报上级供电企业值班室三层值班汇报制度。

(8) 应急物资保障。供电企业针对保电工作组建应急抢险队伍，准备好备品备件，遇有事故立即启动相关应急预案，尽快恢复供电。发展策划部要储备充足的抢修物资，明确领取地点和物资管理专责人，确保抢修物资供应。综合服务中心对保电用车进行一次全面检查，落实派遣车辆的各项安全措施，确保车质、车况处于良好状态。

(9) 应急装备保障。各变电站、专业室要储备足够的应急装备，明确领取地点和管理专责人，建立台账，提前检验，确保应对事故的速度。

三、应对电力服务事件

电力服务事件是指因电力系统故障、严重自然灾害、电力供应紧张、电力服务质量等突发原因引起高危、重要客户停电、大范围居民停电、新闻媒体曝光、客户集体投诉，对当地经济建设、人民生活、社会稳定及对企业社会形象产生重大影响的事件。具体包括：

1）电网大面积停电造成的客户停电事件。

2）涉及高危、重要电力客户并造成重大影响的停电事件。

3）电力供应紧张造成的客户停、限电事件。

4）客户对电力服务集体投诉事件。

5）政府部门或社会团体督办的客户投诉事件。

6）新闻媒体曝光并产生重大影响的停电事件或电力服务事件。

7）其他原因引起的电力服务事件。

1. 电力事件分级

根据电力服务事件的危害程度和影响范围，将电力服务事件分为四级：特别重大、重大、较大和一般电力服务事件。

（1）特别重大电力服务事件。出现下列情况之一的，为特别重大电力服务事件。

1）供电企业40%及以上用电客户的正常用电受到影响

2）涉及特级重要电力客户停电并造成重大影响的停电事件。

3）被中央或全国性新闻媒体曝光并产生重大影响的停电或供电电力服务事件。

4）客户向国家有关部门反映的集体投诉电力服务事件。

5）被应急领导小组确定为特别重大电力服务事件者。

（2）重大电力服务事件。满足下列情况之一，未达到特别重大电力服务事件的，为重大电力服务事件。

1）供电企业30%及以上用电客户的正常用电受到影响。

2）涉及一级重要电力客户停电并造成重大影响的停电事件。

3）被市级新闻媒体曝光并产生重大影响的停电或供电电力服务事件。

4）客户向省级有关部门反映的集体投诉电力服务事件。

5）被应急领导小组确定为重大电力服务事件者。

（3）较大电力服务事件。满足下列情况之一，未达到重大电力服务事件的，为较大电力服务事件。

1）供电企业20%及以上用电客户的正常用电受到影响。

2）涉及二级重要电力客户和临时重要电力客户停电并造成重大影响的停电事件。

3）被地市级城市媒体曝光并产生较大影响的停电或供电电力服务事件。

4）客户向地市级政府有关部门反映的集体投诉电力服务事件。

5）被应急领导小组确定为较大电力服务事件者。

（4）一般电力服务事件。满足下列情况之一的，未达到较大电力服务事件的，为一般电力服务事件。

1）供电企业10%及以上用电客户的正常用电受到影响。

2）被应急领导小组确定为一般电力服务事件者。

2. 电力服务事件风险监测责任部门

供电企业有关职能管理部门和相关部门应密切监测可能造成电力服务事件的相关风险。

（1）调度控制中心。负责对电网大面积停电、重要变电站或发电厂全停等各类电网事故风险以及电力平衡情况进行监测。

（2）运检部。负责对各类设备事故、自然灾害造成的电力设施受损等事故风险进行监测。

（3）营销部。负责对重要电力客户停电、供电服务投诉、客户集体投诉的风险进行监测。

（4）办公室。负责对客户集体上访风险进行监测。

（5）监审部。负责对行风类电力服务事件风险进行监测。

（6）各部门对本地区供电服务风险进行监测。

3. 供电企业响应行动

（1）应急办接到各部门事件响应报告后，立即汇总相关信息，并报应急领导小组，经批准后，报应急办和各职能部门。

（2）成立电力服务事件应急处置领导小组和办公室，电力服务事件应急处置领导小组全面指挥协调应急处置工作，启用应急指挥中心，必要时向事件发生地派出电力服务事件现场应急指挥部。

（3）电力服务事件应急处置领导小组办公室启动应急值班，开展信息汇总和报送工作，及时向电力服务事件应急处置领导小组汇报，并与政府职能和新闻媒体部门进行联系沟通，协助开展信息发布工作。

（4）电力服务事件应急处置领导小组办公室协调各职能管理部门开展应急处置工作。

（5）各职能部门按职责分工监督检查、协调指导各部门开展应急处置工作。

4. 供电企业各部门响应行动

（1）成立电力服务事件应急处置领导小组和指挥部，按照电力服务事件应急处置预案处置原则及预案规定开展应急处置、恢复供电等相关工作。

（2）启用应急指挥中心，开展信息汇总和报送工作，及时向应急办和专业职能部门汇报。

（3）做好与政府职能部门及时联系沟通工作。

5. 电力服务事件应急队伍

按照“平战结合、反应快速”的原则，在供电企业系统现有机构和人员的基础上，建立健全应急队伍体系，加强专业化、规范化、标准化建设，做到专业齐全、人员精干、装备精良、反应快速，持续提高电力服务事件应急处置能力。

6. 电力服务事件通信与信息

运检部、调控中心对电力服务事件信息报告与新闻披露提供通信保障、技术支持和相关服务，并在发生电力服务事件的情况下，按照应急领导小组要求建立应急通信网络，优先保障相关通信设备和信息网络的安全畅通。

7. 电力服务事件应急处置报告（见表12-1）

表12-1　　电力服务事件应急处置报告

<table>
<tr><td>日期</td><td></td><td colspan="2">上报部门：</td></tr>
<tr><td>事件名称</td><td></td><td>事件级别</td><td></td></tr>
<tr><td>发生时间</td><td></td><td>发生地点</td><td></td></tr>
<tr><td>信息来源</td><td colspan="3"></td></tr>
<tr><td>事件具体描述</td><td colspan="3">事件的基本经过、初步原因和性质、造成的影响及时跟踪收集事件的最新进展情况。</td></tr>
<tr><td>处理过程或结果</td><td colspan="3"></td></tr>
<tr><td colspan="4">批准人：　　审核人：　　报告人：　　报告时间：</td></tr>
</table>

8. 受影响的重要电力客户调查表（见表12-2）

表12-2　　受影响的重要电力客户调查表

单位（公章）：

事故变电站	停电线路名称	电压等级（千伏）	受影响的客户名称	重要类别	客户电源类型（单/双/多电源）	是否全停	客户受损及应急自救情况	停电时间	恢复时间	客户反应

填报人：　　　　审核人：　　　　批准人：

9. 受影响的____千伏及以上电压等级一般电力客户调查表（见表12-3）

表12-3　　受影响的____千伏以上电压等级一般电力客户调查表

单位（公章）：									
事故变电站	停电线路名称	电压等级（千伏）	受影响的客户名称	客户电源类型（单/双/多电源）	是否全停	客户受损及应急自救情况	停电时间	恢复时间	客户反应

填报人：　　　　　　　　　　　　审核人：　　　　　　　　　　　　批准人：

第五节　社区应急动员的重要性

当突发事件来临时，社区将成为仅仅比家庭高一个层次的承受单元，理所当然地成为担负起应急相应的基本单位的责任。由于突发事件与社区公众、社区家庭的切身利益甚至生命财产安全息息相关，所以，社区在遭遇突发事件时，被应急动员征召的社区公众将会具有极高的工作热情，从而会激发出公众的积极性、主动性和创造性。

社区中公众的职业往往会呈现出五花八门的分布状况，并且，邻里之间或多或少会有一定的了解，那么，医生、护士、消防员、户外运动爱好者、电工、心理医生、退役军人、警察等等具有不同专业技能的专业人才，可能会在突发事件发生初期的应急避险、疏散转移、医疗救护、解救受困人员等应急救援的自救、互救中发挥不同的作用而脱颖而出，作为各项应急救援行动的组织者发挥各自的作用。

社区同时也是开展对公众应急知识培训的阵地。在社区开展多种形式公众喜闻乐见的文化活动寓教于乐，通过开展公共安全及应急管理知识科学普及活动，广泛强化、逐渐提升公众公共安全意识及应急避险措施的同时，增进了邻里之间的信任和社区意识，逐步形成守望相助的和谐氛围。

社区内的救援组织主要有：社区居委会、物业、警务室等。社区受到停电事件按照社区应对突发停电事件应急预案会做如下工作：

1）社区应急领导小组接到突发停电事件报告后，派电工核实停电情况，拨打供电服务特服电话，告知停电情况。

2）社区应急领导小组接到报告后，落实责任人向街道办事处即时上报突发停电情况。

3）社区应急领导小组组织人员及时通知到各楼楼长，通知居民关闭家中家用电器，了解是否存在因停电造成人员困在电梯里、有危重病人受突发停电情况影响，维持生命的电器运行情况等危急情况发生。

4）社区应急领导小组组织人员与供电公司派出的社区服务经理或用电监察人员做受停电影响居民的安抚和解释工作。

5）社区应急领导小组组织专业人员与供电公司派出的供电抢修人员配合对电力线路进行检查和维修。

培养应急信息志愿者。加大社区的公共安全、应急知识的宣传力度让广大的社区公众了解我们的应急工作，在发生突发事件的时候发挥志愿者的作用，及时、准确地传递事发地的真实信息，使得相关部门能够迅速作出正确的判断，及时果断开展应急处置。同时，避免由于信息的延误或传递有误而造成衍化成为次生、衍生事件。

许多社区、乡村、企业应对突发公共事件的能力不强，安全责任不落实，一旦遇到突发公共事件，往往先期处置不及时、不到位，造成重大人员伤亡和经济损失。加强应急管理当务之急是切实提高基层的应急管理能力。

要以社区、乡村、学校、企业等基层单位为重点，全面加强应急管理工作。充分发挥基层组织在应急管理中的作用，进一步明确行政负责人、法定代表人、社区或村级组织负责人在应急管理中的职责，确定专（兼）职的工作人员或机构，加强基层应急投入，结合实际制订各类应急预案，增强第一时间预防和处置各类突发公共事件的能力。

社区要针对群众生活中可能遇到的突发公共事件，制订操作性强的应急预案，使群众一看就明白要做什么、怎么做，谁负责、谁来做，避免不切实际、照抄照搬。乡村要结合社会主义新农村建设，因地制宜加强应急基础设施建设，努力提高群众自救、互救能力，并充分发挥城镇应急救援力量的辐射作用。

学校要在加强校园安全工作的同时，积极开展公共安全知识和应急防护知识的教育和普及，增强师生公共安全意识。企业特别是高危行业企业要切实落实法定代表人负责制和安全生产主体责任，做到有预案、有救援队伍、有联动机制、有善后措施。地方各级人民政府和有关部门要加强对基层应急管理工作的指导和检查，及时协调解决人力、物力、财力等方面的问题，促进基层应急管理能力的全面提高。

附录

应急救援协调联动合作协议

合作单位：A省电力公司

B省电力公司

合作期限：签订之日起至　　年　月　日止。

为贯彻落实“安全第一、预防为主、综合治理”的安全方针，根据《应急救援协调联动机制建设管理意见》和国家相关法律法规规定，A省电力公司与B省电力公司经平等、友好协商，决定共同构建“电力应急救援伙伴”关系，结合AB两省电网实际，实现电力应急基干队伍和专业抢修队伍优势互补，协调联动，共同提升两省电力公司协同处置自然灾害、事故灾难等突发事件的能力，快速、高效开展电力事故应急抢修，降低突发事件造成的损失和影响，有效抑制次生、衍生灾害，共同实现安全生产，现达成如下合作协议：

第一条　合　作　内　容

1.1　合作双方定期组织开展联合应急培训、演练和工作交流，共同提高应急救援协调联动工作水平。

1.2　在合作双方所在省毗邻区域发生自然灾害、事故灾难等突发事件时，合作双方应协同联动、相互支援，共同开展电力事故的应急抢修。

1.3　合作双方中的一方所在地发生自然灾害、事故灾难等突发事件，在超出事发地所在单位的应急能力时，应由事发地所在单位提出支援申请，另一方应及时调动本单位应急救援队伍、装备等赶赴事发现场开展应急救援联动处置工作，最大限度地快速减小突发事件造成的危害和影响。

1.4　合作双方所在地均发生有较大影响的自然灾害、事故灾难等突发事件时，应在供电企业总部的统一领导下，共同应对。

第二条　组织机构与职责

2.1　成立应急救援协调联动工作组

合作双方成立应急救援协调联动工作组（以下简称“工作组”），组长由合作双方应急管理部门负责人相互轮流担任，任期1年。工作组成员包括合作双方应急处长、应急专职、应急救援基干分队队长、专业应急抢修队伍队长等。由应急专职兼任工作组联络员。

2.2　工作组的主要管理职责

制订应急救援基干分队、专业应急抢修队伍的联合应急培训、演练、交流等工作计划，经双方应急领导小组批准后组织实施。建立季度定期通报信息制度。开展工作总结和评估。

第三条　日常管理要求

3.1　应急资源信息共享

合作双方应规范应急队伍管理，建立详细的应急救援基干队伍及专业应急抢修队伍台账，以及应急物资、装备台账，有变化时定期由工作组联络员及时更新并通报对方。

3.2　开展联合应急培训

由组长单位牵头，于每年十一月底前制定下年度联合应急培训计划。每年至少组织一次由双方应急救援基干分队共同参加的联合应急培训，培训地点可选定在应急救援培训基地。

3.3　开展联合应急演练

由组长单位牵头，于每年十一月底前制定下年度联合应急演练计划，确保下一年度六月底之前至少组织1次联合应急演练。

3.4　开展应急联动工作交流

由组长单位牵头，每年至少组织一次应急救援协调联动工作交流，交流工作一般安排在十月份举行。

3.5　应急救援协调联动总结评估

每年年底前，由组长单位牵头开展合作双方应急救援协调联动机制建设总结和评估。每次开展联合应急救援后，应及时开展评估工作。

第四条　应急救援协调联动工作要求

4.1　预警阶段

(1) 根据气象预报，可能发生台风、强降雨等重大自然灾害时，事发地所在单位分析突发事件发生可能性、影响范围和严重程度，研判可能需要对方单位参与处置时，及时将灾害评估信息、电网信息、地域特征等通报给对方单位。

(2) 支援单位根据事发单位的通报，密切关注事态发展，落实应急抢修人员、装备，开展应急值班，参与事发单位应急会商会，做好参加应急救援的准备。

(3) 支援单位经本单位应急领导小组批准后，及时赶赴事发现场，开展联合应急救援行动。

4.2　处置阶段

1. 联动响应期间，应急救援协调联动救援工作由事发地所在单位统一领导指挥。

2. 事发地所在单位负责联系协调支援单位人员住所，为支援单位提供抢险救援所需的物资和配合人员。

3. 事发地所在单位将受灾情况及社会损失、地理环境、道路交通、天气气候、灾害预报等信息及时通报给支援单位。向支援单位交代工作任务、交代安全措施、告知作业风险、明确现场联系人。

4. 双方单位集结人员、物资、装备，迅速赶赴事发地区。

5. 根据事态发展变化和救援进展情况，在确保现场情况得到控制，后续应急队伍力量充足的情况下，经事发地所在单位同意后，组织支援单位应急救援队伍、装备等分批、有序撤离。

4.3 恢复阶段

支援单位应急救援基干分队及专业应急抢修队伍一般不参与灾后重建工作。事件处置结束后，事发地所在单位应及时组织开展协调联动评估工作，支援单位配合事发地所在单位做好应急救援协调联动评估。

第五条 费 用 开 支

5.1 牵头单位负责应急救援协调联动联合演练、工作交流的费用。

5.2 合作双方据实分担应急救援联合培训费用。

5.3 在开展突发事件联合应急处置过程中，应急救援协调联动成员单位各自负责救援队伍的日常开支。

5.4 事发单位负责应急救援行动所需物资材料的费用。支援单位自行负责后勤保障的物资及人员的食宿费用。

第六条 安 全 责 任

事发地所在单位应做好作业风险交底，要把当地的地理环境、安全措施和注意事项向支援队伍交待清楚。到达现场后，支援单位应主动了解当地情况，分析危险点，自觉遵守事发单位相关安全规章制度，服从事发单位安全监督人员监督，确保生产、设备和人员安全，自行负责具体安全工作。

第七条 保 密 规 定

7.1 合作双方及参与应急人员对应急救援过程中所接触到的另一方的技术信息、经营信息、商业秘密等尚未公开的有关信息、资料等负有保密义务。未经一方书面同意，另一方不得将上述信息、资料等披露给任何第三方或用于本合作协议以外的其他目的。

7.2 本合作协议下的保密义务自相关资料或信息正式向社会公开之日或一方书面解除另一方本合同项下保密义务之日起终止。

第八条 其 他

8.1 本合作协议经双方法定代表人（负责人）或授权代表签字并加盖双方公章或合同专用章后生效。

8.2 本合作协议有效时间为签订之日起至　　年　月　日止。

8.3 单数年份由A省电力公司担任组长单位，双数年份由B省电力公司担任组长单位，按此顺序轮流担任组长。

8.4 本协议一式六份，A省、B省电力公司各执二份，报供电企业总部二份。

（以下无正文）

附件：

1. 双方应急救援基干队伍明细
2. 双方应急专业抢修队伍明细
3. 双方毗邻区变电站、线路杆塔信息
4. 双方应急装备、物资信息
5. 双方联动工作组成员名单信息

签　署　页

A省电力公司（盖章）
法定代表人（负责人）或
授权代表（签字）：

签订日期：
地址：
邮编：
联系人：
电话：
传真：

B省电力公司（盖章）
法定代表人（负责人）或
授权代表（签字）：

签订日期：
地址：
邮编：
联系人：
电话：
传真：

附件一：双方应急救援基干队伍明细

（1）A省电力公司应急救援基干队伍人员名单

序号	姓名	民族	出生年月	专业	手机	专/兼职
1						
2						
3						

（2）B省电力公司应急救援基干队伍明细

序号	姓名	民族	专业	职位	出生日期	联系方式	专/兼职
1							
2							
3							

附件二：双方应急专业抢修队伍明细

（1）A省电力公司应急专业抢修人员名单

序号	部门	姓名	民族	出生年月	专业	技能等级	职务
1							
2							
3							

（2）B省电力公司专业抢修人员联系方式

序号	单位	姓名	性别	民族	年龄	部门	职务/职称	移动电话
1								
2								
3								

附件三：双方毗邻区变电站、线路杆塔信息及交通支援图

一、A省毗邻B省变电站、线路信息（附地图）（略）
二、B省毗邻A省变电站、线路信息（附地图）（略）

附件四：双方应急装备物资台账

1. A省电力公司应急装备物资台账

序号	物料描述	规格型号	计量单位	库存
1				
2				
3				

2. B省电力公司应急装备物资台账

序号	物料描述	规格	计量单位	数量
1				
2				
3				

附件五：双方应急救援协调联动工作组成员信息

1. A省电力公司应急救援协调联动工作组成员名单

序号	工作组	姓名	单位/部门	职务/岗位名称	分机	手机	备注
1	组长						
2	副组长						
3	成员						
4	成员						联系人
5	成员						

2. B省电力公司应急救援协调联动工作组成员名单

序号	工作组	姓名	单位/部门	职务/岗位名称	分机	手机	备注
1							
2							
3							
4							联系人
5							

参 考 文 献

[1] 闪淳昌，薛澜. 应急管理概论：理论与实践. 北京：高等教育出版社，2012.
[2] 杨建华，贺鸿. 电网企业应急管理. 北京：中国电力出版社，2012.
[3] 陈希. 电网应急平台研究与建设. 北京：中国电力出版社，2011.
[4] 李尧远. 应急预案管理. 北京：北京大学出版社，2013.
[5] 夏宝成，张小兵，王慧彦. 当代应急管理系列丛书　突发事件应急演习与演习设计. 北京：当代中国出版社，2011.
[6] Michael K. Lindell，Carla Prater，Ronald W. Perry，王宏伟译. 应急管理概论. 北京：中国人民大学出版社，2011.
[7] 王宏伟. 应急管理导论. 北京：中国人民大学出版社，2011.
[8] 姜安鹏，沙勇忠. 应急管理实务：理念与策略指导. 兰州：兰州大学出版社，2010.
[9] 王宏伟. 应急管理理论与实践. 北京：社会科学文献出版社，2010.
[10] 曹杰，朱莉. 现代应急管理. 北京：科学出版社，2011.
[11] 韩松，谢慧. 应急物流与实务. 北京：化学工业出版社，2010.
[12] 国家安全生产经济救援指挥中心. 安全生产应急管理. 北京：煤炭工业出版社，2007.